TRAITÉ de PISCICULTURE

PAR

A. PEUPION

Inspecteur adjoint des Forêts

BERGER-LEVRAULT & Cie, LIBRAIRES-ÉDITEURS

PARIS	NANCY
5, RUE DES BEAUX-ARTS	RUE DES GLACIS, 18

1898

TRAITÉ PRATIQUE

DE

PISCICULTURE

NANCY. — IMPRIMERIE BERGER-LEVRAULT ET Cie

TRAITÉ PRATIQUE

DE

PISCICULTURE

PAR

A. PEUPION

INSPECTEUR ADJOINT DES FORÊTS

Avec un appendice sur la Culture des bois

BERGER-LEVRAULT & Cie, LIBRAIRES-ÉDITEURS

PARIS	NANCY
5, Rue des Beaux-Arts, 5	18, Rue des Glacis, 18

1898

A

M. RÉCOPÉ

CONSERVATEUR DES FORÊTS A PARIS

AVANT-PROPOS

———————

Ce traité de pisciculture n'est nullement destiné aux hommes de science. Il ne s'adresse qu'aux populations rurales, auxquelles les détails de la science ichtyologique importeraient peu et ne serviraient aucunement pour tirer profit des pièces d'eau, des mares, des étangs, si nombreux dans notre pays de France.

On n'y trouvera que des faits recueillis à la suite d'expériences et d'observations.

C'est pourquoi nous n'avons pas craint de nous y mettre souvent en désaccord avec des autorités scientifiques considérables.

Établi au moyen d'études faites spécialement dans les provinces de l'est de la France, l'Alsace-Lorraine, le Luxembourg et la Belgique, ce traité d'acquiculture est propre à tous nos départements français, sans exception aucune.

Outre les populations rurales, il intéressera les pêcheurs, qui y trouveront des conseils sur la pêche et des données sur les mœurs des poissons d'eau douce.

A. P.

TRAITÉ PRATIQUE

DE

PISCICULTURE

***

DES ÉTANGS

ORIGINE DES ÉTANGS

Valeur du poisson comme aliment. — Diminution du poisson dans les cours d'eau. — Sociétés de pisciculture, leur fonctionnement à l'étranger. — Causes de la diminution du poisson dans tous les cours d'eau. — Des mesures pouvant amener le repeuplement dans les cours d'eau. — De l'insuffisance des agents des ponts et chaussées relativement à la surveillance de la pêche. — Du retour de cette surveillance au service des forêts. — Des divers règlements étrangers relatifs à la pêche des cours d'eau de l'État et des particuliers. — Insuffisance de la pisciculture artificielle comparativement à la méthode naturelle. — Remise probable à eau des anciens étangs.

La France possède encore beaucoup d'étangs. Cependant, depuis la première de nos républiques, il en a été supprimé une grande quantité. Ces suppressions ont porté sur tous nos départements.

Les étangs sont encore nombreux dans tout le Lyonnais et les départements circonvoisins; c'est-à-dire dans le pays des Dombes, puis en Sologne et dans le Forez. Autrefois, ils y constituaient une espèce de calamité publique. Les fièvres paludéennes qu'ils occasionnaient décimaient la population des campagnes. Les hommes des champs y étaient malingres, chétifs, et leur vie était remarquablement plus courte que dans la plupart des régions saines de la France.

Lorsque le gouvernement national mit en vente tous les biens de la noblesse et du clergé, il y eut dans les Dombes (plus que dans les autres régions de la France) une espèce de ressentiment contre les étangs. Tous ceux que l'on jugea aptes à pouvoir être transformés en prairies ne furent plus mis à eau, mais simplement supprimés en tant qu'étangs.

Les contrées que nous venons de citer ne sont pas favorisées au point de vue du sol, qui généralement est médiocre, pauvre parfois; aussi se trouvaient-elles prédestinées à ce genre de propriétés de rapports, ne demandant ni engrais, ni matériel, ni main-d'œuvre. C'est pourquoi les étangs y sont encore de nos jours plus nombreux que dans n'importe quelle région française.

La Sologne s'étend sur trois départements, ceux du Cher, de Loir-et-Cher, du Loiret.

Le département de l'Indre contient également beaucoup de ces nappes d'eau; puis viennent les départements de la Marne, de l'Aube, de Meurthe-et-Moselle, de la Meuse, de la Haute-Marne, du Cher, de la Nièvre, de l'Allier, du Lot, des Vosges, de Maine-et-Loire, de Saône-et-Loire, du Jura, du Doubs, de la Somme, de l'Eure, de la Seine-Inférieure, enfin des Landes, où les étangs sont encore actuellement très fréquents et de la plus grande étendue.

Malgré bon nombre de dessèchements, souvent peu judicieux, on peut dire qu'il y a beaucoup d'étangs dans tous les départements français. Parmi ceux que nous avons cités ci-dessus, certains en renferment plusieurs milliers. Le seul arrondissement de Romorantin, dans Eure-et-Loir, est dans ce cas.

Tous les étangs ont une origine féodale. De nos jours, on n'en construit plus, si ce n'est de très peu d'étendue et seulement dans quelques pays de montagnes, tels que les Vosges et le Jura par exemple; c'est-à-dire là où on s'est mis à élever et à produire la truite des montagnes. On se borne actuellement à maintenir et à entretenir tous ceux qui existent, et nous entendons par là ceux où l'on s'adonne à la production du poisson pour le commerce, car, sous le nom d'étangs, beaucoup ne sont plus aujourd'hui que des prairies.

Il est absolument certain, et de nombreux documents l'établissent d'une façon péremptoire, que les étangs remontent fort avant dans le moyen âge. Ils datent, pour la plupart, de l'époque où une recrudescence de l'esprit religieux se fit sentir à la suite des craintes et des affolements que causa l'an mil; puis aussi de l'époque des croisades, qui raviva ou accentua davantage les pratiques du culte et les observances de l'Église.

Ce furent d'abord les abbayes, les prieurés de toutes sortes qui créèrent les premiers étangs, et les seigneurs ne tardèrent point à les imiter dans leurs domaines.

Le but des communautés religieuses fut, dit-on, de pouvoir observer rigoureusement les jours maigres prescrits par les canons de l'Église, alors tellement multipliés, que dans le cours de l'année ils s'élevaient à plus de cent.

Ce qui prouve également que le nombre élevé des étangs de notre pays est dû en grande partie aux ordres religieux d'autrefois, c'est qu'on les retrouve surtout dans les contrées où le haut clergé était suzerain, par exemple dans celles qui composaient les trois évêchés de Metz, Toul et Verdun. Il en est de même dans le grand-duché de Luxembourg, en Belgique dans la partie liégeoise, en Prusse rhénane, dans le pays de Trèves.

De plus, dans tous ces pays, on rencontre toujours des étangs ou des traces d'étangs, sur les territoires où existaient autrefois des abbayes, des prieurés, des communautés religieuses quelconques d'hommes ou de femmes. On y prétend encore, de nos jours, que les étangs n'ont eu pour but que d'approvisionner ces multiples établissements et de leur procurer, outre le poisson, les nombreux et variés oiseaux aquatiques que l'Église a considérés comme aliments maigres.

Il est certain que les canards, les sarcelles, les râles et les poules d'eau ne furent considérés comme aliments de pénitence qu'à partir de l'époque de la création des étangs.

Les religieux, en outre de leur observance des jours maigres, devaient avoir des pensées mercantiles et de lucre; autrement, il serait difficile d'expliquer d'une façon plausible, pour un simple prieuré, comptant parfois tout au plus douze religieux et le prieur, l'existence d'un ou plusieurs étangs, comportant souvent une étendue totale de plusieurs centaines d'hectares.

Si l'on considère qu'une telle surface d'eau, malgré les défauts d'exploitation d'autrefois, pouvait produire cinquante mille livres de poisson, il semble de toute évidence que, pour en tirer profit, les religieux contraignaient les nombreuses populations sous leur dépendance à suivre et à observer rigoureusement les jours maigres. Il était également de leur intérêt de multiplier ces jours, et ils ne s'en sont point fait faute. Quant à eux, pour rompre la monotonie et la fréquence des plats de poissons, sans recourir au stratagème du bon et estimable Gorenflot, ils avaient les canards, les sarcelles et autre gibier d'eau.

Depuis le plus simple et humble prieur jusqu'aux princes de l'Église, tout le clergé pratiquait la carte forcée et trouvait de cette façon l'écoulement facile des produits de ses nombreux étangs.

C'est ainsi que, dans certaines contrées de l'Al-

sace-Lorraine et de Meurthe-et-Moselle, on a conservé le souvenir du bon commerce des communautés religieuses. Nous citerons particulièrement
l'abbaye de la petite ville de Saint-Avold, en pays
annexé. On s'y souvient encore que les moines y
vendaient la livre de carpe deux sols en automne et
durant l'été, puis deux sols et demi pendant le
temps de carême, ce qui représenterait de nos jours
les sommes de cinquante et soixante centimes au
minimum.

Ces bons religieux procédaient également par
voie d'échange et, au lieu de numéraire, ils exi-
geaient jusqu'à douze livres de blé pour une livre
de carpe. Une belle poule de l'année ou en plein
rapport valait tout au plus deux livres de poisson,
et ils estimaient qu'une livre de poisson en valait
deux de viande ou de porc.

Lorsque le poisson fut devenu moins cher que la
viande ou la volaille en général, les étangs commen-
cèrent à tomber en défaveur, c'est-à-dire qu'on n'en
construisit plus. Puis vint le temps où beaucoup
furent alternativement mis en culture et en eau.
Plus tard encore, on en transforma beaucoup en
prairies naturelles : on les mettait habituellement à
eau durant les mois d'hiver et à sec dès la fin du
mois de mars ou le commencement d'avril. Cet
usage persiste encore de nos jours et avec juste
raison : car il a pour effet d'engraisser les herbes au
moyen du limon déposé par les eaux.

Les pays de l'est de la France, l'Alsace-Lorraine,

le grand-duché de Luxembourg et la Belgique ont conservé la plus grande partie de leurs étangs. La plupart sont mis à eau d'une façon permanente, les autres sont alternativement livrés à la culture et à la production des poissons.

Dans ces pays, la culture des eaux tient une place très importante. Le poisson y est l'objet d'un commerce prospère et rémunérateur, tant pour l'aquiculteur que pour le négociant spécial qui achète en gros les produits des étangs.

Les populations de ces pays aiment beaucoup le poisson et, malgré l'envahissement de la marée, elles sont restées jusqu'à présent fidèles au poisson d'eau douce de leurs contrées.

NÉCESSITÉ DES ÉTANGS

Le poisson est un aliment des plus sains, et contrairement au préjugé en vertu duquel il ne donnerait qu'une alimentation insuffisante, il constitue une nourriture des plus fortifiantes. Ce qui fait croire au vulgaire qu'il nourrit peu, c'est qu'il se digère facilement. Ils sont rares, en effet, les estomacs débiles ou de convalescents qui ne supportent pas la chair de la truite, de la perche, du brochet. Sans doute, tous nos poissons n'ont pas la qualité d'être légers à l'estomac, et il est certain que l'anguille, la lamproie, le saumon sont quelque peu indigestes, à cause de l'espèce d'huile qui imprègne leur chair.

Le poisson est surtout un aliment fournissant à

l'ossature du genre humain et à la masse cérébrale.
C'est en vertu de cette éminente propriété que les
peuples vivant de poisson sont doués d'une char-
pente osseuse et lourde. Quant aux hommes de cabinet et de science, dont le cerveau se fatigue continuellement, il est certain qu'ils en répareraient
l'usure, si tous les jours figurait à leur table un plat
de poisson.

Si on compare comme aliment la viande à la chair
de poisson, l'avantage reste à celle-ci ; aussi n'est-il
pas rationnel que le parti des végétariens ait admis
les poissons parmi les aliments qu'il a choisis. Aucun
des inconvénients produits par une nourriture où la
viande domine, n'est à craindre avec la chair de ces
animaux.

C'est pourquoi, avoir du poisson en grande quantité et à bon marché serait une mesure sage et de
rapport à laquelle le gouvernement devrait tendre
avec effort.

Les classes pauvres, généralement, aiment beaucoup le poisson d'eau douce, mais c'est, malheureu-
ment pour elles, une alimentation coûteuse, je dirais
même de luxe, et qui, de plus, s'assimile tellement
vite que, suivant l'expression populaire, elle ne fait
que passer.

En France, le poisson devient rare. Sur nos côtes
de l'Océan, on a jeté plusieurs fois le cri d'alarme.
Les diverses espèces de poissons tendraient à y diminuer ; sur certains points même, la sardine, cette
source de richesse, aurait parfois fait défaut, là où

elle abondait chaque année. Les harengs, eux aussi, auraient souvent porté plus loin que nos côtes leurs bancs épais.

Quant à tous nos poissons d'eau douce, ils deviennent d'une telle rareté que, même dans les régions où coulent de grands cours d'eau et où existent de nombreux étangs, ils arrivent sur tous les marchés en quantité inférieure à ceux de mer. Dans certains pays, le poisson d'eau douce est devenu si rare, que la marée figure uniquement dans les approvisionnements.

Cet appauvrissement de tous les cours d'eau, sans distinction, n'est pas propre seulement à la France; on le constate aussi en Allemagne, en Belgique, en Autriche et dans la plupart des pays d'Europe. Mais nous avons le regret de dire qu'à l'encontre de ce qui se passe à l'étranger, notre gouvernement ne fait presque rien pour transformer cet état de choses, tandis que, par exemple, l'État allemand fait tout son possible pour y remédier et amener le poisson d'eau douce à figurer comme une des bases de l'alimentation publique.

C'est ainsi qu'il a suscité parmi les populations une foule de sociétés de pisciculture; qu'il a créé plusieurs établissements de pisciculture artificielle; qu'il alloue, aux fonctionnaires du service hydraulique, des fonds pour l'empoissonnement, non seulement des fleuves et des rivières, mais aussi des faibles cours d'eau.

Dans un autre ordre d'idées, il a créé des tarifs

spéciaux de chemins de fer pour l'expédition des poissons d'eau douce vivants. Ces expéditions, dont le bon marché est presque dérisoire, se font par tous les trains. Aussi, depuis l'établissement de ces tarifs, une grande émulation règne parmi les aquiculteurs et les propriétaires d'étangs d'Alsace-Lorraine.

Quant aux nombreuses sociétés de pisciculture, dont les cotisations sont employées à acheter des empoissonnements pour les cours d'eau, non seulement l'État les aide par des subventions, mais aussi par les conseils et la direction éclairée de ses fonctionnaires du service hydraulique.

Avec leur sens pratique, les Allemands ont senti que la bonne volonté d'une foule de gens, réunis dans un but commun, ferait mieux que l'action officielle si chère au gouvernement français. Aussi rendent-ils hommage au dévouement de ces sociétés et les chargent-ils d'une mission de confiance en les laissant employer elles-mêmes les subventions de l'État.

Puis, l'État allemand a édicté des lois sévères sur le braconnage des rivières et des plus petits cours d'eau. Ces lois, il est inutile de le dire, sont appliquées impitoyablement et avec toute la raideur germanique.

Dans notre pays de France, rien de tout cela! On y constate bien la disparition du poisson et on avoue que tous les jours elle s'accentue davantage. On demande bien de temps à autre au service des ponts et chaussées quelques rapports sur la question, mais ces rapports éminents ne sont lus par personne, car personne ne s'en soucie! Ils vont grossir les archives des bureaux, et après y être restés dans des cartons quelques années, ils sont livrés aux Domaines, pour être vendus parmi les vieux papiers.

Parfois quelques députés ou quelques sénateurs, sans doute amateurs de la pêche, et par conséquent au fait de la disparition du poisson, s'alarment de cette diminution dans la richesse nationale et essayent d'obtenir quelques mesures réparatrices. Mais ces braves gens sont rares, car depuis plus de quarante ans, ils ne se sont montrés qu'une fois ; c'est en 1877 qu'une commission sénatoriale fut chargée d'examiner la question.

Nos très honorables sénateurs rédigèrent un questionnaire en vue de connaître le degré d'intensité de la diminution du poisson et de la ruine de nos cours d'eau, puis ce fut tout. Quant à ce fameux questionnaire, auquel il fut répondu de tous les coins de la France, on ne s'en occupa pas davantage. Du reste, à quoi cela eût-il servi ? Point n'était besoin de constatations, la disparition du poisson était patente, connue des intéressés les plus vulgaires et le plus ou le moins ne faisait rien à la chose. Ce qui importait, c'était de provoquer des mesures analogues à celles que le gouvernement allemand a su prendre depuis de si longues années, et qu'il a appliquées en Alsace-Lorraine au lendemain de l'annexion.

Ces mesures, à la fois productrices et protectrices, ont amené dans ce pays des effets salutaires dont

les populations profitent. Aussi la Lorraine française,
malgré ses nombreux étangs et son grand nombre
de cours d'eau, est-elle devenue, depuis vingt ans,
absolument tributaire de l'Alsace-Lorraine ; cette
province expédie la plus grande partie de la production de ses étangs et aussi celle des pêches des cours
d'eau affermés par l'État allemand.

A la louange de ce gouvernement, car il faut être
juste sans parti pris et sans s'occuper ici de natio-
nalité, nous dirons qu'il a réussi sur tous les points,
sauf un seul, le repeuplement en écrevisses. Après
des essais aussi coûteux que multipliés, il a dû,
croyons-nous, renoncer à ce projet et à toute espèce
de tentatives.

Mais nous dirons aussi que la loi sur la pêche,
appliquée depuis 1891 en Alsace-Lorraine, aura malheureusement pour conséquence de détruire l'effet
des sages mesures édictées antérieurement.

Cette loi permet la pêche toute l'année : elle n'interdit que la pêche des poissons qui sont en cours
de frai. Ainsi, la perche et le brochet ne pourront
être pêchés à telle époque et la carpe à telle autre.
Or, il est certain que tout pêcheur qui a pris un poisson convenable cherche toujours à le garder, sans
aucun souci de savoir s'il est ou non en temps de
frai. De l'aveu des pêcheurs amodiataires de l'État,
cette disposition ruine les cours d'eau, et nous en
connaissons qui ne les loueront plus, tant ils la trouvent désastreuse. Ils sont, de leur propre aveu, ceux
qui enfreignent le plus l'interdiction imposée par la loi.

Lorsque la loi française était appliquée, la pêche était interdite à partir du 1ᵉʳ avril jusqu'au 1ᵉʳ juin. Cette interdiction protégeait tous les poissons blancs, la carpe, la tanche, le barbeau, et laissait les perches et les brochets des cours d'eau sans protection pendant l'époque de leur frai. A l'égard de ces poissons de proie, ce n'était pas un mal, car avec leur diminution coïncide toujours l'augmentation des autres espèces.

Les critiques que nous faisons justement à la France, nous les adressons également à la Belgique. Le poisson y a de même diminué fortement dans toutes les rivières, et ce pays fait encore peu de chose pour y remédier. Mais la Belgique a un avantage que nous n'avons point, c'est d'être limitrophe de la Hollande, dont les innombrables canaux fournissent une quantité considérable de poissons d'eau douce.

Le poisson hollandais, bien qu'inférieur en qualité à ceux de la Belgique, n'en est pas moins apprécié dans ce pays, à cause de son incroyable bon marché.

La diminution du poisson, en France comme dans les autres parties de l'Europe, tient à des causes nombreuses et diverses, dont la plupart ne peuvent être évitées, mais qui pourraient être atténuées au moyen de mesures judicieuses et suivies.

La première de ces causes, et sans contredit la plus importante, est la canalisation de tous nos fleuves et de nos grands cours d'eau.

La canalisation a eu pour effet de relever les

berges des rivières, d'en augmenter la profondeur et même les courants, puis de supprimer les pentes douces, qui autrefois étaient toujours enherbées et constituaient de nombreuses frayères naturelles.

Si, de nos jours, il existe encore de ces frayères, de très loin en très loin, elles ne peuvent procurer chaque année qu'une reproduction des plus infimes, à cause des raisons suivantes :

Tous les poissons se portent, lors du frai, sur les mêmes lieux. Leurs œufs, au lieu de se trouver comme autrefois disséminés tout le long des cours d'eau, sont accumulés sur des espaces restreints. Il en résulte que tous les ennemis du frai des poissons se rendent en ces endroits et que la ponte de ces animaux est aussi facilement que rapidement détruite.

La canalisation a eu également pour effet de supprimer les terrains qui formaient des espèces de mares en communication avec les fleuves et rivières lors des grandes eaux, et même lors de leur niveau ordinaire.

C'était dans cette grande quantité de bassins naturels que les espèces de poissons les plus prolifiques, celles qui recherchent les eaux calmes et dormantes à l'époque du frai, allaient se livrer à l'acte de la reproduction.

Ainsi donc, disparition de presque toutes les frayères d'autrefois, et accumulation des causes de destruction sur toutes celles qui peuvent encore exister.

Certaines sortes de poissons, telles que la carpe, la tanche et toutes celles qui préfèrent les eaux calmes, sont obligées néanmoins de frayer dans les rivières canalisées. Les œufs collants s'agglutinent parfaitement aux herbes aquatiques, mais lors de leur éclosion, les poissons minuscules sont emportés par le courant, alors que leur nature les porte à se dissimuler dans les herbages où ils sont nés et à ne les quitter qu'après avoir acquis un certain degré de force et de taille.

Au lieu de cela, les malheureux petits alevins, enlevés de la retraite où ils seraient restés longtemps cachés et se seraient nourris, sont immédiatement détruits par les poissons carnassiers et même par plusieurs espèces de poissons blancs, parmi lesquelles nous citerons en première ligne le chevenne.

Telle est la cause de la diminution des carpes et des tanches dans beaucoup de nos cours d'eau.

Des rivières qui produisaient surtout des quantités considérables de carpes en donnent de nos jours infiniment moins que de perches et de brochets, et quant à la tanche, elle y est devenue encore plus rare, un véritable mythe.

Autrefois, avant la canalisation, les poissons venaient frayer dans les petits affluents si nombreux dans nos pays de rivières. Mais l'administration, que nulle part on ne nous envie, a dans ses attributions la mission d'y rendre impossible la reproduction de ces animaux.

Les arrêtés préfectoraux à l'égard de ces ruisseaux, n'ayant souvent pas même deux mètres de largeur, contraignent les riverains à effectuer des curages annuels.

Pour donner des exemples et faire mieux apprécier ces mesures radicalement destructives à l'égard du poisson, nous citerons, si l'on veut, les petites rivières du département de Seine-et-Oise, telles que l'Orge, l'Ivette, la Bièvre, la Remarde et quelques autres dont certaines n'ont pas dans leur grande largeur plus de trois mètres. Ces très minimes cours d'eau sont rigoureusement curés chaque année sur tout leur parcours.

En 1895 et 1897, nous avons voulu assister à l'un des curages et nous avons suivi celui de l'Orge. Nous avons constaté que les ouvriers cureurs, sur plus de six kilomètres d'étendue, n'avaient pris que onze poissons blancs de l'espèce rosse, pesant l'un dans l'autre 110 grammes. Mais ils avaient pris certainement six à sept cents petites anguilles de la grosseur d'un porte-plume d'écolier, puis des loches et des chabots, et pas un seul goujon, ni une seule ablette. Il y avait aussi des vérons, mais les cureurs les avaient négligés comme poissons trop petits. Des enfants suivaient les ouvriers, et c'était à eux que la plupart du temps ceux-ci jetaient ces minuscules anguilles, dont la quantité dénotait que cette rivière aurait pu en produire un nombre considérable.

Autrefois, l'Orge, comme toutes ses analogues en France, était des plus poissonneuses. Curés rarement, tous ces petits cours d'eau étaient fortement enherbés. Sans doute, il leur arrivait parfois, sous l'effet d'orages diluviens, de déborder quelque peu, et par hasard ce débordement se produisait pendant la récolte des foins ; mais, en échange de quelques voitures de fourrages gâtées tous les vingt-cinq à trente ans, ils fournissaient aux riverains du poisson en quantité. De plus, ils formaient des retraites sûres, des frayères naturelles que recherchaient à l'époque du frai les poissons des grands cours d'eau, et les alevins qui y étaient éclos regagnaient les grandes rivières lorsqu'ils étaient devenus assez forts.

Aujourd'hui, ces faits ne se produisent plus. Les anguilles qui, grâce à leur mode de reproduction, pourraient encore peupler ces ruisseaux, sont disparues, de sorte que les loches, les vérons et les chabots sont les seuls poissons qu'ils renferment. Les curages, alors même qu'ils ne s'effectuent pas à l'époque du frai, sont donc des opérations ruinant de fond en comble les petits affluents.

Mais, nous dira-t-on, s'il en est ainsi pour les poissons recherchant, pour frayer, le calme des eaux et les petits affluents, il reste pour nos rivières navigables les espèces recherchant les courants plus ou moins rapides et dont quelques-unes ne demandent même pas des herbages quelconques pour y déposer leurs œufs.

Pour celles-ci, les places propices abondent, c'est vrai, mais viennent les bateaux de navigation passant sur les herbages, ils détruisent les œufs qui s'y sont attachés. Puis l'agitation de l'eau, les remous causés par le battement des aubes et des hélices détachent la ponte déposée seulement sur les pierres et sur les graviers. Les œufs de ces espèces de poissons sont donc froissés, foulés, détachés, emportés par les courants et détruits.

Nous dirons aussi que les petites rivières, sur lesquelles sont échelonnées de nombreuses usines se servant de l'eau comme force motrice, possèdent des biefs ou canaux pour la prise d'eau nécessaire. Ces biefs servent de retraite aux poissons lorsqu'il y en existe encore, mais il arrive fréquemment que, soit pour les besoins de leur industrie, soit dans un but de pêche, les usiniers font baisser l'eau de ces canaux, ce qui permet la prise de tous les poissons qui s'y sont réfugiés.

Puis, dans ces rivières, les mêmes usiniers répandent toutes sortes de résidus, de substances chimiques, qui empoisonnent les eaux sur une plus ou moins longue étendue et les rendent impropres à la vie des poissons. Toutefois, comme résidus nuisibles, il ne faut pas comprendre ceux qui proviennent de matières organiques; c'est là, au contraire, une source d'alimentation, mais elle devient inutile, puisqu'il n'y a plus de poissons.

Ensuite la plupart des riverains des petites rivières élèvent généralement des bandes d'oies et de canards domestiques; or, parmi les animaux destructeurs du frai, ces oiseaux comptent au nombre des plus sérieux.

A toutes ces causes viennent s'ajouter les nombreuses et désastreuses pratiques du braconnage exercées en tous temps et à toute heure de jour et de nuit.

Ces pratiques consistent généralement dans l'emploi de filets à mailles trop petites pour laisser échapper les poissons de faibles dimensions. La tolérance du goujonnier est une cause de destruction pour toutes les espèces. Le braconnage exercé la nuit, en temps de frai, par les maraudeurs jetant cet engin sur les frayères qu'ils ont reconnues à l'avance, n'atteint pas seulement les petits poissons, mais détruit aussi le frai d'une façon radicale.

Après l'action de ces filets, il en est une autre qui n'épargne rien et qui peut en quelques instants détruire le poisson d'un canton. C'est l'emploi de la dynamite, dont il est inutile de décrire les effets, puisqu'ils sont connus de tout le monde.

Comme causes moindres, nous citerons la surveillance insuffisante des cours d'eau par le personnel trop restreint des ponts et chaussées. Il y a déjà près de trente-cinq ans que la police de la pêche n'appartient plus à l'administration des forêts. Le retrait de cette mission et sa remise au service des ponts et chaussées, nous pouvons le dire, n'a pas eu de résultats favorables, il s'en faut de beaucoup.

C'est pourquoi bien des départements appartenant aux régions des montagnes ont émis différentes fois le vœu de voir la surveillance de la pêche rendue au service des forêts.

L'administration forestière, grâce à son nombreux personnel, pouvait mettre à peu près partout des gardes-pêche. Ces agents étaient mixtes, c'est-à-dire qu'on leur attribuait une légère garderie de forêts et un parcours restreint de cours d'eau.

On les a remplacés par un nombre infiniment moindre de gardes appartenant aux travaux publics, et il en est résulté que la surveillance est devenue à peu près nulle, comparativement à ce qu'elle était du temps de l'administration des eaux et forêts. Mais on a replacé ce service dans les attributions de cette administration; en cela M. Méline a bien mérité de son pays et des amateurs de pêche qui sont légion[1].

La pêche des petits cours d'eau appartenant aux riverains favorise aussi la diminution du poisson. Trop peu réglementée, elle devrait être sagement limitée. C'est, du reste, ce qu'a reconnu le gouvernement allemand, éminemment conservateur du gibier et du produit des eaux.

Une réglementation aussi juste que bien comprise protège, en Alsace-Lorraine, le plus humble cours d'eau, le plus minime ruisselet, tout en laissant aux riverains la possibilité de jouir de leur droit de pêche.

Après l'énumération de toutes ces causes de des-

---

1. Cette mesure est due à son chef de cabinet, M. Mersey, inspecteur des forêts, qui, en sa qualité de vosgien, connaissait de longue date les désirs des départements de montagnes de voir la pêche retourner au service des forêts.

truction, il est facile de comprendre pourquoi le poisson a tellement diminué en France, qu'à un moment donné, il n'existera plus guère qu'à l'état de souvenir.

Certainement, il viendra une époque où les cours d'eau se trouveront si dépourvus, qu'ils ne vaudront plus la peine d'être affermés. Alors, les contrées de notre pays où existent de nombreux étangs seront seules à fournir à l'alimentation publique. Mais comme les poissons d'eau douce ne peuvent supporter le transport aussi bien que la marée, les régions françaises qui en seront dépourvues se multiplieront!

Ne serait-il donc pas possible de chercher à enrayer ce dépeuplement de nos rivières! Les moyens en sont aussi peu nombreux que peu efficaces; néanmoins il conviendrait de les appliquer, car si l'on ne peut supprimer un mal, il est toujours utile de l'atténuer.

Relativement aux effets destructeurs provenant de la navigation, il y a peu de chose à faire, puisqu'elles sont inhérentes à la navigation même. La destruction des frayères naturelles pourrait, sans doute, être compensée par la création, de distance en distance, de frayères artificielles dans les parties les plus larges des fleuves et rivières, c'est-à-dire où les bateaux se tenant plus au large, l'agitation de l'eau serait moins forte et exercerait moins d'action sur les œufs déposés.

On préconise en France l'établissement de cantons dits de réserve, où les poissons se multiplient, dit-on, en toute sécurité par suite de l'interdiction d'y exercer toutes sortes de pêches.

Ce moyen, qui, à première vue paraît excellent, est appliqué en Alsace-Lorraine depuis quelques années. Non seulement les résultats qu'il a donnés se sont trouvés négatifs, mais ils ont été parfaitement à l'encontre de ce qu'on en attendait.

Les cantons de réserve ont un attrait tout particulier pour les braconniers, et cela se comprend. Les gardes, se portant de préférence sur ces parties de rivières, négligent d'autant les autres où le braconnage s'exerce alors d'une façon plus intense. Puis, dans les parties réservées, les poissons carnassiers se multiplient à l'excès et exercent en paix leur action dévastatrice. Ils se répandent ensuite sur les parties non mises en interdiction et y portent leur dévorante activité. On crée de cette façon une cause de destruction des plus sérieuses et certainement des plus difficiles à atténuer.

Ces faits, absolument constatés, provoquèrent de la part des sociétés de pisciculture d'Alsace-Lorraine des vœux tendant à la suppression radicale des cantons de réserve.

Nous pensons donc que, tout comme en Alsace-Lorraine, les parties réservées mises en interdit doivent donner, en France, les mêmes mauvais résultats.

Une mesure à prendre consisterait à frapper d'amendes plus rigoureuses les usiniers, lorsqu'ils jettent des résidus reconnus nuisibles à la vie des poissons. On est encore trop doux à leur égard.

Nous avons dit que le droit de pêche qui appartient aux riverains devrait être limité ; à ce sujet, nous donnons un aperçu du règlement administratif allemand :

Il est interdit de placer, dans les cours d'eau de toute espèce, aucun barrage ou appareil quelconque ayant pour objet d'empêcher entièrement le passage du poisson.

L'ayant droit qui veut établir des barrages d'usines est tenu d'entretenir des échelles à poissons.

Il est interdit de se servir de substances nuisibles pour prendre du poisson ; de laisser couler ou introduire dans les cours d'eau des matières pouvant lui nuire ou le faire émigrer.

La durée du rouissage et les endroits où il peut être exercé sont fixés par l'administrateur de chaque département.

Toute destruction de frai ou d'alevins est interdite.

Les dimensions des mailles des filets sont prescrites.

Les intervalles à ménager entre la pose des nasses et engins analogues sont fixés. On ne peut par exemple placer des nasses sur toute la largeur d'un cours d'eau, mais sur le tiers seulement.

Il est absolument interdit de mettre en vente, colporter ou expédier des poisons qui n'ont pas la taille, ou dont l'espèce est encore en frai. (Ces époques sont déterminées par la loi.)

Les hôteliers ni les marchands ne peuvent acheter de ces poissons.

Cette défense s'applique aux poissons et au frai pris dans les eaux appartenant aux particuliers.

Les propriétaires d'étangs ne sont pas soumis à cette interdiction, si, avant de commencer la pêche, ils font une communication à ce sujet aux autorités locales.

Les hommes formant les équipages des bateaux circulant sur les cours d'eau de l'État ne peuvent avoir à bord des engins et filets de pêche.

L'administration désigne les cantons de réserve où la pêche est formellement interdite, même à la ligne.

Il est interdit de laisser circuler dans ces réserves des oies, canards, cygnes et autres animaux aquatiques susceptibles de détruire le frai du poisson.

Il n'est pas permis d'enlever dans ces réserves aucune plante aquatique, de même du sable, des pierres, de la vase, à moins d'autorisation et de surveillance spéciales.

Les cantons de réserve sont appliqués dans les cours d'eau n'appartenant pas à l'État et donnent droit à une indemnité aux ayants droit.

Certainement, si on compare les dispositions de cette loi avec celles de la loi française en vigueur, on constate que l'avantage est tout à la loi allemande. Les Allemands, pour la pêche comme pour la chasse, n'hésitent pas à restreindre les droits de propriété.

Chez eux, l'intérêt général prime aussi le droit, et nous pensons qu'ils ont absolument raison au cas particulier.

En France, on pourrait au moins modifier quelque peu la loi actuelle.

L'emploi de la dynamite, qui tue tout, devrait être l'objet de peines sévères et entraîner un emprisonnement de longue durée.

On devrait autoriser sans aucune restriction la pêche du brochet et de la perche sans limite de taille. Si ceux-ci sont fins et recherchés, il ne faut pas oublier qu'ils sont voraces ; que la production d'une livre de perche ou de brochet ne peut être obtenue qu'au détriment d'un nombre relativement énorme de livres d'autres espèces. Il est préférable, au point de vue de l'alimentation publique, de produire 40 à 45 livres de poissons ordinaires, même des blancs, plutôt qu'une livre ou deux de poisson fin, tel que le brochet.

Tels sont les moyens très restreints qu'on peut actuellement indiquer. Quant à leur efficacité, il est certain qu'elle ne pourra jamais atteindre à la hauteur du mal existant.

Dans les conditions actuelles et celles à venir, on voit que les étangs acquerront une importance qui ira toujours en augmentant.

Nous ne pensons point que les résultats donnés par la pisciculture artificielle soient jamais assez importants pour empiéter sur le rôle que jouent les étangs. C'est, à notre avis, par ces derniers seuls que nous arriverons à repeupler nos cours d'eau, du moins dans une certaine mesure. C'est pourquoi les propriétaires d'étangs qui, au fur et à mesure que la diminution du poisson s'accentue, voient leurs produits s'écouler plus facilement, peuvent considérer sans crainte la pisciculture savante et artificielle. Jamais cette pratique n'amoindrira leurs revenus par une concurrence sérieuse. C'est du moins notre conviction personnelle, et elle est absolue, car elle est basée sur les faits passés et présents.

Si les éclosions artificielles produisaient ce que l'on croit, les centaines de millions d'œufs qu'elle peut fournir annuellement dans les divers établissements de pisciculture, et les millions d'alevins qui devraient en résulter, auraient suffi pour rendre nos cours d'eau plus poissonneux qu'au temps où ils étaient le plus riches et où le poisson abondait jusque dans les plus infimes ruisseaux.

C'est ce que nous ne voyons aucunement, du

moins pour notre part, et nous ne sachons point
que, dans une contrée quelconque, il ait été constaté
des résultats quelque peu sérieux provenant de cette
pisciculture.

Sans doute, nous savons bien qu'en parlant ainsi,
nous pouvons provoquer quelques répliques acrimo-
nieuses émanant des partisans de cette science officielle, estampillée par quelques gouvernements et
abandonnée par d'autres, plus pratiques et de meilleure foi.

Si les aquiculteurs avaient confiance en la pratique de l'éclosion artificielle, ils s'empresseraient
de l'appliquer. Sa simplicité, lorsqu'il s'agit de poissons d'étangs, la mettrait sans frais à la portée de
chacun. De plus, elle serait bien plus économique
que la production naturelle, puisqu'elle permettrait
de supprimer les étangs d'alevinage et, par conséquent, de consacrer ces derniers à la carpe adulte
c'est-à-dire de deux à trois ans, et au jeune poisson
de un à deux ans.

Les aquiculteurs ont-ils raison de n'ajouter que
peu de foi aux résultats de l'éclosion artificielle et
de ne s'y intéresser qu'à titre de curiosité? Quant
à nous, nous sommes absolument de cet avis.

Les alevins nés artificiellement sont forcément
trop petits lorsqu'ils sont lâchés dans le cours d'eau
à féconder. Ils se trouvent dépaysés et, passant
d'un espace des plus restreints à un espace illimité,
ils cessent d'aller de compagnie. Ils vont à la découverte et se dispersent; et avant que leur instinct

leur ait fait discerner les lieux pouvant les abriter et les nourrir, ils deviennent la proie des poissons carnassiers.

C'est pour ces raisons que les sociétés de pisciculture allemandes, sans avoir renoncé aux établissements de pisciculture artificielle, en sont arrivées à en attendre si peu de bons résultats, qu'elles consacrent presque toutes leurs ressources à acheter, sur les grands étangs du pays, des alevins ou du jeune poisson de carpe et de tanche. Sous la direction des agents du service hydraulique, elles cherchent de cette façon à repeupler tous les cours d'eau allemands.

C'est pourquoi presque tous les ans, nous fournissons à l'une ou à l'autre de ces sociétés et parfois même au gouvernement d'Alsace-Lorraine, de très fortes quantités d'alevins.

Ce mode de repeuplement est assurément le plus sûr et le meilleur, et il faut considérer que comparativement aux résultats qu'il procure, ceux de la pisciculture artificielle sont presque nuls et infiniment plus dispendieux. Rien ne serait plus facile à nos gouvernants que d'acheter, dans chaque département ou dans chaque région, quelques étangs, d'en louer même au besoin et d'y faire de l'éclosion naturelle, de l'alevinage en terme de métier. Il suffirait d'un étang de cent hectares ou de plusieurs atteignant ensemble cette superficie, pour créer chaque année plusieurs millions d'alevins d'espèces diverses de la taille de 10 centimètres.

Cette quantité d'alevins, lâchée chaque année en octobre ou en novembre, redonnerait aux cours d'eau de plusieurs départements une population de petits poissons d'une taille bien supérieure à celle des produits de la pisciculture artificielle, c'est-à-dire d'alevins fournissant trente, quarante, cinquante ou cinquante-cinq têtes au kilogramme. Parvenus à cette taille, les poissons ont l'instinct de la défense et savent se cantonner, se dérober. Il n'en est pas ainsi, nous l'avons dit, des alevins minuscules procréés artificiellement.

Il y aurait peut-être moyen de combiner la pratique artificielle avec la méthode de l'alevinage naturel. Ce serait de placer dans un étang des alevins *artificiels* nés en mai ou août, pour les repêcher en novembre, voire même en février ou mars. Si l'éclosion artificielle produit des alevins en quantité sérieuse et non infime, on aurait l'avantage de n'utiliser les poissons que parvenus à la taille à laquelle ils offrent le plus de garantie pour les repeuplements et de pouvoir les soustraire, dans les étangs, à la plupart des causes destructives qu'ils trouvent dans les cours d'eau dès leur tout jeune âge.

Mais il est douteux que ce procédé soit efficace, car les essais que nous avons vu tenter n'ont donné que des résultats médiocres. Il serait plus simple pour l'État de transformer les étangs qu'il possède en étangs d'alevinage. Le fera-t-il? Nous en doutons fort, puisqu'il ne met pas à profit ceux dont il pourrait disposer. C'est ainsi que, dans le département

de Seine-et-Oise, il existe un service spécial, inconnu ailleurs, celui dit : *des Eaux,* qui dispose d'un
grand nombre d'étangs, dont la création est due à
Louis XIV et dont la destination était de fournir à
l'alimentation des bassins du parc ainsi qu'à celle
des habitants. De nos jours ce service, tout comme
autrefois, assure l'approvisionnement de la ville et
celle des fontaines, qui jouent environ six fois par
an. Mais sans nuire en aucune façon aux besoins
des habitants et à ceux des pièces d'eau du grand
roi, l'État pourrait aménager ces réservoirs, aussi
considérables que nombreux, de façon à leur faire
produire des millions d'alevins naturels. Il serait
ainsi des plus facile de repeupler la Seine, la Marne
et les rivières de tous les départements voisins.

Si l'État ne voulait point se charger du repeuplement des cours d'eau en créant lui-même du
poisson, il pourrait au moins consacrer chaque
année quelques fonds à l'achat d'alevins.

Lorsque les aquiculteurs verraient un débouché
nouveau, ils ne se borneraient plus à faire du poisson marchand, c'est-à-dire comestible, ou de l'alevin pour leurs seuls besoins. Tout comme en Allemagne, l'État français trouverait chez les particuliers
les ressources voulues. Quant à la dépense, il est
certain qu'elle serait récupérée par la plus-value des
locations des rivières, dont l'élévation serait en raison directe de leur richesse en poisson.

Le gouvernement pourrait aussi, comme en Alsace-Lorraine, exiger que tout pêcheur à la ligne

fût muni d'une carte coûtant 1 fr. 25 c. par an. En France, où il y a plus d'un million de pêcheurs à la ligne, le produit du prix de ces cartes pourrait appartenir à chaque département et servir à l'achat d'alevins.

Enfin, de même qu'en Allemagne, il ne faudrait pas considérer les cours d'eau comme une source de revenus publics, mais simplement viser à ce que, sans coûter à l'État, ils soient surtout une ressource pour l'alimentation publique et une distraction à la portée du plus pauvre, moyennant toutefois une permission coûtant 1 fr. ou 2 fr.

Les départements pourraient aussi venir en aide par des subventions annuelles destinées à l'achat d'alevins provenant d'étangs.

Telles sont, à notre avis, les moyens à l'aide desquels le repeuplement des cours d'eau pourra être atteint. Grâce aux étangs, le réempoissonnement serait facile, mais ce sont les moyens les plus simples et parfois les plus rationnels qui ont le moins de chance d'être choisis.

La pisciculture officielle, en chambre, durera probablement encore longtemps, car il y a là matière à de beaux rapports, malheureusement!

Toutefois, ce qu'il y a d'absolument certain, c'est que dans bien des régions, les temps ne sont pas éloignés où l'on verra remettre à eau les nombreux étangs, qui depuis longtemps ont été transformés en prairies. La rareté du poisson non seulement amènera cette transformation, mais aussi la création des prairies artificielles, c'est-à-dire les trèfleries, les luzernières qui, d'année en année, deviennent de plus en plus en faveur chez nos agriculteurs et tendent à remplacer dans bien des localités les prairies naturelles.

LA CARPE

Nous n'entrerons pas dans la description scientifique de la carpe; c'est un poisson que tout le
monde connaît. Nous ne ferons point non plus son
anatomie. Il en sera de même pour toutes les espèces
dont nous traiterons dans le cours de cet ouvrage.

Ceci posé, nous dirons que les auteurs anciens et
modernes attribuent à la carpe une origine lointaine.
Les naturalistes de l'antiquité, ceux de Rome lui
donnent comme pays de provenance la Perse et l'Asie
Mineure. D'autres naturalistes moins anciens prétendent qu'elle est venue des provinces méridionales
de la Chine. Enfin certains affirment qu'elle ne
vient point de si loin, mais simplement des lacs du

Caucase. Ces derniers auteurs sont les moins croyables. Il est à peu près admis par tous ceux qui ont traité de la pisciculture, que la carpe, cet excellent poisson, aurait été importée en Europe par les anciens maîtres du monde.

Les Romains l'auraient introduite en Italie, mais par quels moyens? Par quel mode? C'est ce que les auteurs n'ont pas dit et ce que tout pisciculteur pratique, sachant combien le transport du poisson vivant est une affaire délicate et difficile, lorsqu'il s'agit seulement de quinze à vingt lieues, ne se chargera pas d'expliquer.

Ramener d'Asie Mineure ou de Perse, la carpe ordinaire et ses variétés diverses, c'est là un tour d'habileté, comme du reste les Romains savaient en faire. C'est surtout un bienfait pouvant compter parmi les plus sérieux dont notre civilisation moderne, malgré ses progrès de toutes sortes, doit leur être reconnaissante.

En Italie, la carpe fut très vite appréciée, et elle fit concurrence aux fameuses lamproies des riches patriciens. Non seulement les Romains en peuplèrent leurs lacs, mais ils reconnurent bientôt que c'était un poisson familier croissant bien dans les pièces d'eau, les grands bassins. Ils en firent un attrait de leurs jardins. Les jeunes patriciennes, tout comme les châtelaines du moyen âge et celles de nos jours, prirent plaisir à le voir se jeter sur la nourriture sans craindre la présence de l'homme, et se familiariser assez pour venir au bord des pièces d'eau, aux pieds mêmes des personnes qui lui font largesse.

La facilité de multiplier ce beau et bon poisson, sa rusticité, sa parfaite appropriation à toutes les eaux de plaine de notre pays de France, furent la cause de la création de tous les étangs.

C'est en effet par excellence le poisson d'étang, des eaux calmes. Il n'est pas une contrée de la France où il ne soit à même de bien prospérer.

Les eaux qui lui conviennent le mieux sont celles de plaine, sans courant ou à faible courant. Il ne vient pas dans les eaux fraîches des montagnes dites de roches ou de torrents, celles qu'affectionnent et recherchent les truites.

La carpe de rivière est à juste titre plus estimée que celle d'étang, mais il est cependant certaines de ces propriétés, situées dans l'Est et particulièrement en Alsace-Lorraine, ainsi que dans le Luxembourg, où ce poisson acquiert des qualités supérieures à celles de la carpe de rivière. Ces étangs sont du reste facilement reconnaissables, ce sont ceux à fond ferme où l'eau se renouvelle abondamment et dont la surface est couverte d'herbes aquatiques. Aussi est-ce dans les étangs de cette sorte qu'il est préférable de pratiquer la production des poissons, plutôt que celle des céréales qui y donne des revenus inférieurs.

Par la quantité de carpes produite en France comparativement à celle que fournissent les autres pays d'Europe, on peut affirmer que ce poisson est essentiellement français.

Tous les auteurs modernes qui ont écrit sur les poissons citent des carpes ayant atteint des poids énormes. Ils prétendent que dans des contrées, lointaines, il est vrai, on prend des carpes pesant jusqu'à cinquante et même soixante demi-kilogrammes. Nous ne croyons pas cela le moins du monde. Dans les plus grands étangs des pays où nous avons fait toutes nos observations d'aquiculture, c'est-à-dire les grands étangs lorrains, de l'Alsace-Lorraine, du Luxembourg, de la Belgique, dans le département de l'Ain, nous n'avons jamais vu que des carpes atteignant, comme poids maximum, celui de douze à quatorze kilogrammes.

Mais s'il y a une erreur commise au sujet du poids et de la grosseur à laquelle ce poisson peut atteindre dans nos pays, il est certain qu'il vit longtemps; toutefois point des siècles, comme on se plaît à le répéter dans tous les ouvrages d'histoire naturelle et de pisciculture.

Les fameuses carpes des fossés de Pontchartrain, de Chantilly, toujours citées à l'appui, sont loin d'avoir jamais atteint l'âge qu'on leur a attribué.

D'après les notes laissées tant par nos ascendants depuis 1789 que d'après celles recueillies par nous-même depuis plus de trente années déjà, nous estimons que la durée d'existence de ce poisson ne dépasse pas quarante ans, et c'est déjà beau pour un poisson.

Du reste, suivant la loi naturelle, tout être qui croît vite vit brièvement. La carpe figurant parmi les espèces de poissons dont la croissance est moyennement rapide, ne saurait donc avoir une longueur de vie très grande, mais seulement moyenne.

Depuis plus de soixante ans, nos notes de famille établissent que dans chaque pêche, on prend et on remet les mêmes grosses carpes, dont le poids se trouve toujours d'environ vingt à vingt-deux demi-kilogrammes. On ne peut se tromper sur l'identité de ces carpes, car, chaque année, on retrouve leurs signes de reconnaissance ; ce sont par exemple des crans pratiqués avec des ciseaux dans l'une ou l'autre de leurs nageoires.

Ces carpes, toujours bien reconnues par nos pêcheurs, qui leur ont donné des noms d'hommes et de femmes, n'ont jamais dépassé l'existence de trente-cinq ans. C'est pourquoi nous ne prétendrons point que les fossés de Fontainebleau et d'autres châteaux n'ont pas eu, durant plus d'un siècle, d'énormes carpes ; nous le croyons fort bien (nous en avons toujours eu aussi), seulement ce n'étaient pas les mêmes poissons.

La carpe, nous l'avons dit, croît assez rapidement lorsqu'elle se trouve dans un étang riche en herbages aquatiques : aussi est-elle le poisson qui forme le véritable revenu des étangs. Dans ceux de Lorraine, du Luxembourg, d'Alsace-Lorraine et de Belgique, nous avons relevé bien des séries de croissances. Comme nous n'avons pas opéré sur quelques étangs, mais bien sur un grand nombre, nous esti-

mons que les chiffres que nous donnons ci-après ne
·sont pas approximatifs, mais qu'ils serrent au plus
près la vérité.

Nos relevés n'indiquent pas non plus les résultats
d'une série unique d'observations faites sur un seul
étang de Lorraine, mais ceux de remarques recueillies depuis près de trente ans ; de plus, parmi les
étangs choisis, il y en avait de trois catégories,
c'est-à-dire des bons, des passables et des mauvais.

En procédant de cette façon, nous avons pu établir les croissances ci-après, suivant les catégories
des étangs :

Étangs de premier ordre.

1re année, 25 grammes en moyenne.

2e   —   130 à 140 grammes.

3e   —   600 à 750 grammes.

4e   —   800 à 1,250 grammes.

5e   —   1,800 à 2,300 grammes.

6e   —   3,700 à 4,200 grammes.

7e   —   6,100 grammes à 7 kilogrammes.

Étangs de bonne moyenne qualité.

1re année, 18 grammes.

2e   —   80 grammes.

3e   —   500 grammes.

4e   —   750 à 800 grammes.

5e   —   1,200 à 1,500 grammes.

6e   —   2,500 grammes à 3 kilogrammes.

7e   —   4,600 à 5,200 grammes.

Étangs médiocres.

1re année, 12 grammes.

2ª   —   67 grammes.

3ᵉ   —   400 grammes.

4ᵉ   —   500 à 600 grammes.

5ᵉ   —   800 à 850 grammes.

6ᵉ   —   1,600 à 1,800 grammes.

7ᵉ   —   3 kilogrammes à 3,400 grammes.

A partir de la septième année, la croissance ne suit plus une progression aussi sensible. La carpe mettra, suivant la qualité de l'étang, jusqu'à quinze et dix-huit ans pour acquérir le poids extrême qui, nous l'avons dit, dans tous les étangs lorrains ne dépasse pas vingt-six à vingt-huit demi-kilogrammes.

Lorsqu'elles sont parvenues à ces poids, les grosses carpes sont assujetties à des fluctuations. C'est ainsi que, si les années ont été favorables à la production, elles se maintiennent à leur poids maximum et qu'elles perdent un ou deux kilogrammes pendant les années mauvaises, c'est-à-dire les pluvieuses et les froides.

En comparant les données de croissances que nous avons constatées, nous trouvons approximativement que les étangs très bons ont donné environ un tiers de plus que ceux moyennement bons, et que les médiocres ont donné à peu près la moitié des très bons.

Les carpes sont très prolifiques; le mâle est des

poissons d'eau douce celui qui, proportion gardée, a le plus de laitance ; il en est de même de la carpe femelle relativement aux œufs.

Les carpes fraient durant la dernière quinzaine du mois de mai et fin juillet ainsi qu'au commencement d'avril.

L'époque peut varier de huit à dix jours, suivant que la température est plus ou moins élevée. Il faut du reste, pour que la carpe puisse se livrer à la ponte, que l'eau ait atteint au moins la température de dix-huit à vingt degrés.

Le frai s'effectue sur les herbages aquatiques situés en une pente douce, et à peu de profondeur. Une carpe moyenne pesant environ un kilogramme peut donner jusqu'à près de 200,000 œufs. Celles d'environ un kilogramme et demi à deux kilogrammes, sont celles qui, proportionnellement à leur poids, se trouvent les plus fécondes. Une carpe de cette force peut être chargée d'œufs représentant 10 à 13 p. 100 de son poids total.

Lorsqu'on sait qu'une carpe d'un kilogramme peut donner jusqu'à 200,000 et 240,000 œufs, on se demande comment il se fait qu'un étang d'alevinage ne fournit pas toujours des alevins en quantités considérables.

Mais sans énoncer dans ce chapitre la plupart des causes ordinaires de l'avortement des œufs, nous relaterons qu'après des notes prises pendant plus de vingt années et relatives au frai produit dans des étangs d'alevinage, nous avons pu connaître approxi-

mativement le degré de réussite des œufs de la
carpe et établir à ce sujet une moyenne. C'est ainsi
que sur 3oo,ooo œufs, nous sommes absolument
convaincu qu'il en réussit tout au plus 8,ooo à l'é-
closion et que, sur ces 8,ooo, à peine 1,8oo parviennent à l'état d'alevins minuscules, ce qui donne
pour la ponte une réussite de o,6 p. 1oo d'alevins.
On voit que cela est peu et que la nature com-
pense par la grande quantité d'œufs, les nombreux
avortements et les causes de destruction. D'un autre
côté, si une carpe donnait naissance à 1,8oo poïs-
sons, ce serait encore une fort jolie descendance qui
permettrait à cette espèce d'envahir toutes les eaux
douces; mais ces jeunes poissons sont exposés, dès
leur éclosion, à bien des chances de mortalité et
sont loin de parvenir tous à l'état d'alevins d'empoissonnement. Il n'en réchappe guère en rivière
que 88 environ sur les 1,8oo.

En temps de frai, les carpes sont à la merci de
tous leurs ennemis, parmi lesquels on compte non
seulement les animaux recherchant le frai, mais
aussi les maraudeurs d'étangs.

Les braconniers, en effet, peuvent facilement, à
l'aide d'un simple bâton, assommer les plus belles
pièces, les plus fortes, car aucun poisson ne semble
plus stupide ou, si l'on aime mieux, plus absorbé
par les fonctions de la reproduction, et son agitation
bruyante dans les endroits qu'il a choisis pour
frayère, trahit au loin sa présence et la signale à
tous ses ennemis.

Les carpes modifient leur robe avec l'âge. Sur le déclin de leur existence, elles commencent à perdre la vivacité de leurs couleurs. A mesure qu'elles vieillissent, l'éclat de leurs écailles diminue de plus en plus et quelques-unes tombent ; les autres se détachent très facilement. Enfin leurs yeux ne sont plus transparents ; ils deviennent vitreux. Il n'est pas rare de trouver des carpes borgnes et même aveugles. La tête devient plus forte. Ces signes sont du reste communs à tous nos poissons d'eau douce et caractérisent l'extrême vieillesse.

La carpe n'est point, comme plusieurs auteurs le déclarent, un poisson allant de compagnie, par troupes plus ou moins nombreuses. Cela n'est vrai que durant la première année de son existence et lorsqu'elle est à l'état d'alevin, et il en est ainsi pour tous nos poissons d'eau douce.

Dès la fin de la deuxième année, la carpe commence à aller isolément, plus tard elle est toujours solitaire.

C'est un poisson peureux, craintif, fuyant au moindre bruit, mais qui s'enhardit très vite dans les bassins et dans les viviers, comme tout le monde du reste a pu le constater.

CARPE A CUIR, A MIROIRS

Dans les pays que nous avons déjà cités et dans toutes les régions de la France, la carpe commune comprend plusieurs variétés très répandues. L'une d'elles se nomme carpe à cuir, parce qu'elle ne possède pour ainsi dire pas d'écailles. En Lorraine, on la nomme aussi carpe de juif, carpe à miroirs.

Les écailles de ce poisson, trois fois plus larges que celles de la carpe ordinaire, forment une zone allant de la tête à la queue; cette zone ne s'étend jamais au delà du tiers de la largeur du poisson. En dehors de cette bande d'écailles, le reste du corps en est absolument dépourvu.

Cette variété croît aussi vite que la carpe commune; elle a les mêmes mœurs, mais son défaut d'écailles la rend très vulnérable; aussi ne doit-on pas la choisir comme carpe à mettre dans les réservoirs maçonnés, dont les aspérités lui occasionneraient facilement des blessures.

Les Israélites, nombreux en Lorraine et en Alsace-Lorraine, recherchent de préférence cette variété, non qu'elle soit d'un meilleur goût que la carpe ordinaire, mais simplement parce que, dans les pesées, n'entre point le poids des écailles.

Certainement, c'est là un petit calcul, car, en échange de cette valeur d'environ 30 à 35 grammes par livre, ils ont un poisson à peau épaisse, dure et justifiant bien son nom de carpe à cuir. Ils réalisent donc un bénéfice peu avantageux, mais qui dénote bien la nature économe de la race juive.

Cette variété vit aussi longtemps que la carpe commune. Nous l'avons rencontrée dans nos étangs lorrains, dans la proportion d'environ 4 à 5 p. 100, rarement davantage.

CARPE HONGROISE OU REINE DES CARPES

Parmi les carpes à miroir, il existe une variété qui se voit rarement sur les marchés, non pas parce qu'elle est très rare, mais sa beauté en fait un riche poisson d'ornementation pour les pièces d'eau des parcs et des châteaux.

Dans les étangs de Lorraine et d'Alsace-Lorraine, et principalement dans ceux de la région de Metz, on trouve la carpe dite hongroise. Cette belle carpe y a été introduite il y a quatre-vingt-dix ans environ. Des étangs de famille l'ont conservée longtemps à l'état pur sans aucun métissage. Depuis environ vingt ans, elle n'est plus franche, et nous ne connaissons pas d'étangs où elle se soit conservée sans croisements.

D'après les traditions de famille, ce beau poisson serait originaire de la Hongrie, mais nous ne savons pas comment on se l'est procuré. Nous doutons qu'il vienne de ce pays, car la carpe reine est connue dans toute la France et la Belgique. Toutefois, plus on s'avance dans l'est de l'Europe, plus cette variété est répandue. Cette circonstance ferait admettre que, si la tradition lorraine est dans l'erreur en lui attribuant la Hongrie comme pays d'origine, la carpe reine est sûrement originaire de l'est de l'Europe. Quoi qu'il en soit, dans tout le pays messin, ce poisson est connu sous les noms de carpe hongroise, carpe tigrée, reine des carpes.

A première vue, elle ne se distingue des autres variétés que par la couleur de la peau et des écailles, mais les sujets que nous avons comparés nous ont permis de constater que la hongroise avait la tête moins arquée et que par suite elle semblait de forme plus allongée. Chez le mâle, cette structure nous a paru plus prononcée.

La carpe ordinaire et la variété dite à cuir ou à miroirs ont toujours les teintes suivantes : sur le dos, un bleu verdâtre plus ou moins foncé, s'accentuant au point de paraître presque bleu ; les flancs sont jaunâtres et le jaune est d'autant plus franc que le poisson provient d'une eau claire et douce. Parfois les flancs peuvent aussi être d'un jaune mêlé d'un peu de bleu ou de noir, les écailles sont grandes.

La robe de la carpe hongroise est celle qui suit : le dos est brun et cette couleur peut tirer sur le noir, les écailles des flancs sont jaunes, mais elles possèdent à leur base une énorme lune brune, c'est-à-dire que chaque écaille, d'un brun très foncé, a les bords d'un jaune d'or. Les écailles sont plus larges que celles de la carpe commune. La tache brune et le jaune clair de chaque écaille produisent à l'œil un ensemble très agréable, rappelant la belle robe de la panthère.

Il est regrettable que ce poisson ne se trouve plus à l'état pur dans les étangs lorrains. Ceux de nos familles en ont bien encore de beaux métis, qui, mis à part, reviendraient sûrement au type tout à fait pur.

Cette variété s'est longtemps maintenue franche, bien qu'elle ait été mêlée avec la carpe ordinaire. Elle a résisté pendant plus de trente à quarante ans au métissage. Il a donc fallu que ces poissons aient plus d'affinités pour ceux de leur espèce que pour la carpe commune. Peut-être aussi cette résistance n'a-t-elle tenu qu'à l'époque de leur frai, toujours un peu plus tardif que celui de la carpe ordinaire.

Ce qui nous a décidé à laisser s'éteindre cette variété dans nos étangs de famille, c'est que nous avons constaté que sa croissance est moins rapide que celle de la carpe ordinaire ; on peut, sans craindre, lui donner une infériorité de 15 à 16 p. 100. Elle nous a semblé être douée d'une aussi longue vie et d'une rusticité plus grande.

Quant au poids auxquel ce poisson peut atteindre, il ne dépasse pas 16 à 18 demi-kilogrammes. C'est du moins les plus grosses pièces que depuis plus de soixantes années notre famille ait jamais obtenues. Comme grosseur, cette carpe est donc aussi dans un état d'infériorité relativement à la carpe ordinaire, puisque celle-ci peut atteindre 28 demi-kilogrammes.

Plus que les carpes ordinaires, les hongroises ou carpes reines affectionnent les parties profondes. C'est sans doute à cause de cette particularité qu'elles frayent plus tard, car nécessairement les eaux des étangs sont à une température plus basse dans les fonds qu'à la surface et surtout sur les bords.

Nous dirons aussi que, hors de l'eau et durant

les transports, la hongroise a une résistance plus grande que les autres variétés de carpes.

Au point de vue gastronomique, c'est un bon poisson à chair blanche d'un fort bon goût, qui se saumonne légèrement lorsqu'il a atteint le poids de 6 à 7 demi-kilogrammes. Avec l'âge, la chair perd cette teinte et devient légèrement grisâtre et coriace.

Plus résistante que les autres carpes, elle est d'un transport plus facile, moins délicat, mais elle nous a paru plus sensible à l'action du chaud; aussi, dans les transports à sec, il est nécessaire de la garantir des atteintes d'une température trop douce.

Cette carpe, croissant moins vite et étant plus belle que les autres variétés, devrait se vendre plus cher aux marchands poissonniers; cependant ils n'ont jamais voulu en donner un prix supérieur, et nous ne savons pas s'ils la vendent à un taux plus élevé que les variétés ordinaires et la carpe commune.

Elle est cependant demandée souvent par les amateurs pour concourir, avec le cyprin doré de la Chine, à l'ornementation des pièces d'eau et des bassins.

Avec le poisson doré, elle produit des métis de toute beauté, du plus bel effet, mais nécessairement moins brillants que le cyprin chinois.

Nous avons aussi constaté que la carpe hongroise est plus sujette que les autres à gagner la maladie connue sous le nom de mousse ou de gale, c'est-à-dire à se couvrir d'un mucus gélatineux et ferme qui, chez les poissons, est une cause de mort lente, mais certaine.

CARPE DAUPHIN

Bien des pisciculteurs et bien des naturalistes ont parlé de la carpe dite Dauphin. Ce poisson n'est aucunement une variété de la carpe commune. Elle ne s'en distingue que par la tête, qui offre une ressemblance avec celle du poisson dauphin. Cette particularité, affectant la tête seulement, est une difformité, une atrophie, un accident et non un signe caractéristique de race.

Nous avons rarement rencontré cette carpe, bien qu'on la trouve à chaque pêche et dans tous les étangs; sur 22,000 carpes et carpettes, nous avons obtenu une fois 32 sujets seulement. Ils offraient tous des variations très marquées dans la conformation de la tête, c'est-à-dire qu'aucune tête n'était identique.

Plusieurs auteurs présentant ce poisson comme une véritable variété, nous avons voulu nous édifier à ce sujet. Nous avons mis deux carpes femelles dauphins et un mâle également dauphin dans un vaste bassin, au moment de l'époque du frai, et nous les avons reprises aussitôt la ponte effectuée. Or, les alevins ainsi produits étaient des carpillons ordinaires; sur 327, il n'y en avait que 3 offrant la difformité de la tête à des degrés différents.

D'ailleurs, toutes les espèces de carpes présentant

des carpes dauphins, il en résulte que celles-ci ne sauraient constituer une variété distincte.

CARPE ÉPINEUSE

Des pisciculteurs ont écrit qu'une variété de carpe portait une épine sur le milieu de chaque écaille. Ces petites épines seraient recourbées toutes dans le même sens, et aux environs de la tête elles seraient plus fortes que sur les autres parties du corps.

Nous n'avons jamais rencontré le moindre spécimen de cette carpe. Bien des fois nous en avons parlé à des aquiculteurs, non seulement en France, mais dans le Luxembourg et en Belgique, et dans aucun de ces pays on n'a pêché ni vu ce poisson. Quelques pêcheurs amateurs en avaient bien entendu parler, mais nul n'avait rencontré une personne pouvant dire : J'ai vu une carpe épineuse.

Quant aux pêcheurs de profession, exerçant leur métier sur les cours d'eau, auxquels nous en avons également parlé, aucun ne la connaissait, même par ouï-dire. Enfin nous avons écrit à plusieurs propriétaires d'étangs du pays des Dombes et du Forez, de même en Champagne, et partout on nous a répondu qu'on n'avait jamais vu de carpes épineuses.

CARPE BLANCHE

Les ichtyologues, ou du moins quelques-uns, ont cité une espèce de carpe qui ne se trouve pas dans les provinces françaises, si ce n'est en.Lorraine. Cette carpe se distingue de la carpe commune et de toutes ses variétés par la forme et également par la couleur.

Comme forme, elle a une longueur moindre que la carpe ordinaire et une plus grande hauteur. Dans les couleurs de la robe, c'est le jaune pâle qui domine. Sur le dos et la tête, le brun très clair est rendu plus accentué par le blanchâtre des flancs.

C'est pourquoi les auteurs l'ont dénommée carpe blanche.

Cette carpe ne mérite pas son nom de blanche ; elle est seulement beaucoup plus pâle que la carpe ordinaire.

Ce n'est qu'en Belgique, en Allemagne, dans le Luxembourg, en Alsace-Lorraine et dans la Lorraine française qu'on rencontre la carpe blanche dans certains étangs et non pas communément, mais toujours accidentellement et à des intervalles de temps inégaux.

Plusieurs écrivains ont émis l'opinion que cette coloration n'était pas la marque d'une espèce franche, mais un accident ou une altération des couleurs due à une cause non encore connue ; d'autres ont affirmé qu'il s'agissait bien d'une espèce. Enfin, quelques ichtyologues ont pensé que cette carpe provenait simplement d'un croisement entre le carrassin et la carpe commune.

Cette divergence d'opinions ayant éveillé dès longtemps notre curiosité, nous étudiâmes ce pois-

son toutes les fois que nos étangs de famille le produisirent.

Nous remarquâmes d'abord que jamais on ne
trouve la carpe blanche en grande quantité. Une
année, sur 25,000 à 30,000 carpes, nous ne trouvâmes tout au plus que 20 à 23 sujets.

De plus, nous fûmes parfois de longues années
sans en trouver une seule au cours de nos pêches.
Nous constatâmes aussi que l'apparition de ces
poissons avait toujours lieu lorsque nous avions mis
quelques carassins dans les étangs d'alevinage. Cette
circonstance nous donnait une preuve en faveur de
l'opinion qui fait de la carpe en question un simple
métis.

Nous dirons aussi, qu'ayant croisé des cyprins
rouges de la Chine avec des carpes communes, nous
avons suivi jusqu'à la cinquième génération le croisement des métis obtenus avec la carpe ordinaire,
et qu'alors nous arrivâmes à des carpes ne révélant
leur filiation avec le cyprin doré, que par la pâleur
de la robe, une largeur plus grande que celle de la
carpe et aussi une tête plus fine, c'est-à-dire des
carpes blanches.

Plusieurs auteurs déclarent que la carpe blanche
ne dépasse jamais deux livres. Nous n'en avons pas
eu de plus fortes. Cette carpe se reproduisant avec
la carpe ordinaire, se confond bien vite avec elle.

C'est là tout ce que nous avons constaté au sujet
de la carpe blanche; il se peut qu'il y en ait réellement une bien franche, mais nous ne l'avons pas

encore vue. Cependant, au jardin d'acclimatation de Paris, nous avons examiné une espèce de carpe qu'on nomme carpe dorée. Ce poisson est en effet une carpe, mais nous n'avons pu nous rendre bien compte des causes qui lui avaient mérité ce nom. Elle ne nous a paru que tout à fait blanchâtre. Elle était très mal placée du reste pour être observée, et nous n'avons distingué aucun reflet doré, sa vraie couleur nous a semblé être d'un gris blanc. Peut-être ce genre de carpe est-il celui que des pisciculteurs nomment carpe blanche.

CARPEAUX

On trouve fort souvent, en effectuant les pêches des grands étangs, des carpes qui n'ont point de sexe, quelle que soit du reste leur grosseur. Ces poissons sont surnommés généralement *bréhaignes* ou carpeaux et ne sont aucunement une variété de la carpe commune, attendu qu'on rencontre des carpeaux parmi toutes les espèces de carpes ordinaires.

Pour nous rendre compte si ces poissons restaient toujours stériles, nous en avons mis à part et nous les avons conservés plusieurs années.

Voici le résultat de nos constatations : sur six sujets, quatre, après la deuxième année de conserve, ont accusé leur sexe, mais, il est vrai, très faiblement. Quant aux autres, ils furent retrouvés dans le même état neutre.

Ce genre de carpes est très estimé. Comme tous les êtres ne s'adonnant point à la reproduction par suite du manque d'organes, les carpeaux sont bien en chair et celle-ci est, assure-t-on, meilleure, plus fine de goût que celle de la carpe ordinaire.

C'est à cause de cette qualité que des aquiculteurs ont essayé et réussi la castration des carpes.

Cette opération, à ce qu'il paraît, est très facile, mais nous ne l'avons jamais pratiquée, et nous n'avons connu aucun propriétaire d'étangs qui la mît en usage. On a écrit qu'on l'employait dans plusieurs étangs des environs de Lyon.

Nous avons analysé anatomiquement plusieurs carpeaux. Sur six, l'examen a démontré que deux étaient des mâles dont les organes étaient atrophiés ; les autres étaient des femelles dont les ovaires étaient à peine révélés. Nous ne pensons point toutefois que les carpes femelles donnent plus de carpeaux que les carpes mâles. Il nous faudrait plus d'observations pour être fixé à ce sujet.

Il arrive souvent que, lors d'une pêche d'étang, la plupart des carpes produites, quelquefois même la totalité, se trouve sans apparence de sexe. En termes de métier, on dit alors que le poisson *ne marque pas*.

Ce fait provient, dit-on, de ce que les carpes se sont complètement épuisées à l'époque de la deuxième ponte.

Il nous est difficile de nous prononcer sûrement à ce sujet, mais ce qui est singulier et contraire à ce qui devrait exister, c'est que si, dans un étang le poisson n'a pas *marqué*, il devrait en être de même dans les étangs voisins, placés dans des conditions identiques sous le rapport de l'eau et du climat.

Nombre de fois nous avons constaté aussi que, dans des étangs peuplés au moyen d'alevins de carpe ou de jeune poisson provenant de la même propriété, les uns contenaient du poisson ne *marquant pas* et les autres fournissaient des carpes absolument gonflées d'œufs et de laitance.

Nous avons également vu dans nos étangs que le poisson non marqué coïncidait parfois avec une très forte mise de brochets ou de perches.

Ces poissons de proie, en harcelant sans cesse les carpes de toutes tailles et surtout lors de leur fraye, les empêchent de s'épuiser à une ponte prolongée.

Il semblerait donc, au contraire, que le poisson ne marquant pas se produit quand la ponte s'est faite d'une façon incomplète, et non pas lorsqu'elle s'est effectuée jusqu'à épuisement.

Les carpes non *marquées* ne sont pas, comme les carpeaux, nanties d'organes plus ou moins atrophiés. Si, par la pression des doigts à l'anus, on ne peut faire apparaître les œufs ou la laite, c'est que ces poissons en sont fort peu munis et c'est ce que l'autopsie démontre.

Pour les marchands, ce genre de produits est toujours avantageux, et ils l'apprécient beaucoup. Ils peuvent en effet présenter aux clients ces poissons comme étant des laités. Mais, pour le pisciculteur qui ne vend pas plus cher, il n'en est pas de même, bien loin de là. Non seulement la carpe non marquée est le plus souvent moins grasse, mais ce défaut de poids est encore aggravé par le fait que, n'étant *pas chargée,* soit dit en termes de métier, elle perd encore en pesanteur.

OBSERVATIONS SUR LA CARPE

Les auteurs qui ont écrit sur les poissons se sont tous répétés au sujet de la carpe et ont reproduit comme à plaisir bien des erreurs. Nous en citerons une de préférence, parce que c'est la plus forte de toutes et qu'il est difficile de comprendre qu'elle ait pu être accueillie avec un ensemble aussi complet.

Suivant ces auteurs (à coup sûr des aquiculteurs de cabinet), point ne serait besoin d'eau pour élever la carpe. Ainsi ils écrivent et déclarent, avec conviction, que ce poisson peut vivre parfaitement hors de cet élément ; que la carpe n'a simplement besoin que d'humidité ; qu'il suffit tout bonnement de l'humecter quotidiennement, pour non seulement la conserver indéfiniment en vie, mais pour la faire croître et engraisser.

Et c'est ainsi que tous, en se copiant les uns les autres, déclarent qu'en construisant des casiers dans un lieu frais, on peut placer dans chaque compartiment, muni préalablement d'un lit de mousse, une carpe, et que, pour la conserver en vie, il suffit de mouiller de temps à autre son lit moussu ; que pour la faire croître et engraisser, il n'y a qu'à la nourrir de pain et de gros grains plus ou moins cuits. Ils ne disent point, à la vérité, que le poisson prend de lui-même sa nourriture. C'est regrettable, sans doute, car s'ils l'avaient affirmé, la chose aurait été plus jolie. C'est à une très ancienne lecture que nous devons la connaissance de cette singularité et l'accès d'hilarité qui en résulta. Puis, voyant que le récit se répète à l'envi dans tous les traités d'histoire naturelle, nous en vînmes à penser que ce fait si extraordinaire devait forcément avoir été mis en pratique, puisque tout le monde le relatait. Nous nous disions bien que, si la carpe avait le don de vivre hors de l'eau comme un animal amphibie, nos conducteurs de poissons n'auraient pas tant de précautions à prendre pour l'amener vivante sur des marchés distants seulement de 35 à 40 kilomètres. Il nous semblait qu'il serait facile, en automne, de voiturer ces animaux pendant de longs jours car, étendus sur un lit de paille, on serait toujours à même de les arroser le long des chemins et durant tout le trajet.

La facilité de transporter les poissons étant une chose on ne peut plus importante pour l'exploitation des étangs, nous voulûmes nous assurer si la carpe hors de l'eau avait une telle résistance. Nous étions aussi curieux de constater que nombre d'auteurs n'étaient pour la plupart que des savants écrivant bien des choses, n'ayant point été l'objet d'expériences, ni d'observations, et que, le plus souvent

une partie de leurs écrits n'était que de la compila-
tion.

C'est pourquoi nous mettons absolument au défi
le plus habile de ces pisciculteurs de métamorphoser
une carpe en un animal amphibie, c'est-à-dire de la
nourrir et de l'engraisser dans un compartiment
quelconque, malgré toute l'humidité qu'on voudra
lui prodiguer.

Nous ne sommes point un pisciculteur de cabinet,
et toutes les fois qu'une chose nous a paru intéres-
sante ou bonne à appliquer, nous avons commencé
par la vérifier, *in animâ vili*, et c'est ainsi que nous
avons fait l'expérience suivante :

Nous prîmes dix carpes bien vigoureuses, cinq
femelles et cinq mâles ; ces carpes, à quelques grammes près, étaient du même poids, 1,500 grammes.
En les choisissant d'un poids différent, nous aurions
pu en avoir de moins résistantes les unes que les
autres. Elles provenaient du même étang et avaient
été prises en même temps.

Voici comment nous procédâmes : chaque carpe
fut placée sur de la mousse mouillée, et une épaisseur de mousse également mouillée fut mise par-
dessus chaque poisson, puis pour empêcher que, par
les soubresauts et les débats, le lit de mousse supérieur ne fût défait, il fut assujetti légèrement au
moyen d'un petit morceau de filet tendu au-dessus
de chaque case. Enfin, au lieu de nous contenter
d'humecter la mousse, nous mouillâmes les ouïes des
poissons toutes les heures environ.

Voici quelles furent nos constatations :

La 1re carpe vécut 28 heures 1/2.

2ᵉ	—	33	—	13 minutes.
3ᵉ	—	42	—	40	—
4ᵉ	—	44	—	10	—
5ᵉ	—	49	—	32	—
6ᵉ	---	52	—	45	—
7ᵉ	—	55	—	35	—
8ᵉ	—	55	—	42	—
9ᵉ	—	56	—	25	—
10ᵉ	—	57	—	10	—

Ces résultats sont loin d'approcher des déclarations des auteurs.

En ouvrant tous nos poissons, nous avons constaté qu'aucun d'eux n'avait digéré les fèves de marais qu'on leur avait introduites dans l'estomac. Les fonctions digestives ne s'étaient donc point accomplies, et nous en avons conclu que les poissons hors de l'eau ne s'assimilaient plus la nourriture.

Telle est l'expérience qui nous permet de réfuter l'engraissement de la carpe en casier et à sec tout comme une simple volaille, et c'est pourquoi nous avons peine à nous expliquer comment ce conte a pu aussi être relaté par MM. Cuvier et Lacépède et donné par eux comme chose certaine.

Parmi nos observations diverses sur la carpe, il en est une que nous avons été à même de relever plusieurs fois. C'est la différence dans la quantité de kilogrammes produits à l'hectare par des étangs

de premier ordre. C'est ainsi que des étangs identiques comme sol, eau, herbages aquatiques, donnent
une quantité de poisson toujours inférieure à celle
d'autres étangs absolument analogues.

Cette moins-value de revenus est constante et,
par conséquent, elle est due à des causes perma-
nentes. Nous avons cherché à nous éclairer sur ce
point, et voici à quoi nos recherches ont abouti.

Dans ces étangs, il nous a été donné de constater
que les carpes ne se répandent pas sur toute la surface du terrain immergé, qu'elles en affectionnent
une partie et qu'elles s'y cantonnent d'autant plus
volontiers que les étés sont froids et pluvieux. Il
s'ensuit donc une perte de nourriture, puisqu'une
partie du sol n'est pas ou est très peu utilisée. Puis,
comme l'empoissonnement est calculé selon toute
l'étendue de la nappe, il se trouve trop fort et en
excès proportionnellement à l'étendue seulement
mise à profit par les carpes qui le composent.

Nous avons ensuite cherché les causes qui poussent les carpes à se cantonner, et nous pensons les
avoir trouvées. Toutefois, nous ne les garantissons
point, et nous sommes disposé à accepter toutes les
raisons qu'on pourrait nous donner judicieusement :
car il est difficile, dans l'espèce, de pouvoir être
bien affirmatif.

Dans la province de Namur, en Belgique, lors
d'un temps de pêche, nous avons examiné et par-
couru le sol de deux étangs où le cantonnement des
carpes s'effectue constamment et occasionne au pro-

priétaire une perte sèche assez sensible. Dans notre exploration, nous avons reconnu de suite les parties fréquentées par les poissons. Cela se distingue aux trous nombreux et aux creux qu'ils font dans la vase. Dans les endroits presque délaissés par eux, nous avons constaté qu'il y avait des sources, et que l'eau en provenant avait une température inférieure de 3 degrés à celle fournie par le ruisseau à débit constant qui alimentait ces étangs. Cette eau, émergeant dans les étangs mêmes, nous a aussi semblé moins douce, car elle ne dissolvait pas le savon aussi bien que celle du ruisseau d'alimentation. Nous en avons conclu que les carpes, aimant les eaux douces, tièdes, s'éloignent dans les étangs des parties où émergent et se font sentir des sources d'eau plus froide, et qu'elles abandonnent ainsi une étendue plus ou moins grande de sol.

En hiver, les carpes se cantonnent aussi ; mais dans cette saison elles ne consomment que fort peu ou même pas de nourriture. Puis, ce n'est plus une différence dans la température de l'eau qui détermine leur cantonnement, c'est simplement la profondeur et l'épaisseur de la vase. Plus le froid augmente, plus les carpes recherchent les grands fonds et une forte épaisseur de marais. Réunies par masses, elles restent dans un état d'engourdissement qui ne cesse que lors du retour de la chaleur. Pendant l'été, nous pouvons certifier que les très grosses carpes font des trous dans la vase et que, comme à un gîte, elles y reviennent toutes les nuits.

L'abaissement de la température de l'eau produit le même effet sur la tanche, mais celle-ci se réunit en masse moins compacte. Le carrassin, la gibèle subissent cette influence de l'hiver, l'anguille de même, les poissons blancs beaucoup moins. Quant aux poissons de proie, tels que la perche et le brochet, ils y sont peu sensibles.

Pour nous rendre compte si le froid était bien la cause réelle de la torpeur hivernale des poissons, nous avons fait en plein été l'expérience suivante : nous avons mis des carpes dans un tonneau défoncé, tenant environ un hectolitre d'eau, que nous avons refroidie en y jetant des morceaux de glace. Nous constatâmes d'abord que, la température de l'eau s'étant abaissée presque subitement de plus de dix degrés, nos carpes se mouraient; puis lorsque cet abaissement était obtenu très lentement, l'engourdissement s'emparait progressivement des poissons, au point qu'ils ne se déplaçaient plus quand on les touchait avec la main. Ils se tenaient absolument immobiles, et avaient une respiration moins active.

De tous les poissons, celui qui nous occupe est, avec l'ablette, ce charmant petit poisson d'argent, celui qui ressent le plus toutes les variations de l'atmosphère.

La plupart des ichtyologues déclarent d'une façon très affirmative que, pendant les temps orageux, où les éclairs sont très nombreux, l'on peut perdre une grande quantité de carpes dans les étangs. Ce

fait est relaté aussi dans beaucoup d'ouvrages de pisciculture et, malgré cela, nous n'y croyons nullement.
Nous savons fort bien que, dans un réservoir trop
peuplé, on est exposé à voir périr les carpes par les
temps d'orages; mais cela n'arrive point quand la
proportion d'empoissonnement est bien établie, c'est-
à-dire en rapport avec la capacité du réservoir et la
quantité d'eau qui l'alimente.

On peut éprouver cette mortalité par un temps
doux. Sous l'influence d'une pluie amenée par le
vent du sud, les risques sont encore plus grands
que par les temps d'éclairs et de tonnerre.

On dit aussi qu'il suffit que la foudre tombe dans
un étang pour qu'une grande partie de l'empoissonnement soit frappée de mort. C'est encore une erreur répétée par tous. Trois ou quatre fois, nous
avons vu la foudre tomber sur un étang sans que
cela occasionnât aucun cas de mortalité. Cependant
cet étang contenait plus de 30,000 livres de poissons.

Une autre erreur qui a généralement cours, c'est
que la carpe se nourrit de la vase des rivières et
des étangs, qu'elle l'absorbe. En réalité, la carpe
fouille la vase, elle sait y trouver tous les animalcules et les insectes qui s'y cachent, mais elle ne
consomme pas la vase proprement dite. La carpe
vit essentiellement d'insectes et encore plus d'herbages aquatiques. Elle est de tous les poissons le
plus herbivore.

La carpe a un défaut, c'est d'être un poisson
aussi commun que facile à produire. S'il en était

autrement, elle serait bien plus recherchée, car sa chair est exquise, pleine de suc. Mais pour apprécier ce poisson, il faut d'abord le manger immédiatement après sa sortie de l'eau. Consommée seulement 9 à 10 heures après, sa chair a perdu déjà 5o p. 100 de ses qualités ; 24 heures plus tard, c'est un poisson sans aucune fermeté et fade. Il faut n'avoir jamais mangé de carpe au sortir de l'eau pour l'accepter morte depuis un ou deux jours.

Les carpes, comme tous les autres poissons d'étangs, sont sujettes à contracter un goût de bourbe, qui, parfois, est tellement prononcé qu'elles ne sont pas mangeables. Elles acquièrent ce défaut dans les étangs à sol fortement vaseux et peu riches en herbages aquatiques, parce qu'alors ce poisson est obligé de vivre davantage sur le fond. On indique, dans tous les livres de pisciculture ou de cuisine, qu'on peut faire passer cette odeur en faisant avaler au poisson une cuillerée de vinaigre. Ce liquide aurait pour effet de provoquer une espèce de sudation sur le corps du poisson, et il suffirait ensuite de le laver pour qu'il soit de bonne saveur et n'ait plus aucun goût de bourbe. A ce dire, nous répondrons simplement que le vinaigre est sans aucune efficacité. Le meilleur moyen, le seul certain jusqu'à présent, pour enlever au poisson tous les mauvais goûts, c'est de le faire séjourner dans de l'eau pure ou courante. Lorsqu'on ne peut que le remettre dans l'étang où il a contracté le mauvais goût, il faut éviter qu'il soit en contact avec le fond. Une nasse suspendue fera toujours l'affaire, en 8 ou 10 jours. Il faut toujours un peu plus de temps pour la tanche, parce que c'est un poisson séjournant plus que la carpe sur le fond des étangs et le fouillant davantage.

Dans la carpe, tout en quelque sorte est bon à manger. Nous ne parlerons pas de ses œufs, que beaucoup de personnes estiment tout autant que la laitance du mâle.

Nous connaissons des pêcheurs qui ne rejettent point les intestins de ce poisson et qui les mangent soit frits, soit à une sauce quelconque. Malgré notre répugnance pour ce mets, nous avons voulu y goûter afin de prononcer en toute connaissance de cause, et nous devons avouer que, malgré toute notre appréhension, nous avons trouvé bon cet aliment. Si la carpe était un appoint plus sérieux dans l'alimentation publique, on pourrait donc indiquer que les intestins de ce poisson ne sont pas à rejeter.

On mange bien et on regarde comme une chose exquise les tripailles de la bécasse !

La tête est aussi estimée des gourmets ; ils disent que c'est la langue épaisse et charnue qui en fait le principal mérite. Nous le voulons bien, toutefois la tête du barbeau est bien supérieure à celle de la carpe. Sur ce sujet, nous partageons l'opinion du vulgaire qui, dans les provinces de l'Est, a créé le dicton :

> Ventre de carpe et dos de brochet
> Sont recherchés du gourmet.

Le dos de la carpe, ainsi que la queue, sont les parties qui contiennent le plus d'arêtes. Celles-ci constituent peut-être le seul défaut de ce poisson; elles le rendent difficile à manger tant qu'il n'a pas atteint le poids de 600 à 750 grammes. Les meilleures carpes sont celles qui pèsent environ 2 kilogrammes et qui sont bien en chair, car une carpe maigre de n'importe quel poids est loin d'avoir toutes ses qualités comestibles. Nous avons mangé plusieurs fois des carpes du poids de 18 à 20 demi-kilogrammes, c'est incontestablement moins bon qu'une carpe de 6 à 7 livres. Néanmoins, en Alsace-Lorraine et en Lorraine, les poissons de ce poids sont recherchés. Pour les grands repas de noces, les banquets, on les préfère aux brochets de n'importe quelle taille; ils sont les poissons d'apparât par excellence et ils se servent sur la table en entier.

C'est surtout durant les mois d'octobre, novembre et suivants jusqu'en avril, que la carpe est bonne à manger. Elle varie de qualité suivant sa provenance. Nous connaissons des négociants en gros qui se sont fait une réputation s'étendant loin en Allemagne en ne vendant que la carpe provenant des étangs lorrains. C'est pourquoi nous dirons aux marchands poissonniers qu'ils doivent constamment donner la préférence aux étangs abondamment pourvus d'herbages aquatiques, la carpe y est toujours plus grasse, et cela tient à ce que l'alimentation végétale est plus profitable à ce poisson que celle qu'il peut trouver en insectes dans la vase.

La carpe est un poisson sujet à bien des maladies, particulièrement à la gale et à la mousse, que nous décrirons en temps et lieu. Il est très difficile à prendre dans les nasses. Nous n'avons que très rarement réussi à ce sujet, quelles que soient les amorces dont nous nous sommes servi, et cependant nous posions nos nasses en plein étang et en plein empoissonnement de carpe. C'est une garantie contre le maraudage, mais qui n'existe plus lorsqu'il s'agit de lignes.

A la ligne, la carpe se prend avec bien des amorces, nous en avons tiré hors de l'eau, même avec de la chair de poisson; les plus connues sont les fèves cuites, le blé, l'orge, la pâte de pain, les gros vers rouges. Nous avons dit plus haut que la carpe se retire l'hiver au plus profond des eaux qu'elle habite, et qu'elle se nourrit peu, c'est ce qui fait que durant cette saison elle ne mord pas à la ligne. En été, on ne peut la pêcher qu'au commencement et à la fin du jour, car elle s'abrite durant le cours de la journée et ne s'agite que le matin et vers le soleil couchant. A l'automne et au printemps, on peut tendre ses lignes toute la journée.

Lorsque le temps est lourd, que des orages sont probables, on prend parfois à la ligne beaucoup de carpes. Mais aussitôt que la pluie commence à tomber, les pêcheurs peuvent replier leurs engins, car la carpe ne mord plus.

Il est bon, plusieurs jours à l'avance, de jeter aux endroits où l'on suppose des carpes, du fumier de cheval ou de porc. On peut être certain que ces poissons y seront cantonnés, et qu'un coup d'épervier ne sera pas retiré sans succès.

La carpe ne se prend jamais au carrelet, car c'est un poisson de fond.

LE CARRASSIN

Son origine, ses différents noms, sa croissance, sa longévité, les eaux qui lui conviennent. — Qualité de sa chair. — Rusticité de ce poisson : sa résistance sous la glace. — Sa nourriture en réservoir. — Sa pêche à la ligne, les amorces à employer.

Le carrassin est une espèce de carpe, absolument dépourvue de barbillons. Ce poisson n'est originaire ni de France ni de Belgique, où il n'est connu que dans certaines régions. On le rencontre fréquemment dans les étangs lorrains, dans ceux d'Alsace-Lorraine et dans quelques-uns de l'ancien département du Bas-Rhin. Commun dans les pays allemands, il y est tenu, à juste titre, en grande estime.

Dans la Lorraine française, le carrassin est intimement lié à un souvenir encore bien cher et vivace, quoique déjà assez éloigné. On en attribue l'introduction au prince Stanislas Leszczynski, roi de Pologne et duc de Lorraine, que les Lorrains ont surnommé, avec raison, le Bienfaisant.

La tradition est conforme à l'exactitude des faits ; c'est bien, en effet, Stanislas qui a doté les étangs lorrains du carrassin et qui en a enrichi les marais et les tourbières, en le faisant venir des grands marécages et des tourbières de la Pologne.

Dans son pays d'origine, ce poisson est préféré à

la tanche et mis, comme qualité, sur le même rang
que la carpe.

Dans la Lorraine française, ce poisson est connu
sous plusieurs noms. Le plus répandu est celui de
carroutche, qui n'est en somme que le nom allemand : *karrutsch*. Aux environs de Nancy et dans
l'arrondissement de Lunéville, on le nomme parfois
carpe du Duc, carpe de Stanislas, carpe de Pologne.

Le carrassin est loin de pouvoir atteindre les dimensions de la carpe, il ne dépasse guère le poids
extrême de 1 kilogramme; toutefois, nous en avons
vu pesant près de 1 kilogramme et demi.

Voici les poids que nous avons reconnus à ce
poisson dans les étangs lorrrains :

1re année,	12 à 15 grammes	
2e —	50 à 55	—
3e —	380 à 400	—
4e —	500	—
5e —	600 à 650	—

Bien que plusieurs pisciculteurs lui aient assigné
les mêmes proportions qu'à la carpe, relativement à
sa conformation, il en diffère essentiellement par les
signes suivants :

Il est d'abord, à poids égal, bien plus épais que
la carpe. Sa hauteur est d'un tiers environ plus
grande. Ses écailles sont infiniment plus brillantes
et rappellent celles des poissons blancs. Cette particularité semble contraire à la remarque que nous
avons faite, à savoir : que les poissons de fond sont

toujours dotés d'une robe plus sombre que les poissons de demi-eau et de surface. Mais le carrassin,
tout en étant un poisson de fond, ne se plaît que dans
les nappes d'eau très peu profondes, et c'est ce qui
le place au même point que les poissons fréquentant
les profondeurs d'eau moyennes.

Sa longévité est bien moins connue que celle de
la carpe et de la tanche ; mais nous avons tout lieu
de supposer qu'il vit plus longtemps que les poissons blancs et tout autant que la tanche, mais moins
que la carpe.

Nous avons examiné, dans un étang des environs
de la petite ville de Forbach (Alsace-Lorraine), des
carrassins dont l'âge était sûrement de onze années,
et ces poissons n'avaient pas encore les signes pré-
curseurs de la vieillesse. On nous en a présenté
aussi quelques-uns auxquels on attribuait vingt-cinq
ans, et ils offraient tous les signes révélant chez les
poissons la dernière phase de l'existence.

Malgré ces constatations, nous ne pouvons être
bien affirmatif à ce sujet, ni dire si ce poisson a une
longévité égale à celle de la carpe.

Le carrassin se plaît dans toutes les eaux calmes,
peu profondes, riches en herbages de toutes sortes
et à fond vaseux. Il est quelquefois pêché dans les
petites rivières sans courant du pays d'Alsace-Lorraine et dans celles du département de Meurthe-et-
Moselle ; mais il est certain que ces poissons n'y
sont pas nés et qu'ils proviennent toujours d'alevins
ayant pu s'échapper d'étangs en cours de pêche.

Les alevins de ce poisson restent très petits la première année de leur existence. Ils se maintiennent volontiers dans la bourbe; aussi, lors des chasses d'eau effectuées par les vannes de sortie des étangs, il peuvent facilement s'échapper et gagner ainsi les cours d'eau.

Le carrasin convient aux propriétaires des grandes tourbières du Nord. Il y donnerait de beaux résultats, tant comme production que comme poisson de bon goût. Il a, en effet, sur la carpe et la tanche un grand avantage, c'est celui de ne pas contracter le goût de bourbe. Il est certain que, quelle que soit l'épaisseur de la vase dans laquelle il fouille, pour chercher sa nourriture, presque jamais ce poisson ne contracte une mauvaise odeur. Cette particularité à l'avantage du carrassin nous a paru valoir la peine d'être vérifiée, car il nous semblait impossible qu'il fût absolument indemne de l'influence du fond vaseux sur la chair des poissons.

Il nous a suffi pour cela de mettre quelques carrassins dans un petit fossé ayant un fond de vase de plus de vingt-cinq centimètres et recouvert par une hauteur d'eau de trente centimètres. Ce fossé, de vingt mètres de longueur sur deux seulement de largeur, n'avait point d'eau renouvelée. Après six semaines de séjour, les carrassins n'étaient que très légèrement affectés de mauvais goût, tandis que deux carpes qui étaient de compagnie, étaient devenues impropres à la cuisine tant elles avaient acquis l'odeur nauséabonde du marais. Nous constatâmes

aussi qu'ayant, plusieurs fois par jour, troublé fortement l'eau en agitant le fond, les carrassins n'avaient
point acquis davantage le goût de vase. Cette expérience nous semble concluante et paraît confirmer
la qualité attribuée en Lorraine au carrassin.

Ce poisson se nourrit, comme la tanche et la
carpe, en fouillant la vase. Il affectionne aussi les
fonds; mais lorsque les herbages aquatiques croissent sur les rives et à la surface, on le voit s'en
nourrir et y apparaître. C'est à ce moment qu'il est
le plus en chair et de meilleur goût.

Un mauvais point à son actif, c'est que, de tous
les poissons consommant le frai, il est peut-être
le plus goulu. Il ne se borne pas seulement à se
nourrir des œufs, mais il les dévore aussi après l'é-
closion, alors que les alevins minuscules sont encore
munis de leur vésicule ombilicale. C'est ce qui fait
que l'alevinage de carrassin est toujours moins productif que celui de la carpe et de la tanche.

Les raisons pour lesquelles il n'est pas produit
dans les étangs lorrains dans les mêmes proportions
que la carpe et même que la tanche, c'est d'abord
qu'il est loin de parvenir aux dimensions que toutes
les espèces de carpes peuvent acquérir. Mais il peut
être, sur ce point, l'égal de la tanche, et, à mon
avis, il devrait lui être préféré.

Puis, ce poisson, bien que connu et très estimé
des pêcheurs et des aquiculteurs lorrains et belges,
est encore peu répandu sur les marchés de toutes
nos villes de l'est de la France. Il s'ensuit que les

grands négociants poissonniers se refusent à le payer aussi cher que la carpe, et que, comparativement à celle-ci, il a pour les aquiculteurs les désavantages ci-après :

Infériorité de croissance, par conséquent production moindre, puis infériorité de prix, ce qui constitue double perte.

Ensuite, comme ce poisson se croise tout aussi facilement avec la carpe ordinaire que le cyprin doré de la Chine, il en résulte que, si on le comprend dans un empoissonnement, il se produit un grand nombre de métis qui, tout en croissant plus vite que le carrassin, croissent néanmoins moins rapidement que la carpe. On perd donc encore en poids.

Ces métis donnent, au point de vue gastronomique, des poissons excellents, bien en chair, très épais, mais qui se vendent au même prix que la carpe.

Nous sommes absolument convaincu que si on habituait les consonsommateurs à faire usage du carrassin, il serait bien vite apprécié à sa juste valeur et préféré à la carpe et à la tanche. On y arriverait certainement, en le vendant à un taux plus élevé, au lieu de le taxer comme il l'est, à un prix moindre. Ce serait donner au carrassin un avenir qu'il mérite, que de lui faire obtenir la faveur et la recherche des gourmets et celle des amateurs de poissons d'eau douce.

Le poisson qui nous occupe est un des plus rustiques. En réservoir, c'est un de ceux qui supportent

le mieux le manque d'eau et un espace restreint.
On peut, eu égard à cette endurance, le classer
après l'anguille et sur le même rang que la gibèle.
Il est aussi à même de supporter longtemps sans
périr le séjour dans une nappe recouverte d'une
forte épaisseur de glace et manquant à la fois de
profondeur et de renouvellement d'eau. Cela tient
sans doute à son pays d'origine qui, comme nous
l'avons dit, se trouve être les tourbières de la Pologne et de la Russie.

Sa résistance a accrédité, dans le pays lorrain,
une croyance que bien des ichtyologues ont répétée et répéteront probablement encore longtemps.
C'est la faculté, dont jouirait ce poisson, de supporter indéfiniment le séjour sous la glace ainsi que son
contact immédiat. Les auteurs qui ont propagé cette
opinion n'ont pas dû la soumettre à l'expérience et
ils ignoraient incontestablement les effets de la glace
sur tous les poissons.

Comme, au sujet de ces animaux, tout ce qui nous
a semblé particulier et étrange a été de notre part
l'objet d'une vérification, ce fait ne pouvait être
négligé. Nous avons procédé ainsi qu'il suit : nous
prîmes un tonneau rempli à moitié d'eau et nous y
plaçâmes deux carrassins de 500 grammes environ
chacun. Nous exposâmes ce récipient à la rigueur
de la température de février en temps de forte gelée.

Le tonneau contenait environ 100 litres, et pour
que le liquide ne fût pas dans l'impossibilité de se
congeler, par suite de l'agitation des poissons, nous

obligeâmes ceux-ci à rester dans le bas, au moyen
d'une claie d'osier fixée parallèlement au fond du
tonneau. Il y avait donc au-dessus de ces animaux
environ quarante-cinq centimètres d'eau et leurs
mouvements, paralysés par la claie, ne pouvaient en
rien agiter la surface et empêcher la congélation.

Après trois jours, la glace avait une épaisseur de
onze centimètres, elle était transparente et permettait de voir nos deux poissons. La glace recouvrant
le tonneau était en contact immédiat avec l'eau et
celle-ci, par conséquent, n'avait aucune chance de
pouvoir s'aérer quelque peu à la surface. Au bout
du troisième jour, les carrassins étaient morts. Leur
fin prouvait donc, d'une façon irréfutable, qu'ils périssent lorsque l'eau vient à manquer d'air. Des
carpes placées dans les mêmes conditions n'avaient
pas résisté plus de soixante-trois heures.

Il nous restait à vérifier si, comme l'écrivent certains auteurs, le contact immédiat de la glace ne
fait pas périr ce poisson, et le soumet simplement à
une léthargie. Puis, s'il est vrai que cette léthargie
cesse aussitôt qu'il est remis dans son élément.
Cette suspension complète des fonctions de la vie
valait la peine d'être examinée et c'est ce que nous
fîmes. Nous reprîmes deux carrassins, nous les plaçâmes dans le même tonneau et abaissâmes l'eau
de telle façon qu'elle ne les dépassait que de deux
centimètres, puis, au moyen de la claie d'osier, nous
les immobilisâmes. Or, nos poissons ayant moins
d'eau que lors de la première expérience, périrent

bien plus rapidement et aussitôt que la glace se trouva en contact avec eux.

Si de pareilles erreurs ont été accréditées sur le carrassin, il faut excuser ceux qui les ont propagées, car ils n'ont fait que répéter ce qu'ont dit MM. Cuvier et Lacépède, lesquels déclarent : *Que si les poissons éprouvent le contact de la glace, ils tombent dans un état de torpeur plus ou moins prolongé et conservent entièrement leur existence, attendu que les fonctions principales de la vie sont seulement ralenties chez ces animaux.*

De nos expériences, il résulte donc que, contrairement à ce que dit Cuvier, le poisson en général ne peut vivre en hiver dans une eau insuffisamment aérée, ensuite que le contact de la glace le fait périr. Du reste, on ne s'expliquerait pas que le poisson, animal à sang froid, pût échapper à la congélation, alors qu'elle lui donne la rigidité de la pierre. Nos carrassins transformés en glaçons et remis dans l'eau ne sont nullement revenus à la vie, ils se sont décomposés plus rapidement que s'ils n'avaient pas été replacés dans leur élément liquide.

Nous avons voulu aussi pousser l'expérience jusqu'à nous assurer si ces poissons supporteraient un fort abaissement de température. Mis, en été, dans un tonneau contenant peu d'eau, à laquelle nous ajoutâmes une quantité de glace broyée finement afin de refroidir l'eau instantanément : en un rien de temps nos carrassins furent sur le flanc et devinrent rigides. Repris aussitôt et remis dans l'eau, à la

température normale, ils revinrent à eux. Replacés
dans l'eau glacée pendant vingt minutes, puis re-
plongés dans l'eau douce, nos carrassins ne revinrent pas à la vie. Ainsi donc, s'ils ne supportent
même pas un abaissement de température rapide,
ils sont loin de pouvoir vivre au contact immédiat
de la glace.

Toutes ces erreurs diverses, dont fourmillent les
quelques livres traitant des poissons, proviennent
de ce qu'aucun des faits relatés n'a été l'objet d'expériences de la part des auteurs. Il leur a suffi d'en-
tendre dire une chose pour qu'ils l'écrivissent et
l'acceptassent, sans songer à faire la moindre vérification.

La chair du carrassin est blanche et ferme, il a un
peu moins d'arêtes que la carpe ; mais, pour bien
apprécier ce poisson, il faut avoir des sujets pesant
au moins six cents grammes. Il se conserve fort
bien en réservoir, surtout si le fond comporte quelque peu de vase et quelques herbages aquatiques.
On l'y nourrit absolument comme la carpe.

Mais ce qui est pour ce poisson un excellent
appât, c'est le fumier de porc. En jetant dans le
réservoir, de temps à autre, quelque peu de ce fumier, on maintient les carrassins dans un excellent
état d'engraissement. Les boules de terre glaise pétries avec des fèves de marais (grosses féveroles)
l'occupent aussi dans le fond avec grand avantage.

C'est un poisson lent dans ses allures, se défen-
dant mal et doué d'une vitesse moindre que la carpe

et la tanche. Rarement il échappe aux poursuites de la loutre et des oiseaux aquatiques. Poursuivi par ceux-ci, il a l'instinct de chercher les fouillis d'herbages, sachant qu'il y sera moins embarrassé que ceux qui le pourchassent.

Durant les fortes chaleurs de l'été, il est parfois sujet, comme la tanche, à des espèces de torpeurs, quand il se trouve dans des étangs ou des mares de profondeur très minime. Il est, en effet, une chose à noter, c'est que l'extrême température en chaud et en froid porte certains poissons à une espèce d'engourdissement.

Le carrassin fatigue le fond d'un étang plus qu'une carpe de même poids, mais moins pourtant que la tanche. Il fraie généralement en juin. Pour opérer cet acte, il recherche les fonds peu profonds et enherbés. Ses œufs sont excellents. La femelle en pond un grand nombre, de 100,000 à 120,000 environ. C'est vers la sixième année de son existence que ce poisson atteint le maximum de sa fécondité.

Pour terminer, nous dirons que le carrassin devrait être propagé et préféré à la tanche. Tous les anciens fossés de nos places de guerre devraient en être dotés, ainsi que tous nos cours d'eau sans courant. Les douves des châteaux devraient le posséder : il y formerait, avec la carpe, d'excellents métis, supérieurs, au point de vue gastronomique, à ces deux espèces de poissons à l'état franc.

La pêche du carrassin se fait comme celle de la

carpe et de la tanche et avec les mêmes appâts.
Toutefois, il y a lieu de dire que, parmi les amorces
dont on peut se servir, les meilleures sont, sans
contredit, les petites sangsues qu'on trouve dans les
cours d'eau, sous les pierres, les larves repoussantes
du dytique et de l'hydrophile, ainsi que celles de la
libellule. Ces amorces se trouvent dans la vase de
tous les marais. Pour le prendre avec plus de
chances de succès, c'est, comme pour la carpe, le
matin et le soir qu'il faut tendre sa ligne.

LA GIBELE

La gibèle est simplement une espèce de carpe.

C'est un beau poisson peu connu sur les marchés des grandes villes, où il n'apparaît que très rarement. Dans l'est de la France, les pays annexés, le Luxembourg, on ne le rencontre que dans quelques étangs, et toujours en quantité restreinte. Il est plus commun en Allemagne, en Pologne et aussi en Belgique.

En France, on lui préfère la carpe franche ordinaire.

La gibèle fuit les eaux froides des sources et les eaux vives; elle recherche, comme le carrassin, les eaux dormantes, douces et profite mieux quand elles sont limoneuses et reposent sur un fond vaseux.

On peut dire que c'est le poisson créé pour peupler les tourbières, les marais. Il y vient mieux que le carrassin et, de toutes manières, on doit le lui préférer.

La reproduction en est toujours facile, toujours assurée, car c'est de tous les poissons celui dont le frai réussit le mieux. Il fraie généralement dans la première quinzaine du mois de juin, et un peu plus tard si les temps sont froids et pluvieux.

Comme toutes les variétés de carpes, il est très fécond; la femelle peut produire jusqu'à 250,000 œufs et même davantage. Les œufs de ce poisson sont petits, de la couleur de ceux de la carpe et, comme eux, excellents. Il les fixe sur les herbages qui sont situés sur les bas-fonds, et dans les parties enherbées, où l'eau des étangs est le plus calme, c'est-à-dire le plus abritée des vents.

La gibèle est un excellent poisson à manger, mais il faut qu'il ait au moins le poids de 500 grammes. Au-dessous de cette grosseur, il a beaucoup d'arêtes et sa chair n'a pas la même saveur.

Dans les pays que nous avons déjà cités, il n'atteint que des dimensions ordinaires et ne dépasse pas les poids suivants :

1re année, 15 à   18 grammes
2e —   80 à 90   —
3e —   360 à 400   —
4e —·   600 à 720   —

Très rarement on en pêche du poids de 1 kilogramme. Il est vers sa sixième année, et il faut qu'il se trouve dans de très bonnes conditions de milieu et d'alimentation.

On dit que dans les pays du nord, la Pologne, la Prusse du nord, il acquiert des dimensions plus fortes; mais, à ce sujet, nous ne pouvons que répéter ce que disent les auteurs. Nous avons questionné un fonctionnaire allemand du service hydraulique, qui nous a assuré que les gibèles d'Alsace-Lorraine ne paraissaient pas être inférieures à celles du nord de l'Allemagne.

Bien qu'appartenant au genre carpe, ce poisson n'est pas à produire en grande quantité dans les étangs, parce que sa vente est moins assurée que celle de la carpe et de la tanche. Il a, ainsi que cette dernière, l'inconvénient de fatiguer beaucoup les nappes d'eau, puis il est toujours vendu à un prix inférieur et généralement comme les forts poissons blancs.

Cependant ses qualités comestibles le font l'égal de la carpe. Il a moins d'arêtes que la tanche.

Suivant certains pêcheurs, la gibèle est une sorte de carrassin dont elle ne diffère guère, disent-ils.

On remarque cependant, au premier aspect, que la gibèle a la caudale en forme de croissant, alors que le carrassin la possède carrément. Elle est moins épaisse et moins haute ; c'est bien une carpe plutôt qu'un carrassin.

Elle a pourtant les mœurs de ce dernier, vivant comme lui sur le fond et venant à la surface seulement lors de l'épanouissement des herbages aquatiques dont elle fait également sa nourriture.

L'admettre dans l'empoissonnement régulier des grands étangs serait une faute, car elle ne rendrait jamais autant de livres qu'en produirait le même nombre de carpes. D'après nos évaluations, la gibèle, dans des conditions moyennes, peut gagner, ainsi que nous l'avons dit, le poids de quatre cents grammes dès sa troisième année. La carpe, à cet âge, acquiert celui de six cent cinquante grammes et au delà ; il en résulte donc une différence de croissance considérable, qui s'explique du reste par le fait que la gibèle n'atteint jamais plus de deux demi-kilogrammes. A cet inconvénient vient s'ajouter le suivant : c'est qu'elle se vend généralement dix centimes moins cher que la carpe. Tels sont les faits qui rendent ce poisson rare dans les étangs du pays de Lorraine. Cependant, tous les poissonniers savent combien il est bon et quelle facilité il a de se conserver dans les réservoirs et dans les bateaux viviers. Ils devraient le payer plus cher que la carpe, et alors on le produirait en plus grande quantité au lieu de ne l'avoir qu'accidentellement.

Suivant nos notes personnelles et celles de famille, nous estimons que, dans un empoissonnement, cinq livres de gibèles doivent représenter sept livres de carpes, attendu qu'elles fatiguent plus le fond que ces derniers poissons, ainsi que nous l'avons dit.

Une croyance erronée est assez généralement répandue sur la gibèle ; on attribue à ses écailles une propriété vénéneuse capable de faire périr un chien. Nous regrettons sincèrement qu'il n'en soit pas ainsi, car on pourrait utiliser la gibèle pour empoisonner les loutres. Il suffirait d'attacher, sur leur passage, plusieurs de ces poissons au moyen d'une ficelle passée dans la bouche et l'une des ouïes pour se débarrasser de ces animaux destructeurs, puisqu'en les mangeant avec leurs écailles, ils absorberaient le poison qui les ferait mourir et mettrait fin à leurs déprédations.

Du reste, les aquiculteurs pourront constater l'inanité de cette assertion en donnant des flancs de gibèle à manger à un chat : ils verront que cet animal ne sera en rien incommodé. Nous avons aussi mêlé des écailles de gibèles à la pâtée d'un petit chien, et l'animal n'éprouva qu'une ou deux évacuations du ventre. Mais ce fait ne saurait être le propre des écailles de la gibèle, attendu qu'il s'est reproduit avec des écailles de carpe.

La gibèle est un poisson solitaire dès la fin de la seconde année de son existence. Dans les réservoirs, on la nourrit tout comme les autres cyprins. Elle y maigrit beaucoup si les eaux sont froides, de source.

C'est un poisson qui mord à la ligne plus difficilement que la carpe. Un pêcheur nous a affirmé qu'il prenait ces poissons dans une tourbière alors qu'il les amorçait au moyen d'une pâte faite de mie de pain et de chènevis écrasé, mêlée avec quelques feuilles de menthe sauvage. Nous n'avons point vérifié le fait et par conséquent nous ne pouvons garantir l'efficacité et la valeur de cet appât, que nous croyons aussi convenir à la carpe et à la tanche. Comme la carpe, et malgré tous les appâts, la gibèle ne se prend dans les étangs que très difficilement dans les verveux et dans les nasses.

Elle est d'une allure lente, mais plus vive que celle du carrassin et du cyprin doré de la Chine. Elle fréquente de préférence les fonds élevés aux grands fonds d'eau ; elle est très herbivore et c'est aussi un grand destructeur du frai des poissons et des grenouilles.

Lorsqu'on la conserve dans les réservoirs, on peut la nourrir et l'engraisser en très peu de temps en lui jetant du frai de grenouilles qu'on peut toujours trouver dans les mares et dans les étangs d'alvinage. Les fumiers de mouton et de porc lui sont également très profitables.

Quant à ce qui est de la pêche de la gibèle, elle est en tout semblable à celle du carrassin.

Ces deux espèces de poissons ne se prennent pas à la ligne durant les mois d'hiver. Ce n'est guère que vers la moitié d'avril qu'ils peuvent devenir un genre de pêche n'exposant pas ceux qui voudraient s'y livrer à rentrer bredouille.

LE CYPRIN DORÉ

Son origine, son importation, les eaux qui lui conviennent et les fonds qu'il recherche. — Son éducation en aquarium. — Sa croissance et sa nourriture dans les bassins de petites dimensions. — Son élevage, sa croissance dans des conditions naturelles. — Poids auxquels il peut atteindre. — Métis qu'il produit avec la carpe ordinaire. — Sa sociabilité. — Méthodes pour le rendre familier. — Allures de ce poisson. — Le déficit qu'il subit dans les empoissonnements. — Son influence dans les empoissonnements de carpe. — Ses qualités comestibles. — Étangs à choisir pour son élevage, sa fécondité. — Époque du frai. — Sa pêche, amorces et époques où il se prend à la ligne.

Tout le monde connaît le cyprin doré de la Chine. Il est devenu de nos jours un poisson absolument vulgaire. C'est l'hôte obligatoire et banal de tous les aquariums d'appartement.

La carpe dorée chinoise, appelée plus communément poisson rouge, vient de l'empire du Milieu et de l'intérieur de ce pays. Ce cyprin aurait été trouvé dans un lac situé au sommet d'une montagne assez élevée. C'est ce que du moins tous les naturalistes disent d'un commun accord. De la Chine, il serait passé dans les îles anglaises, parmi lesquelles on cite particulièrement celle de Sainte-Hélène. Le César moderne aurait, dit-on, contemplé maintes fois ce beau poisson, qui n'était pas encore très répandu en France.

Des îles anglaises, il serait parvenu en Europe,

apporté par les Anglais, disent les uns, par les marins des Pays-Bas, disent les autres. Peu importe du reste par qui, bien que toutefois nous pensions que, se trouvant dans les îles anglaises, il y a plus de probabilités qu'on soit redevable aux Anglais de ce brillant poisson.

La carpe dorée de Chine est un poisson excessivement rustique, en termes de pêche, très *dur*. Il faut en effet qu'il le soit extraordinairement, pour qu'il puisse s'acclimater à la vie d'aquarium d'appartement qu'on lui fait généralement subir.

Ce poisson ne vient pas dans les eaux froides, recherchées par la truite. Il supporte les eaux fraîches, mais son accroissement y est très inférieur à celui qu'il peut acquérir dans celles qui lui conviennent. Il vient et prospère très bien dans toutes les eaux tièdes. Si elles sont limoneuses, elles lui conviendront encore mieux. Il lui faut les étangs bien exposés au soleil, peu profonds, dont les eaux s'échauffent vite. Si la surface est couverte d'herbes aquatiques, il y trouvera à la fois la nourriture qui lui est propice et une retraite contre les animaux qui vivent de poisson.

Les personnes qui ont élevé ce cyprin dans de petits récipients, concurremment avec d'autres poissons, ont été à même de constater que, de tous, c'est celui qui y vit le plus longtemps. Les carpes, les tanches mêmes, qui sont si vivaces, y sont douées d'une plus courte existence.

Nous dirons plus loin, dans cet ouvrage, que

les poissons, pour croître, ont besoin d'espace ; que, quelle que soit la nourriture qu'on leur prodigue, ces animaux ne profitent pour ainsi dire pas, lorsque le parcours leur fait défaut. On ne peut en avoir une preuve plus saisissante qu'avec le cyprin doré chinois ; c'est ainsi que des alevins de cette espèce, mis dans un aquarium lorsqu'ils pèsent par exemple dix ou quinze grammes, ne gagnent que quelques grammes après plusieurs années. La nourriture abondante ne peut compenser pour eux le manque d'espace ; ils restent stationnaires dans leur accroissement et s'atrophient. En termes de métier, ils deviennent *noués*.

Dans les aquariums, leur belle mort c'est de périr d'étisie. D'abord leur forme s'y altère, leur largeur diminue, leur tête devient volumineuse, hors de proportion avec le corps, lequel s'allonge et maigrit.

Dans les conditions naturelles, ce poisson parvient au poids de plus de cinq cents grammes. Nous en vîmes de cette taille, pour la première fois, il y a bien quarante ans. C'était dans un superbe bassin alimenté d'eau vive par un jet d'eau et situé dans la cour d'un médecin dentiste de Nancy. Nous sûmes de cette personne que ces poissons étaient dans leur neuvième année d'existence et qu'ils se trouvaient dans ce bassin depuis leur première année. On en avait le plus grand soin, on les nourrissait de grains d'orge et de fèves à demi cuits, alternés avec du pain de troupe ; pour leur permettre de s'abriter en été, le bassin était garni de grands nénuphars blancs et d'autres plantes aquatiques.

Le souvenir de ces beaux poissons nous était toujours resté; aussi, plus tard, nous eûmes le désir d'étudier cette belle espèce de cyprins, non pas en chambre, mais dans les conditions naturelles.

En 1872, nous nous procurâmes, à Metz, de très beaux alevins de cyprin doré. Ces poissons provenaient d'un grand bassin faisant l'ornement d'une pelouse de château. Notre première observation sur ce cyprin fut qu'il était très facile à transporter, très résistant. C'est ainsi que ces alevins, qui pesaient environ huit à douze grammes chacun, subirent plus de cinq heures de transport à sec. Je m'étais contenté de les envelopper dans un linge mouillé et de les placer dans un sac de nuit. Arrivé à destination, pas un ne nous faisait défaut. Posés en pantène, c'est-à-dire sur un petit filet étendu sur l'eau, il ne leur fallut pas trente minutes pour être complètement rétablis et se trouver aussi vigoureux qu'au sortir de leur bassin d'origine.

Nous répartîmes ces poissons sur plus de trente-cinq mètres de réservoirs en terre, où nous avions laissé croître exprès une grande quantité d'herbes aquatiques.

Une année après, nous constations que la croissance de ce poisson est très lente. Lorsque nous avions lâché nos sujets d'expérience, il en fallait environ 5o à 55 pour le demi-kilogramme, le poids moyen de chacun était d'environ 10 grammes; or ils n'avaient gagné que peu de chose, car ils pesaient 32, 38, 40 grammes, soit, comme poids moyen, 37 grammes, et comme poids acquis durant l'année, 27 grammes.

Pourtant, ces poissons avaient été constamment bien nourris de grains cuits et de verdure. Quant à leur parcours, il était largement suffisant pour leur permettre de prospérer. La carpe commune, au lieu de n'acquérir que 27 grammes, aurait, dans ces conditions, offert le poids moyen de 140 à 150 grammes et acquis environ 120 grammes durant l'année. En comparaison avec cette dernière, le cyprin doré avait donné une croissance cinq fois moindre.

Nous laissâmes, une deuxième année, la moitié de nos poissons où nous les avions placés et toujours largement nourris; voici quelle fut leur augmentation: ils avaient acquis 95-112-118 grammes, soit comme poids moyen celui de 108 grammes.

La croissance de la carpe dorée était de nouveau cinq fois inférieure à celle de la carpe ordinaire; car, dans ces conditions, celle-ci aurait atteint facilement 500 et même 700 grammes.

Nous cessâmes ensuite de maintenir nos cyprins dans ces viviers, et, pour leur donner un milieu absolument conforme à l'état naturel, nous leur donnâmes la liberté dans un vaste étang, où ils se trouvèrent en compagnie d'environ vingt-quatre mille carpes. Dans ces conditions qui leur donnaient le parcours le plus large, ils étaient obligés de rechercher leur nourriture; mais les herbages aquatiques, qui abondaient, leur constituaient une alimentation aussi riche et variée que celle qui leur avait été prodiguée durant leur mise à l'étroit dans les viviers.

Deux années après, nous mîmes cet étang en pêche et nous retrouvâmes nos cyprins dorés, non pas tous à la vérité, mais du moins en grande partie. Ils se trouvaient alors dans la cinquième année du cours de leur existence.

Les poids que nous leur trouvâmes se suivaient toujours de près, sauf quelques femelles qui avaient progressé davantage que les cyprins mâles. Ceux-ci étaient, en effet, sans aucune exception, plus petits que les femelles. C'est, du reste, la règle absolue pour tous les poissons : à âge égal, la femelle est toujours plus forte et légèrement plus large que le mâle.

Les poids étaient les suivants : 415-430-490-510 grammes ; le poids moyen était, par conséquent, de 460 grammes. En deux années, les poissons dorés avaient par suite acquis en plus la quantité de 352 grammes. Une carpe commune, dans le cours de sa cinquième année, aurait pesé environ 2 kilogrammes et même 2^{kg},300. Mais en prenant seulement le faible poids moyen de 1^{kg},850, la carpe chinoise se trouvait, après cinq années, représenter un poids quatre fois et demie inférieur à celui acquis par une carpe du même âge. Enfin, ce ne fut que dans le cours de la sixième année que ces poissons eurent atteint le poids de 650 à 670 grammes. Pour parvenir à cette taille, nos cyprins rouges de Chine avaient gagné environ trois ans d'avance sur ceux du médecin dentiste de Nancy.

Cette expérience sur les cyprins fut renouvelée; mais nous nous procurâmes des alevins fort petits pesant de 4 à 5 grammes, que nous plaçâmes dans le cours de septembre. Notre but était d'éviter d'avoir des sujets quelque peu *noués*. Après l'espace de cinq ans, nous constatâmes que ces poissons avaient gagné un accroissement supérieur à celui acquis lors de nos premiers essais, car ils avaient atteint le poids moyen de 635 grammes.

Cette seconde expérience atténuait donc l'infériorité d'accroissement comparativement à celui de la carpe commune et le ramenait à environ à trois fois et demie en moins.

Nous ne pûmes prolonger plus loin nos observations pour les raisons suivantes : nos marchands en gros, toujours présents lors de la traîne des filets, voyaient arriver ces magnifiques cyprins au milieu des bateaux chargés de carpes et d'autres poissons. Leur éclat, qui atteignait parfois jusqu'au rouge feu, en faisait des sujets extrêmement beaux. Aussi tous nos clients les réclamaient-ils, les uns pour les placer dans leurs aquariums de montre, les autres parce qu'ils les avaient promis à leur clientèle. Il nous était difficile de leur refuser cette gracieuseté, d'autant plus que nous eûmes la certitude que de nombreuses demandes leur avaient été réellement faites. Nos cyprins eurent ainsi, durant une époque, une réputation qui s'étendit au loin. Il en fut envoyé à Nancy, Strasbourg, Colmar, Coblentz, Mayence et jusqu'à Dresde, Hambourg et Munich, par l'entremise de nos clients.

Plusieurs années, nous reçûmes de ces différentes villes et surtout d'Allemagne des demandes de fortes carpes dorées, et on nous offrit jusqu'à . 2 thalers par demi-kilogramme, soit 7 fr. 5o c. la livre. A ce taux, le prix offert aurait été très rémunérateur : car la carpe se vend au plus, sur les étangs, 5o centimes le demi-kilogramme. Et comme, à la place d'une livre de poisson rouge, nous aurions produit $2^{kg},75o$ de carpe ordinaire, soit une valeur de 2 fr. 75 c., le bénéfice aurait été une plus-value de 4 fr. 75 c. par livre de cyprin doré.

Les poissons rouges avaient aussi produit de nombreux métis avec les variétés communes de la carpe ordinaire. Ces métis, bien que moins éclatants, étaient néanmoins de fort beaux poissons et offraient une multitude de variétés. Plusieurs signalaient leur métissage par des bandes noires sur une robe claire et dorée. D'autres avaient acquis la teinte d'or sombre.

Parmi les cyprins purs, les teintes étaient également très variées. La teinte feu, depuis le rouge sombre jusqu'au rouge incandescent, puis l'or rouge, le jaune, sont les couleurs les plus communes ; la plus rare était l'or franchement vert. Nous en eûmes à peine vingt-cinq échantillons. Les cyprins de Chine, quelle que soit leur couleur, ne sont pas toujours d'une teinte uniforme ; il y en a qui ont des taches blanches, ainsi que des tout blancs.

Il nous semble intéressant, pour les admirateurs des poissons rouges, de citer un exemple de leur sociabilité.

Nous donnâmes une fois vingt de nos cyprins, pesant plus du demi-kilogramme à un de nos camarades et collègues en pisciculture, habitant les environs d'une petite ville de l'Alsace-Lorraine. Il les conserva longtemps et les apprivoisa. Ces poissons ne dépassèrent point le poids de 710 grammes. Après les avoir conservés pendant huit ans dans une petite pièce d'eau, il les perdit en l'espace de trois nuits, une loutre, en en laissant les têtes sur les bords, lui signala de cette façon son triste passage. S'il s'était aperçu de la présence de cet animal dès sa première venue, il aurait pu certainement sauver la plus grande partie de ces poissons en les prenant à la trouble, mais la fatalité voulut qu'il restât trois jours sans venir jeter à manger à ses cyprins dorés, comme il le faisait quotidiennement.

Nous avons dit que notre ami les avait apprivoisés. Tous les cyprins ordinaires, autres que celui de Chine, sont, d'ailleurs, susceptibles d'arriver au même degré de familiarité.

Par suite de leur élément, qui les isole et leur supprime tout contact immédiat avec l'homme, il semblerait que les poissons ne sont susceptibles d'aucune sociabilité, et cela d'autant plus que ces animaux paraissent fort peu intelligents, stupides même. C'est du reste l'avis de tous les naturalistes qui, en cela, sont d'accord avec leurs collègues les anatomistes et également avec les observateurs.

Par suite de la difficulté d'étudier les poissons ailleurs que dans les aquariums, c'est-à-dire nullement dans les conditions dans lesquelles la nature les a placés, il en résulte que l'on n'obtient jamais de cette façon que des données incomplètes relativement à leurs mœurs et au degré de leur intelligence. C'est comme si on voulait observer les mœurs des oiseaux dans une cage ou une volière.

Tout ce que l'on a pu obtenir jusqu'ici des poissons, c'est de les amener à connaître les endroits et l'heure choisis habituellement pour leur donner leur nourriture, puis, nous pouvons l'affirmer, à reconnaître les personnes ordinairement chargées de ce soin.

C'est ainsi que nous avions habitué un cyprin doré, vivant dans un aquarium d'appartement, à venir prendre dans nos doigts des fragments d'hostie ou des grains de tapioca.

Du reste, il n'est guère de personnes qui n'aient vu des carpes, vivant dans de grands bassins, venir au-devant des personnes et les suivre pour en obtenir du pain.

L'ami auquel nous avions donné vingt gros cyprins dorés avait suivi nos conseils, et il était parvenu à faire arriver ses poissons à un signal, ainsi qu'à l'endroit absolument précis où il leur jetait leur nourriture.

Les indications que nous lui avions fournies pour obtenir ce résultat étaient aussi simples que faciles à suivre. Dans la pensée que peut-être quelques personnes seraient curieuses de familiariser les carpes dorées ou ordinaires, nous allons relater le procédé employé par notre ami.

Au moyen d'un filet tendu verticalement, il avait confiné les poissons à l'une des extrémités, très restreinte, du bassin ; puis, dans cette partie, il avait assujetti debout une tôle bien retentissante dont le bas trempait dans l'eau. Après avoir laissé les cyprins pendant dix jours sans aucune nourriture, il leur en répandit très peu et, pendant que les poissons affamés se jetaient sur le pain, il faisait de loin, à l'aide d'une gaule, vibrer à peine la tôle. Pendant deux mois, il procéda de cette façon en rapprochant peu à peu les jours de nourriture et en augmentant la force des vibrations. Débarrassés ensuite du filet qui les confinait à l'étroit, les poissons en étaient arrivés à s'approcher dès qu'on faisait résonner la tôle. C'était réellement curieux de voir avec quelle vitesse ils arrivaient à ce signal. Les plus fortes résonnances ne les intimidaient en rien, elles semblaient au contraire leur donner plus d'entrain à happer les morceaux de pain.

Toute personne qui venait voir notre ami se rendait au bassin des cyprins rouges et recevait la recommandation expresse de ne pas faire résonner la tôle sans avoir du pain à jeter. Il ne fallait pas, disait-il, tromper leur confiance.

L'élevage des cyprins, que nous fîmes en petites quantités, nous permit de faire les observations suivantes : dès que ces poissons eurent atteint le poids de 200 à 250 grammes, ils cessèrent d'offrir exactement les formes de la carpe ordinaire. Incontestablement, ils avaient plutôt celles du carrassin. Ils en avaient surtout l'épaisseur. Nous en conclûmes qu'ils ne conservent identiquement les formes de la carpe qu'autant qu'ils sont dans un espace restreint, parce que l'influence de ce milieu leur donne une forme plus allongée. A l'état naturel, ils sont plus larges, plus épais, ils ont la tête presque aussi petite que celle du carrassin, et c'est pourquoi nous estimons que le cyprin doré est un chaînon, ou plutôt une liaison, entre la carpe et le carrassin, et qu'il touche de plus près le carrassin.

Durant les premiers temps de leur apparition dans un grand étang, nous constatâmes que leur éclat étrange les protégeait contre les attaques et les poursuites de tous les oiseaux aquatiques. Le balbuzard des marais, lui-même, les respectait. Mais, après quatre à cinq mois de séjour, il n'en fut plus ainsi. Ce grand pillard n'avait pas tardé à reconnaître qu'ils étaient des poissons comme les autres, et la plupart devinrent sa proie. Rien ne nous causait plus de dépit que de voir cet oiseau tomber tout à coup sur la surface de l'eau et se relever, tenant dans ses serres un de nos magnifiques poissons rouges, tout flamboyant au soleil.

Ce poisson est lent dans ses mouvements. Il vient

en été à la surface de l'eau et, pendant des temps très longs, s'y tient dans l'immobilité la plus complète. Nous en avons vu rester ainsi plusieurs heures. Il fallait taper sur l'eau, et même non loin d'eux, pour les faire sortir de leur espèce de somnolence.

C'est un poisson qui ne se défend pas, c'est-à-dire que, par son manque de vivacité, ses phases d'immobilité à la surface, il se livre à tous les ennemis ordinaires des poissons.

Si nous avions persisté à laisser davantage nos cyprins chinois dans l'étang, nous sommes convaincu que l'année suivante, le balbuzard des marais et les hérons ne nous en auraient pas laissé un seul. Quelque avantageux que fût le prix de 7 fr. 50 c. le demi-kilogramme qu'on nous avait offert pour faire du poisson rouge de forte taille, ce prix aurait été tout à fait dérisoire, puisque, pour arriver à produire une carpe dorée, il nous aurait fallu subir une perte considérable sur l'empoissonnement. Ce fut, en effet, ce que nous éprouvâmes à chacun de nos essais, car sur une mise de six cents poissons, deux fois il nous en resta à peine deux cents.

Quant à leurs métis, il nous fut facile d'en suivre très longtemps la filiation. Elle fut sensible jusqu'à la cinquième et sixième génération. Après, ils se confondirent avec la carpe ordinaire, mais on reconnaissait encore ceux qui tenaient du cyprin doré. Ils avaient toutes leurs teintes bien plus brillantes et plus blanches et ils avaient, sur le milieu des

flancs, une ligne de points noirs allant de la fourche de la queue à l'œil; ils étaient aussi plus épais, enfin leur tête était plus petite. On sentait les traces du carrassin chinois et on avait en somme une carpe blanche.

Nos observations auraient été absolument incomplètes, si nous n'avions point apprécié ce beau poisson doré sous le rapport des qualités gastronomiques qu'il peut offrir.

Lorsqu'elle est de faibles dimensions, c'est-à-dire pendant la première année de son existence, la carpe dorée n'offre qu'une friture aussi désagréable que celle procurée par des carpes ordinaires à l'état de carpillons. Il en est encore de même lorsqu'elle a atteint le poids de 250 à 300 grammes. Ce n'est que parvenue au poids d'un demi-kilogramme et au delà qu'on peut apprécier dans leur entier les qualités de sa chair. Celle-ci est d'abord fort agréable à voir, attendu qu'elle conserve, même cuite, quelque souvenir de l'éclat du poisson. Elle a la fermeté de celle de la carpe, elle en a le goût agréable et une saveur un peu plus sucrée, ce qui prouve qu'elle est plus nourrissante. En somme, nous avons trouvé ce poisson supérieur à toutes les autres espèces de carpes.

Mais comme sa croissance est plus de trois fois inférieure à celle de la carpe commune, que, par ses mœurs lentes, apathiques, il est une proie facile pour tous les animaux qui se nourrissent de poissons, nous ne conseillons point sa production spé-

ciale, pas plus que son association dans l'empoissonnement des grands étangs.

Certainement, si on avait, à titre de poissons de
luxe, un débit assuré de cyprins dorés de forte
taille à un prix très élevé, on pourrait consacrer
par exemple un étang d'alevinage de quelques hectares à cette production. Mais pour avoir chance de
l'écouler, il faudrait opérer, par exemple, dans un
département proche de Paris, où les châteaux nombreux fourniraient une clientèle suffisante.

Ensuite, pour garantir tous les cyprins de leurs
nombreux ennemis, il faudrait que cet étang fût
tout proche d'une ou plusieurs habitations, afin
d'en éloigner tous les oiseaux aquatiques et d'empêcher, par la fréquentation, le séjour et le passage
des loutres.

Ces poissons se nourrissent très facilement dans
les bassins, les pièces d'eau et les viviers. Comme
la carpe, ils consomment tous les déchets de cuisine et de culture maraîchère. Les herbages aquatiques leur conviennent également et particulièrement la lentille d'eau, la fétuque des marais et, au
printemps, les jeunes orties hachées, les salades
diverses. Puis les fumiers de cheval, de brebis et
principalement celui de porc constituent pour ces
poissons une nourriture aussi appropriée qu'il est
possible de le désirer.

Mais quand il s'agit seulement de conserver
quelques-uns de ces poissons dans un bassin de peu
d'étendue, il est plus simple de les nourrir au pain

bis, ou avec des grains à demi cuits, qu'ils savent retrouver lorsqu'ils sont tombés à fond. Les vieux pois ne cuisant plus, leur conviennent également.

Le cyprin doré est un poisson très prolifique. Les œufs ont une belle couleur vermeille. Une femelle du poids de cinq cents grammes contient jusqu'à deux cent mille œufs. Il ne fraie guère que durant le mois de juin, dans la première quinzaine si la saison est chaude, à la fin si elle est pluvieuse. Il choisit les bas-fonds bien enherbés pour effectuer sa ponte et les parties les plus exposées au soleil et les plus abritées de l'action des vents. La réussite du frai est satisfaisante quand la saison est chaude, mais elle manque totalement si, après la ponte, la température des eaux vient à baisser de plusieurs degrés. Les alevins restent bien plus longtemps que ceux de carpe et de tanche parmi les herbages où ils sont nés. Ils vont également par troupes nombreuses, de même durant leur deuxième année. Par les fortes chaleurs de juillet et d'août, on voit parfois ces masses de cyprins tout à fait à la surface de l'eau et s'y tenir presque sans mouvement.

Les cyprins rouges de Chine, et les autres poissons qu'on a coutume d'entretenir dans les aquariums d'appartement, sont très communément sujets à une maladie dont l'issue est toujours fatale.

Les symptômes qui révèlent cette affection sont fort peu apparents et échappent à toute personne non prévenue. Les couleurs des sujets atteints n'ont pas perdu de leur intensité ; la vivacité des allures des poissons semble pourtant quelque peu ralentie. Le seul signe bien apparent de la maladie consiste en ce que les nageoires et surtout la caudale perdent leur largeur régulière.

Cette diminution peut atteindre jusqu'au tiers des dimensions normales, lorsque le sujet atteint touche à sa fin.

Dans les réservoirs restreints, ou contenant une trop grande quantité de poissons relativement à leur capacité, on observe parfois cette maladie sur les poissons de n'importe quelle taille et de n'importe quelle espèce.

Nous terminons notre article sur le cyprin en disant que, pour son transport, il y a lieu de procéder comme pour la carpe, et nous renvoyons à ce sujet à l'article traitant du transport des poissons.

Ce poisson mord à la ligne plus difficilement que la carpe, et toutes les amorces reconnues les meilleures pour prendre ce dernier poisson attirent également le cyprin rouge. Il se défend mollement lorsqu'il est accroché à l'hameçon et sa défense cesse rapidement. Dans cette situation, son apathie prend encore le dessus. Le meilleur moment de la journée pour le pêcher en été, c'est environ deux heures après le lever du soleil. Une fois la chaleur du jour arrivée, il reste très peu actif et ne mord que rarement.

LA TANCHE

La tanche est un poisson très répandu dans tous les étangs d'Europe. Son origine est peu connue, circonstance qui donne lieu de supposer que c'est bien un poisson indigène et non d'importation comme la carpe.

Du temps de la domination romaine, il était fort peu estimé. Les plus grosses tanches étaient dédaignées, non seulement par les nobles Romains, mais aussi par la masse des citoyens. Il était considéré comme un poisson du dernier choix, bon tout au plus pour la nourriture des esclaves.

S'il en était ainsi dans l'ancienne Italie, c'est qu'alors, tout comme de nos jours encore, il avait le goût de bourbe des marais du midi où ce poisson abonde. Les Italiens n'estiment point la tanche, et nous tenons d'un fonctionnaire de ce pays que les plus humbles ménages en font peu de cas encore aujourd'hui.

Il n'en est pas ainsi en France, elle y est de très bonne qualité, surtout lorsqu'elle provient d'étangs à fond ferme, peu vaseux et bien alimentés. C'est un poisson plus de fond que la carpe, venant à cet égard immédiatement après l'anguille. Moins que la carpe il se nourrit d'herbages aquatiques.

En Lorraine et en Alsace-Lorraine, dans le Luxembourg et en Belgique, ce poisson est presque aussi estimé que le brochet. Dans les Vosges surtout, la tanche de belle taille est prisée à l'égal de la truite et paraît sur les meilleures tables.

On la rencontre dans les rivières à eaux tranquilles, sans courant. Elle recherche surtout les étendues d'eaux calmes, tels que les lacs, les mares, les bas-fonds qui ne communiquent avec les cours d'eau que lors des grandes crues et des débordements.

Les étangs peu profonds, dont les eaux possèdent une température élevée, lui conviennent le mieux, car elle y croît bien plus rapidement que dans ceux à grands fonds et alimentés par une eau froide. Elle se plaît fort peu dans les rivières à courant, s'en éloigne et les fuit jusqu'à ce qu'elle ait rencontré un affluent calme.

Le pays où elle semble être le plus à sa convenance est sans contredit la Hollande, dont les canaux innombrables à eau morte en produisent des quantités considérables.

La robe de ce poisson est fort belle, jaune d'or ou verte, elle est à reflets métalliques, les yeux sont couleur de rubis. Avec le gardon, ce sont les seuls poissons d'eau douce qui les ont de cette teinte. Plus l'eau convient à la tanche et plus sa couleur est vive et brillante. C'est aussi un indice qu'elle est de bonne qualité.

Elle aime tellement peu l'eau courante que si, dans un vivier, celle-ci arrive trop vivement, on la voit s'éloigner le plus possible et chercher les endroits où l'eau nouvelle se fait le moins sentir, s'y cantonner, ou bien creuser des fonds pour s'y retirer.

Nous avons dit que la tanche offre deux teintes sans que cela soit dû à une variété. Elle est à fond vert olivâtre ou jaune mélangé de bleuâtre et à ventre violet suivant la profondeur des eaux qu'elle fréquente. Celles qui préfèrent les parties profondes ont les teintes vert olivâtre, c'est-à-dire les plus foncées, celles à couleur jaune d'or choisissent les fonds élevés. Ce phénomène est, du reste, commun à bien des poissons et se trouve dû à l'action de la lumière. C'est pour cette raison que les poissons de surface ont toujours les écailles plus brillantes et d'autant plus argentées qu'ils fréquentent moins les grands fonds. L'ablette, poisson de surface par excellence, en est une preuve évidente pour les poissons d'eau douce, et, pour ceux de mer, la sar-

dine, le hareng justifient notre opinion à cet égard.
Nous dirons aussi qu'en dehors de l'époque du
temps de frai, où les tanches s'amassent dans les
hauts fonds, nous avons toujours pris à la nasse plus
de tanches à la robe foncée, dans les grands fonds,
que de tanches à la robe jaune d'or ; c'est encore
une preuve à l'appui de notre opinion.

Lorsque les poissonniers sont à même de choisir
entre des tanches d'étangs et de rivières, ils donnent
généralement la préférence à celles d'étangs. Ces
dernières sont en général plus grosses, et si elles
n'ont pas le goût de vase, elles sont sans contredit
préférables. Toutefois celles des lacs se trouvent
encore supérieures, et c'est sur le charmant lac de
Bienne que nous avons vu les plus belles et mangé
les meilleures.

Ce poisson, lorsqu'il a acquis le poids de 500 à 600
grammes, possède déjà toutes ses qualités comestibles, sa chair est de fort bon goût. Mais quand elle
a dépassé ce poids, elle prend une teinte tout à fait
rosée, semblable à celle de la truite légèrement saumonnée. C'est pourquoi, dans les Vosges françaises
et dans celles du pays annexé, les hôteliers servent
souvent ce poisson pour de la truite de montagne.
Seulement, ils ont soin d'enlever préalablement une
partie des arêtes, car ils ne présentent jamais ce
poisson en entier, mais par tronçons, ce qui facilite
singulièrement cette opération. Pour la même raison, ils ne servent pas non plus la tête et suppriment la peau de chaque morceau.

Ce poisson croît bien moins vite que la carpe. Jamais il ne saurait non plus en atteindre les dimensions extrêmes.

Dans toutes nos provinces françaises et les pays que nous avons déjà cités, une tanche d'étang atteignant un kilogramme et demi constitue un spécimen magnifique et rarement dépassé. Il n'en est pas ainsi dans les lacs et les rivières. Les lacs de la basse Suisse en fournissent de plus grosses. Mais ce sont surtout les canaux hollandais qui expédient celles de la plus forte taille.

Suivant des relevés analogues à ceux qui nous ont permis d'évaluer la croissance de la carpe, c'est-à-dire au moyen des croissances prises dans les étangs de diverses catégories, nous pouvons établir que la tanche a la croissance ci-après :

Etangs de premier ordre.

1re année, 17 grammes ; 2e année, 80 grammes; 3e année, 320 à 350 grammes; 4e année, 500 à 600 grammes.

Étangs de deuxième ordre.

1re année, 10 à 14 grammes; 2e année, 60 grammes; 3e année, 285 grammes; 4e année, 410 grammes.

Etangs de troisième ordre.

1re année, 10 grammes; 2e année, 50 grammes ; 3e année, 205 grammes ; 4e année, 335 grammes.

Si l'on compare ces chiffres avec ceux donnés pour la carpe, on constate que la tanche lui est inférieure pour la production, et que cette infériorité est fort sensible.

Les aquiculteurs auraient donc désavantage à produire ce poisson, mais dans les pays que nous avons cités, il y a une compensation qui peut rétablir l'équilibre comparativement à la carpe, c'est que dès qu'elle a atteint seulement 380 ou 450 grammes, la tanche se vend le plus souvent au même taux que la perche et le brochet. Or cette plus-value représente généralement le double du prix de la carpe. Cet avantage semblerait donc engager les aquiculteurs à faire en grand ce poisson. Mais, malheureusement, en vivant toujours sur le fond des étangs il le fatigue énormément et on est contraint, quand on fait de la tanche, de réduire l'empoissonnement de carpes, dans des proportions variables que nous indiquerons plus loin.

Lorsqu'on se livre à la production de grandes quantités de tanches, ou que dans un étang de faibles dimensions on ne produit que ce poisson, il n'est pas possible de maintenir cet étang indéfiniment en eau, il faut le laisser reposer, c'est-à-dire le mettre en culture après une série de plusieurs pêches et pendant au moins une année.

Cette mesure, dans la plupart des cas, est moins profitable qu'une production de poisson, mais comme, après les années de culture, le poisson profite mieux, la pêche qui suit est toujours très rému-

nératrice et le préjudice éprouvé se trouve com-
pensé. Il est des étangs excellents où la carpe vient
à merveille et qui ne peuvent produire de la tanche
de bonne qualité. Cette particularité est constante
et ne disparaît que dans les pêches qui suivent immédiatement une mise en culture ou durant les
années très chaudes. Dans un étang de famille, nous
n'avons jamais pu produire des tanches de première
qualité, alors que notre carpe passe pour l'une des
meilleures dans tout le pays messin. Non seulement
la tanche ne croît que lentement dans cet étang,
mais elle y est parfois d'une maigreur excessive.
Pour la produire passable, il faudrait tellement réduire la mise de carpe, que la plus-value ne pourrait
compenser la perte subie par la diminution de l'empoissonnement. Beaucoup de propriétaires lorrains
sont dans ce cas et, tout comme nous, ils n'ont pu
jusqu'ici en découvrir les causes. Toutefois, nous
sommes à même de formuler une opinion à ce sujet,
mais sans la garantir. C'est que la tanche vient mal
dans les étangs mis constamment en eau, c'est-à-
dire où l'on fait du poisson sans interruption. Ces
étangs-là ont leurs fonds continuellement fouillés,
et comme la tanche préfère creuser dans la vase
que de manger des herbages, il en résulte qu'elle
n'a pour champ qu'un fond plus ou moins épuisé
et pauvre relativement à ce qu'elle y recherche de
préférence.

Ce poisson fraie durant les mois de mai et de juin.
Ses œufs sont petits et grisâtres, plus petits que ceux

de la carpe. Pour les déposer, la tanche recherche les endroits en pente douce enherbés et bien exposés au soleil. A défaut d'herbages, elle les pose sur le fond même. C'est là une cause de destruction : car le frai se trouve attaqué par la plupart des insectes de marais.

Malgré cela, la réussite du frai de la tanche est plus certaine que celui de la carpe, surtout quand les berges offrent de bonnes frayères naturelles. Nous avons remarqué aussi que le frai réussit mieux dans les mares que dans les étangs de grande étendue. Nous pensons que cela tient à ce que les eaux y sont plus chaudes et moins profondes.

Plus on descend dans le midi, et plus la réussite de la ponte est assurée. Nous en déduisons que ce poisson est plus propre aux pays chauds qu'à ceux du nord. Nos notes de famille viennent aussi à l'appui de cette opinion et constatent que lorsque les étés ont été froids et pluvieux, les tanches n'ont produit qu'excessivement peu d'alevins comparativement à la quantité produite par les carpes.

C'est un poisson fécond : car une tanche de taille moyenne peut produire jusqu'à deux cent vingt mille œufs. Il faut généralement l'espace de cinq à six jours pour que l'éclosion se produise. La répartition des sexes n'est pas égale. Les mâles sont dans la proportion d'un peu plus du quart. Cette donnée, que tous les propriétaires d'étangs sont à même de vérifier, est diamétralement opposée à ce que disent Cuvier et Lacépède. Ces savants déclarent,

du reste, que tous les poissons ont beaucoup plus
de mâles que de femelles, que celles-ci sont presque
toujours deux fois moins nombreuses. Plus loin
dans le cours de cet ouvrage, nous indiquerons d'a-
près les lois naturelles quelles sont les espèces des
poissons d'eau douce qui ont la plus grande proportion de mâles et quelles sont les raisons qui font
agir ainsi la nature.

L'opinion de la prédominance des femelles peut
être fondée, en ce qui concerne les poissons de mer;
nous ne la rejetons pas faute de connaissances et
quoique cependant il soit notoire que les harengs
mâles sont plus rares que les harengs femelles. Mais
pour ce qui est de la tanche, de la carpe, du brochet, de la perche, ces deux grands savants sont
dans une erreur absolue.

De tous les poissons d'eau douce, la tanche est
celui qui permet le plus facilement et dès l'âge le
plus tendre la connaissance des sexes. Dès que ses
nageoires sont formées, il est possible de faire la
distinction, tandis que pour les autres espèces de
poisson, cette reconnaissance ne se fait sûrement
que sur des sujets adultes.

La distinction du sexe de la tanche se fait en
comparant les nageoires ventrales. Celles du mâle
sont arrondies en forme de roue, celles de la femelle
en feuille de saule. De plus, si vous prenez un poisson de chaque sexe et de même taille, il vous sau-
tera de suite à la vue que les nageoires du mâle représentent plus du double de la surface de celles de

la femelle. Ainsi donc, différence de forme et dimensions inégales.

Cette particularité, qui semble une anomalie, n'est au contraire qu'une nécessité ; elle existe dans un but déterminé et voulu par la nature.

La tanche, comme nous l'avons dit, recherche les endroits calmes, sans courant. Pour frayer, elle préfère les eaux absolument mortes, comme celles des mares. Or, en temps de frai, les mâles répandent leur laitance et, pour la disséminer, ils agitent vivement leurs nageoires ventrales. La tanche frayant dans les eaux mortes, le mâle a donc plus besoin que ceux des autres espèces d'aider à la dissémination de sa liqueur fécondante et la nature a, par suite, augmenté la puissance de ses nageoires. Si on compare des mâles de n'importe quelle espèce de poisson d'eau douce, on verra aussi qu'à taille égale, c'est celui de la tanche qui a les plus fortes nageoires ventrales. Il semblerait que le mâle de cette espèce se rend compte que sa dissémination est difficile, car au lieu de se borner à suivre les femelles, comme le font les mâles des autres poissons, il sait les quitter pour passer et repasser presque indéfiniment sur les œufs. C'est pourquoi, après le frai, il est dans un état d'épuisement complet, amaigri fortement, presque étique.

A l'appui de notre opinion, nous dirons aussi que nous avons remarqué que quelques poissons frayant dans les courants avaient les nageoires moins étendues que ceux frayant dans les eaux calmes.

La tanche fraie quand les eaux ont atteint la température minima de 17 degrés.

En temps de frai, une femelle peut avoir une quantité d'œufs représentant 16 à 18 p. 100 de son poids. Nous avons constaté, même plusieurs fois, plus de 19 p. 100 pour des tanches de 600 grammes. La tanche est un poisson bien plus lent que la carpe et presque autant que le cyprin doré de la Chine. Elle fuit généralement peu devant les ennemis qui la poursuivent, et cherche de suite à se dérober. Lorsqu'une perche ou un brochet la chasse, son instinct lui dicte, comme moyen de défense, de chercher à se cacher dans l'épaisseur des bourbiers des étangs. Elle est des plus promptes et des plus habiles à s'envaser. Quand elle est de petite taille, elle peut s'y glisser complètement et sa présence n'est révélée que par le trouble momentané de l'eau. Cette tactique sert fort bien les tanches de petites dimensions et les met à l'abri du brochet, car ce poisson les abandonne généralement quand elles sont envasées. Le brochet n'aime pas, en effet, s'embourber la gueule. Il n'y a que l'anguille qui profite de l'envasement de la tanche et qui s'en empare de cette façon, bien plus facilement qu'en la poursuivant.

Lorsque l'épaisseur des marais n'est pas suffisante ou que les tanches sont trop fortes pour disparaître tout à fait dans la vase, elles se contentent tout simplement de s'y fourrer la tête et de rester immobiles, imitant en quelque sorte la tactique que l'on attribue à l'autruche. Dans cette situation, les tanches deviennent une proie facile pour les poissons carnassiers, mais plus encore pour la loutre et les oiseaux aquatiques et plongeurs vivant de poissons.

Bien des auteurs ont déclaré et répété dans leurs écrits, que le brochet attaquait la tanche à outrance et qu'il la recherchait de préférence à tous les autres poissons.

Nous regrettons d'être obligé de dire ici que c'est encore une allégation sortie du cabinet et nullement basée sur des faits observés et réels.

Voici ce que nous pouvons établir sûrement : le brochet attaque la tanche tout comme les autres poissons, mais au lieu de la rechercher et de la poursuivre à outrance comme on le prétend, c'est celui de tous les poissons qui échappe le plus à ce ravageur des eaux douces.

Quel que soit le nombre de brochets mis dans un étang, vous y trouverez toujours, non seulement de la tanche forte, mais également des alevins de tanche.

Cet étang contiendra même proportionnellement plus d'alevins de tanches que d'autres poissons et surtout de carpes.

Cela se produit même dans les étangs où les brochets ne peuvent jamais être détruits radicalement, et dans ceux qui, ne se vidant jamais, contiennent toujours de ces poissons en grande quantité et de la plus forte taille.

Ces faits sont donc des réfutations matérielles et

probantes contre les affirmations des écrivains. Il nous reste maintenant à en donner les causes.

Le brochet est un poisson de chasse et de surface. Il se met à l'affût à fleur d'eau, en se cachant sous une feuille de nénuphar, ou des herbages flottants, ou bien encore.en se tenant en avant de roseaux. La tanche, elle, est au contraire un poisson de fond, ne venant que très accidentellement à la surface, même à demi eau. Ces deux espèces de poissons ne fréquentant que des étages opposés, ne se rencontrent donc que très accidentellement. Sans doute le brochet se jette sur tout ce qui remue, et certainement si, par hasard, une tanche passe à sa portée, il la saisira tout aussi bien qu'un gardon, poisson de demi-eau, ou tout autre poisson ne fréquentant pas les fonds.

A ces preuves, nous en ajouterons une autre plus convaincante encore. Les brochets, dès qu'on les a pêchés et mis en réserve dans des viviers ou des réservoirs, vomissent ce qu'ils ont ingéré, et c'est là un phénomène qu'on n'a pas expliqué jusqu'ici. Or, nous avons pêché, dans le cours de notre existence, certainement plus de 30,000 brochets, et nous avons constaté que parmi les poissons de toutes sortes rejetés par eux, la tanche figurait à peine dans la proportion de 7 p. 100 comparativement aux autres espèces de poissons, telles que carpes, poissons blancs et perchettes.

L'absorption des perchettes nous amène de suite à déclarer aussi que c'est une allégation erronée, bien que répétée dans tous les ouvrages, de dire que le brochet ne peut saisir et se nourrir de la perche ; il en est au contraire très friand.

A cause de la vie très dure dont elle est douée, la tanche constitue, pour tous les genres de lignes tendues pour prendre du brochet, une amorce très résistante et vivant fort longtemps à l'hameçon ; elle rachète ainsi le peu d'animation qu'elle manifeste. Quant aux lignes de fond à anguilles, c'est sans contredit, avec le goujon, la meilleure des amorces dont on puisse se servir, et c'est pourquoi nous la conseillerons à tous ceux qui, dans les lacs et les rivières, tendent des cordeaux.

La tanche, nous l'avons dit, a une robe fort belle ; elle ferait un très beau poisson de bassin si, comme le cyprin doré de la Chine, elle aimait à paraître à la surface. Elle a les écailles non sensibles au toucher et ne s'enlevant que très difficilement. Il faut, pour bien nettoyer une tanche, la plonger un instant dans l'eau bouillante. Lorsqu'on examine ce poisson, ses écailles paraissent excessivement petites, mais, en réalité, elles sont beaucoup plus grandes qu'elles ne le semblent. On peut s'en convaincre en l'écaillant, car celles enlevées alors paraissent le double de ce qu'elles sont sur la peau du poisson.

Dans le monde des pêcheurs, il est aussi parfois répété que la chair de la tanche mâle, sans tenir compte de sa laitance, est préférable à celle de la femelle. Rien ne vient à l'appui de cette assertion, et nous pensons que c'est une ruse de marchand pour

vendre un poisson quelques sous de plus. La préférence, au contraire, semblerait devoir être accordée
à la tanche femelle, car aucun mâle de poisson ne
s'épuise autant dans la fécondation et ne se réduit
à un si fort amaigrissement. Il lui faut plus de deux
mois pour se refaire et regagner cette fermeté qu'on
reconnaît au toucher et qui lui manque absolument
après le frai.

Nous avons dit que la tanche était encore peu
estimée en Italie. Dans une partie du cours de la
Moselle luxembourgeoise et jusqu'à Trèves, nous
avons connu des pêcheurs convaincus que ce poisson avait la chair malsaine en été. Est-ce là une
trace du mépris qu'avaient eu les Romains pour la
tanche, alors que, du temps de leur établissement
dans ce pays, ils avaient installé de nombreuses pêcheries le long du cours de la Moselle, où les plus
importantes existaient aux environs de Metz et de
Trèves? A Sierck, à Rémich, les pêcheries étaient
aussi importantes qu'à Metz même.

Lorsqu'on ignore la provenance d'une tanche, il
faut, si on l'a vivante, prendre la précaution de la
faire séjourner dans de l'eau pure de fontaine. Lorsqu'elle a le goût de vase, sa chair, déjà grasse, est
alors lourde, et bien des estomacs se soulèvent à son
goût de marais. C'est ce qui a fait dire parfois
qu'elle était d'une digestion difficile. Il en est ainsi
pour tout poisson sentant la vase, et ce n'est point
du tout le propre de celui dont nous parlons.

Les œufs de la tanche sont excellents à manger;

ils sont aussi bons que ceux de la carpe, aussi est-ce à tort que bien des personnes ne les emploient pas.

Une tanche d'environ un kilogramme constitue une matelote exquise, supérieure à celle donnée par la carpe, et nous ne voyons que le barbeau qui puisse en approcher et lui faire concurrence. Cuite au bleu, elle est aussi très bonne et sa chair, de bon goût, a, comme nous l'avons dit, une couleur légèrement rosée.

C'est un poisson rustique, très résistant. Bien moins que la carpe, il est sujet aux diverses maladies et affections qui, dans nos pays, sévissent sur toutes les espèces d'eau douce, tant de rivière que d'étangs.

Parmi les maladies qu'il peut contracter, nous citerons surtout la gale et, plus encore, l'hydropisie. Il peut supporter, dans les viviers, un séjour prolongé sous la glace ; c'est ainsi que, durant des hivers rigoureux, on a vu des carpes d'un étang périr sous la croûte glacée, alors que les tanches ont parfaitement résisté. Cette particularité tient uniquement à ce que la respiration de ce poisson est plus lente que celle de la carpe et parce que, vivant aussi plus sur le fond, il se trouve plus habitué au contact des marais et aux gaz qui s'en dégagent.

Lorsqu'on a à faire des réserves de poissons pour l'hiver, il est bon de se souvenir de cette résistance sous la glace qui distingue la tanche. On aura à courir moins de chance de mortalité et, de plus, on pourra peupler davantage son vivier.

En réservoir, la tanche se conserve admirablement; mais elle a besoin d'y être fortement nourrie en été.

Pour ce poisson, c'est surtout les réservoirs construits simplement en terre qu'il faut choisir de préférence. Il ne faut pas oublier que, alors même qu'elle n'y trouverait aucune nourriture, la tanche aime à fouiller la vase. Elle n'y renonce jamais, quand bien même on l'accablerait des aliments le plus à sa convenance.

C'est pourquoi il est bon d'occuper les tanches dans les viviers. Il convient, dans ce but, de leur donner des boules de terre glaise pétries avec de grosses fèves de marais et des graines à moitié cuites. Ces boules de glaise, malgré leur résistance, ne tarderont pas à être délitées sous l'action des poissons, qui sauront en dégager jusqu'au moindre grain d'orge ou de blé.

On peut facilement conserver longtemps vivantes quelques tanches dans un tonneau d'eau, ou un fort cuveau. Il faut mettre ces récipients au frais et les changer d'eau au moins tous les jours. On peut conserver ainsi de trois à quatre kilogrammes de tanche dans un hectolitre d'eau. Mais il faut ne se servir que de bonne eau, et ne pas employer une eau cuisant mal les légumes et dissolvant peu le savon. Dans les eaux de cette sorte, qu'elle rend nauséabondes, la tanche ne vit que quelques jours ; c'est un avantage qu'elle possède sur tous les autres poissons, qui y périssent en un rien de temps.

Nous avons constaté que cette fétidité de l'eau est due à ce que les tanches y perdent rapidement leur enduit naturel ; puis, que ce phénomène se produit d'autant plus vite que les eaux sont dures, en termes vulgaires.

Le poisson y meurt lorsqu'il a perdu toute sa viscosité, chose qu'il est facile de constater par le simple contact de la main, car les écailles sont sèches sous le doigt. Il en est ainsi pour les autres poissons, lorsqu'on les place dans les eaux de cette nature.

La tanche est moins sensible au contact de la neige et de la gelée que la carpe ; cette particularité tient sans doute à ce que ses écailles sont plus fortement recouvertes de matières visqueuses.

Ce poisson vit hors de l'eau plus longtemps que la carpe, mais, pas plus que celle-ci, il ne saurait être élevé et nourri dans des casiers munis de mousse humide.

En dehors de la saison d'hiver, la tanche est sujette à des phases de torpeur, c'est-à-dire à des périodes où elle ne se meut presque pas et reste stationnaire aux mêmes endroits. C'est à cause de cette particularité qu'on prend parfois des tanches en assez grand nombre tout à côté d'un lieu où l'on vient de jeter l'épervier sans aucun résultat, et que le bruit de la jetée du filet n'a pas tirées de leur engourdissement. Nous n'avons pu, jusqu'ici, trouver la raison de ce fait qui, croyons-nous, ne se produit pas seulement dans les étangs, mais aussi dans les lacs et les rivières.

La pêche de la tanche se fait en tout comme celle de la carpe. Elle se prend bien facilement au verveux et dans les nasses. Dans le moment du frai, ces engins, placés dans les herbages et dans peu d'eau, en capturent de grandes quantités.

A la ligne, elle se prend fort aisément avec les gros vers rouges de terre, mais il faut pêcher à fond, car elle est un poisson fouilleur, vivant surtout des insectes qui se produisent dans les marais. Les larves des gros insectes aquatiques sont un excellent appât.

LE BROCHET

Pays où il se rencontre, son origine. — Brochets marins. — Les dimensions du brochet dans les eaux douces, son existence réelle. — Poids auxquels il peut parvenir. — Influence de la croissance sur les qualités comestibles de ce poisson, sa puissance de consommation. — Allures de ce poisson. — Époque du frai. — Lieux qu'il recherche pour frayer. — Sa fécondité. — Des œufs de ce poisson. — Emploi des œufs à l'étranger. — Du foie de brochet. — Qualités comestibles de la chair du brochet. — Brochet à chair blanche. — Brochet à chair verte. — Moyen de reconnaître à l'état vivant cette variété de brochet. — Poids auxquels le brochet possède les meilleures qualités comestibles. — Sa pêche aux divers engins. — Sa pêche à la ligne, son attaque sur les amorces. — Des diverses amorces employées et préconisées. — Époques favorables pour la pêche.

Tout le monde connaît le brochet. Ce poisson est, sans contredit, la plus belle et la plus enviée des prises que peut faire un pêcheur à la ligne. Il est aussi, avec la perche, le meilleur des poissons d'eau douce, après, naturellement, la truite de nos pays de montagnes.

On trouve le brochet dans tous les pays d'Europe et aussi bien dans les contrées méridionales que dans les plus septentrionales. Mais il est certain toutefois qu'il préfère les régions du nord et qu'il y acquiert les plus fortes dimensions. Quelques auteurs ont discuté pour savoir si ce poisson était plutôt des pays froids que des tempérés.

Nous sommes de ceux qui lui assignent les pays

du nord, et nous basons notre opinion non pas sur
les raisons données à l'appui, mais sur un simple fait
matériel, à savoir que dans nos contrées ce poisson
fraie en février, c'est-à-dire en hiver. Or nous avons
remarqué que toutes les espèces appartenant aux
pays froids frayaient de bonne heure, et que plus
l'espèce appartenait aux régions chaudes et tempé-
pérées, plus elle frayait tard. Cela se comprend de
suite et n'a pas besoin d'être discuté, et tranche
tous les différends analogues.

C'est, dit-on, dans les eaux des fleuves russes et
scandinaves que le brochet atteint des proportions
très fortes pouvant dépasser 40 kilogrammes. Si ces
dimensions sont réelles, nous objecterons ici qu'il ne
peut être question que de brochets marins, lesquels
viennent dans les embouchures des fleuves du nord
et s'avancent plus ou moins dans les eaux douces.
C'est ainsi qu'à l'embouchure de l'Escaut, du Rhin,
l'on prend des brochets de forte taille, et qu'à mesure qu'on se rapproche des parties où l'eau de mer
ne se fait plus sentir, ces poissons sont moins communs. Ils sont de taille ordinaire lorsque les eaux
sont tout à fait douces. Ce qui nous porte à croire
que les forts brochets des embouchures des cours
d'eau n'appartiennent pas à l'espèce de nos eaux
douces, c'est que celle-ci ne peut vivre dans l'eau
salée. Nous avons essayé de faire vivre des brochets dans de l'eau de mer. Les expériences que
nous avons faites à ce sujet en 1875 nous ont fait
constater que ce poisson périssait avant même qu'au

palais nous eussions bien pu constater la salure de l'eau.

On trouve ce poisson dans toutes nos rivières et dans les plus petits cours d'eau, pourvu qu'ils aient au moins une profondeur de 1 mètre à 1^m,20, et que pendant l'hiver il reste sous glace une hauteur d'eau suffisante pour lui permettre de circuler librement, et que de temps à autre il puisse trouver des trous où il aime à se retirer dans les grands froids.

C'est un poisson de proie par excellence ; aucun autre ne peut lui être comparé, si ce n'est le silure, qui lui est sur ce point infiniment supérieur. La perche ne peut lui être opposée ; et, quant à la truite, elle est beaucoup moins carnassière que la perche.

Taillé pour la course, le brochet a la queue épaisse, atteignant en largeur plus de la moitié de celle de son corps ; aussi est-il doué d'une allure telle, qu'en pleine eau aucun poisson ne peut lui échapper par la fuite.

Relativement à la taille que ce poisson acquiert dans les eaux de lacs, d'étangs et de nos cours d'eau, bien des écrivains ont parlé de brochets mons-trueux pesant jusqu'à 20 kilogrammes. Ils déclarent parfois les avoir vus. D'autres ont raconté que des pêcheurs en avaient capturé de plus forts encore. C'est ainsi que, dans un touchant accord, ils citent un brochet de 70 kilogrammes. Il est vrai que cette superbe prise aurait été faite en l'an 1500 et en Allemagne. Une ville de ce pays en conserverait

encore, comme preuve évidente, le squelette, exposé
à tous les yeux dans un musée. Une pièce aussi
phénoménale était digne d'un roi, et c'est pourquoi
la tradition rapporte aussi que ce fut le roi de ce
pays qui pêcha ce poisson magnifique.

Si cette ville allemande se trouve à l'embouchure
d'un fleuve, nous admettons qu'on a pu y prendre
un brochet marin. Mais nous doutons fort qu'il ait
pu dépasser 20 kilogrammes, et c'est loin de 70.

Par rapport aux dimensions d'autrefois données
par les écrivains, le brochet aurait donc de nos
jours énormément dégénéré, car il est rare d'en
prendre dans les rivières, les lacs, les étangs qui ne
se vident jamais, des spécimens approchant 15 kilogrammes. Ce sont des tailles qui n'ont jamais été
atteintes en Lorraine et en Alsace-Lorraine, où l'on
trouve des étangs considérables de 400 à 500 et
même 800 hectares, et dont quelques-uns ne sont
jamais vidés. Eh bien ! de mémoire d'homme, on
n'y a jamais pris un brochet de 20 kilogrammes.

Ayant entendu dire que plusieurs pêcheurs des
localités de Dieuze, Sarrebourg, Gondrexange (Alsace-Lorraine) conservaient des gueules et des têtes
de brochets monstrueux, ayant pesé jusqu'à 50 livres, nous avons voulu être édifié à ce sujet ; et,
après vérification et mesures prises, nous avons
constaté que le plus gros de ces poissons ne pouvait avoir pesé que 13 kilogrammes environ.

Il est facile du reste de comprendre l'exagération
dans la taille d'un brochet lorsqu'on ne considère

que la gueule ouverte et distendue, attendu qu'elle donne dans cet état une fois et demie la grosseur du corps de l'animal. Le brochet ne vit que de proie vive. Des auteurs disent qu'il saisit la proie morte ; nous en doutons, car nous n'avons jamais entendu dire de la part de pêcheurs qu'ils avaient pris de ces poissons soit avec des vers, soit avec d'autres appâts propres aux poissons carnassiers. Le brochet, à la vérité, donne sur le poisson mort au bout d'une ligne ; mais c'est à la condition qu'on le trompera en agitant cette ligne, afin d'en faire remuer l'amorce. Dans sa voracité, il se jette sur tout ce qui remue et lui semble doué de vie. Nous donnerons plus loin l'aperçu de la puissance de consommation dont il est doué.

Ce poisson a la vie longue, mais son existence est assurément plus courte que ne le disent certains auteurs, c'est-à-dire qu'il est bien loin de vivre plus d'un siècle. Nous estimons qu'il peut vivre environ vingt années. Sur ce point, nous nous trouvons en contradiction avec les écrivains les plus célèbres mêmes. Nous ignorons comment ces auteurs et ces savants ont acquis leur croyance et sur quelles données ils ont pu la baser. Pour ce qui est de la nôtre, elle est fondée sur plusieurs faits ; nous en citerons un seul, attendu qu'ils sont tous du même genre.

Un de nos collègues en pisciculture, habitant la petite ville de Forbach, avait mis dans un tout petit étang, contenant à peine cinquante ares, un brochet parvenu à sa troisième année d'âge. Son but était de s'assurer du temps et du poids auxquels ce poisson pourrait atteindre. Tous les ans, à l'automne et au printemps, il était abondamment pourvu d'alevins de carpe, puis les nombreuses grenouilles et les têtards qui s'y trouvaient lui procuraient une nourriture variée et bien supérieure à ses besoins.

Ce brochet, qui pesait au début 2 kilogrammes environ, signalait visiblement sa présence. Ce ne fut que dans la seizième année qu'on le trouva sur la rive où il était venu se réfugier pour mourir. Il pesait environ 19 demi-kilogrammes. Il était borgne, ses teintes offraient celles de la vieillesse. A l'autopsie, notre ami ne constata absolument rien dans les organes intérieurs : l'animal était sûrement mort de vieillesse.

Des expériences semblables, faites par des personnes dignes de foi et de notre connaissance, ont donné comme durée de vie 15 ans, 16 ans et demi, 18, 20 et 22 ans.

En admettant comme limite d'âge le chiffre de 22 ans, peut-être même celui de 25 années, nous pouvons certainement nous trouver bien près de la vérité et être à même de repousser comme une erreur répétée et sans aucun fondement, la longueur de vie attribuée jusqu'ici au brochet, c'est-à-dire celle de près d'un siècle.

S'il avait la longévité qu'on lui assigne à tort, le brochet n'aurait pas la croissance rapide dont il est doué. C'est, en effet, une loi naturelle que tout être qui vit longtemps s'accroît lentement. Nos naturalistes ichtyologues auraient dû se rappeler cette loi de la nature.

Dans les rivières et les lacs, le brochet croît moins vite que dans les étangs. Sa croissance est d'autant plus rapide qu'il est à même de consommer une abondante nourriture.

Les croissances que nous pouvons donner d'après nos observations personnelles et celles de famille sont les suivantes :

Comme taille dans un accroissement moyen :

1re année, longueur $0^m,10$ à $0^m,30$.

2e — — $0^m,35$ à $0^m,55$.

3e — — $0^m,60$ à $0^m,75$.

4e — — $0^m,75$ à $0^m,80$.

5e et 6e année et au delà, 1 mètre.

Comme poids dans un accroissement moyen :

1re année, 50 à 150 grammes.

2e — 600 à 850 —

2e — 2 à 3 kilogr.

4e — 4 à 5 —

5e — 6 à 7 —

Les croissances ci-dessus peuvent varier, mais ce sont là des moyennes. Tout dépend de l'abondance et de la richesse de l'alimentation.

Les brochets des lacs et des rivières, avons-nous dit, n'ont pas la croissance rapide de ceux des étangs ; nous estimons qu'elle peut tout au plus l'atteindre de moitié.

Lorsqu'un brochet a crû lentement, sa chair est

quelque peu dure, et c'est à ce signe plutôt qu'à la couleur, qu'on reconnaît généralement ceux des rivières. Il ne faut pas confondre la fermeté avec la coriacité des vieux brochets.

Il est aussi une erreur très accréditée dans le monde des pêcheurs et que les auteurs répètent généralement et à l'envi : c'est que le brochet est doué d'une telle voracité, d'une telle puissance de digestion, qu'il peut consommer par jour une quantité de nourriture égale à son poids.

Nous regrettons de nous trouver de nouveau sur ce point en désaccord avec ce qui se dit couramment entre pêcheurs et naturalistes. Nous avons fait à ce sujet des expériences absolument probantes et qu'on lira plus loin sous le titre : « *Voracité du brochet* ». Pour le moment, nous dirons d'abord que ce poisson digère lentement. Il a, comparativement aux divers cyprins de nos eaux douces, les intestins plus courts, c'est vrai ; mais, comme bien des poissons vivant de chair, il a la digestion plus lente que les poissons non carnassiers, et il ne fait pas exception à cette loi naturelle.

On lit aussi, dans les livres de pisciculture, que le brochet peut absorber des poissons atteignant presque sa taille. A l'exemple des serpents, il pourrait saisir une proie trop forte pour qu'il puisse l'ingérer ; puis, la retenant grâce à la disposition de ses dents placées en arrière, il aurait la faculté de digérer progressivement sa proie, tout comme les reptiles. Nous avons pêché bien des milliers de livres

de brochet dans notre vie, et jamais nous n'avons
vu un seul de ces animaux dans cette situation. De
plus, nous ne connaissons personne qui l'ait réellement constatée. Elle n'a pas non plus été observée
dans les aquariums d'observations par les naturalistes. Ce qui a pu donner lieu à ces dires, à cette
croyance, c'est que le brochet, poussé par la faim,
se jette sans discernement sur des poissons presque de sa taille, auxquels il occasionne des blessures. Nous avons, du reste, placé de force dans la
gueule de plusieurs de ces animaux un poisson dont
une partie restait en dehors; or, tous ceux qui ne
sont pas parvenus à rejeter cette proie sont morts.
Cette expérience, à la portée de chacun, est absolument concluante et décisive.

Le brochet, comme tous les êtres qui consomment beaucoup à la fois, est sujet à la torpeur qui
accompagne généralement la digestion.

En été, lorsque son estomac est bien garni, ce
poisson se met sous quelque herbage et semble
sommeiller. Il nous est arrivé bien des fois de frapper presque de nos rames un brochet se trouvant
dans cet état et que le bruit de notre bateau n'avait
pas fait sortir de son engourdissement.

Au sujet de cette somnolence, on dit qu'il y a des
gens habiles à rechercher les brochets endormis et
qui sont très adroits à s'en saisir à l'aide d'un
collet fixé au bout d'une gaule. Le brochet se laisserait tranquillement colleter, toucher et même déplacer, pour la plus grande commodité du colleteur.

Nous n'avons jamais fait ni vu faire cette pêche, mais bien des fois nous avons tué au fusil des brochets que nous trouvions immobiles. Il nous est même arrivé deux ou trois fois d'en pouvoir prendre à l'épuisette. Le grand balbusard, ou aigle des marais, qui, sur les étangs, prend bien souvent des brochets, ne doit sans doute pouvoir s'en emparer que lorsqu'ils sont dans cet état, car les allures de ce poisson sont si rapides, qu'il échappe généralement à tous les oiseaux aquatiques.

Le brochet fraie généralement vers la dernière quinzaine du mois de février, lorsque la saison est douce, et en avril si la température a été rigoureuse ou si elle a interrompu la ponte de février.

Pour frayer, il cherche à remonter les plus petits cours d'eau, et va ainsi dans les moindres profondeurs, jusqu'à se trouver même à moitié hors de l'eau. C'est à cette époque qu'il devient une proie des plus faciles, à la fois pour l'homme et pour tous les animaux pêcheurs.

Les œufs du brochet sont visqueux et s'agglutinent fortement aux herbages aquatiques. Ils sont petits, d'une couleur rougeâtre ou verdâtre et transparents. Alors même qu'au lieu d'avoir été déposés dans les herbes, ils auraient seulement été répandus sur le sable, ils y adhèrent assez fortement pour résister à un fort courant.

La femelle du brochet est loin d'avoir une fécondité égale à celle de la carpe ou de la tanche. La nature semble avoir voulu limiter la production de

ce poisson de proie. Une femelle, pesant environ
1 kilogramme et demi, peut produire approximativement 40,000 à 50,000 œufs. Sur cette quantité,
la proportion de réussite est faible. D'après les données d'un aquiculteur de nos amis, faisant de l'alevin de brochet, on ne peut guère l'estimer qu'à
0,05 p. 100. Mais il est certain que la réussite serait infiniment plus élevée si le brochet n'était pas
particulièrement vorace de son espèce et si, aussitôt
la ponte terminée, le pisciculteur pouvait enlever
les brochets qui l'ont produite, car il sauverait un
nombre considérable de brochetons.

A l'époque du frai, nous avons voulu nous rendre
compte quelle pouvait être, comparativement à son
poids, la proportion des œufs contenus dans une femelle. Nous l'avons trouvée en moyenne de 10 à
12 1/2 p. 100. On dit que ces œufs sont très malsains,
qu'ils occasionnent des dérangements d'entrailles et
peuvent même provoquer de violents vomissements.
Nous ne nous sommes pas laissé influencer par ces
dires et plusieurs fois nous avons goûté des œufs de
brochet, bien frais, dans le seul but de vérifier ce
que leur mauvaise renommée pouvait avoir de fondé.
Nous les avons trouvés tout aussi bons que ceux de
la perche, que généralement toutes les ménagères
rejettent. Nous pensons que si les œufs de brochet
occasionnent des dérangements, ce n'est que lorsqu'ils sont imparfaitement cuits on qu'on les mange
à l'époque du frai.

Il semble du reste difficile de concilier les mauvaises qualités des œufs de ce poisson avec l'emploi qui en est fait dans quelques contrées du nord, où on en confectionne une espèce de caviar. Ce fait donnerait à croire qu'ils ne sont pas malsains et qu'il y a là un préjugé mal fondé.

Nous tenons d'un Russe, appartenant au corps forestier de ce pays, que sur les côtes de la Baltique, il est des populations qui amalgament les œufs de brochets avec des sardines de conserves. C'est là une preuve nouvelle de leurs qualités inoffensives.

Le foie du brochet est vanté comme une chose délicate. Il est certain que cet organe est relativement plus volumineux chez lui que chez les autres espèces de poissons, à part la lotte toutefois. Nous l'avons goûté et trouvé bon, mais nous pensons que, pas plus que les intestins de carpe, ce mets, ne sera apprécié par les masses et certainement encore moins par les gourmets. Au dire de bien des gens, le brochet doit être préféré à la truite, dont la chair manque de fermeté, ou possède cette qualité à un degré moins élevé.

Sa chair est blanche, de fort bon goût, mais il faut qu'il ait grossi rapidement pour jouir de toutes ses qualités comestibles. C'est pourquoi les brochets des rivières sont généralement inférieurs à ceux des bons étangs. Si les poissons n'ont eu qu'une nourriture restreinte, ils deviennent d'une fermeté trop accentuée et la chair, au lieu d'être juteuse, est sèche. Ils peuvent parfois sentir le goût de vase;

dans ce cas, ils proviennent d'étangs manquant de profondeur.

Nous venons de dire que la chair du brochet est blanche; ce n'est pas toujours exact, car elle est souvent verdâtre. On dirait que le fiel de ce poisson a été crevé et que, s'étant répandu sur la chair, il lui a communiqué sa couleur.

Cette coloration se rencontre rarement parmi les brochets provenant des rivières et des lacs. Elle est fréquente dans les étangs. Nous avons remarqué que, suivant les pays, cette particularité se trouve plus ou moins souvent. Ainsi, elle est plus répandue dans la Haute-Alsace que dans la Lorraine annexée et le Luxembourg. En Hollande, elle est presque aussi commune que la chair blanche. En Savoie, elle l'est moins que dans les Dombes et le Forez.

Cette couleur de chair est bien plus prononcée quand le poisson est consommé au sortir de l'eau, elle s'atténue quand il est mort depuis 18 à 20 heures.

A quoi attribuer cette teinte? Certainement pas à la nature des eaux, puisque dans la même nappe d'eau on trouve les deux couleurs de carnation. Mais de ce qu'on en trouve rarement dans les rivières, il semblerait que les eaux calmes y sont pour quelque chose.

Lorsque nous étions en fonctions à Strasbourg, en 1868, les pêcheurs de l'Ill et du Rhin prenaient quelquefois des brochets à chair verdâtre, mais seu-

lement lorsque les grandes eaux de ces rivières
avaient pu rejoindre les îles du Rhin, c'est-à-dire
les grandes dépressions couvertes d'eau qui s'éche-
lonnent le long du cours du fleuve et qui en faisaient partie avant son endiguement. Ils en prenaient au contraire en tous temps dans ces mêmes
dépressions. Nous en déduisons que ceux pris
dans le fleuve provenaient des îles, et ce serait
une présomption en faveur de notre opinion que
les eaux calmes déterminent cette particularité; du
reste, dans les canaux hollandais, qui sont également sans courants, les brochets à chair verdâtre
abondent.

Bien des personnes, ignorant ce fait, ont pu s'en
étonner et l'attribuer à un manque de fraîcheur. Au
premier coup d'œil, c'est l'impression produite lorsque ce poisson est servi sur une table; l'œil est
aussi moins flatté que si la chair était du beau blanc
propre à l'autre espèce de brochet. Mais il est bon
de savoir que les pêcheurs attribuent une qualité
supérieure au brochet verdâtre. Nous ne sommes
pas éloigné de partager leur avis, car toutes les fois
que nous avons mangé de ce poisson, nous l'avons
trouvé de la meilleure qualité.

Même pour qui n'est pas du métier, il est très
facile de reconnaître à l'avance la couleur de la chair.
Les brochets à chair verdâtre ont toujours une teinte
verte bien prononcée sur le dos et s'étendant sur
les flancs, tandis que les autres ont les flancs jaunâtres ou blanchâtres suivant le sexe.

Si le dicton populaire dit : « Ventre de carpe », il dit : « Dos de brochet ». La queue, à partir de l'anus est, à notre avis, la meilleure partie, c'est celle qui a le moins d'arêtes, elle en est presque dépourvue ; enfin nous dirons que, pour réunir le maximum de ces qualités gastronomiques, le brochet doit avoir au moins le poids de un kilogramme et demi. Au delà de trois kilogrammes, il est moins bon et quant à ceux d'un poids extrême, ils sont durs, coriaces, quelle que soit leur provenance.

En été, lorsque l'atmosphère est chargée d'électricité, le brochet a l'habitude de nager tout à fait à la surface des eaux, il se donne alors beaucoup de mouvement. Dans les étangs, il se prend assez facilement dans les nasses, à la condition qu'elles soient confectionnées de façon à lui permettre d'y voir quelques poissons qu'on y aura mis comme appât. Il explorera l'engin de pêche jusqu'à ce qu'il en ait trouvé l'ouverture. En été, ces nasses doivent être placées sur des fonds ne dépassant guère un mètre vingt centimètres de profondeur. Le succès sera encore plus assuré si on peut placer la nasse en avant de quelques touffes d'herbes aquatiques.

On peut prendre le brochet plus sûrement encore aux cordeaux, ou aux trimeurs amorcés à l'aide d'un poisson blanc dont la robe argentée lui indique au loin la proie à saisir. Parmi les poissons à accrocher aux cordeaux ou aux trimeurs, nous recommandons de nouveau les tanchettes qui, bien que moins apparentes et moins vives que les poissons blancs, ont sur eux l'avantage de résister à l'hameçon cinq à six fois plus de temps.

Le brochet a l'attaque plus brusque que la perche. Lorsque le pêcheur se sent touché, il doit donner de sa ligne au poisson, car s'il la maintenait raide, il y a presque certitude que son engin se casserait. C'est à cause de ce genre d'attaque que les lignes à moulinet et les trimeurs, qui permettent au poisson de filer, donnent de plus beaux résultats que les tendues de cordeaux.

La bonne époque pour pêcher ce poisson est celle qui comprend les mois de septembre, octobre, novembre, décembre. Puis celle qui suit l'époque du frai, c'est-à-dire fin avril et mai.

On a inventé bien des amorces artificielles pour la pêche du brochet, ce sont généralement des poissons de métal. Quelle que soit la plus ou moins grande perfection de ces objets, leur emploi ne donne guère qu'accidentellement des résultats satisfaisants. Rien ne vaut le poisson vivant, soit aux trimeurs, soit à la ligne.

On peut employer pour la ligne et les cordeaux, lorsque les petits poissons font défaut, des petites grenouilles. Mais pour munir des trimeurs, la grenouille est impropre, car lorsqu'elle est fatiguée de nager, il arrive le plus souvent qu'elle saute et se place sur le trimeur même.

Nous avons connu des pêcheurs du Rhin qui préconisaient les petites anguilles longues de quinze à dix-huit centimètres. Ils ne plaçaient l'hameçon qu'en le glissant sous la peau, mais ils ne se servaient de ce genre d'amorce qu'avec des trimeurs ou avec des cordeaux qui ne permettaient pas à l'anguillette de se tenir sur le fond.

LA PERCHE

Son origine. — Les eaux qu'elle recherche et où elle croît le mieux.
— Perche de mer. — Ses dimensions. — Sa façon de chasser.
— Manœuvre des bandes de petites perches. — Influence des
temps orageux sur la perche. — Qualités comestibles de la chair
de ce poisson. — Variation dans la conformation de la perche. —
Époque du frai. — Lieux choisis comme frayères. — Deuxième
frai. — Sa conservation dans les réservoirs. — Sa pêche aux divers engins. — Sa pêche à la ligne. — Les amorces diverses et
préférées. — Avis aux cuisinières.

La perche est certainement un poisson du nord
plutôt que des contrées tempérées. C'est en s'avan-
çant vers la Suède, la Norvège et tous les grands
fleuves du nord de la Russie, que l'on trouve les
perches de la plus forte taille. Les canaux de là
Hollande viennent ensuite et en fourmillent.

En France, la perche existe dans tous nos étangs
et dans toutes nos rivières; mais elle affectionne les
eaux fraîches, sans pour cela rechercher le voisinage de la truite. C'est un poisson, par conséquent,
excessivement rare dans les eaux de montagnes.
Toutefois, on le trouve dans les lacs des Vosges,
tels que ceux de Gérardmer[1], plusieurs de Savoie
et de la Suisse française.

Les auteurs déclarent que dans les pays du nord

---

1. Le lac de Gérardmer possède il est vrai la perche, mais c'est une variété spéciale et qui n'atteint jamais la taille de la perche ordinaire.

les perches atteignent jusqu'au poids de 8 à 10 demi-kilogrammes et même davantage. Elles n'appartiennent pas certainement aux espèces vivant dans nos eaux; ce sont des perches de mer. En effet, elles ne sont jamais prises qu'à l'embouchure des fleuves de l'extrême nord.

En France, et dans les pays que nous citons souvent dans cet ouvrage, les perches les plus fortes ne dépassent jamais deux kilogrammes et demi, et c'est une excessive rareté qu'un poisson de ce poids. Ce ne sont guère que les innombrables canaux hollandais qui en fournissent communément de cette taille sur les marchés des villes de l'est et du nord de la France. Celles qui se trouvent chez les marchands des villes du sud-est, proviennent des lacs suisses de Bienne, de Neufchâtel et de Genève. Les lacs de Savoie, et particulièrement ceux du Bourget et d'Annecy, procurent également de fortes perches, mais qui ne dépassent jamais quatre demi-kilogrammes, très exceptionnellement cinq.

Malgré sa préférence pour les contrées tempérées et froides, quelques rivières du midi contiennent la perche en assez grande quantité.

C'est du reste un poisson chasseur, qui, comme le brochet, se tient à l'affût. Elle s'élance d'un trait sur sa proie. En été on la voit, dans les étangs, suivre les bandes d'alevins. Les petites carpes signalent sa présence par une extrême agitation. Pour échapper à sa poursuite, elles s'élancent hors de l'eau. On dit alors : c'est une perche qui chasse, et il n'est pas

rare de voir ce poisson vorace happer, pour ainsi
dire au vol, la proie poursuivie. Il n'est guère de
pêcheurs à la ligne qui n'aient été à même de constater ce fait.

Suivant les milieux, la perche modifie quelque
peu ses mœurs. Dans les ruisseaux et les cours
d'eau importants, c'est un poisson solitaire en général. Mais tant qu'il n'est qu'à l'état de perchette, il
va plus volontiers par troupes. Dans les étangs, on
voit des bandes compactes de petites perchettes se
tenant entre deux eaux ou non loin de la surface. Il
nous a été donné, du haut de la digue d'un étang,
pendant les mois d'été, où l'eau est calme et claire,
de constater bien des fois une certaine manœuvre
inobservée jusqu'ici et opérée par les petites perchettes réunies en masse. Dès qu'un petit poisson
se trouve par mégarde à leur portée, il n'est pas
poursuivi par des sujets de la bande, mais immédiatement entouré par eux, et c'est seulement lorsqu'il
est environné de toutes parts qu'il est disputé par
quelques perchettes. Une fois cernée, la malheureuse
petite proie ne cherche plus à fuir et semble comme
hypnotisée. Dans les étangs, lorsque ce poisson a
atteint le poids de 200 grammes, il cesse d'aller par
bandes nombreuses, il va alors par groupes de 20 à
30 sujets, et c'est seulement quand il pèse de 380
à 450 grammes qu'il devient solitaire. Lorsqu'une
perche chasse dans un étang, si non loin d'elle se
trouvent d'autres perches, elles accourent près de
celle qui poursuit, comme pour lui ravir sa proie.

· Par le temps orageux, la perche vient à la surface des étangs et y trace des sillages analogues à ceux qu'elle produit lorsqu'elle poursuit un poisson. Mais ceux dus à l'état de l'atmosphère sont bien moins rapides et ne trompent pas sur leur nature un œil accoutumé aux surfaces des lacs et des étangs.

· Pour bien des personnes, la chair de la perche est estimée la meilleure de celles des poissons d'eau douce. Elle est blanche, ferme, d'un goût exquis et s'enlève par feuillets. Si elle n'avait pas plus d'arêtes que la truite, elle serait certainement de qualité égale à ce poisson exquis des montagnes. On compare assez exactement sa chair à celle de la sole. Toutefois, la perche a besoin d'être mangée dès sa sortie de l'eau ; c'est alors seulement qu'elle possède toutes ses remarquables qualités. Seuls la truite, le saumon, conservent intacte leur supériorité pendant plusieurs jours après leur capture.

Les Romains tenaient en très haute estime les perches provenant des cours d'eau de la Gaule, surtout ceux de l'est et particulièrement des rivières de Meuse, Moselle, Doubs, Saône.

La Moselle, chantée par Ausone, en produisait de fort belles, et, sur les marchés des villes gallo-romaines de Metz et Trèves, les nobles romains les payaient relativement très cher. Aussi, bien que cette rivière produisît la fameuse lamproie, la perche lui était préférée, et même l'anguille. Dans tous les grands festins figurait la perche, et les cuisiniers d'alors la classaient parmi les mets les plus exquis. C'est pourquoi Ausone a dit : *C'est la joie des festins et la satisfaction du palais.*

Le long de la Moselle prussienne, non loin de la vieille ville de Trèves, si riche encore en monuments romains et dont l'état de conservation, pour quelques-uns, est supérieur à ceux de la ville de Nîmes, il est certains villages, où l'appréciation des Romains à l'égard de la perche a laissé des souvenirs. C'est ainsi que certains pêcheurs la surnomment parfois : *poisson romain, poisson des consuls.*

La perche, qui s'est acclimatée dans tous les étangs, possède la faculté particulière de varier sa conformation. Il nous a été donné de constater que les étangs produisent un certain nombre de perches qui, par suite d'une surélévation de la colonne vertébrale semblent entièrement bossues. Cette déformation se produit immédiatement après la tête.

Quelles sont les causes de cette particularité ? Tout ce que nous pouvons dire, c'est qu'on ne se trouve point en présence d'une variété de poissons comme certains l'affirment. Nous avons fait frayer des perches fortement bossues dans un étang à eau fraîche, à fond ferme, et les perchettes qui furent produites offraient à peine cette difformité, même après qu'on les eut conservées plus d'une année, afin de voir si, avec l'âge, leur conformation ne se modifierait pas.

On rencontre très rarement des perches bossues dans les rivières et les petits cours d'eau. Notre opinion, c'est que ce phénomène est dû au milieu et que plus un étang est tourbeux, vaseux, plus on a chance d'avoir des perches à bosse accentuée.

Nous avons connu des pisciculteurs qui prétendent que cette particularité est occasionnée par le manque de nourriture; nous ne partageons pas cet avis, car, dans les rivières, les poissons de proie ont toujours une pâture très restreinte, comparativement à celle qu'ils trouvent dans les étangs. Il s'ensuit que cette déformation du poisson devrait être fréquente surtout dans les rivières, alors que c'est justement le contraire.

Plusieurs ichtyologues ont avancé que la perche ne commence à frayer que lorsqu'elle est parvenue à sa troisième année de croissance. C'est certainement une erreur, reconnue par tous les pêcheurs de métier et tous les propriétaires d'étangs. La perche est, au contraire, un poisson qui fraye de bonne heure et qui se livre à la reproduction lorsqu'il n'a qu'une petite taille. Il faut croire que ces écrivains n'ont jamais assisté au frayage de la perche pour oser soutenir cette opinion, car ils auraient pu constater qu'en temps de frai, des perches d'une longueur inférieure à dix centimètres sont chargées de laite ou d'œufs et se livrent à la ponte. Seulement, il se peut bien que les œufs de ces petites perches aient moins de chance de réussite que ceux provenant de poissons parvenus à l'âge adulte. Mais, s'il en était ainsi, ce ne serait qu'une chose commune à toutes les espèces, tant d'eau douce que de mer.

En Lorraine et en Belgique, les perches fraient dès la fin de mars et dans le mois d'avril. Les poissons de toutes tailles remontent alors les ruisseaux de la plus minime dimension, mais il faut que l'eau y soit courante et qu'ils puissent y nager facilement.

Une hauteur d'eau de dix centimètres leur permet d'arriver jusque derrière les vannes des moulins et les déversoirs des étangs.

Dans le mois de juin, il y a aussi parfois un deuxième frai; mais cette ponte, au lieu de s'effectuer, comme celle d'avril, dans les eaux basses, s'effectue dans les fonds plus accentués. Il est aussi remarquable que, pour cette seconde ponte, les poissons ne cherchent plus à remonter les cours d'eau et à sortir des lacs et des étangs. C'est un fait dont nous n'avons pu, jusqu'à présent, trouver la cause. Nous pensons, toutefois, que la perche place ses œufs, en juin, dans des endroits plus profonds pour qu'ils aient une température moins élevée que celle des eaux sans profondeur, et qu'elle a reconnu qu'à cette époque, les petits ruisseaux, qu'elle recherchait auparavant, n'ont plus la fraîcheur qui lui convient.

Les œufs de la perche sont petits, durs, d'une couleur blanche; dans le corps du poisson, ils forment plusieurs volumes séparés et de forme ovoïde, entourés d'une peau légère. Ces œufs sont bons à manger. La perche est un poisson prolifique; c'est ainsi qu'une perche d'environ 700 à 800 grammes peut donner jusqu'à 280,000 œufs. C'est, du reste, lorsqu'elle est parvenue à ce poids, que son maximum de fécondité est atteint.

Contrairement aux autres poissons, la perche ne dépose pas ses œufs en masse. Pour frayer, elle ne recherche pas non plus les herbages aquatiques. Elle pond ses œufs en les disposant sous forme de chapelets, ayant généralement de 2 à 4 mètres de longueur, et qu'elle sait attacher après n'importe quel corps. On voit parfois ces chapelets flotter à la surface de l'eau. Cette ponte semblerait courir bien plus de risques d'insuccès que celle des autres poissons, et pourtant il est certain que le frai de perche réussit dans des proportions aussi élevées que celui de la carpe.

Les sexes ne sont point répartis en nombre égal; dans les étangs, il y a généralement environ trois fois plus de femelles; pour être plus exact, nous dirons que les mâles nous ont offert la proportion de 30 à 38 p. 100.

Ce poisson est sujet à subir, dans certains étangs, une mortalité énorme qui ne provient pas d'une épizootie commune aux autres espèces de poissons; la maladie lui est spéciale. En 1893, un de nos étangs de famille a été ainsi affecté et, en 1896, au mois d'août, nous avons été avisé que, de nouveau, les perches y mouraient en masse. Cette mortalité est due à une affection microbienne qui attaque les branchies des poissons et à des aptères qui s'attachent aux écailles.

Cette maladie ne se produit pas également lorsque les étangs contiennent de grandes quantités de ces poissons. En 1893, nous n'avions que fort peu de perches, et toutes sont mortes. Seulement, en 1892, nous en avions pêché dans cet étang des quantités énormes. Est-ce à la suite de cette trop grande abondance que l'épizootie a pris naissance? La chose est admissible. Toutefois, ces mortalités se sont toujours présentées après des orages violents, à la suite desquels les eaux de l'étang avaient été troublées; la perche étant un poisson qui recherche les eaux claires, il est certain pour nous que la maladie n'était due qu'à cette circonstance.

En 1896, des orages sont survenus en Alsace-Lorraine; les eaux pluviales, fortement chargées de limon, se sont déversées dans les étangs; aussi, dans un grand nombre, la mortalité des perches a été considérable.

Nous avons, durant notre longue carrière d'aquiculteur, rencontré trois fois un ou deux spécimens d'une variété de perches extraordinairement rare. Ces perches, au lieu d'avoir des bandes noires bien marquées, les avaient à peine indiquées, et toute la robe du poisson était dotée d'une teinte violacée, lie de vin.

Lorsqu'on a un réservoir abondamment pourvu d'eau et la possibilité d'avoir la perche sur place, on peut la conserver durant les mois d'hiver. Ce poisson est sujet à y devenir moussu dès la saison du printemps et à perdre la vue. Ses yeux sont congestionnés, rouges et sortent fortement de l'orbite. Cette affection se produit d'abord sur un œil et gagne ensuite l'autre. Le cristallin se pourrit et l'organe devient énorme, sanguinolent, de sorte qu'il présente un aspect enflammé avec un trou à la place de la pupille.

La perche est un poisson carnassier par excellence, inférieure au brochet, tout simplement, parce qu'elle ne parvient pas à d'aussi fortes tailles. Elle consomme tout ce qui vit et tout ce qu'elle peut saisir.

Les vers rouges à tête brune sont d'excellents appâts pour la perche; elle se prend aussi au poisson d'amorce.

Lorsque, dans les rivières, les eaux ont été troublées quelque peu par les pluies, certains pêcheurs nous ont assuré qu'il fallait pêcher ce poisson de préférence au ver rouge, non loin des bords, aux endroits peu profonds et dans le voisinage des herbes aquatiques. Lorsque les eaux sont calmes et limpides, c'est dans les plus grands fonds, au contraire, qu'il faut jeter sa ligne.

Ce poisson se prend aussi avec des nasses posées dans les fonds clairs.

En général, la perche n'aime pas les eaux troubles, ce n'est jamais à la proximité des égouts et de l'arrivée de ruisseaux chargés de dépôts terreux qu'on aura chance de la prendre. Bien qu'étant un poisson d'entre deux eaux, les parties profondes et claires sont celles qu'elle affectionne. Elle se prend aux amorces artificielles imitant les petits poissons, surtout celles auxquelles les mouvements et la traîne occasionnent la rotation. Elle se pêche aussi avec des têtards de grenouilles et des petites grenouilles.

L'ANGUILLE

Son origine. — Les eaux où on la rencontre. — La montée. — Longévité de l'anguille, sa croissance. — Des espèces d'anguille. — Retraite des anguilles. — Pêche au trident. — Poids auxquels peut atteindre ce poisson. — Alimentation naturelle. — De la progression de l'anguille dans les cours d'eau. — Sa facilité de sortir de l'eau. — Influence des temps froids et d'hiver sur ce poisson. — De son système d'écailles. — Qualités comestibles de sa chair. — Inconvénients de sa production dans les étangs. — Préjudices qu'elle cause aux empoissonnements. — Sa facilité de transport. — Son maintien en réservoirs. — Son alimentation en réservoirs. — Différentes pêches de ce poisson. — Époques les plus favorables pour la pêche. — Genres d'amorces.

L'anguille est un poisson absolument indigène, que l'on rencontre dans tous les cours d'eau, dans les lacs, et même dans les étangs, alors qu'on n'y a effectué aucune mise de ce poisson.

Depuis les observations et les multiples recherches des plus grands naturalistes de tous les pays civilisés, il est sûrement acquis que ce poisson nous vient de la mer et qu'il y retourne, soit pour y frayer seulement, soit pour faire cet acte naturel à l'embouchure des fleuves et rivières. Tout le monde sait maintenant que le fretin d'anguille que, sur les côtes de Normandie, on nomme particulièrement la *montée*, vient de la mer. Ces innombrables petites anguilles s'engagent dans tous les fleuves et les plus minces cours d'eau douce se déversant directement dans la mer, puis, d'affluents en affluents, pénètrent dans l'intérieur des terres jusqu'aux lacs des montagnes.

A mesure que les petites anguilles remontent les cours d'eau, elles gagnent en grosseur. C'est ainsi que, d'apparence filiforme à leur entrée dans la large embouchure de la Seine, elles ont déjà douze à quinze centimètres lorsqu'on les trouve dans les faibles cours d'eau du département de Seine-et-Oise.

Jamais un pêcheur de profession d'eau douce n'a trouvé de frai d'anguille ni pris de ces poissons gorgés de frai ou de laitance.

Ce poisson, naguère mystérieux au point de vue de la reproduction, fut, à ce sujet, l'objet des croyances les plus absurdes, dans les pays éloignés des côtes maritimes.

On croirait à peine qu'en Lorraine et dans le grand-duché de Luxembourg, on trouve encore fréquemment des pêcheurs de profession vous contant, aussi naïvement que sincèrement, que point n'est besoin de chercher midi à quatorze heures, au sujet de la reproduction de l'anguille, qu'elle n'est ni plus ni moins que le produit du goujon ; que l'anguille sort toute vivante de ce petit poisson ; que la chose est indiscutable, attendu qu'ils l'ont constatée bien des fois.

Ces braves gens ont pris simplement le parasite du goujon pour de petites anguilles.

Avec un peu d'attention et de réflexion, ils auraient

reconnu que toutes les petites anguilles sont presque transparentes, qu'on distingue leurs yeux, même lorsqu'elles ne sont qu'à l'état filiforme, tandis que le grand ver du goujon, pris par eux pour une anguille, se trouve d'un blanc opaque, sans yeux, enfin que, comme· tous les vers, il a la faculté de s'allonger et de se rétracter démesurément.

La naïveté des pêcheurs lorrains et luxembourgeois, tout étrange qu'elle soit, est incontestablement moins absurde que celle des anciens. Chez ces derniers, aucun poisson n'a donné lieu à autant de fables et de croyances populaires que l'anguille. Les uns affirmaient qu'elle naissait sur le dos de certains poissons, les autres qu'elle était le produit de la décomposition des corps morts dans l'eau.

C'était invraisemblable et à peu près aussi ridicule que l'opinion de certains naturalistes du moyen âge, qui déclaraient que ce poisson était dû à la production de la rosée des ·premiers jours de printemps.

Si certains pêcheurs de ce temps ont trouvé à cette saison, c'est-à-dire lors de la remonte, quelques jeunes anguilles en dehors des rives des cours d'eau, on peut à la rigueur s'expliquer qu'ils aient adopté cette croyance.

Mais les naturalistes modernes savent à quoi s'en tenir et l'anguille n'a plus de secrets. Si, dans tous nos cours d'eau, ce poisson n'a jamais ni œufs, ni laite, c'est qu'il lui faut le séjour dans la mer pour mûrir ses organes reproducteurs, qui ne se développent que dans l'eau salée.

D'après nos ichtyologues modernes, ce poisson ne serait apte à la reproduction que très tardivement. Ce ne serait que vers l'âge de huit ou neuf ans qu'il serait fécond et descendrait à la mer. S'il en est ainsi, ce serait un indice qu'il est doué d'une longue existence. Cette opinion serait aussi corroborée par le fait que sa croissance n'est pas des plus rapides. Toutefois, nous ne pensons point, comme plusieurs naturalistes le prétendent, qu'il faut douze à quatorze années à l'anguille pour atteindre le poids de 500 grammes.

Comme nous avons vu élever de l'anguille dans le département de l'Ain, et que nous y avons fait suivre durant quatre années un empoissonnement de cette sorte, nous pouvons donner les résultats de nos observations, relativement à l'accroissement.

La première année, le fretin d'anguille (filiforme) n'atteint que 12 à 15 grammes.

La 2e année, les anguilles seraient de 80 à 110 gr.

La 3e   —   —   380 à 400 —

La 4e   —   —   550 à 600 —

Nos expériences n'ont pas été au delà de la quatrième année, mais elles étaient suffisantes pour nous prouver que ce poisson pouvait atteindre le poids de 500 grammes dans cette durée de temps et non pas seulement au bout de quatorze ans.

Du reste, l'anguille est un peu comme le brochet, sa croissance est d'autant plus active que sa nourriture est plus abondante. Dans les cours d'eau pauvres en pâture, elle croîtrait donc moitié moins vite que dans un étang abondamment pourvu de petits poissons, et notre expérience démontrerait que la croissance de l'anguille peut être fortement activée, ce qui n'infirmerait qu'en partie l'assertion de tous les naturalistes qui, relativement à ce sujet, ont servilement copié les données de Cuvier et de Lacépède.

Toutefois, nous pensons qu'on doit reconnaître, comme croissance normale de l'anguille, celle à laquelle elle peut atteindre en ayant toute la nourriture voulue et non pas celle résultant d'une alimentation restreinte.

Suivant certains écrivains, il y aurait plusieurs espèces d'anguilles. Si l'on s'en rapporte à d'autres, il n'y en aurait qu'une seule, et ce poisson modifierait sa robe et sa bouche suivant la nature des eaux et aussi selon son âge. Nous ne pouvons rien objecter à ces assertions et nous les acceptons volontiers. Nous savons seulement que toutes les anguilles que nous avons élevées ou que nous avons vu prendre dans les étangs de Lorraine avaient la peau vert noirâtre sur le dos et jaunâtre au-dessous, que celles de la Moselle, de la Meuse ou du Rhin étaient vertes sur le dos et blanc argenté en dessous. Enfin, celles que nous avons vues, provenant des lacs de Suisse et de Savoie, avaient des couleurs plus vives que celles des cours d'eau. Il en résulterait que la qualité des eaux influe sur la robe de l'anguille, et c'est une loi naturelle commune à tous les poissons d'eau douce.

Les Romains, dit-on, estimèrent ce poisson à peu près autant que la lamproie. Outre les préjugés qu'ils professaient à l'égard de sa reproduction, ils avaient sur lui toutes sortes de croyances atteignant parfois l'absurde. C'est ainsi qu'ils lui attribuaient de la sociabilité et croyaient qu'il était susceptible de reconnaître les appels lui annonçant sa nourriture et même la voix des personnes chargées habituellement de ce soin. Ils allaient si loin dans cette voie, qu'ils prétendaient que, tout comme certains serpents, l'anguille était sensible aux sons mélodieux de la flûte. Sans doute, la ressemblance de ce poisson avec les reptiles avait suffi pour accréditer cette croyance.

L'anguille abonde dans les fleuves du midi, et l'Italie en pêche des quantités considérables dans les marais qui suivent les côtes maritimes et sont en communication avec la mer.

En Corse, nous en avons pêché dans tous les cours d'eau et dans les parties des hautes montagnes où nous trouvions des truites à chair blanche. C'est ainsi que nous en capturions non loin des sources du Taravo et dans la région de Zicavo.

En France, on trouve l'anguille partout ; mais il est certain qu'elle aime mieux les étangs à eau claire que ceux possédant des eaux limoneuses, et cette prédilection est singulière, car elle préfère les fonds vaseux aux fonds fermes, et aussi les étangs ayant des berges en talus à ceux dont les rives sont en longues pentes. On a facilement constaté, en effet, que les anguilles se cantonnent, de préférence, dans un étang où une partie des rives se trouve à pic. Elles creusent des trous dans les talus, et à ces espèces de refuges, elles donnent toujours deux issues. Elles se servent, pour fouiller les berges, non pas de leur museau, comme le disent Cuvier et des pisciculteurs, mais de leur queue, à laquelle elles impriment un mouvement de rotation.

Dans cette espèce de terrier, les anguilles se retirent tout le long du jour, car ce sont des poissons nocturnes.

Nous avons plusieurs fois constaté, dans un vivier non maçonné, qu'elles n'entraient pas indifféremment par l'une ou l'autre des issues de leur refuge.

Jamais non plus nous ne les avons vues en sortir à reculons.

Souvent les anguilles évitent une partie de leur travail en s'emparant de vieux trous de rats d'eau. Elles savent les approprier à leur convenance et leur donner deux issues. Dans les étangs sans berges à talus, où par conséquent elles ne peuvent se creuser un abri, elles remplacent cette espèce de terrier par une galerie souterraine pratiquée dans la vase. On reconnaît toujours facilement ce passage dans le marais à cause des deux trous qui sont apparents et dont l'écartement donne à peu près exactement la longueur de l'anguille. La galerie se devine également par le léger renflement de la vase, ou plutôt le bourrelet qui va d'un trou à l'autre.

C'est pourquoi, dans les étangs peu profonds, à

eau claire permettant de distinguer le fond, l'anguille révèle aux yeux exercés sa retraite. Sa présence est ainsi l'occasion d'une pêche facile et amusante. Muni d'un trident, le pêcheur frappe entre les deux trous de vase et ramène le poisson.

L'anguille signale parfois sa présence dans la galerie par de petites bulles qui s'échappent d'un des trous et montent à la surface. Ce ne sont pas, comme on l'a dit, des bulles d'air expulsées par la respiration du poisson, elles proviennent des gaz du marais que les mouvements de l'animal font dégager et monter à la surface.

Quant au poids de ce poisson, on lui accorde, dans bien des ouvrages, la possibilité d'atteindre jusqu'à 12 à 15 kilogrammes.

Nous croyons cette donnée exagérée, en ce qui concerne du moins l'anguille de nos cours d'eau et des étangs. En Lorraine, et dans les pays que nous avons cités précédemment, les plus fortes anguilles ne dépassent point 3 à 4 kilogrammes. C'est loin de la pesanteur qui lui est attribuée dans les marais et certains lacs d'Allemagne et de Pologne.

Dans les Dombes, pays d'étangs par excellence, nous n'avons jamais entendu parler de ces poids extraordinaires de 15 kilogrammes, pas plus, du reste, que sur les lacs de Bienne et de Neufchâtel, où nous avons quelque temps suivi les pêcheurs de profession.

L'anguille, tout en se nourrissant de vers, d'insectes aquatiques, est essentiellement un poisson carnassier. Elle est douée d'un grand appétit ; aussi consomme-t-elle, proportionnellement à son poids, autant de nourriture que la perche.

Elle poursuit avec la plus vive célérité les alevins susceptibles de devenir sa proie. La tanche n'a pas de plus grand ennemi que l'anguille, qui sait fort bien s'en saisir, lorsque pour lui échapper elle s'est embourbée. Elle se nourrit aussi du frai des poissons, de celui des grenouilles et également de ces batraciens ainsi que de leurs têtards. C'est pourquoi, pour les lignes de fond, la tanchette et la grenouille constituent d'excellentes amorces.

Nous avons dit, en commençant ce chapitre, qu'on trouvait ce poisson dans des nappes d'eau où l'on n'en avait déposé aucun. Nous dirons aussi qu'on en prend dans les étangs dont l'accès est fermé par des déversoirs à pic et de plusieurs mètres de hauteur. Il faut donc admettre, de toute nécessité et suivant les écrits de tous les auteurs, que l'anguille peut sortir de l'eau et qu'elle est susceptible de demeurer un certain temps en dehors de son élément habituel.

C'est, en effet, grâce à cette faculté qu'elle peut contourner tous les obstacles, tels que vannes, déversoirs, et ariver, pour ainsi dire, partout où il y a de l'eau.

Sa nature presque amphibie a été constatée bien des fois, et nous l'avons éprouvée à nos dépens, volontairement, il est vrai, dans les circonstances suivantes.

Dans un réservoir entièrement cimenté, mais dont le niveau avait été intentionnellement amené au ras du sol, nous avions placé une dizaine d'anguilles pesant chacune environ 5oo grammes.

Ce vivier était alimenté par une eau de fontaine, dont la pureté permettait d'en distinguer le fond ainsi que les allées et venues des poissons. La hauteur du liquide ayant été réglée comme nous venons de le dire, les anguilles pouvaient donc s'échapper à leur volonté; mais cette facilité ne leur fut accordée qu'après une quinzaine de jours, car nous voulions d'abord les habituer au milieu où nous les avions placées.

Ne pouvant ni creuser dans les berges, ni fouiller dans le fond, ces poissons, certainement, avaient déjà dû tenter de quitter le vivier avant l'élévation de son niveau d'eau. Ils y réussirent deux jours après que l'eau avait été élevée au ras du sol, du moins, nous constatâmes que, sur les dix, six étaient absents. Le hasard nous fit découvrir une de ces anguilles le jour qui suivit la disparition des six autres. Elle se trouvait à environ soixante mètres du vivier seulement, et à onze mètres d'un petit ruisseau de trois mètres de largeur. Elle n'avait pu contourner, avant le jour, le talus qui se trouvait en travers de la ligne droite allant du vivier au cours d'eau, but certain de sa pérégrination. Blottie au pied de ce talus, au milieu d'une touffe d'herbe et dans un léger creux, elle y avait trouvé une certaine fraîcheur, suffisante pour se conserver en vie. Nous la laissâmes dans ce lieu, afin de vérifier si elle périrait. Le lendemain, nous y retournâmes et nous fîmes une recherche minutieuse autour de ce talus pour découvrir d'autres anguilles, mais nos efforts furent vains, il n'y en avait pas.

Étant parfaitement fixé, nous abaissâmes le niveau du vivier, afin d'empêcher la fuite des quatre anguilles qui y étaient encore restées.

Ces faits se sont produits alors que nous étions dans le département de l'Ain et sur un étang des Dombes.

L'anguille est douée d'une vitalité extraordinaire en dehors de l'eau; cela tient à la conformation de de ses ouïes et de ses opercules, et nous dirons pourquoi à l'article concernant le transport des poissons.

L'anguille jouit d'un odorat très subtil, qui lui permet de sentir l'eau à de grandes distances. Si on lâche un de ces poissons à trente ou quarante mètres de l'eau, il est bien rare qu'il ne se dirige pas directement du côté où se trouve son élement. C'est une expérience que tous les pêcheurs peuvent faire.

Très sensible au froid, elle est soumise, dans nos contrées du nord et de l'est de la France, à l'engourdissement hivernal, à un degré plus accentué que toutes les autres espèces de poissons.

Lorsque les grands froids sont arrivés, toutes les anguilles d'un étang ou d'un lac quittent leurs refuges, soit terriers, soit galeries, et elles se réfugient dans les plus grandes profondeurs. Là, elles affouillent le fond et établissent un grand creux circulaire, où elles se rassemblent, se mettent en paquets et s'enchevêtrent les unes dans les autres, comme le font les serpents d'eau, et sous les vieilles pierres et les souches, les couleuvres des bois.

L'anguille, contrairement aux apparences, n'est pas un poisson dépourvu d'écailles; celles-ci sont simplement très petites. La peau, au lieu du mucus épais particulier aux poissons, est enduite d'une substance huileuse qui la rend glissante et des plus difficiles à saisir avec les mains.

Sa chair contient une certaine quantité de cette espèce d'huile, et c'est ce qui la rend d'une digestion difficile; mais elle rachète cet inconvénient par sa succulence.

C'est un poisson très sujet à sentir la vase, parce qu'il s'y tient et s'y enfouit. Aussi, lorsqu'on achète une anguille morte ou vivante, il est prudent de la choisir de la couleur la plus claire possible : on sera sûr qu'elle provient de rivières ou d'étangs non vaseux. C'est surtout dans les provinces de l'est de la France que l'anguille est estimée. Sur tous les marchés des grandes villes de cette région, elle est classée comme poisson fin et son cours est plus élevé que celui de la perche et du brochet; elle y vient immédiatement après la truite et le saumon.

Malgré son prix élevé, les aquiculteurs de Lorraine et des pays environnants ont presque renoncé à la production de l'anguille. Les préjudices qu'elle cause sont divers et supérieurs aux bénéfices qu'elle peut procurer.

Lors des pêches, les anguilles échappent très bien au filet traînant ; elles s'enfoncent dans la vase, et en butant du museau contre les plombs du filet, passent aisément par-dessous.

Il n'est guère possible de prendre seulement la dixième partie des anguilles qu'on a jetées. C'est donc une perte infiniment sérieuse. Puis, les anguilles restées dans l'étang dévorent l'empoissonnement nouveau. Aussi ne conseillerons-nous jamais l'adjonction d'anguilles dans un empoissonnement qu'autant que la pêche sera suivie d'une mise en culture.

Après la pêche, si on maintient la grille de la fosse de sortie d'un étang, on pourra prendre dans cette fosse des anguilles ; on reprendra ainsi une partie de celles échappées au filet et passées par la vanne de vidange.

Les anguilles sont, dit-on, fort sujettes à des maladies diverses. Cela nous étonne, car nous ne leur avons jamais reconnu qu'une disposition très peu marquée à toutes celles que nous décrirons dans le cours de ce livre. On leur attribue une maladie spéciale qui les ferait blanchir, gonfler et inévitablement périr. Nous n'en avons jamais vu d'affectées de cette façon, et ces symptômes nous font l'effet de ceux caractérisant l'hydropisie des poissons.

L'anguille est, sans aucun doute, le poisson le

plus facile à transporter et celui qui vit le plus longtemps en dehors de l'eau ; mais, en revanche, on
peut dire qu'il est, de tous, celui qui peut le moins
supporter les atteintes du froid. Hors de l'eau, la
plus légère atteinte de la gelée le fait périr. Aussi,
lors des temps de glace, on ne peut songer à l'expédier à sec.

Lorsque la saison est convenable, on peut, dans
des herbages mouillés, l'exporter à des distances
considérables.

On lit dans plusieurs auteurs que ce poisson périt
tout de suite lorsqu'on lui fait subir un changement
d'eau différenciée de quelques degrés.

Nous avons vu nombre de fois retirer des anguilles de rivières et d'étangs dont les eaux étaient
moins froides que celles des fontaines qui alimen-
taient les réservoirs auxquels on les destinait, et
nous n'avons jamais entendu dire que, dans ces conditions, on avait éprouvé des pertes.

Du reste, si elle ne pouvait supporter un écart de
température de quelques degrés, comment l'anguille
pourrait-elle, en été, supporter l'écart existant entre
l'air et l'eau dont elle sort quand elle va à terre. Ce
changement de milieu comporte toujours une forte
différence de température.

Nous n'en saurions dire autant du brochet qui
vient de subir un transport au printemps. En effet,
si à sa sortie du tonneau on le traite à l'eau trop
froide, on le perd en un clin d'œil. Mais il est un
fait qui nous a étonné, c'est que l'anguille, plongée

dans une eau qui dissout mal le savon, meurt presque immédiatement.

Relativement à la nourriture de l'anguille que
nous avons indiquée au début, il y a des auteurs
qui racontent, à ce sujet, de curieuses choses. C'est
ainsi, qu'après avoir déclaré qu'elle recherche les
escargots et les limaçons, fait assez admissible, car
elle absorbe très bien les escargots fluviatiles, surtout aux époques de l'année où ils ont les coquilles
excessivement minces, ils affirment que la nourriture de prédilection, la plus recherchée de l'anguille,
se trouve être les petits pois, et qu'elle les apprécie tellement, qu'elle va à leur recherche la nuit,
dans les champs qui en sont nouvellement ensemencés.

Nous avouerons que cette affirmation nous a
semblé si extraordinaire, surtout venant de Cuvier
et de Lacépède, que nous avons voulu vérifier autant que possible sa véracité. Nos plus grands naturalistes ont si souvent accueilli des dires si absolument contraires à la vérité, parfois même au simple
bon sens, que nous essayâmes de contrôler celui-là,
comme tous les autres du reste. Nous prîmes des
anguilles et nous les mîmes dans un vivier maçonné,
à eau claire et limpide et dont on distinguait le
fond, puis nous y jetâmes des pois secs, des pois
frais et aussi du menu fretin de carpe, des tripailles
de pigeons et autres volailles. Or, nous constatâmes
que les anguilles absorbèrent toute la nourriture
animale et que les pois restèrent indemnes. Peut-

être en aurait-il été autrement si nous avions pu les leur servir au sucre !

Ce poisson se conserve très bien dans les viviers, les bateaux viviers de rivière, et les huches. En réservoir, il faut veiller à ce que le niveau ne puisse lui permettre d'en sortir.

Il va sans dire que les viviers à employer doivent être maçonnés. Une anguille de 500 grammes peut s'élancer d'un réservoir à plus de 40 centimètres de hauteur. C'est ce qui fait que ce poisson est très difficile à conserver autrement qu'en caisses fermées, percées de trous, et en bateaux viviers.

La nourriture à lui donner est facile à se procurer : toutes les issues de volailles coupées menu, de poissons surtout, les grenouilles et leurs têtards, et à défaut d'alimentation animale et de vers, des graines à demi cuites, telles que du blé, des fèves de marais, enfin les fameux petits pois.

Quoique se conservant bien en réservoirs, il ne faut pas croire que l'anguille peut y être maintenue indéfiniment. Au bout d'un certain temps, elle s'y écorche le bout du museau, et comme pour le brochet, cela peut lui occasionner une inflammation de la gueule.

Puis, elle y contracte une espèce de paralysie ou de ralentissement dans ses mouvements, car on la voit s'agiter faiblement, aller du fond à la surface et perdre ses teintes. Enfin, à ces symptômes succède une extrême faiblesse se manifestant par le fait que l'anguille, en se déplaçant, roule souvent sur elle-même. On peut dire qu'à la longue, le poisson périt toujours de cette singulière maladie, dont nous ignorons la cause.

La pêche à l'anguille ne se fait jamais de jour, puisque c'est un poisson nocturne et qui ne cherche sa nourriture que dans l'obscurité. Elle se prend au cordeau aux lignes de fond tendues dans la soirée et la nuit. On la prend aussi dans les nasses. Ces engins, tendus dès la soirée, doivent être relevés au petit jour. Les anguilles prises aux cordeaux se tiennent assez tranquilles tant qu'il fait obscur, mais dès que le jour paraît, elles s'animent et font tous leurs efforts pour se débarrasser de l'hameçon. Ce poisson procède alors par saccades brusques, se tord et se détend, et au risque de se déchirer la gueule, il arrive fort souvent qu'il se décroche.

On peut le pêcher de mai en septembre, mais la meilleure saison comprend les mois de juillet et d'août, c'est-à-dire durant les plus fortes chaleurs et les temps orageux.

Les amorces sont des petits poissons et les vers rouges le plus gros possible. Les hameçons doivent être empilés sur fil de laiton ou forte soie de Chine.

LA LAMPROIE

Nous voici amené, à la suite de l'anguille, à parler forcément d'un poisson connu et célèbre dans la plus haute antiquité.

Il n'est guère possible de causer de la lamproie, sans songer à ces poissons fameux que les riches patriciens nourrissaient en leur jetant des esclaves en pâture.

Ce poisson appartient à l'espèce dite des cartilagineux. Il se nourrit, comme sa sœur l'anguille, de toutes sortes d'insectes et recherche avidement les vers, les gros lombrics. En temps de frai, il consomme la ponte des poissons et peut être placé parmi ceux qui en absorbent le plus. Il mange également la chair morte, aussi les cadavres en décomposition des animaux sont de son goût, c'est un curateur aussi actif qu'autrefois les écrevisses, alors qu'elles peuplaient nos cours d'eau.

Très commune en Italie, en Espagne, on trouve aussi la lamproie, mais en moins grande quantité, dans les pays du nord et de l'est de la France; le cours de la Moselle en produit en quantité appréciable. On n'en trouve jamais dans les étangs. Elle s'y développe fort bien quand on la fait entrer dans la composition d'un empoissonnement. Elle remonte les cours d'eau et l'on dit que, tout comme l'anguille, elle sait par voie de terre contourner les obstacles; nous en doutons, car on ne trouve pas de lamproie dans les cours d'eau secondaires et dans les faibles rivières.

Ce poisson fraie dans les derniers jours d'avril ou les premiers de mai. Ses œufs sont très petits, très collants, et en nombre considérable. Il recherche pour les déposer les eaux courantes et les interstices des pierres, des graviers, pour les soustraire quelque peu à l'action du courant. Lorsque le fond des cours d'eau le lui permet, la lamproie sait y creuser des excavations dans lesquelles elle fait sa ponte.

Contrairement à tous les poissons qui, pour frayer se rassemblent en masses considérables, la lamproie va par couple et s'isole aussitôt que la ponte est effectuée. Comme l'anguille, ce poisson est l'objet de bien des croyances populaires, ayant cours dans le monde des pêcheurs de profession. En Lorraine et dans l'ancien département de la Moselle, on assure qu'il ne fraie qu'une seule fois en sa vie, et qu'il meurt aussitôt qu'il a satisfait à cette loi de la nature.

Rien ne justifie les dires des pêcheurs, et nous ne pensons point qu'il puisse en être ainsi. Toutefois, cette croyance a pu s'échafauder sur le fait suivant:

en Lorraine et sur tout le cours de la Moselle, la
température est rude, et sujette, en avril et en mai,
à varier très brusquement. Il n'est pas rare dans ces
mois, de voir succéder à des jours de chaleur des
jours de grésil, parfois de neige légère. Or, ces
temps survenant au moment de la ponte de la lamproie, peuvent lui occasionner cette maladie du frai,
commune aux poissons et qui, généralement, les fait
périr; enfin, comme ce poisson est très sujet à cette
affection, l'on peut admettre que les pêcheurs, trouvant parfois beaucoup de lamproies mortes au temps
de la ponte, en ont déduit qu'elles périssent après
avoir accompli l'acte de la reproduction.

Comme l'anguille, la lamproie est un poisson
nocturne qui ne se met en mouvement que la nuit.
Elle peut aussi ramper sur la terre, et son système
de branchies lui permet même de supporter plus
longtemps que l'anguille le séjour hors de l'eau.

La chair de la lamproie est fort bonne, mais point
supérieure à celle de l'anguille, quoique bien des
personnes l'estiment davantage. Sans doute la renommée qu'elle avait au temps des Romains est pour
beaucoup dans cette prédilection.

On peut se procurer facilement du frai de lamproie dans les pays où elle est commune. Ce frai
peut aisément s'exporter au moyen de récipients
contenant de la mousse mouillée ou des herbages
aquatiques fortement humectés. De cette façon, on
peut aussi l'expédier vivante à de très grandes distances.

Il est peu d'aquiculteurs qui s'adonnent à la production de la lamproie; nous n'en connaissons point en Alsace-Lorraine, ni dans l'est de la France. Comme ce poisson vient fort bien dans les étangs, on pourrait en obtenir aussi communément et plus aisément que l'anguille. Il ne présente pas le même inconvénient que l'anguille[1], car il n'attaque point les poissons vivants. Mais bien plus qu'avec elle, on courrait le risque de voir la plus grande partie échapper à la prise du filet, et rester dans la vase ou dans le ruisseau de l'étang. Enfin, ce poisson, en temps de frai, recherche les eaux courantes et par tous les moyens cherche à sortir des eaux calmes où on l'a placé. Un aquiculteur de la province de Namur, nous a-t-on affirmé, a perdu plus des quatre cinquièmes des lamproies qu'il avait placées dans un petit étang à eau vive et fortement alimenté. Cet étang, très bien établi, offrait pourtant des qualités sérieuses pour y maintenir ces poissons.

La lamproie se fixe aux objets, à la façon des sangsues.

Elle a aussi, comme l'anguille, mais d'une façon moins intense, l'habitude de s'envaser.

Elle préfère de beaucoup se creuser une retraite dans les berges et les talus, et, à cet effet, elle met aussi à profit les trous abandonnés par les rats d'eau.

N'ayant jamais produit de lamproie, nous ne pou-

---

1. La lamproie n'attaque pas les poissons vivants à cause de la conformation de sa bouche, analogue en quelque sorte à celle de la sangsue.

vons donner de nous-même un aperçu de sa croissance non plus que de sa longévité.

Ce que nous avons dit de la pêche de l'anguille
s'applique à la lamproie. Toutefois, ce poisson ne se
prend guère à la ligne et aux cordeaux. C'est principalement dans les nasses et les verveux qu'on le
capture le plus communément.

LA TRUITE

Régions où on la rencontre. — Les eaux qui lui conviennent. —
Tentatives d'acclimatation dans les eaux d'étangs de plaine. —
Son alimentation naturelle. — Sa diminution dans les cours d'eau.
— Petite truite lorraine. — De l'espèce de truite française. — In-
fluence du milieu sur la robe de ce poisson. — Croissances nor-
males de la truite. — Époque du frai. — Lieux choisis pour la
ponte des œufs. — Qualités comestibles de la chair de la truite.
— De sa valeur marchande. — La difficulté de son transport. —
Son maintien dans les étangs de montagne et dans les viviers. —
Son endurance pendant l'hiver. — Sa pêche aux divers engins. —
Des amorces qu'il convient d'employer.

La truite est le poisson des eaux vives et courantes. Il appartient surtout aux torrents de montagnes. On le trouve aux plus hautes altitudes de
l'Europe. On le rencontre également dans les pays
de plaine et de collines, dans les lacs. Il est propre
à toutes les régions de la France. Le grand-duché
de Luxembourg possède des affluents de la Moselle
dont les truites ont acquis une réputation qui s'é-
tend au loin. Toutes nos montagnes des Vosges,
aux torrents si fréquents et aux lacs profonds, en
produisent d'excellentes. Malheureusement, dans
ces derniers pays, elles y sont détruites sans discernement, et la protection dont elles devraient jouir
y fait à peu près entièrement défaut. Les bribeurs
de rivières les prennent à n'importe quelle taille,
même lorsqu'elles ont tout au plus celle du goujon.

Aussi, malgré les efforts de la pisciculture artificielle, les ravages de la maraude des ruisseaux et rivières sont-ils loin d'être compensés. En France, on constate que la truite diminue chaque jour, et comme chaque année le nombre des touristes augmente dans les pays où elle existe, les hôteliers, pour satisfaire les visiteurs, encouragent de plus en plus la dévastation des eaux vosgiennes et des régions alpines.

Le conseil général des Vosges s'est ému plusieurs fois de cette situation, et a renouvelé très souvent le vœu de voir la surveillance de la pêche revenir au service des forêts. Dans ce département montagneux, où chaque garde forestier est à même de veiller sur les eaux, la conservation du poisson pourrait, mieux que partout ailleurs, être assurée par le nombreux personnel des agents du service des forêts [1].

On a cherché, depuis longtemps, à acclimater la truite dans les étangs de plaine et dans les eaux douces; mais toutes les tentatives faites jusqu'ici n'ont donné que des résultats absolument négatifs. Si nous parlons de ce poisson dans cet ouvrage, c'est que les étangs de montagne peuvent produire d'excellentes truites. Le département de l'Ain dans la partie du Haut-Bugey, la Savoie, le Jura, le Doubs, les Cévennes, l'Auvergne et tous les autres pays fortement accidentés, sont à même de faire la truite

---

1. C'est chose acquise.

dans la plupart des étangs qu'ils renferment. Alimentés par des eaux froides et vives, ces étangs reposent en général sur un fond ferme; jouissant presque toujours d'une grande profondeur d'eau, ils réunissent les meilleures conditions pour ne pas laisser la production de ce poisson aux cours d'eau seulement, et peuvent leur procurer un appoint des plus sérieux.

Il n'y a pas d'espèce de poissons dont les teintes varient autant sous la double influence des eaux et de la lumière. Ses nuances sont d'autant plus vives que les eaux sont plus courantes et manquent de profondeur.

La truite mange à peu près tout ce qu'elle rencontre : vers, insectes de fond et de surface, elle attrape tout, même les mouches qui volent quelque peu au-dessus de l'eau. Bien qu'omnivore, elle préfère les tout petits poissons. C'est pourquoi, parmi les plus grands ravageurs de cette espèce, on doit compter la grosse truite elle-même, car, tout comme le brochet, elle dévore les siens, et n'épargne point non plus son propre frai, qu'elle absorbe et recherche avidement, surtout quand les cours d'eau sont peu riches en crevettes d'eau douce et autres insectes fluviatiles.

Ce poisson semble se nourrir de rien. En parcourant les pays de montagnes, l'observateur se demande souvent comment les plus minces ruisselets peuvent alimenter autant de truites.

Lorsque nous étions attaché aux aménagements

des forêts de l'Alsace, il nous souvient que dans des
ruisseaux n'ayant pas même un mètre de largeur et
où courait une eau atteignant tout au plus 7 à
8 centimètres de hauteur, nous prenions, dans les
moindres petits trous ou à la plus petite chute formée par quelques pierres, des truites nombreuses et
de taille moyenne. Les petits cours d'eau de la forêt
de Notre-Dame de Strasbourg étaient alors très riches en poissons, mais nous doutons fort que maintenant on puisse y faire les pêches que nous y avons
effectuées si souvent en brigade et en compagnie
de nos chefs qui, impitoyablement, nous faisaient
rejeter toutes les truites n'ayant pas rigoureusement
la taille. Excellentes truites du pays de Wasselonne,
de Mützig, de Sainte-Odile, du Champ du Feu, du
Schnëeberg, que de chers souvenirs vous nous avez
laissés !

La truite diminue tout aussi bien dans les Vosges
allemandes que dans la partie restée française; mais
il est certain que le gouvernement d'Alsace-Lorraine
aura sous peu introduit dans ce pays une espèce de
truite s'acclimatant dans les étangs d'eau profonde
et moyennement fraîche.

Avec une ténacité tout allemande, ce but est poursuivi et l'on constate dès maintenant que ces efforts
seront sûrement couronnés de succès. Déjà cette
truite est parvenue à gagner des étangs de plaine,
alimentés par des eaux de montagnes venant de loin.
Lorsque l'acclimatation de ce nouveau poisson sera
acquise, on pourra facilement lui faire gagner de

proche en proche les étangs des hauts plateaux lorrains, puis ceux de nos pays élevés, tels que le
Doubs, le Jura, l'Auvergne et la région du Forez.

Dans plusieurs vallées des Vosges, on trouve une
petite truite noire dont la chair est très délicate.
Cette variété était très appréciée du duc de Lorraine, René, premier du nom. Dans ces contrées,
il se trouve encore des gens qui nomment cette
truite : poisson René. Ce prince ne se bornait
pas à estimer ce poisson ; il en recommandait la
conservation, mais il n'usait pas, pour l'assurer, des
moyens employés par certains margraves et élec-
teurs allemands, grands et farouches protecteurs des
truites.

Les hauts et puissants seigneurs du Brandebourg
se réservaient la pêche de la truite dans toute l'étendue de la province, et toute infraction était punie,
soit par une expulsion du pays, soit par plusieurs
années de galères. C'était excessif, sans doute, mais
dans ces temps-là, c'était chose simple et moins
dure incontestablement que les ordonnances du bon
roi Henri IV, qui voulait bien la poule au pot dans
la chaumière, mais faisait pendre le paysan pour le
simple colletage d'un lapin.

Dans nos provinces françaises, il n'y a réellement
qu'une seule espèce de truite, et quelle que soit la
différence de sa teinte, qu'elle soit brune, jaune,
elle est unique pour notre pays. Les teintes sont
toujours plus foncées si la truite séjourne dans des
parties très ombragées et dont les eaux sont très

profondes. C'est ce qui explique que, dans le même ruisseau, les truites de même taille offrent tant de variations dans l'intensité des couleurs.

La croissance de la truite dépend beaucoup de l'abondance de la nourriture dont elle peut profiter. Dans les quelques petits étangs que nous connaissons, où l'on produit d'excellentes truites pour le commerce, la croissance moyenne est celle qui suit :

1re année,	15 grammes	
2e —	80	—
3e —	300	—
4e —	400	—
5e —	500	—

Ces données sont en chiffres ronds.

Toutes les espèces de poissons ont, à quelques jours près, une époque fixe pour accomplir leur acte de reproduction. La truite échappe à cette loi commune. L'époque de sa fécondation est variable, jamais bien déterminée. Elle subit des écarts considérables dans la même région, le même territoire, le même ruisseau. C'est ainsi qu'au lieu de varier tout au plus de quinze ou vingt jours, comme cela a lieu pour les poissons d'eau douce, la truite fraie en septembre, octobre, novembre et jusqu'en mars, soit un écart parfois de six mois. Les causes de cette particularité ont été bien recherchées, mais elles ont échappé jusqu'ici à toutes les investigations. Seraient-elles dues à ce que, pour frayer, la truite a besoin de trouver dans l'eau une température absolument exacte?

La truite recherche, pour frayer, les ruisseaux à fonds semés de gros cailloux, de forts graviers; comme tous les poissons frayant dans l'eau courante, elle remonte les cours d'eau les plus minces et les plus chétifs ruisselets. Ses œufs ne sont pas déposés sur des herbages, mais simplement sur les pierres. Elle a l'instinct de les dérober à l'action du courant, en les pondant dans tous les interstices. Comparés à ceux de la carpe et de la tanche, ils sont volumineux, transparents et d'une belle couleur d'ambre ou légèrement orangée. Plusieurs ouvrages de pisciculture affirment qu'à l'époque de son frai, ce poisson construit un nid comme le fait l'épinoche. Cette assertion est absolument erronée. La truite ne fait pas de nid; mais quand elle ne trouve pas de cavité pour y déposer ses œufs, elle fait un creux dans le gravier; c'est simplement à cela que se résume son industrie. Elle n'est pas du reste le seul poisson qui agit de cette façon. Généralement tous ceux qui fraient dans les eaux rapides et non sur des herbages, cherchent à soustraire leur ponte à l'action du courant en la plaçant dans des excavations quelconques.

La chair de la truite passe à juste titre pour être la meilleure de tous nos poissons. Aucun ne peut lui faire concurrence, si ce n'est la perche, qui est plus ferme mais qui n'a pas son goût exquis. Quand le poisson est d'une forte taille, la chair de la truite se lève par feuillets. Elle est aussi douée de cette couleur rose, dite saumonée, qui plaît tant à l'œil et qui la caractérise[1].

Les marchands poissonniers paient généralement la truite un prix double de celui de la perche et du brochet. Toujours très recherchée, la truite n'est jamais exposée à voir son cours s'abaisser par sa grande abondance sur les marchés.

Ce poisson est doué d'une respiration très vive. Il meurt presque au sortir de l'eau. C'est aussi celui qui supporte le moins le séjour sous la glace, c'est-à-dire le défaut d'aération. Durant les grands froids, on ne saurait, dans les viviers, prendre à son égard trop de précautions. Dans les torrents et les ruisseaux des montagnes, la vitesse des courants ainsi que les bouillonnements de l'eau sur les pierres empêchent en partie la glace de se former, et de plus cette agitation aère très fortement l'élément; mais dans un étang de montagnes très peu profond et contenant un peuplement de truites important, l'influence de la glace est à redouter. Il est nécessaire que les étangs de cette nature reçoivent constamment de l'eau nouvelle par le ruisseau d'alimentation.

La truite est celui de nos poissons d'eau douce qui est le moins sensible à l'action des temps rigoureux. En hiver, elle ne s'adonne pas, comme les autres, à cette espèce de torpeur qui les saisit. Bien plus que la perche et le brochet, elle conserve, par

---

1. Toutes les truites ne sont pas saumonées. Celles de Corse, par exemple, sont à chair blanche.

les plus grands froids, des allures vives et toute son activité.

Nous ne donnerons aucun conseil en ce qui concerne la pêche à la ligne de la truite. Tous les habitants des pays où on la trouve sont au courant des amorces qu'elle préfère et des endroits où l'on a le plus de chance de la rencontrer. Cependant nous dirons qu'en Corse, dans les Vosges, les Ardennes, la Savoie, l'Ain, le Luxembourg, la Belgique, la Suisse, la meilleure de toutes les amorces est le ver rouge brun, puis viennent les sangsues, les mouches artificielles et enfin les tout petits poissons, tels que, par exemple, les petits vérons, les petites loches et des goujons de très faibles dimensions, ainsi que le chabot de petite taille ; ce dernier résiste longtemps à l'hameçon. Quelques amateurs préconisent, comme excellentes amorces, les criquets ou petites sauterelles de prairies et les petits papillons. Quant aux endroits où la truite se tient de préférence, voici ce que disent certains pêcheurs : dans les ruisseaux de montagnes, on a chance de faire bonne pêche dans tous les endroits où l'eau forme cascade, car ce poisson aime à se tenir à l'endroit où elle tombe, il y guette ce qu'elle peut lui apporter. Dans les cours d'eau, autre que ceux des montagnes, la truite se tient de préférence dans les parties où le courant se fait sentir, puis dans les parties les plus claires, à fond de pierraille ou de gravier.

LA BRÊME

La brême est un assez bon poisson figurant dans
la catégorie dite des poissons blancs. Sur les étangs,
il est mis dans la *blanchaille* qui, ainsi que l'indique
cette dénomination, comprend tous les poissons
blancs.

La brême est un poisson indigène se trouvant
partout en France. Il recherche de préférence les
eaux calmes profondes et douces. C'est surtout dans
les lacs de la Suisse basse que l'on pêche les plus
belles pièces. Les lacs de Bienne, de Neufchâtel, de
Genève, et ceux de Savoie en fournissent de fortes
dimensions, dont le poids maximum est d'environ
2 kilogrammes et demi.

Tous les grands cours d'eau de France à berges
en talus sont recherchés par ce poisson, qui aime à
se retirer entre les vieilles souches des arbres croissant sur les bords des rivières.

Dans les étangs lorrains et des provinces de l'est,

la brême n'est pas produite par les aquiculteurs.
Lorsque ce poisson figure dans une pêche, c'est toujours accidentellement. C'est cependant un poisson
de belle apparence. Sa vente est toujours facile,
car à poids égal, grâce à sa largeur, il paraît plus
gros que la carpe; c'est ainsi qu'une brême de
600 grammes semblera aussi volumineuse qu'une
carpe d'un kilogramme. Sur les marchés des grandes villes, ce poisson passe toujours pour provenir
des rivières, aussi trouve-t-il une clientèle assurée
parmi les pêcheurs amateurs.

La croissance de la brême est moyenne; dans les
bons étangs, nous lui avons reconnu généralement
les données ci-après;

1re année,	12 à 15 grammes	
2e —	50 à 60	—
3e —	300 à 400	—
4e —	450 à 500	—

Lorsque des pluies d'orages se déversent dans les
étangs, on voit les brêmes se porter en masse au devant de cette eau nouvelle.

C'est un poisson qui, à certaines époques de
l'année, va par groupes.

Lorsque les brêmes prennent de l'âge, elles modifient la couleur de leurs nageoires ventrales et
pectorales, qui deviennent alors rougeâtres. Ce fait
avait fait croire qu'il s'agissait d'une variété; mais
il est acquis que ce changement atteint les brêmes

lorsqu'elles sont parvenues au terme de leur plus grand accroissement.

La brême effectue sa ponte vers la fin du mois d'avril ou le commencement de celui de mai. Elle recherche les eaux en pente douce bien garnies d'herbages aquatiques flottants. Ses œufs ont une belle apparence, ils sont non pas translucides comme ceux de plusieurs espèces de poissons, mais presque transparents. Ils sont petits et jouissent d'une belle teinte grise tirant sur le vert. Ils sont collants et adhèrent très fortement aux herbages sur lesquels le poisson les a déposés.

On dit que ces œufs ne peuvent se manger, qu'ils occasionnent de violentes coliques, lorsqu'ils ne sont pas rejetés par l'estomac. Nous avons mangé des œufs de brême et nous n'avons ressenti ni éprouvé aucun malaise. Il se peut que les œufs mal cuits, ou d'un poisson atteint de l'inflammation du frai, puissent être malsains, mais ce fait n'est pas particulier à ce poisson, il est commun à toutes les espèces.

Lorsque l'époque du frai s'approche, elle est signalée par les brêmes mêmes; on les voit se réunir par bandes et sillonner la surface des eaux, puis aller et venir le long des rives, dont elles font la reconnaissance préalable.

Les mâles sont dans une agitation extrême et font des sauts multipliés, les femelles explorent les berges et battent les herbes quelques jours avant la ponte; on croirait qu'elles cherchent à étendre le plus possible les plantes aquatiques afin d'y mieux répandre leurs œufs.

J'ai remarqué que la plupart des poissons doués d'allures très vives sont des poissons inquiets. La brême est de ce nombre.

Le frai de brême est d'une réussite plus difficile que celui de la plupart de tous nos poissons. Cela tient, dit-on, à ce que ce poisson est excessivement craintif. Il s'éloigne des frayères qu'il a choisis, au moindre bruit fait sur les bords. A ce sujet, nous pouvons citer le fait suivant :

Un de nos amis, M. de Bromeul, avait beaucoup de goût pour les brêmes, et tout en faisant de l'alevin de carpe, il cherchait à produire en même temps des petites brêmettes. Il avait choisi à cet effet un petit étang d'alevinage, bien profond, alimenté d'excellente eau et jouissant d'une rive ayant la pente voulue, ainsi que les herbages nécessaires pour les frayères. Or, depuis plus de six années, il n'obtenait jamais que des carpillons ainsi que des tanchettes et tellement peu d'allevin de brême, qu'on pouvait même dire qu'il n'en obtenait pas. Après avoir cherché quelles pouvaient bien être les causes de cet insuccès constant, il fut amené à penser qu'elles consistaient en ce que la seule rive où les poissons frayaient avait l'inconvénient de longer une voie ferrée à une distance d'environ 15 mètres. Le passage de chaque train ébranlait le sol et faisait fuir les brêmes, ce qui arrivait bien toutes les 20 ou 30 minutes. Ayant transporté ses essais d'alevinage sur un autre petit étang, il obtint des résultats satisfaisants, mais toujours moins complets que ceux donnés par les carpes et les tanches. Il fut également à même de constater que ce poisson est fort sujet à l'inflammation du frai.

Nous n'avons jamais fait d'alevin de brême, mais nous pensons que les alevinages exécutés par M. de Bromeul, durant plus de quinze années, suffisent pour établir que la brême d'étang est d'une reproduction difficile.

Des auteurs au fait de la timidité de la brême ont déclaré que, lorsque la femelle de ce poisson était effrayée à l'époque du frai, elle en périssait. Nous ne le pensons pas. Si c'était exact, M. de Bromeul, dans ses premiers essais, aurait trouvé la plupart de ses brêmes mortes, puisque le voisinage de la voie ferrée les empêchait de frayer convenablement et que les causes d'effroi étaient des plus fréquentes.

Ce poisson jouit d'une particularité remarquable qui ne se rencontre dans aucune autre espèce, celle d'indiquer par des signes extérieurs l'époque de la fécondation. Le mâle seul, toutefois, en est favorisé ; chacune de ses écailles est affectée d'une petite excroissance qui disparaît après le frai.

Nous sommes obligé, encore une fois, de nous élever contre une assertion erronée, émanant de Cuvier et de Lacépède.

Ces immortels savants déclarent que la brême résiste très longtemps hors de l'eau. Ceci est absolument faux; comme tous les poissons blancs, la brême pâme rapidement une fois sortie de son élément. Les mêmes auteurs ajoutent : que, pour les transporter vivantes à des distances considérables, il suffit de procéder de la façon suivante. Il faut envelopper les poissons de neige et ensuite de feuilles de choux, puis mettre dans la bouche de chaque poisson, un morceau de pain trempé dans de l'eau-de-vie.

Ce mode de transport et d'emballage serait aussi applicable à la carpe et à la tanche et donnerait, pour ces poissons, les mêmes résultats, mais toutefois avec une réussite moins certaine que pour la brême.

D'abord nous ne nous expliquons guère pourquoi il faut des feuilles de chou plutôt qu'une enveloppe quelconque, dont le but, sans doute, ne saurait être que de maintenir la neige autour des poissons, ensuite nous ne voyons pas non plus quel rôle peut jouer l'eau-de-vie.

Cuvier et Lacépède disent : « Que le froid de la neige paralyse les fonctions de la vie chez les poissons, et qu'ils se remettent dès qu'on les a plongés dans leur élément[1] ».

Mais il n'est pas un pêcheur d'étang, quelque novice qu'il soit, qui ne sache que le contact de la neige est des plus funeste aux poissons. Si ces savants avaient opéré un seul transport de leur façon, ils

---

[1]. Ces savants, ainsi que nous l'avons dit au sujet du carrassin, ont déclaré la même chose à propos du contact de la glace.

auraient constaté que le contact de la neige a pour
effet de rougir la robe de ces animaux en faisant
sortir du sang au-dessous des écailles, ensuite de les
faire périr, et que les brèmes ne sont pas indemnes
de cette disposition.

Ils auraient aussi constaté que le contact de la
gelée, ou celui d'un morceau de glace, prolongé à
peine pendant quelques instants, frappe de mort les
écailles du poisson, de telle sorte que, durant plusieurs années, on reconnaît encore celles qui ont
subi le contact d'un glaçon.

Elles ont perdu leur couleur propre, elles sont
irisées, bleuâtres et rudes au toucher, de sorte que,
sans regarder un poisson, on peut, rien qu'en le
prenant, dire, en terme de métier, qu'il a été *glacé*
sur une ou plusieurs écailles.

Le contact de la neige est tellement nuisible aux
poissons, qu'aucun marchand poissonnier n'en accepte qui soit simplement *rougi* par quelques flocons
de neige. Généralement, lorsque des carpes ont subi
cet inconvénient, on ne peut s'en débarrasser qu'en
les cédant au-dessous du prix du cours. Cette diminution de prix n'est pas un abus de la part des
poissonniers, car ils courent le risque de perdre une
grande partie de leurs poissons rougis, et, comme
la carpe morte se vend, sur les marchés, presque
moitié prix de la carpe vivante, leur prix d'achat
est justifié.

Il n'y a guère qu'un seul poisson qui résiste un
peu à la neige et au contact de la glace sans en

porter les signes, c'est la perche. Les écailles de ce
poisson sont très dures, épaisses, très adhérentes ;
aussi pensons-nous que c'est à cette cause qu'il faut
attribuer leur plus grande résistance à l'action du
froid. Toutefois, il faut aussi déclarer que, si la
perche ne manifeste point d'une façon apparente
qu'elle a été glacée, elle n'en est pas moins exposée à périr.

Un mot maintenant sur le morceau de pain trempé
dans l'eau-de-vie. Tout le monde pourra constater, comme nous, que les carpes ainsi alcoolisées
périssent bien plus rapidement que celles qui ne
le sont pas.

Les phénomènes de la neige et de la glace sur
les poissons sont tellement connus des gens de métier, que, pour constater que MM. Cuvier et Lacépède avaient été induits en erreur à ce sujet, nous
n'avons pas cru nécessaire de faire simultanément
l'expérience des feuilles de chou et de l'eau-de-vie.

Les brêmes sont des poissons à respiration vive ;
ce sont ceux qui viennent le plus vite aux trous pratiqués dans la glace, lorsque la surface des étangs
est entièrement congelée.

La chair de ce poisson est de bon goût, elle est
blanche et possède une fermeté qui manque généralement à tous les poissons blancs. Les meilleures
brêmes sont celles provenant des lacs, des rivières
et des étangs profonds et à eau claire.

Pour atteindre toutes ses qualités comestibles, la
brême doit avoir au moins le poids d'un kilogramme.

Lorsqu'elle le dépasse, c'est un poisson exquis, tout aussi bon qu'une carpe et qui n'a guère plus d'arêtes.

Elle mérite sans aucun doute d'être produite d'une façon suivie par les aquiculteurs et de figurer pour une certaine proportion dans les empoissonnements.

Malheureusement, la brême a, malgré ce qu'en disent MM. Cuvier et Lacépède, beaucoup moins de résistance que la carpe et la tanche. Alors que ces deux derniers poissons peuvent être transportés à sec, la brême ne peut voyager qu'en tonneau et avec tout autant de difficultés que la perche. Les risques du transport surmontés, elle peut se placer en réservoir. Si celui-ci possède une bonne profondeur et un bon renouvellement d'eau, elle s'y maintient assez longtemps durant les saisons d'automne et de printemps. Il ne serait pas prudent de la conserver en temps d'hiver, à moins qu'on ne puisse éviter la congélation du réservoir et y produire un fort renouvellement d'eau.

La nourriture de la brême est tout aussi facile que celle de la carpe : tous les déchets de verdure de jardin, salades et herbages, feront son affaire.

Quelques écrivains prétendent que la brême a l'habitude d'aller de compagnie et suit un chef de bande. Il nous a été possible, dans les Dombes, d'observer souvent ces poissons dans un étang très limpide, et nous n'avons pas constaté ce fait.

Les pêcheurs à la ligne sont très sensibles à la capture d'une belle brême. Nous en avons vu prendre de très fortes, lors de grosses eaux, avec une amorce consistant en une pâte de chènevis relevée d'un peu d'ail avec quelques gouttes d'huile. On les prend encore mieux avec les vers rouges et surtout, dit-on, avec le ver immonde des latrines, que le vulgaire nomme ver à queue. Les grains d'orge et de blé cuits leur conviennent également. Il ne faut jamais les chercher là où il y a du courant, mais dans les parties où les eaux sont calmes et profondes. Ce poisson se tient moins en plein cours d'eau que près des bords; de même en avant plutôt qu'au milieu des herbages.

Lorsqu'on veut prendre des brêmes en jetant l'épervier, ce n'est qu'avec la plus grande précaution et en marchant à pas lents et silencieusement qu'il faut s'approcher de la rivière, car le moindre bruit effraie ces poissons et les fait se déplacer pour longtemps.

Comme la robe de la brême est des plus brillantes et que sa résistance à l'hameçon est assez longue, elle constitue une amorce très bonne pour tendre les lignes à brochets.

LA ROSSE

La rosse appartient à la catégorie des poissons blancs. Elle est très répandue dans tous les cours d'eau d'Europe. Elle prospère on ne peut mieux dans les lacs et toutes les catégories d'étangs. C'est un poisson de demi-fond, c'est-à-dire qui se tient de préférence entre deux eaux, plutôt qu'au fond ou à la surface.

Jamais, dans les étangs, on ne songe à produire la rosse. Tout comme la brême, elle s'y révèle sans le concours du pisciculteur. Quelques œufs apportés par des oiseaux aquatiques et provenant des rivières ou des étangs voisins suffisent pour développer ce poisson, parfois en quantité regrettable.

Introduite dans un étang ne pouvant se vider complètement à fond, la rosse est très difficile à détruire radicalement. De même, dans ceux qui, tout en pouvant devenir complètement à sec, sont tra-

versés par un cours d'eau d'un débit constant et
assez fort. Il monte toujours quelques petits alevins
de ce poisson dans ce ruisseau, et il en descend
toujours de même ; c'est pourquoi, si la pêche s'effectue tous les deux ou trois ans, l'on peut en être
envahi, au grand détriment de la carpe. Nous ne
connaissons que la perche qui soit aussi envahissante et aussi difficile à extirper, et certes ce n'est
pas peu dire.

Ce poisson n'atteint jamais de fortes dimensions
dans les étangs lorrains et des autres régions de
l'est de la France ni dans ceux des pays voisins. En
Lorraine, on n'en prend guère qui dépassent le
poids de 3oo à 5oo grammes. Dans les étangs qui
ne se vident jamais, ou de grande étendue, tels que
ceux d'Alsace-Lorraine, du Stock, de Lindre, dont
la surface dépasse six et sept cents hectares, on
pêche des rosses ayant une plus forte taille.

C'est un poisson qui va de compagnie pendant
les fortes chaleurs de l'été. En hiver et en automne,
il se réunit seulement par très petits groupes. Il
choisit, pour frayer, le mois de mai et ne recherche
point de préférence les herbages aquatiques ; il accepte tout pour cet acte : les rives semées de pierrailles et de gravier, tout aussi bien que celles envahies par les racines des arbres et des végétaux
croissant sur les berges.

Ses œufs sont petits et offrent à l'œil une belle
couleur jaune.

La rosse, étant un poisson de demi-eau, est très

recherchée par la perche et le brochet. De ce que les poissons carnassiers en sont friands, il en résulte que ce poisson blanc peut, dans certains cas, être avantageux ou préjudiciable. Ainsi, si l'étang est à court de fretin de carpe et de tanche, il compensera ce manque de nourriture, et les brochets et les perches profiteront quand même. Mais si, par contre, les carpillons et les tanchettes sont en grand nombre, les poissons carnassiers en épargneront en quantité, à cause des rosses qu'ils préfèrent, et alors la carpe sera moins belle. Il y aura, par suite, perte sur sa production et sur sa qualité.

La chair de la rosse est de fort bon goût, quoique manquant de fermeté. Dans le cours de l'été, ce poisson est moins bon à manger. C'est en automne et surtout en hiver qu'il a ses plus grandes qualités comestibles. Quelle que soit sa taille, ce poisson est désagréable à consommer, à cause des arêtes dont sa chair fourmille. Au lieu de les avoir longues et simples comme la plupart des espèces de nos poissons d'eau douce, il les a courtes et fourchues. Il faut beaucoup de patience pour manger une rosse, même lorsqu'elle a atteint le poids d'un demi-kilogramme. Mais, malgré ce défaut, la classe ouvrière aime ce poisson. Dans les guinguettes, il s'en consomme de grandes quantités en friture, les dimanches et les lundis. C'est aussi le poisson qui donne le mieux à la ligne, et il y a des époques où il compose presque à lui seul la prise des pêcheurs les plus habiles. Sur les étangs, ce poisson se vend aux petits marchands, qui le colportent dans les villages environnants. Il leur est vendu moitié moins cher que la carpe.

Si la rosse se prend facilement à la ligne, cela tient à ce qu'elle accepte à peu près tous les appâts. Ceux-ci sont donc variés ; en première ligne, nous citerons tous les vers ; puis on peut se servir des sauterelles, des grillons, des mouches artificielles, des papillons. Lorsque, en été, il tombe des nuées d'éphémères, on peut en faire une pâte qui donne de bons résultats. Puis aussi la pâte particulière que nous indiquerons pour le chevesne, car son fumet est parfois apprécié par les rosses de forte taille.

Nous citerons enfin, venant de la part d'un pêcheur à la ligne des plus experts, M. Pommier, sergent-major de l'École militaire d'infanterie de Rambouillet, un secret, à l'aide duquel il a toujours pris des quantités extraordinaires de poissons. Il fait tout simplement une pâte de farine fort peu consistante, de telle sorte que tout poisson touchant à l'amorce se sent pris par l'hameçon. Aussitôt touché, il ferre.

LE GARDON

Le gardon est un beau poisson blanc ressemblant
beaucoup à la rosse. Il s'en distingue cependant
facilement par une moindre largeur. Comme elle, il
a les nageoires d'un beau rouge, et cette couleur
ressort vivement à côté de ses flancs, qui sont d'un
blanc argenté.

Le gardon se trouve dans toutes nos rivières,
sauf celles où se rencontre la truite. Néanmoins, on
le pêche dans certains lacs de nos pays de montagnes. Il aime les eaux claires, profondes et calmes.

Il est commun dans les étangs et s'y montre parfois d'une façon préjudiciable. On le vend avec les
autres poissons blancs connus sous le nom géné-
rique de blanchaille.

Sa chair est des plus médiocres, car elle manque
de goût et de fermeté. Elle n'acquiert quelques qualités qu'autant que le poisson atteint le poids de
quatre à cinq cents grammes. Les arêtes nombreuses
dont elle est pourvue exercent fortement la patience
de ceux qui la consomment.

Ce poisson offre une particularité qui n'est pas connue de tous les pêcheurs, c'est celle de modifier quelque peu les teintes qui le revêtent. C'est ainsi qu'au sortir de l'eau les écailles de la tête et du commencement du dos sont d'une belle couleur verte, qui s'atténue et devient bistrée à mesure que le poisson pâme.

Le gardon a la faculté de se multiplier beaucoup; c'est pourquoi il est souvent un embarras dans les étangs dont la mise à eau est permanente. Dans ce cas, il est très rare qu'on arrive à le supprimer, quelque forte que soit la mise de brochets et de perches faite en vue de le détruire.

Il fraie généralement durant le mois de mai. A cet effet, il recherche les herbages croissant dans peu de profondeur. Il y dépose ses œufs. Si les pentes douces font défaut, il effectue sa ponte sur les herbes flottant à la surface des eaux. Les œufs sont petits et s'agglutinent très fortement aux herbages. Cette particularité a pour conséquence de les faire échapper plus que les autres frais à la voracité des poissons, et c'est là une des causes de la multiplication rapide de ce poisson.

On prétend qu'il a été désigné sous le nom de gardon par suite de sa longue résistance lorsqu'il est sorti de son élément, puis aussi à cause de la facilité avec laquelle il vit dans des milieux restreints.

Nous ne pouvons que déclarer absolument fausses ces allégations. Le gardon est, en effet, bien loin de se conserver longtemps dans les aquariums, et, dans les réservoirs, il ne vit pas plus de temps que les autres poissons blancs.

Il semble croître bien mieux dans les étangs que dans les cours d'eau; cela tient à ce qu'il recherche les eaux calmes et claires.

Sa pêche se fait au filet et au carrelet. Il se prend facilement aux verveux placés en avant d'herbages et mieux encore lorsqu'on les a posés au milieu d'herbes moins épaisses, comme, par exemple, sous une touffe de nénuphars.

A la ligne, il mord très facilement, surtout dans les gués, où la fiente des bestiaux venant s'abreuver a la privilège de l'attirer.

Les amorces les plus connues et réputées les meilleures sont les vers de toutes espèces, puis les grains cuits de blé, de seigle et d'orge. L'orge non mûre mais formée en grains et assez résistante pour tenir à l'hameçon, est, d'après quelques pêcheurs, supérieure aux grains cuits. On le prend aussi avec de la simple mie de pain pétrie avec les doigts.

Par sa facilité à se prendre à la ligne, le gardon est cher aux pêcheurs, car, sans lui, bon nombre de fois ils rentreraient bredouilles.

LE CHEVESNE

Lieux et régions où il se rencontre. — Sa voracité. — Qualités comestibles de sa chair. — Époque du frai, lieux qu'il choisit. — Sa croissance. — Facilités de le prendre à la ligne. — Lieux où les pêcheurs doivent le rechercher. — Nombreuses recettes pour l'amorcer. — Pâte toute particulière. — Habileté qu'il faut avoir pour le prendre à la ligne. — Du genre de lignes à employer.

Le chevesne est certainement, de tous les poissons des pays tempérés, celui qui est le plus commun, et par suite le plus connu.

Il porte une grande variété de noms; chaque pays, chaque département lui donne un nom local, tel par exemple, celui de *bouxey*, en Lorraine.

Quant aux ichtyologues, ils le désignent communément sous le nom de chevasne, chevesne, vilain, meunier.

Ce poisson commun appartient à la famille des ables; c'est le plus fort représentant de ce genre vivant dans nos eaux douces.

Comme toutes les ables, c'est un poisson de surface. Ses couleurs brillantes et vives l'indiquent du reste à première vue.

Le chevesne ne s'élève pas dans les étangs, il ne s'y rencontre que très rarement, bien que cependant il puisse y vivre.

Les étangs où on le rencontre parfois, sont ceux

qui se trouvent à proximité de cours d'eau. Ce sont les oiseaux aquatiques qui y ont apporté quelques œufs.

C'est dans les rivières profondes et à courants variés que l'on remarque communément le chevesne.

Il fréquente aussi les endroits où se produisent les remous des tourbillons.

Pour le propriétaire d'étang, c'est un poisson qu'il faut proscrire: il est vorace, et quoique omnivore, il dévore les alevins à l'état minuscule. Lorsqu'il a atteint une forte taille, il se jette sur des poissons plus gros, bien qu'il n'ait que des dents pharyngiennes. Il peut, de cette façon, détruire un très grand nombre de petits alevins de carpe et de tanche, jouant ainsi, à un degré bien moindre il est vrai, le rôle de la perche ou du brochet; il a, en plus, le désavantage de ne produire qu'un poisson d'un prix très inférieur.

Bien moins que tous les autres poissons blancs, il devient la proie des espèces carnivores, même du brochet, qui le plus souvent ne s'en empare que par surprise et lorsqu'il se tient à l'affût, car le chevesne, même lorsqu'il est de taille médiocre, a les allures très vives et très rapides.

Sa chair est de qualité inférieure. Cependant, quand on rencontre un sujet de trois livres, c'est un bon poisson. Au lieu d'être blanche, sa chair est légèrement teintée de jaune; elle est remplie d'arêtes. On la dit peu digestive. Ce n'est toutefois pas notre avis, car elle est, à ce point de vue, supérieure à celle de la rosse et du goujon.

Le chevesne, grand ravageur du frai des autres poissons et du sien propre, dépose ses œufs dans la première quinzaine d'avril.

Il choisit les lieux jouissant de quelques courants ; il y fait sa ponte dans les fonds élevés et tout au plus à cinquante centimètres de profondeur.

Ses œufs ont une couleur qui rappelle un peu celle de sa chair, c'est-à-dire qu'ils sont légèrement jaunâtres. Leur éclosion se fait rapidement : quelques jours suffisent.

Si, pour les propriétaires, ce poisson n'est pas à propager dans les étangs, en revanche la pisciculture officielle devrait le comprendre parmi ceux qui sont aptes à repeupler les cours d'eau.

Il peut atteindre de fortes tailles, jusqu'à cinq et six demi-kilogrammes. Sa croissance est moyenne, car, pour arriver à cette dimension, il lui faut au moins huit ou neuf ans.

Le chevesne est l'un des poissons qui font la joie des pêcheurs, surtout de ceux qui ne pêchent qu'à la ligne. Non seulement il est commun dans toutes nos rivières, mais en outre il se prend facilement quand on a la pratique de sa pêche. Sa prise toutefois est journalière[1] sans qu'on puisse d'une façon bien pré-

---

1. C'est parce que le chevesne est un poisson de surface. En été, lorsque la température est élevée, il est à peu près en demi-eau et quand le temps est orageux, ou se met à la pluie, il se tient presque à fleur d'eau pour saisir tous les insectes qui se rapprochent de la surface ; c'est alors un bon temps pour la pêche.

cise en déterminer la cause. Nous estimons que cela tient aux circonstances quelconques qui ont amené la nourriture dans les cours d'eau.

Durant les fortes chaleurs, le chevesne se tient dans les courants et à l'ombre des arbres plantés sur le bord de grands fonds. A l'automne et au printemps, il recherche les parties les plus exposées au soleil.

Quant aux appâts à employer, on n'a que l'embarras du choix, attendu qu'ils peuvent varier à chaque saison. C'est cette circonstance qui rend sa pêche si facile, et nous dirons aussi si productive.

Pour indiquer les diverses et les meilleures amorces, nous citerons en première ligne le sang de bœuf caillé, puis le cœur de bœuf, le foie de mouton qui, bien qu'inférieure aux deux premières, donne néanmoins de bons résultats.

Les vers blancs ou asticots, les vers rouges, le ver répugnant des latrines ou à queue, les papillons, les hannetons, les grillons, les sauterelles lors de la coupe des foins, les mouches artificielles et surtout la larve du hanneton.

Les fruits, tels que la cerise, la grosse groseille, les grains de raisin noir, les fragments de prunes, le blé et l'orge cuits.

Enfin, on se sert aussi avec grand succès de petits morceaux de fromage. Celui de gruyère, tout comme le livarot, connu sous le nom d'angelot en Lorraine, sont les meilleurs dans ce genre d'amorces. Il faut que ces fromages ne soient pas cou-

lants et qu'ils puissent tenir à l'hameçon et le bien
envelopper.

Nous n'oublierons pas non plus les diverses pâtes
employées par tous les pêcheurs, et parmi elles
nous citerons celle au tourteau de chènevis relevée d'une pointe d'ail écrasée avec de la mie de
pain.

Nous n'hésiterons pas non plus à déclarer qu'aucune pâte n'a autant de succès que celle dont il
nous est assez difficile de donner la recette, bien que
sa composition soit d'une remarquable facilité. Cette
pâte consiste uniquement en un mélange de terre
glaise pétrie, par moitié, avec la chose dont le nom
a fait la plus grande célébrité de Cambronne. Ce
mélange de haut goût, dont on forme des boulettes
recouvrant peu l'hameçon, est irrésistible là où se
trouvent les chevesnes. Avis aux amateurs peu délicats et désireux quand même de faire de belles
pêches.

La pâte d'éphémères est aussi excellente, mais il
ne convient de l'employer que six à sept jours après
la chute de ces insectes, attendu que tous les poissons en ont fait une grande consommation.

Rationnellement, il est bon d'employer les amorces
suivant leur saison, et de réserver les pâtes pour
les mois d'arrière-saison et d'hiver.

Le chevesne est un poisson excessivement mé-
fiant, à l'œil très vigilant. Le pêcheur à la ligne doit
toujours s'approcher des rives avec précaution et
sans bruit. Plus sa ligne lui permettra de se tenir

éloigné des bords, plus il sera sûr de faire bonne pêche.

Nous dirons en outre que, si ce poisson mord à tous les appâts, il est par contre celui qui exige peut-être le plus d'habileté. Il faut en effet saisir le moment précis pour le ferrer. Cet instant est celui où il a saisi l'amorce. Avec le chevesne, il ne s'agit pas de laisser palper l'appât, car le moindre mouvement imprimé à la ligne et ressenti par lui a pour effet de lui faire relâcher l'amorce.

Dans les courants peu profonds, on le prend à la nasse et aux verveux, surtout si on les amorce de tourteaux de chènevis. On peut y mettre des crottins de cheval.

La ligne à employer pour la pêche de ce poisson doit être très longue, n'avoir qu'une plume en guise de flotteur, de façon que le pêcheur puisse jeter l'amorce de très loin; enfin, pour que celle-ci ne tombe point trop rapidement à fond, la ligne ne doit être aussi que très légèrement plombée.

LE BARBEAU

Le barbeau n'est pas un poisson d'étang ; par conséquent, nous ne devrions pas en parler dans cet ouvrage ; mais, comme on peut très bien l'y acclimater, nous en dirons quelques mots.

Ce poisson recherche les grands cours d'eau à courant rapide et à fond de pierres et de graviers. Toutes nos grandes rivières de France le possèdent et il s'y trouve en quantités plus fortes que la perche et le brochet. Les rivières du nord et de l'est sont celles où il est le plus en abondance. La Moselle, sur tout son cours, la Meuse, le Rhin, le Rhône en produisent de fort beaux spécimens. Dans le Midi, on le rencontre également. Nous en avons même pêché en Algérie, aux environs de Tlemcen, mais le barbeau d'Afrique nous a paru différer de celui des rivières de l'est et du nord de la France et appartenir à une autre espèce.

Dans les rivières françaises, le barbeau fuit les parties sans courant. Il s'établit dans les endroits rapides, bien endigués; là, reposant presque sur le fond et faisant face au courant, il happe toute la nourriture qui peut lui être ainsi apportée.

Dans les rivières d'Algérie sans courant, il faut le rechercher dans les endroits les plus profonds, dans les creux et toutes les excavations. Il peut très bien prospérer dans les étangs à eau claire, pourvu qu'ils aient de la profondeur. Si les rives de ces étangs offrent des berges à talus et une profondeur d'eau d'un mètre et demi au moins, presque tous les barbeaux se cantonneront dans cette partie. Ils s'y creuseront des trous dans lesquels ils aimeront à se retirer.

C'est un poisson craintif, que l'approche de la loutre terrifie; doué d'une queue puissante qui lui permet de développer une grande vitesse, au lieu de fuir en pleine eau, il se laisse acculer et saisir dans sa retraite.

Le barbeau est un poisson de compagnie, c'est-à-dire qui se réunit par groupes, mais ce qui le distingue de plusieurs autres espèces, c'est qu'au lieu de former des groupes de sujets à peu près tous de même force, les réunions de barbeaux comprennent toutes les tailles, aussi bien celui de 25 grammes que celui de trois kilogrammes.

Le barbeau peut acquérir de fortes dimensions et peser jusqu'à quatre ou cinq kilogrammes. Sa chair est exquise, et lorsqu'il a acquis seulement quatre à cinq demi-kilogrammes, il est aussi délicat que le brochet, mais il a un peu plus d'arêtes et moins de fermeté. Nous ne connaissons pas de poisson pouvant faire de meilleures matelotes, à la condition, toutefois, de le manger presque au sortir de l'eau. Il est aussi très bon cuit au court-bouillon.

On raconte dans certains ouvrages que les barbeaux se conservent bien dans les viviers, et que, si leur alimentation y est insuffisante, ils se mangent mutuellement la queue. Ce fait nous a semblé tout à fait extraordinaire, car le barbeau n'est nullement un poisson carnassier. Nous n'avons jamais eu l'occasion de vérifier ce fait, mais, en revanche, nous avons questionné à ce sujet tous les pêcheurs de profession qu'il nous a été donné de rencontrer. C'est ainsi que sur la Moselle, ceux de Metz, Thionville, Sierk, Remich, Trèves, et sur la Meuse, ceux de Sedan, Mézières, Dinant, Namur, nous ont déclaré qu'ils n'avaient jamais constaté pareille chose; que le barbeau conservé en *huche* (boîte longue, percée de trous nombreux) se remuait beaucoup, qu'il s'y usait la queue, c'est-à-dire la frangeait et l'entamait par suite des frottements contre les parois de bois, mais que cela était commun à toutes les espèces de poissons ainsi logées.

Cette assertion, répétée par Cuvier et Lacépède, nous fait encore l'effet d'être, comme tant d'autres que nous avons citées, absolument erronée et n'a nullement été contrôlée par ces deux savants. Ils ont incontestablement pris pour un commencement d'absorption, cette usure de la queue commune à tous les poissons enfermés dans des récipients étroits et provenant simplement du frottement de cet organe contre les parois. Les nageoires ventrales et pectorales des poissons s'usent également et deviennent blanchâtres.

Le barbeau fraie ordinairement durant le cours du mois de mai dans nos rivières du nord et de l'est, et dans celles du midi vers la fin d'avril. Il produit beaucoup d'œufs. Ceux-ci sont de couleur orangée. Le poisson recherche, pour les déposer, les plus forts courants et de moyenne profondeur. Il les fixe sur les graviers et de préférence sur les pierrailles. Comme ils sont très collants, ils y adhèrent fortement. A leur éclosion, les alevins minuscules résistent à l'action rapide de l'eau en s'abritant parmi les excavations et vivent des animalcules contenus dans la vase et sur le gravier. Ce n'est que lorsqu'ils ont acquis la longueur de plusieurs centimètres qu'ils quittent les lieux où ils sont nés, pour se grouper et s'adjoindre aux barbeaux de taille supérieure à la leur.

C'est un poisson qui croît très vite; nous avons été à même de relever sa croissance grâce à des sujets qui avaient été placés dans la retenue d'un moulin et dont ils ne pouvaient sortir; voici ces accroissements :

1re année	17 à	20 grammes
2e —	128 à	140 —

3e année   615 à   630 grammes
4e   —   900 à 1,100   —
5e   —   1,800 à 2,200   —

Suivant l'abondance de la nourriture que le poisson peut trouver, les chiffres ci-dessus peuvent être dépassés, en tous cas nous pouvons les donner comme une moyenne exacte.

Le barbeau se nourrit essentiellement de vers, d'insectes, de tous les mollusques fluviaux et aussi des tout petits poissons ; seulement, il est généreux vis-à-vis de ceux qui appartiennent à son espèce, et généralement il les épargne.

C'est le poisson qui résiste le plus à la fétidité des eaux ou à leur altération momentanée, provoquée par les résidus des fosses d'aisance et des fabriques. Néanmoins, il est sujet à toutes les maladies des poissons. Il a été jadis affecté d'une maladie particulière que nous avons constatée dans la Meuse et que nous décrivons plus loin. Cette épidémie a sévi dans tout l'est de la France et sur le cours entier de la Meuse, de la Moselle et de leurs affluents, les autres contrées ont été moins éprouvées.

Le barbeau est l'objet de préjugés populaires. Dans le Luxembourg et en Allemagne, on prétend qu'il est très friand de chair humaine, et que c'est le seul qui attaque la chair des noyés. Ce poisson, à la vérité, consomme les chairs corrompues, mais, malgré son rôle de nettoyeur de rivières, il est très estimé par les pêcheurs. Dans notre enfance, nous avons bien souvent vu prendre des barbeaux énormes en dessous de l'ancien abattoir de Metz, situé sur la Moselle et au-dessus d'un fort courant à fond de gravier. Les barbeaux y étaient attirés par les issues de toutes sortes qui venaient se déverser dans la rivière.

Nous nous souvenons aussi d'un vieux pêcheur qui confectionnait une pâte avec du chènevis, de la mie de pain et du sang de bœuf séché. Il formait des boulettes compactes et amorçait sa ligne de fond. Il était rare qu'il ne prît des barbeaux de la plus forte taille, chaque fois qu'il se livrait à cette pêche.

Ce poisson a la renommée de posséder des œufs excessivement malsains. Des savants, ainsi que des médecins, l'affirment et déclarent même qu'ils produisent des signes particuliers d'empoisonnement, tels que palpitations, dilatation de la pupille, agitation nerveuse, faiblesse des jambes, etc.

Nous avons mangé des œufs de barbeau en petite quantité d'abord, et ensuite en aussi grande quantité que des œufs de carpe, et nous n'avons en aucune façon été incommodé. Les œufs de ce poisson sont malsains seulement à l'époque du frai.

Les barbeaux mâles ont une laitance excellente valant celle de la carpe. C'est grandement à tort que les ménagères ne la mettent pas à profit. Cela tient à ce qu'elle est communément d'apparence rougeâtre au lieu d'être blanche comme celle des autres poissons.

Dans les étangs, il ne faut pas songer à se procurer des alevins de barbeaux, car le résultat est absolument nul, comparativement à ceux obtenus pour toutes les autres espèces de poissons.

C'est le seul du reste à l'égard duquel nous admettions que la pisciculture artificielle puisse procurer quelques alevins aux propriétaires d'étangs ou de cours d'eau particuliers dans lesquels le barbeau n'existe pas.

En somme, comme ce poisson est encore un de ceux qui se trouvent le plus abondamment dans les eaux qui lui sont propices, il n'y a pas lieu jusqu'à présent de chercher à en faire un poisson apte à tous les milieux autres que les fleuves et les rivières.

La pêche des barbeaux se fait aux filets et aux verveux. Lorsqu'on veut pêcher à la ligne, il faut rechercher les courants rapides sur fond ferme, c'est-à-dire sur gravier ou cailloux. Si ces courants ont des berges ou des talus, on augmentera ses chances de pêche. Les endroits où l'eau forme des tourbillons, quoique préconisés, ne sont pas si bons que les courants ci-dessus.

La ligne doit être de fond, et il est bon qu'elle soit sur moulinet, car le barbeau atteint de fortes tailles et sa défense, qui est assez sérieuse, se trouve accrue par le courant. Il cède néanmoins assez vite. Un point essentiel, c'est d'éviter qu'il n'aille dans des herbes, ce qu'il cherche toujours à faire lorsqu'il s'en trouve à sa portée. Une fois engagé de cette façon, il est rare qu'on puisse le saisir, car il y embarrasse tellement la ligne, qu'il arrive le plus souvent à la casser ou à se décrocher.

Les bonnes amorces consistent en pâte de tourteaux de chènevis mêlé avec de l'ail broyé et quelques gouttes d'huile de lin. Cette pâte doit envelopper tout l'hameçon. Son défaut consiste en ce que se frottant sur le fond, par l'action du courant, elle se détrempe vite et oblige à la renouveler fréquemment.

La pâte odorante que nous avons indiquée pour le meunier tient bien mieux, à cause de la terre glaise, et elle a aussi la propriété d'avoir beaucoup d'attrait pour le barbeau.

Les vers rouges très gros sont excellents, de même le ver des latrines. Les sangsues, qui vivent dans les courants et s'attachent en dessous des pierres, sont parfaites, mais il faut les prendre le plus grosses possible et en couvrir tout l'hameçon.

Enfin, nous connaissons des pêcheurs qui, dans la saison, amorcent à la cerise et à la graine de raisin noir; la grosse groseille, dite à maquereau, constituerait également une amorce; enfin, on peut se servir des fromages déjà cités.

La bonne saison de pêche comprend les mois de juin, juillet et août.

L'ABLETTE

L'ablette est un charmant petit poisson qu'on
rencontre dans les cours d'eau des régions tempérées. Il est également commun dans les lacs et dans
les grands étangs. C'est un poisson très vif, très
rapide, jouant en bandes nombreuses à la surface
de l'eau qu'il sillonne d'éclairs d'argent. Aucun poisson de compagnie ne forme des masses aussi compactes. Il n'est jamais produit volontairement par
les aquiculteurs. Ils n'ont ce poisson que par surprise, et c'est pour eux une surprise désagréable.

Dans les étangs, l'ablette devient parfois un embarras, surtout lorsque la mise à eau doit durer
trois années. Il suffit, en effet, que quelques sujets
se trouvent mêlés à l'empoissonnement pour qu'ils
se multiplient en quantités souvent énormes.

Dans ces circonstances, l'ablette peut causer beaucoup de préjudice. Absolument poisson de surface,
éclatant par sa robe, et massé toujours par groupes

compacts, les brochets et les perches le voient de loin, et lui font, de préférence au fretin de carpe, une guerre acharnée.

Il suffit, pour s'en convaincre, d'observer quelque temps une bande d'ablettes, on verra à chaque instant tous ces petits poissons s'agiter, sauter au-dessus de l'eau, ou faire plusieurs élans, le tout pour éviter le passage d'une perche ou d'un brochet qui vient parmi eux chercher une proie.

Nous tenons à citer ces faits, que tout pêcheur de profession ou amateur a vus maintes fois, parce que certains auteurs déclarent que jamais le brochet ni la perche n'attaquent l'ablette, que, même sans autre nourriture, le brochet ne la prend pas.

Nous sommes donc d'un avis diamétralement opposé et nous déclarons, après de nombreuses constatations, que l'ablette, comme tous les poissons blancs, peut servir de nourriture aux poissons carnassiers dont la mission dans les étangs est d'enlever le menu fretin des carpes et des tanches.

Autrefois, lorsque les écailles d'ablettes étaient fort recherchées pour la fabrication des fausses perles, les aquiculteurs pouvaient tirer profit de ce brillant poisson. Mais le profit était toujours maigre.

Les écailleurs, qui ont à peu près disparu aujourd'hui sur nos cours d'eau, venaient, lors des pêches, acheter ce poisson qu'ils payaient généralement dix centimes le demi-kilogramme. Dans les villes, ils le revendaient comme friture, puis livraient les écailles à des marchands spéciaux.

Suivant que les perles étaient à la mode, le kilo-gramme d'écailles d'ablettes se vendait 40, 50, 60 fr., aujourd'hui il vaut à peine 18 à 20 fr., parfois seulement 15 fr.

Il nous a paru curieux de connaître la quantité nécessaire de ces petits poissons pour produire un kilogramme d'écailles. Nous désirions surtout, à ce sujet, nous rendre compte si les affirmations de divers auteurs autorisés étaient conformes à la vérité, et si réellement il fallait jusqu'à quarante mille de ces petits poissons et par suite un poids atteignant près de 750 kilogr., pour faire un demi-kilogramme d'écailles.

Lorsque nous étions en fonctions dans le département de l'Ain, nous profitâmes de ce qu'un étang contenait une grande quantité d'ablettes, et nous en fîmes pêcher au carrelet. Les poissons étaient écaillés au fur et à mesure de leur prise, et les écailles traitées suivant le mode voulu. Il nous fallut en tout 5,692 ablettes représentant environ 190 demi-kilogrammes.

Chaque ablette avait donc produit, par conséquent, une moyenne de huit centigrammes d'écailles environ.

Nous n'avons jamais su pourquoi on choisissait exclusivement l'écaille d'ablette pour confectionner l'orient des fausses perles. Toutes les écailles de poissons peuvent le donner, seulement il est d'autant plus éclatant et nacré qu'elles se rapprochent du blanc d'argent vif. Celles qui revêtent les flancs de la sardine devraient pouvoir donner un produit similaire tout aussi brillant.

L'ablette vit d'insectes et de tout ce dont sa petitesse lui permet de s'emparer dans les eaux. Elle aime à s'ébattre parmi les herbages flottants où elle sait découvrir une foule de petits insectes et d'animalcules.

Comme presque toutes les espèces d'eau douce, ce poisson recherche, pour effectuer sa ponte, les rives enherbées et en pentes douces. Il s'y rend en masses compactes, mais au lieu de déposer ses œufs sur les herbages immergés, il choisit seulement ceux flottants à l'extrême surface. Il est, avec le gardon, le seul qui procède de cette façon.

Ses œufs sont nécessairement très petits, leur viscosité est très grande ; malgré sa taille minime, une femelle d'ablette pond jusqu'à 25,000 et 28,000 œufs. L'abondance de ce petit poisson serait extrême s'il ne rencontrait pas de grands destructeurs, parmi lesquels figurent d'une façon toute spéciale les rosses et les chevannes, qui ne vivent guère que de ce frai pendant la saison de la ponte. Celle-ci a lieu généralement dans la dernière quinzaine de mai ou la première de juin.

Lorsque les bandes d'ablettes se montrent assez nombreuses dans un étang, pour s'assurer que le fretin de carpe ne sera pas absorbé suffisamment par la perche et le brochet, nous conseillerons de pêcher ce petit poisson. C'est une facilité que l'on n'a pas avec les autres espèces blanches.

Étant absolument de surface, vivant en masses compactes, il est toujours facile de l'attirer vers la digue de l'étang et de l'y pêcher au carrelet. On le maintient facilement aux mêmes endroits, en troublant l'eau avec des matières qui lui servent d'aliments. Par exemple, en jetant des sons mêlés avec de la farine de seigle, le carrelet en prendra des quantités considérables et tant qu'il y en aura. Si l'étang est de grande étendue et que les ablettes ne s'amassent point vers la digue, leurs masses seront toujours signalées au loin; on pourra alors les pêcher en bateau, en ancrant ce dernier.

Nous avons vu dans les Dombes un propriétaire suivre notre conseil et se mettre à pêcher les ablettes qui infestaient son étang. Il mit en fonctions de grands carrelets et, en moins de trois semaines, il en enleva 2,700 livres environ. Chaque carrelet prenait par jour une moyenne de 15 à 17 demi-kilogrammes de ces poissons. Il continua sans relâche cette pêche, et par ce moyen il put produire de la belle carpe, attendu que les poissons carnassiers furent obligés de vivre du fretin des carpes et des tanches, chose qu'ils n'auraient faite qu'insuffisamment, si les ablettes n'avaient pas été enlevées en grande partie.

La chair de l'ablette est peu estimée, et c'est toute justice. Elle fourmille d'arêtes, et fort souvent elle est légèrement amère.

Au sujet de ce poisson, il nous plaît de raconter le fait suivant, qui s'est passé en Alsace-Lorraine et

tout à l'actif d'un pisciculteur pratique, prétendant
que l'ablette devait pouvoir jouer le même rôle que
la sardine; aussi la nommait-il la sardine d'eau
douce. Par un enchaînement d'idées, il en vint à
vouloir lui faire subir la préparation à l'huile de sa
sœur de l'Océan. Il partit sur nos côtes de l'ouest
et là se rendit compte des préparations et des procédés usités dans toutes les sardineries.

Une fois bien au fait de la fabrication, il revint et
prépara des ablettes à l'huile. Ce n'était pas mauvais, mais pas excellent non plus, et c'était, en tout
cas, bien moins savoureux que la sardine. De là
déjà une grande infériorité relativement au petit
poisson de l'Atlantique ; ensuite, comme sur l'Océan
un seul coup de filet peut en ramener plusieurs milliers, parfois jusqu'à dix mille et davantage, jamais
le prix de l'ablette n'aurait pu être aussi bas que
celui de sa rivale de la mer. La tentative était donc
destinée à n'être qu'un essai passager d'amateur.
Aussi ne put-il se débarrasser des produits de sa
fabrication qu'à un prix non rémunérateur.

Nous pourrions citer quelques petites garnisons
d'Alsace-Lorraine, où les boîtes de cette nouvelle
sardine furent l'accompagnement de bien des sau-
cisses et de moos de bière. Durant plusieurs mois
d'hiver, les guerriers teutons de ces petites localités
firent de nombreuses tartines d'ablettes à l'huile,
sur des tranches de ce pain de seigle, de si pauvre
apparence, si noir, et qui, lorsqu'on en a goûté, soit
dit en passant, paraît agréable, au point que les

plus hauts personnages d'Allemagne le font figurer sur leurs tables concurremment avec les meilleurs pains de froment fabriqués à la viennoise.

Du reste, notre ami était loin d'avoir cherché le premier à tirer parti de l'ablette. Ce petit poisson abonde dans les grands lacs de Suisse, où les pêcheurs de profession ne dédaignent pas d'en faire une pêche spéciale. Vendu à bas prix, les classes ouvrières en font des conserves, soit en le fumant, soit simplement en le faisant sécher. Sur le lac de Bienne, nous avons goûté de ce mets, et sans aucun parti pris de camaraderie à l'égard de notre confrère en pisciculture d'Alsace-Lorraine, nous déclarons l'avoir trouvé bien au-dessous de ses boîtes à l'huile.

Quelle que soit sa médiocrité comestible, il est bien rare que l'ablette n'entre pas pour une partie dans les fritures de goujons vendues dans toutes les guinguettes. C'est un poisson populaire.

Dans l'ancienne province d'Anjou, il se rattache au souvenir de l'excellent roi René. Les pêcheurs, trop pauvres pour payer la redevance du droit de pêche, étaient tenus de fournir au palais royal une quantité déterminée d'ablettes. Sans doute ce souverain agissait ainsi pour ne point laisser tomber en désuétude la redevance de pêche.

Ce poisson est très mince, son dos seul contient quelque peu de chair. Si on l'expose à une vive clarté, il paraît translucide, comme l'est par exemple une crevette de mer vivante.

Si l'ablétte n'était pas délicate et résistait quelque

peu à l'hameçon, elle constituerait une excellente amorce vive. En se servant d'hameçon à longue queue et en lui passant cet engin par la bouche et l'ouïe, c'est-à-dire sans la piquer, elle peut tenir quelque temps. C'est durant les mois chauds de l'année une excellente amorce pour la pêche de jour aux cordeaux. Elle est même de premier ordre pour la pêche du brochet au trimeur et également pour la perche.

Bien que l'ablette ne soit plus recherchée aujourd'hui pour la fabrication des fausses perles, ce poisson est bien moins abondant qu'autrefois. C'est un fait commun à toutes les espèces d'eau douce, mais aucun n'a diminué dans d'aussi fortes proportions. Nous connaissons de petits cours d'eau lorrains où, il y a trente ans à peine, elles pullulaient; maintenant, un pêcheur au carrelet n'en produirait pas un kilogramme dans toute sa journée. Cette diminution n'est due qu'aux curages annuels qui, enlevant les herbes flottantes, détruisent les frayères.

Pour résumer, nous dirons que ce poisson est absolument à proscrire des étangs.

La pêche à l'ablette se fait au carrelet, c'est le moyen d'en prendre de grandes quantités. Si on veut pêcher à la ligne, on peut se servir des amorces suivantes : l'asticot, les mouches, les gros œufs de fourmis.

Nous dirons aussi que ce petit poisson est très vif, qu'il s'agite beaucoup; cependant, quand on rencontre un banc d'ablettes, on le maintient en station en lui jetant des sons détrempés avec quelque peu de farine. Alors, on dresse une ligne portant des hameçons petits mais à longue queue. Cette ligne, jetée sans appât au milieu du banc et relevée en zigzaguant vivement, ramènera presque à chaque coup un poisson accroché n'importe comment. Cette pêche se fait avec plus de succès vers la fin du jour que dans la journée et le matin; en Lorraine on la nomme pêche à la *volée*.

Dans les rivières peu profondes où ce petit poisson se trouve encore commun, on peut le pêcher à la carafe. Pour l'engager à s'y introduire, on peut y mettre du son, ou mieux encore du pain de chènevis.

Pour les amateurs d'aquarium, c'est peut-être le poisson le plus difficile à conserver, et c'est dommage, car il est brillant et très vif.

LE GOUJON

Le goujon est surtout un poisson de rivière et de cours d'eau à courant. Il recherche surtout ceux dont le lit est parsemé de gravier et particulièrement de sable fin. Il est poisson de compagnie, se tient par bandes sur le fond des rivières. Faisant tête au courant, il cherche dans les graviers ou les sables les animalcules pouvant lui servir de nourriture.

Quelle que soit sa prédilection pour les eaux courantes, les fonds fermes et sans bourbe, on le trouve aussi dans les cours d'eau dormants et vaseux, toutefois en moins grande quantité. Mais, dans les milieux de cette sorte, sa chair est plus molle, quelquefois elle est amère et sent le marais.

Ce n'est que dans les grands lacs alimentés par les eaux limpides, dont le fond est généralement rocheux, qu'il égale en qualités comestibles ceux des rivières, telles que la Moselle, la Loire, la Meuse, le Rhône, le Rhin, etc.

Mais tout en paraissant absolument poisson de rivière, le goujon vient fort bien dans les étangs. Il s'y produit naturellement lorsqu'ils sont alimentés par un cours d'eau permanent. Il provient de sujets vivant en amont dans ce ruisseau.

Dans les nappes d'eau de cette sorte, il va en bandes, tout comme il le fait dans les rivières. Il ne se répand jamais dans toute l'étendue des étangs, il en est de même dans les lacs.

Ces petits poissons s'y cantonnent. Dès qu'ils ont reconnu un fond quelque peu ferme, ils y demeurent. Tous s'y réunissent et s'y confinent, sans s'en écarter, si ce n'est pour d'autres fonds de même nature.

C'est pourquoi ils se massent toujours le long des digues, parce que, au bas il existe des débris de maçonnerie, de sable et de mortier désagrégés par l'action des eaux.

C'est là, en effet, qu'un étang offre à ces poissons le fond qui se rapproche le plus de ceux qu'ils ont en prédilection.

Le goujon est le triomphe et le principal attrait des restaurants établis sur les rives des cours d'eau des banlieues de grandes villes. Ils sont peu nombreux ceux auxquels il ne rappelle point quelque souvenir de jeunesse et des localités fréquentées par ceux qui ont vingt ans! A Strasbourg, c'est le pont du Rhin, la Robertsau; à Nancy, c'est Frouard, Liverdun, Malzéville, Bouxières-aux-Dames; à Metz, c'est Moulins, Longeville, Saint-Julien, le Sauvage, tous villages gais, animés par les jeunes gens qui les fréquentent.

Un de mes anciens inspecteurs de Strasbourg, le baron Fririon, me disait souvent : « Je ne puis voir dans une devanture d'auberge la moindre friture de goujons sans devenir mélancolique ! » Il est de fait, qu'au déclin de la vie, les années de jeunesse ne peuvent guère être évoquées sans provoquer chez les uns une douce mélancolie, chez les autres parfois un sentiment de tristesse :

> Oh ! mes jeunes années !
> Que n'ai-je, en vous perdant,
> Perdu le souvenir !

a dit un sentimental Allemand.

Le goujon, sans contredit, donne la meilleure des fritures, quoi qu'en disent certains vandales qui lui préfèrent celle des toutes petites truites.

Ainsi qu'on le verra dans un autre article, le goujon est sujet à renfermer un ver qui, lui gonflant l'abdomen outre mesure, devrait altérer son état. Dans les étangs, ce parasite intérieur envahit parfois tous les sujets et ne semble point leur nuire. C'est, du moins, ce que nous avons constaté presque sûrement et de la façon suivante : nous conservâmes dans un aquarium de fortes dimensions, alimenté à jet continu, vingt goujons offrant tous les signes extérieurs auxquels on reconnaît l'existence du parasite. L'aquarium avait un fond de sable fin. Pendant plus de trois mois, tous nos goujons se sont maintenus ; puis ils ont commencé à succomber les uns après les autres. Cette mortalité se produisait du jour au lendemain, sans que les poissons eussent présenté le moindre indice d'affaiblissement ni de maladie, et sans avoir subi un dépérissement quelconque. A l'autopsie, nous ne trouvâmes que le parasite à l'état vivant.

Ayant également mis des goujons sains en observation, nous les perdîmes à peu près dans le même espace de temps et de la même façon. De sorte que nous ne pouvons savoir si la première mortalité est survenue à cause du ver ou uniquement par suite du séjour dans l'aquarium. Cependant, tous nos poissons avaient été constamment nourris avec les petits vers rouges de terreau, dont ils sont si friands, et ils s'en étaient montrés avides jusqu'au dernier moment.

Ce petit poisson recherche pour frayer les fonds garnis de pierrailles. Il y dépose ses œufs, qui sont généralement bleuâtres et à peu près de la teinte des écailles qui recouvrent ses flancs. Dans les eaux bien vives, les œufs prennent une teinte plus accentuée que dans les eaux mortes ou d'étangs.

Le goujon offre la particularité de frayer rarement le jour. On a toujours constaté que la réussite de son frai paraît plus certaine que celle des autres poissons de nos pays. Nous pensons que cette fécondité n'a pas d'autre cause que la grande quantité de femelles dont cette espèce est dotée.

Dans la plupart de nos poissons d'eau douce, les

femelles sont en quantité double, triple, des mâles; pour le goujon, la proportion est extraordinaire; on compte facilement six à sept femelles pour un mâle et même davantage.

Grâce à sa multiplication facile, ce poisson se trouve encore en grandes quantités dans les cours d'eau qui lui conviennent. Il a cependant des ennemis acharnés, car le brochet, la perche, l'anguille le recherchent avidement.

Ce n'est que dans le cours de sa sixième année qu'il a acquis son poids maximum et sa plus grande taille, laquelle peut aller jusqu'à douze centimètres. En Suisse, nous en avons vu qui atteignaient presque quinze centimètres de longueur totale. Ce poisson peut vivre de douze à quinze ans, mais il est rare qu'il parvienne au terme de l'existence que la nature lui a assigné.

Dans les étangs vaseux, il abonde parfois, malgré la présence de brochets nombreux et d'une grande quantité de perches. C'est ainsi que, lors d'une pêche où nous eûmes énormément de perches, le goujon se présenta en telle abondance, qu'au lieu d'être mêlé avec la friture de perchettes, il devint l'objet d'une vente spéciale. Il fut expédié tout autant sur Paris que sur la capitale de la Lorraine. Lors de l'empoissonnement, on n'avait pourtant pas mis de goujons. Ils provenaient tous de sujets se trouvant en amont dans les ruisseaux alimentant l'étang.

Dans les fonds où se trouve quelque peu de bourbe, le goujon échappe à la poursuite en s'y cachant comme la tanche; il y met aussi plus de promptitude que ce dernier poisson. Cela le fait épargner par le brochet et la perche, qui ne chassent pour ainsi dire qu'à vue et ne s'engagent jamais dans la vase, même pour saisir une proie qu'ils y auraient vue disparaître. L'anguille, au contraire, ne lui fait pas grâce, car elle fouille le marais pour saisir les petits poissons et les insectes qui y vivent.

Sans considérer le goujon comme pouvant être une source de revenus, il faut admettre cependant qu'il permet de satisfaire certains marchands qui en ont un débit aussi assuré que facile dans tout le cours de l'année. Malheureusement pour les aquiculteurs, la friture de goujons se débite surtout en été et durant la saison des vacances; or, à ces époques, les étangs ne sont point en pêche.

Le goujon recherche tous les débris organiques; il est doué d'un odorat très subtil. Il préfère à tout les insectes de vase et d'eau, ainsi que les vers de terre.

Il peut aussi s'amorcer avec de la viande crue; quand on veut pêcher de cette façon le goujon à la ligne, il faut prendre de la grosse viande de bœuf bien rouge et pouvant se séparer en filaments. Le poisson mordra d'autant mieux que l'amorce sera renouvelée; une fois blanchies, les fibres ne sont plus bonnes. On peut certainement objecter à ce genre de pêche que le renouvellement fréquent de l'amorce est ennuyeux; mais, en revanche, il permet de pêcher dans les plus grands moments de sécheresse, époque où les petits vers rouges de terreau sont parfois des plus difficiles à se procurer.

Lorsque dans un étang il y a plusieurs fonds à la convenance du goujon, il se trouve toujours dans les plus profonds au moment de la plus forte chaleur du jour.

Sans se nourrir de chair en décomposition, il se laisse cependant attirer par la chair morte, même en putréfaction. Nous pensons qu'il ne s'en repaît pas, parce que nous avons observé qu'il se tient toujours immédiatement au-dessous de l'épave animale. Il doit sans doute attendre les petits insectes qui sont attirés ou peut-être les particules ténues que l'eau enlève au corps mort. Il s'ensuit donc que les pêcheurs peuvent profiter de cette particularité quand ils veulent le pêcher à la carafe.

Lorsqu'on a reconnu un léger courant sur sable ou sur gravier, on jette, au-dessus des carafes ou des bouteilles, quelques tripailles de lapin ou de volailles, en ayant soin de faire en sorte qu'elles restent au fond. C'est un bon moyen pour faire une pêche amusante et se procurer facilement une abondante friture.

Le goujon constitue une amorce vive et très résistante pour les lignes de fond.

Le transport de ce poisson peut être effectué facilement, mais toujours en tonneau. Vendu vivant, il est toujours coté à un prix supérieur. Même mort, il atteint sur les marchés le prix de la perche et du brochet.

Comme il ne peut guère causer d'embarras dans le cours d'une pêche, que son triage est des plus facile, qu'ensuite il peut prospérer sans nuire à la consommation du fretin de carpe, nous ne sommes point d'avis de l'exclure des empoissonnements quand on peut le produire aisément.

La pêche du goujon se fait généralement à l'épervier à petites mailles, nommé goujonnier. Il faut chercher un endroit où il existe un courant sur un fond de sable. Si on préfère le pêcher à la ligne, il faut prendre comme amorces soit des asticots, soit les petits vers rouges de terreau ; les petites sangsues, qu'on récolte sous les pierres dans les courants, sont une des meilleures, ce qui se comprend tout de suite par la raison que ces poissons rencontrent infiniment plus de ces petites sangsues que de vers de terre.

Une bonne façon de l'attirer consiste à troubler l'eau dans un courant et à un seul endroit ; il y arrive pour saisir les animalcules que l'agitation du sable du fond fait apparaître. Ce genre de pêche est fort connu dans les localités où le goujon est commun. On peut l'amorcer également en troublant l'eau au moyen de sons mouillés. Quelques pêcheurs nous ont assuré qu'ils obtenaient le même résultat en jetant du crottin de cheval frais réduit en miettes mêlé avec du sable. Cet appât aurait, disent-ils, l'avantage d'allécher d'autres poissons ; il est aussi très bon dans les nasses. En mettant dans ces engins du tourteau de chènevis broyé et des sons enfermés dans du gros tulle, on récolte de fort belles fritures. On peut lever les nasses plusieurs fois dans la journée.

La saison où la pêche du goujon réussit le mieux comprend les mois d'août et de septembre.

LA LOCHE

La loche est un de nos plus petits poissons d'eau
douce.

Il y en a, en France et dans les pays voisins,
trois espèces connues, qui sont : *la loche franche, la
loche de rivière, la loche d'étang.*

Suivant les différentes régions de la France, ce
poisson porte les noms de *barbotte, fouillotte, dor-
mille.* En Lorraine, c'est *la mouteuille, moteulle,
moutelle;* en Alsace, *le lock.*

La loche a le corps presque cylindrique; les teintes
de sa robe varient du jaune orange au brun, cette
dernière couleur est nuageuse et pointillée de verdâtre; le ventre, qui est la partie la plus claire, est
d'un jaune plus franc que celui du reste du corps.
Elle semble ne pas avoir d'écailles; elle est vis-
queuse au toucher.

La loche franche et la loche de rivière possèdent
chacune six barbillons; la loche d'étang en a dix.
Cette dernière espèce se distingue des deux autres
principalement par cette particularité et par sa

taille, qui est supérieure. Toutefois, la loche de
rivière est munie d'une arme défensive qui fait défaut à la loche franche et à celle d'étang ; elle porte
en avant de chaque œil un aiguillon qui la fait
souvent dénommer loche à *piquants* ou à *épines.*
Ces aiguillons sont mobiles, et le poisson ne les
relève que lorsqu'il est inquiet ou se met sur la
défensive.

Les loches ne dépassent guère la taille du goujon,
soit 12 centimètres environ ; cependant celles d'é-
tangs atteignent jusqu'à 15 et 17 centimètres. On
nous a dit que, dans les provinces du centre de
la France, dans l'Anjou, par exemple, quelques
rares étangs possèdent des loches de 30 centimètres
de longueur. Personnellement, nous n'en avons
jamais vu de plus de 17 centimètres, et cependant la loche d'étang a été pendant fort longtemps
considérée comme un poisson spécial à l'Allemagne,
à l'Alsace et à la Lorraine. De nos jours, cette espèce a émigré de la Lorraine et on la rencontre dans
quelques étangs de Champagne et de Sologne.
Lorsque nous étions en fonctions dans le département de l'Ain, nous n'avons pas entendu parler de
la loche d'étang par les pisciculteurs des Dombes ;
elle peut cependant s'y trouver.

Les barbillons dont sont munies les trois espèces
de loches indiquent que ce sont des poissons de
fond, attendu que tous les poissons de surface et de
demi-eau sont dépourvus de ces appendices, aussi
bien les espèces d'eau douce que celles de mer.

A l'aide de ces barbillons, les poissons palpent en quelque sorte le fond sur lequel ils se tiennent. C'est pour eux l'organe du toucher par excellence, et nous ne partageons point l'opinion de certains pisciculteurs, qui estiment qu'ils ne s'en servent que pour amener à leur portée les proies trompées par l'apparence de vers qu'offrent ces appendices.

En explorant le fond des eaux, les poissons à barbillons les introduisent dans les interstices des pierres, des graviers et se rendent compte, de cette façon, s'il y a une proie à saisir. Telle est, suivant nous, la fonction dévolue à ces organes.

Les loches franches de rivière vivent de préférence dans les cours d'eau à courants et les petits ruisseaux, surtout ceux semés de pierrailles, de cailloux, de gros graviers, sous lesquels elles savent se cacher avec la plus grande rapidité et où elles demeurent tout le jour. Elles ne sortent de cette retraite, le jour, qu'autant qu'une proie passe à proximité.

Les mois de mars et avril sont l'époque de la reproduction des loches, avec variation de quinze à vingt jours suivant le degré de température de la saison. C'est une espèce des plus prolifiques parmi les poissons d'eau douce ; les œufs sont nécessairement fort petits. Déposés sur les pierres et graviers et principalement dans les excavations graveleuses, ils s'agglutinent fortement et résistent à l'action des plus forts courants.

La plupart des ouvrages d'ichtyologie prêtent à

toutes les espèces de loches une tendance à venir à la surface des eaux, non seulement par les temps orageux, mais par les temps ordinaires. Leur but serait de humer, à la surface, de l'air atmosphérique, qu'elles auraient la propriété de rendre ensuite sous forme de petites bulles par la voie anale.

Nous avons tenté de constater ce fait curieux, et nous nous sommes mis fort souvent en observation à la chute d'un déversoir d'étang fortement garni de pierrailles, sous lesquelles les loches étaient très nombreuses. Bien que nos observations aient été longues et répétées par des temps différents, nous n'avons jamais vu les poissons apparaître à la surface ni restituer l'air comme il est dit précédemment.

Cela peut certainement se produire dans les aquariums, mais nous doutons qu'il en soit de même dans les cours d'eau, et quand les loches sont dans une situation normale.

La plupart des auteurs sont en complet désaccord au sujet de la rusticité des loches. C'est ainsi que lès uns leur accordent une résistance vitale extraordinaire, leur permettant de séjourner longtemps dans très peu d'eau sans périr et même, comme la tanche, dans l'eau bourbeuse, tandis que les autres, au contraire, déclarent que, quel que soit le renouvellement d'eau, ces poissons ne sont pas capables de vivre longuement en aquarium, même dans des réservoirs recevant une eau peu oxygénée, c'est-à-dire celle d'une source tout à fait pro-

che. Ces deux opinions sont donc absolument opposées.

Nous n'avons jamais observé de loches en aquarium, mais nous avons constaté qu'on peut les
conserver plusieurs heures vivantes en les maintenant dans de la mousse humide et les expédier,
par exemple, à quatre et cinq heures de distance
sans les voir périr. Remises à l'eau, elles ne tardent pas à reprendre toute leur vigueur.

Nous avons aussi remarqué que les loches qui
se trouvaient dans le déversoir d'étang où nous
avons pratiqué les observations ci-dessus relatées,
ne périssaient pas au moment des fortes gelées de
Lorraine, alors que la hauteur d'eau était devenue
très faible et sans aucun renouvellement.

Toutefois, nos observations n'ont porté que sur la
loche d'étang ; par suite, nous ne saurions affirmer
que les loches franches et de rivière se comporte-
raient de même. Mais nous le croyons pourtant, car
nous avons remarqué que tous les poissons d'une
même famille ne varient guère entre eux au sujet
des mœurs et de la rusticité. C'est ainsi que toutes
les variétés de carpes possèdent à peu près le même
degré de résistance, tandis que les différentes variétés de truites et tous les poissons blancs sont
délicats.

Dans les étangs de Lorraine et d'Alsace-Lorraine,
on n'élève pas la loche. On n'en fait aucun cas, car
elle ne se vend pas. Il en est de même en Belgique
et dans le Luxembourg. Cependant, en Allemagne,

ce petit poisson est plus estimé que le goujon, aussi y est-il, de la part d'un certain nombre de pisciculteurs, l'objet d'un élevage spécial. Ils en ont doté beaucoup de cours d'eau qui ne le possédaient que très peu ou point du tout.

En Prusse Rhénane, chez un pisciculteur amateur, nous avons vu pratiquer l'élevage des loches. Dans un ruisseau traversant sa propriété et coulant sur gros gravier, il avait creusé une fosse de six mètres de largeur, où fut placée une caisse aux parois perforées de trous nombreux. L'intervalle, ménagé entre la fosse et la caisse, de 40 centimètres environ, avait été rempli de fumier de porc et de brebis bien mêlé. Les loches étaient maintenues par une claie posée par-dessus la caisse. Dans ce logement, elles se développaient fort bien et devenaient très grasses; ce pisciculteur attribuait cet excellent état à l'alimentation que leur procuraient d'abord le fumier par ses vers nombreux, puis aussi les déchets d'une huilerie qu'il exploitait.

Les loches devraient être produites en grand dans nos étangs de France, car c'est une friture délicieuse. Dans l'antiquité, on en faisait grand cas. Son élevage dans les étangs offrirait, toutefois, plusieurs inconvénients que les pisciculteurs ne pourraient guère atténuer; ainsi, lors de la vidange, la vanne de fond en laisserait sortir une grande partie, ensuite elles échapperaient au filet de traîne. C'est certainement dans la fosse située en dehors du canal de sortie de l'étang qu'on en trouverait la plus grande partie, et pour les y maintenir, il faudrait une grille plus étroite que celles habituellement en usage sur les étangs lorrains.

Les loches sont recherchées par tous les poissons carnassiers et surtout par l'anguille, parce que, comme celle-ci, elles ne se mettent en mouvement que la nuit et qu'elles sont poisson de fond.

Elles se prennent aux verveux à mailles serrées ou dans les nasses, et encore mieux à l'aide d'une trouble. A la ligne, c'est un poisson qui suce plutôt qu'il ne mord l'amorce, il faut donc lui laisser le temps de la prendre.

Les meilleurs appâts sont les vers rouges de petite taille, les vers de vase et surtout les petites sangsues qu'on trouve sous les pierres des ruisseaux à eau courante.

Comme tous les enfants, nous avons autrefois pêché les loches dans les ruisseaux, en soulevant doucement les pierres et en piquant ces poissons à l'aide d'une fourchette. Dans les cours d'eau où ce poisson est abondant, c'est encore le genre de pêche le plus fructueux.

LE NASE

Le nase, nommé dans certaines régions la *chiffre,*
en Lorraine *aucon,* n'est pas une espèce répandue
dans toute la France. Pendant longtemps, on ne l'y
trouvait guère que dans les provinces d'Alsace et
de Lorraine.

Originaire d'Allemagne, il a gagné de proche en
proche ces deux provinces ; de nos jours, il s'est
plus répandu dans les cours d'eau de l'est et du
nord.

C'est un poisson à robe brillante, de forme allongée comme la vandoise, mais facilement recon-
naissable à sa bouche qui, au lieu d'être immédiatement à l'extrémité du museau, comme chez les
autres poissons, est plus en dessous. Cet organe
offre de plus la particularité d'être presque carré.

Le nase fréquente les cours d'eau limpides, à
fond de sable, de graviers, de gros cailloux.

La Moselle, la Meuse, l'Ill en produisent de très
grandes quantités ; parfois il y abonde.

Lorsque nous étions en fonctions à Strasbourg,
il nous souvient d'avoir vu dans l'Ill, jusqu'à l'intérieur de la ville, des bancs compacts de ce poisson,

à l'époque où il accomplit l'acte de reproduction. En aval de la ville de Metz, les pêcheurs amodiataires de la Moselle en prennent parfois plusieurs milliers de livres en une journée. Il en est de même sur le cours de cette rivière, à Thionville, Sierk, Rémich et Trèves.

Suivant l'élévation de la température, il fraie en avril ou en mai.

C'est un poisson prolifique, répandant ses œufs sur le gravier, dans les parties claires et assez profondes.

Comme quelques-uns de nos poissons d'eau douce, le mâle change d'aspect à l'époque du frai. Non seulement ses écailles ne sont plus visqueuses, mais une grande partie se munit de petites aspérités rudes au toucher. La tête se trouve aussi piquetée de points blanchâtres.

Le nase ou chiffre n'atteint pas de fortes dimensions ; les plus beaux spécimens que nous avons vus ne dépassaient pas 35 centimètres.

C'est un poisson de fond aux approches et pendant l'époque du frai. Après, il est de demi-eau. Il recherche pour sa nourriture les vers et tous les insectes aquatiques. Il devrait être propagé le plus possible dans les rivières françaises qui en sont encore dépourvues. Comme il peut aussi se produire dans les lacs et les étangs, on pourrait facilement en obtenir des alevins.

Sa chair est de fort bon goût, blanche, mais pourvue de beaucoup d'arêtes. Malgré cet inconvénient, dans les pays où il est commun, le nase n'en est pas moins recherché par la classe ouvrière.

On le prend dans les nasses et les verveux. Le grand filet traînant, en temps de frai, peut en ramasser d'un coup des milliers de livres. C'est ce que savent fort bien les maraudeurs de nuit des provinces de l'est.

Pour le prendre à la ligne, il faut rechercher les endroits à faibles courants, à fond de gravier ou de cailloux et prendre comme appâts les asticots, les vers, les pâtes de chènevis et de pain.

LA VANDOISE

Ses différents noms. — Signes distinctifs qui la séparent du meunier. — Rivières qu'elle recherche. — Ses mœurs. — Sa reproduction. — Sa croissance. — Son emploi dans les étangs. — Ses qualités comestibles. — Sa pêche; les appâts qui lui conviennent.

La vandoise, ou vaudoise, a différents noms. En Alsace-Lorraine, dans la partie allemande, c'est *le rotel;* dans l'intérieur de la France, *le dard;* en Lorraine, elle porte son vrai nom, *vandoise.*

Ce poisson est le plus souvent confondu par le monde des pêcheurs avec le chevesne ou meunier; c'est pourquoi, dans la Belgique, le grand-duché de Luxembourg et nos départements du nord, on le nomme souvent *meunier argenté.*

La vandoise, qui n'est en effet qu'une variété de meunier, s'en distingue cependant par une robe plus brillante, puis par une forme plus allongée, un corps plus arrondi. La gueule, vue de profil, diffère beaucoup de celle du chevesne, et c'est le signe distinctif le plus caractéristique. Ses nageoires caudale et dorsale sont tachées de noirâtre.

Bien plus que le chevesne ou meunier franc, c'est un poisson de surface, recherchant de préférence les cours d'eau limpides possédant des fonds caillouteux ou graveleux. Néanmoins, il existe aussi dans les cours d'eau calmes et à fond vaseux.

C'est un poisson qui va de compagnie, non seulement dans les premières années de son existence, mais aussi quand il est adulte. A l'état de fretin, il forme parfois des bancs aussi épais que ceux de l'ablette durant la saison d'été.

La vandoise abonde aussi dans les lacs ; elle y atteint des dimensions un peu plus fortes que dans les rivières.

Les plus fortes vandoises ne dépassent jamais la longueur de $0^m,30$ et comme hauteur $0^m,08$. Ce sont les plus fortes que nous ayons vues sur le lac de Bienne, en Suisse.

C'est un poisson doublement précoce ; il fraie en effet dès le mois de mars et dès la deuxième année de son existence. Il est aussi très prolifique, et ses œufs s'agglutinent fortement aux pierres et aux graviers sur lesquels il les dépose. Il émet sa ponte dans les bas-fonds et à fort peu de distance des bords.

Grâce à la précocité de son frai avant la saison chaude, qui a pour effet de réveiller les poissons et d'activer leur appétit, ses œufs échappent plus facilement à la destruction, et c'est ce qui explique son abondance.

Sa facile multiplication fait que quelques pisciculteurs l'ont préconisé comme pouvant assurer la nourriture des brochets lâchés dans les étangs à carpe pour y dévorer le fretin. Des vandoises, mises avant ces poissons carnassiers, peuvent leur fournir en effet de la nourriture en attendant l'éclosion du frai des carpes, bien plus tardif.

Nous avons vu procéder, une fois, de la façon suivante dans un empoissonnement de 26,000 alevins de carpe. Il fut mis, quinze mois avant l'époque de la pêche, 250 femelles de vandoises adultes et autant de mâles.

Cet essai trompa notre attente, il fut même malheureux. Les vandoises ayant frayé avec pleine réussite et leurs alevins s'étant mis à l'abri dans les herbages des rives, les brochets ne purent donner dessus que très imparfaitement ; des perches auraient bien mieux convenu, car elles auraient dévoré les vandoises à l'état minuscule.

Il en résulta qu'au fretin de carpe s'ajouta celui des vandoises, dont une grande partie existait encore au moment de la pêche. Ces alevins de vandoise ayant contribué à surcharger l'empoissonnement et empêché l'absorption complète du fretin de carpe, la carpe adulte n'atteignit ni comme taille ni comme poids ce qu'elle aurait pu donner ; ce fut donc une perte de revenus très sensible.

Nous estimons toutefois que, dans un étang à rives non enherbées, ce fait ne se serait pas produit.

La chair de la vandoise est de fort bon goût ; mais, comme celle de tous les poissons blancs, elle est molle et pourvue d'arêtes. Ce dernier inconvénient est même tellement exagéré, qu'une partie du poisson n'est pour ainsi dire pas mangeable. Contrairement à la perche et au brochet, c'est dans la queue que la vandoise contient le plus d'arêtes ;

aussi, bien des pêcheurs ne consomment-ils que le dos de ce poisson.

C'est grâce à ses allures vives, à la rapidité dont elle est susceptible, que la vandoise adulte peut échapper à la poursuite du brochet et de la perche. Ces poissons carnassiers ne s'en emparent guère que par surprise et à l'affût. La vivacité de la vandoise lui a mérité à juste titre le nom de dard.

Sa pêche à la ligne se fait dans les parties claires, et il faut amorcer avec les appâts qui constituent généralement sa nourriture, c'est-à-dire les mouches, les petits hannetons dits de Saint-Jean, les grillons, les vers et asticots, puis les pâtes de pain et de chènevis. Il faut employer la ligne volante et la laisser courir au fil de l'eau, puis se tenir le plus éloigné possible des rives. La vandoise, toujours à la surface, voit de loin le pêcheur ; elle prend la fuite si elle en entend les pas, c'est pourquoi il faut se dissimuler et marcher prudemment.

On peut prendre aussi les vandoises avec des nasses et des verveux, qu'on place de préférence dans les parties claires non profondes et peu éloignées des rives. La pâte de pain et d'éphémères, mise dans ces engins, a pour effet de les y attirer ; elle est aussi un excellent appât pour la pêche à la ligne.

Cette pâte se fait en ramassant les éphémères lorsqu'ils tombent en grande quantité et en les pétrissant avec de la mie de pain.

LA LOTTE

En France, ainsi qu'en Belgique et en Luxembourg, la lotte est plus connue que répandue; nous y avons en effet rencontré bien des personnes qui n'en avaient jamais vu.

Il ne s'y trouve qu'une seule espèce de lotte. Ce poisson offre l'aspect suivant : un corps à peu près cylindrique, moins toutefois que celui de l'anguille et de la lamproie. La robe est jaune avec des taches brunes marbrées et la couleur du ventre est blanche. La mâchoire inférieure possède un seul barbillon. Les écailles très fines ne sont pas apparentes. Comme celui de l'anguille, le corps est visqueux et gluant à la main.

Ce poisson, quoique devenu rare, se trouve dans la plupart de nos cours d'eau. Il y a plus d'une trentaine d'années que les rivières de la Lorraine et de l'Alsace, telles que la Meurthe, la Moselle, l'Ill, et surtout le Rhin, en produisaient de notables quantités. A l'époque où le service forestier avait l'administration des eaux et forêts, je me souviens que les pêcheurs amodiataires de la Meurthe en prenaient de fort beaux spécimens à Blainville-sur-l'Eau, et en remontant le cours de la rivière jusqu'au-dessus de Baccarat. Plus bas, dans les parties courantes de la Moselle, à Frouard, Liver-dun, les prises de lottes étaient également fréquentes, mais en Alsace elles étaient plus abondantes et étaient transportées du Rhin à Strasbourg par les pêcheurs du grand-duché de Bade.

Les cours d'eau que ce poisson préfère sont ceux à eau claire, coulant sur des fonds cailloux ou de gravier. Dans les petits ruisseaux de cette nature, on trouve ce poisson, mais seulement à peu de distance des plus forts cours d'eau où ils se déversent. A peu de chose près, toutes les eaux où peut vivre la truite sont à sa convenance; toutefois, la lotte se trouve aussi, mais en plus petite quantité et surtout après le frai, dans les cours d'eau moins froids, moins limpides et rapides.

En Suisse, elle est assez commune, principalement dans le Léman; les lacs de Neuchâtel et de Bienne, les lacs du Bourget et d'Annecy la possèdent également.

Ce poisson n'atteint pas de bien fortes dimensions; la plus belle lotte de rivière que nous avons vue a été prise à Rehainviller, village sur la Meurthe, en dessous de Lunéville; apportée à l'inspecteur des forêts, M. de Rocan, elle fut mesurée et donna comme longueur 0^m,46.

Cependant les lottes arrivent, dans les grands lacs, à une taille plus longue que dans les cours d'eau, ainsi que nous l'avons constaté en suivant des pêcheurs sur le lac de Neuchâtel.

Nous ne croyons pas que cette différence de grandeur tienne à l'influence du milieu, mais tout simplement à ce que la prise des lottes étant plus difficile dans les lacs, elles peuvent y parcourir une plus longue carrière.

Sur la croissance de ce poisson, les pisciculteurs sont d'avis différents. Les uns la considèrent comme très lente, alors que d'autres l'estiment rapide. Nous dirons simplement à ce sujet que les pêcheurs de profession des lacs de Bienne et de Neuchâtel nous ont affirmé qu'après sept ou huit ans, la lotte des lacs n'a plus à croître et ne fait que se maintenir au même poids.

Ce poisson se livre à l'acte de reproduction en hiver, durant les mois de décembre, janvier, février, parfois dans les premiers jours de mars.

En temps de frai et quelques jours à l'avance, les lottes se rassemblent en masse sur des fonds clairs, à peu de profondeur et non loin des rives. Elles déposent leurs œufs sur le gravier. La ponte est toujours très abondante ; les œufs sont très petits et de couleur blanche ; aussi peut-on, en temps de frai, confondre les mâles avec les femelles.

C'est un poisson essentiellement de fond, ne se mettant en mouvement et ne cherchant sa nourriture que la nuit. Le jour, il se tient caché sous les pierres, les gros cailloux, d'où il s'élance si une proie vient à passer près de lui. Faute de pierres

et de forts cailloux, il se creuse un gîte de telle
sorte que son corps se trouve au niveau du lit sans
faire aucune saillie.

La nourriture de la lotte consiste principalement
en insectes de vase, mollusques, et aussi en petits
poissons. Lors du temps de frai, elle consomme
beaucoup d'œufs, même les siens, qu'elle absorbe
fort peu de temps après leur émission. C'est là,
sans doute, ce qui fait qu'en tout temps elle n'a
jamais été abondante. Puis, l'incubation des œufs
étant beaucoup plus longue que celle des autres
poissons, sa ponte se trouve plus longtemps exposée
à la voracité de ceux-ci.

Très appréciée des gourmets, la lotte est digne
de paraître sur les plus riches tables, car sa chair
est sans contredit une des meilleures. Blanche,
ferme et de fort bon goût, elle est dotée d'un
avantage inestimable : elle ne renferme pas d'arêtes.
De plus, bien qu'étant de la famille de l'anguille, la
lotte n'a pas, comme celle-ci, une chair grasse,
huileuse ; aussi est-elle facilement digérée par les
estomacs les plus délicats, même ceux des malades.

Nous avons toujours beaucoup entendu vanter le
foie de la lotte comme étant un mets exquis. Nous
ne l'avons jamais goûté, et aucun de ceux qui m'en
ont parlé n'en avait fait l'expérience. Il y a des
choses qui se disent de confiance et dont on n'use
point.

Ce poisson pourrait fort bien être élevé dans les
étangs. Il y donnerait incontestablement de beaux

produits, qui se vendraient aux prix de la perche, du brochet, de l'anguille.

Ne quittant jamais le fond qu'en temps de frai ou pendant la nuit, il échapperait suffisamment aux poursuites du brochet, qui ne chasse que le jour. Mais il ne saurait être mis avec des alevins trop au-dessous de sa taille, car il en ferait sa nourriture. Pour être vendable, il lui faudrait atteindre quatre ans ; à cet âge, toutes ses qualités comestibles sont acquises.

Sa rusticité est des plus grandes et, par consé-quent, son transport, effectué à sec ou en tonneau, est des plus faciles. Nous avons constaté qu'une lotte maintenue dans de la mousse humide pouvait résister plus de quatorze heures.

La pêche se fait à l'aide des cordeaux de nuit amorcés avec de gros vers rouges de terre, des sangsues, des têtards de grenouilles déjà forts et des petits poissons ; on peut aussi employer les verveux et les nasses. A la ligne de fond, la lotte se prend également aux mêmes amorces, mais très rarement le jour ; c'est le soir à la tombée de la nuit et dès l'aube qu'on a le plus de chances. Il faut choisir les endroits où le courant est modéré et un fond garni de pierraille et de cailloux.

LE VÉRON

Le véron, comme tous les poissons de nos pays,
porte, suivant les régions, des noms différents. En
Alsace, c'est *éling;* en Lorraine, *vairon;* en Savoie,
vergnoule; en Auvergne, *vergneule,* etc.

Comme formes, il rappelle beaucoup le *chevesne*
ou *meunier.* Il est l'un de nos plus petits poissons
d'eau douce. Seules, les *épinoches* et les *bouvières*
lui sont inférieures en dimensions. La plupart des
pisciculteurs lui accordent une longueur de dix centimètres au maximum, mais nous n'en avons jamais
vu de cette taille. Mesurés, comme il est d'usage
pour les poissons, c'est-à-dire entre l'œil et la naissance de la queue, les plus forts vérons que nous
avons pris atteignaient sept centimètres.

La robe du véron est brillante. En temps ordinaire, c'est un beau vert qui domine. Sur le dos,
cette couleur est intense et va en diminuant sur les
flancs, qui présentent des taches et des points plus
foncés.

A l'époque de la reproduction, le véron revêt une
robe d'apparat : la couleur verte n'existe plus, elle
a fait place à un beau bleu d'acier, le rouge vif
apparaît en dessous du museau et descend presque
jusqu'au ventre. Sans contredit, c'est alors un de

nos plus jolis poissons, en état de faire bonne figure dans les aquariums.

Les vérons sont doués d'une particularité qui leur est propre. C'est l'impossibilité de trouver deux sujets possédant les mêmes teintes. Tous les vérons offrent dans leur robe des variations très appréciables.

Ce petit poisson est commun à toutes nos eaux douces, bien que plusieurs ichtyologues lui assignent seulement les eaux courantes à fonds de graviers ou de pierrailles.

Lorsqu'en 1875 nous étions en fonctions dans la belle vallée du Rhône et que nous fréquentions la Savoie, nous avons en effet trouvé le véron dans tous les cours d'eau de ces régions, et comme ils sont à courants, à fonds de graviers ou de cailloux, l'opinion de ces écrivains semblerait juste, si les cours d'eau vaseux, dormants, envahis par les herbages aquatiques, ne possédaient également le véron en aussi grande abondance.

C'est ainsi qu'en Seine-et-Oise, les petites rivières à eaux calmes, presque dormantes, à fonds vaseux et remplies de plantes, en produisent à foison. Nous citerons comme exemple, particulièrement l'Orge, l'Olivette et la Bièvre, cette dernière, bien entendu, avant son entrée dans Paris.

Dans les lacs de la basse Suisse, de la Savoie, on trouve également le véron. Il se tient dans les parties claires, peu profondes et sur les bords.

En Lorraine, les étangs restant en eau d'une façon

permanente en possèdent également. Ceux alternant avec la culture n'en donnent qu'accidentellement. Quelle que soit l'abondance avec laquelle il peut s'y trouver, les pisciculteurs alsaciens et lorrains n'en font jamais aucun cas. Lors des pêches, il est abandonné au pillage des enfants qui, parfois, à l'aide de petits trubles, le pêchent dans les ruisseaux de décharge des étangs, avec tous les menus poissons qui passent à travers les grilles, lorsque les eaux ont été lâchées.

L'époque de la reproduction du véron, suivant les régions de notre pays, varie de mai en juin. Il ne dépose pas ses œufs sur les herbages, mais dans les pentes douces, sur les cailloux, pierrailles ou graviers et presque à fleur d'eau. Les œufs sont microscopiques ou peu s'en faut, et des plus abondants. Ils sont à peu près dépourvus de la matière collante qui permet à ceux des autres poissons de se fixer à tous les corps. Ce sont des œufs *libres,* que le courant entraîne et loge en partie dans les interstices formés par les cailloux et graviers, ainsi que dans les creux des fonds vaseux. Tous les œufs non logés deviennent la proie des poissons.

Dès leur éclosion, les minuscules vérons ont l'instinct de se cacher sous les cailloux et surtout de gagner les parties enherbées, qui leur offrent le meilleur asile.

Parvenu à l'âge adulte, le véron a des allures très vives. Poursuivi par les poissons carnassiers, il leur échappe facilement dans les fouillis d'herbages aquatiques.

Les vérons sont loin d'être craintifs ; il suffit de rester sans mouvements brusques sur le bord d'un cours d'eau claire, pour les voir accourir et se disputer l'appât mis à une ligne des plus légères.

Le véron fait sa nourriture de tous les animalcules que peuvent produire les eaux, ce qui ne l'empêche pas d'être très vorace et de chercher à absorber des proies infiniment trop fortes pour les dimensions de sa bouche.

Sa chair est comestible, assez estimée dans les localités où il est commun, mais elle est bien inférieure à celle des loches et du goujon.

Sa pêche est toujours plus amusante que profitable. Pour qu'elle soit fructueuse, il faut l'effectuer à l'aide d'une carafe et non à la ligne. L'emploi de petits verveux en fil de fer galvanisé, à mailles étroites, donne aussi de bons résultats. On place ces engins dans les endroits clairs, peu profonds et non loin des bords. On y met comme appâts des morceaux de tourteaux de chènevis bien frais et non rancis.

LE CHABOT

Le *chabot* est un poisson très peu flatteur à l'œil; sa tête, énorme relativement à son corps, est aplatie et les yeux contribuent fort à lui donner un aspect quelque peu diabolique, ce qui fait que le plus souvent les enfants l'appellent *diable.*

En Lorraine, on le nomme aussi *bavard, têtard* et *grosse tête.*

De faible taille, il ne dépasse jamais douze centimètres de longueur.

Il fréquente les rivières à eau claire et courante et à fond de gravier ou de sable. Il aime à se blottir sous les pierres; c'est un poisson de fond, comme toutes les espèces de loches dont il a les mœurs.

S'il n'est pas beau de formes, il n'est pas mieux partagé en couleurs, car sa robe est uniformément brun foncé et brun clair.

Le chabot semble ne pas avoir d'écailles, sa peau est glissante comme celle des loches.

Il se reproduit en mars et avril. Ses œufs sont relativement gros, ils sont de couleur jaunâtre et peu abondants. Le mâle ne borne pas son action a les féconder, pour les abandonner ensuite; il les garde et les protège jusqu'à leur éclosion.

Il est rare qu'un pêcheur novice n'éprouve pas

une certaine appréhension, lorsqu'il lui faut décrocher de l'hameçon un chabot.

Ses qualités comestibles sont à ce qu'il paraît très grandes, mais nous ne les avons jamais appréciées. L'aspect étrange de ce poisson nous a toujours fait éprouver une certaine répugnance.

Il se nourrit de vers, recherche beaucoup les petits mollusques, les crevettes d'eau douce et toutes les larves de vase. Il est très vorace et détruit le frai des autres poissons ainsi que tous les alevins à l'état minuscule.

Sa pêche se fait à la ligne, dans les endroits peu profonds, à eau courante sur fonds de cailloux. Les meilleures amorces sont les vers rouges et les petites sangsues. Il se prend aussi dans les nasses et les verveux.

LA BOUVIÈRE

La bouvière est un très petit poisson, d'une longueur variant entre quatre et six centimètres, et d'une épaisseur d'un centimètre tout au plus.

En Allemagne, en Alsace-Lorraine, comme dans l'est de la France et en Belgique, on nomme la bouvière, *carpe de tailleur*. Dans quelques localités, c'est la *péteuse,* la *boueuse.*

Ce poisson appartient à la famille des cyprins. Il a tout à fait la forme d'un alevin de carpe.

Les teintes qui le revêtent comprennent le vert sur le dos, le blanc d'argent sur le ventre et les flancs, la queue est agrémentée de chaque côté d'une belle raie bleu d'acier. A l'époque de la reproduction, ces teintes se modifient et prennent plus d'éclat, les parties argentées deviennent quelque peu rosâtres, la queue s'irise et la ligne bleue qu'elle comporte devient plus accentuée. A ce moment, ce poisson peut compter parmi les plus beaux de nos eaux douces.

On le trouve dans tous les cours d'eau et plus communément dans ceux à fonds marneux, qu'il fouille pour y trouver sa nourriture.

Il fraie à la fin d'avril ou au commencement de mai, et produit un assez grand nombre d'œufs.

Il offre la particularité d'être le poisson d'eau douce dont les écailles sont les plus grandes relativement à sa taille.

Par suite de son défaut d'épaisseur, la *bouvière* est, comme l'ablette, translucide quand on l'expose à la lumière.

Elle n'est l'objet d'aucun commerce et, généralement, les pêcheurs à la ligne la dédaignent. Ses qualités comestibles sont absolument négatives. Comme elle se prend fort bien à la bouteille, on la mêle quelquefois aux fritures de goujons qu'elle déprécie, attendu qu'elle leur communique une forte amertume, due au fiel qu'on ne peut guère éviter de crever en la vidant.

C'est une excellente amorce pour la pêche au vif, à la ligne ou aux cordeaux.

La nourriture de ce poisson consiste en petits vers, larves et insectes de vase et menus débris de végétaux.

Comme appâts, on peut se servir des petits vers rouges, des asticots, de la pâte de pain et de chènevis.

MALADIES DES POISSONS

SUR LES MALADIES DES POISSONS
EN GÉNÉRAL

Diverses catégories des maladies. — Insuffisance des aquariums
pour les étudier.

Les personnes qui s'adonnent à l'aquiculture des
étangs, ou qui ont été à même de suivre l'exploitation de ce genre de propriétés, ont pu constater
que les poissons y sont sujets à diverses maladies.

De l'impossibilité de pouvoir suivre ces animaux
dans leur milieu et dans tout l'ensemble des conditions où la nature les a placés, il résulte incontestablement qu'un grand nombre des diverses affections dont ils sont atteints ont été peu étudiées
et par conséquent imparfaitement connues.

Les maladies des poissons peuvent se classer en
trois catégories :

1° Celles qui les atteignent dès le premier âge,
c'est-à-dire à partir de leur éclosion jusqu'à ce qu'ils
soient parvenus à l'état d'alevin proprement dit;

2° Celles qui ne les frappent qu'à l'état adulte et qui peuvent sévir jusqu'à leur extrême vieillesse;

3° Celles qui ne sont que les conséquences d'accidents.

L'invention toute moderne des grands aquariums, mis dans bien des grandes villes à la disposition des professeurs d'histoire naturelle et des amateurs, a pu faire découvrir bien des choses déjà, mais, en réalité, la somme des découvertes est encore actuellement très minime.

Nous dirons aussi que ce qui est acquis jusqu'ici est dû aux pisciculteurs pratiques plutôt qu'à la science officielle. En effet, bien des maladies constatées et reconnues grâce aux aquariums, ne sont dues qu'à ce milieu, et ne se révèlent pas lorsque les poissons sont dans des conditions normales. Ce sont les aquiculteurs, c'est-à-dire les exploiteurs d'étangs, plus à même en effet de connaître les mœurs des poissons, qui ont révélé à peu près tout ce que l'on en sait aujourd'hui. Quels que soient les perfectionnements, les soins qu'on apporte dans l'entretien d'un aquarium, les poissons y sont toujours dans un milieu absolument factice.

Mais ce que nous pouvons dire sûrement, au sujet de toutes les maladies auxquelles sont sujets les poissons, c'est que si les causes sont excessivement difficiles à connaître, les moyens de préserver ces animaux et surtout de les guérir sont encore plus incertains.

MALADIES DES ALEVINS

Tous ceux qui ont fait de la pisciculture artificielle savent quels soins il faut prendre pour amener à bien l'éclosion des œufs de poisson. Lorsqu'on y est parvenu, le succès final est loin d'être obtenu. Les pisciculteurs ont alors à compter avec une affection qui peut mettre à néant tous leurs soins antérieurs et si multipliés. Ces mécomptes, par leur fréquence, sont parfois cause que bien des aquiculteurs ont renoncé à l'éclosion artificielle. Ce n'est pas que notre confiance dans cette pratique soit grande, car les résultats qu'elle donne, comparés à ceux de la pisciculture naturelle, sont absolument nuls, et c'est pourquoi, bien que nous l'ayons déjà dit, nous ne saurions trop nous appesantir sur ce sujet.

Nous avons lu souvent, dans les journaux de Paris, des entrefilets annonçant avec grand fracas la mise en Seine ou en Marne de 2,000 à 3,000 carpillons, et là-dessus, on s'ébahissait à l'envi sur ce beau succès dû à la pisciculture artificielle.

De pareilles victoires nous laissent toujours froid et font aussi sourire nos camarades en aquiculture pratique et naturelle. Ces 3,000 carpillons représentent peut-être, au maximum, le poids de 60 kilogrammes. Or, si l'on considère qu'un seul hectare d'étang exploité sous forme d'alevinage peut donner en une année 12,000 carpillons bien plus forts que ceux remis en Seine ou en Marne, l'on comprendra notre profonde indifférence à l'égard des succès des ingénieurs chargés de la pisciculture en chambre.

Il nous est arrivé de donner gratuitement aux sociétés de pisciculture d'Alsace et de Lorraine plus de 60,000 carpillons du poids de 25 à 26 grammes, soit 38 à 40 pièces au kilogramme, ce qui représente 1,500 livres de poissons. Quinze hectares d'étangs consacrés à l'alevinage naturel peuvent produire 150,000 carpillons de forte taille, sans dépense pour ainsi dire, car tout se borne à peu près au transport et à la pêche de ces poissons. Les carpes productrices de ces alevins doublent presque leur poids et, par conséquent, acquièrent une valeur supérieure à leur prix d'achat, sur lequel elles donnent ainsi un bénéfice. Nous doutons fort que le meilleur établissement de pisciculture, de n'importe quel pays, ait jamais, jusqu'ici, procuré pareil résultat. C'est pourquoi ceux qui se livrent à cette industrie officielle nous font l'effet de pisciculteurs de fantaisie, puisque tous les résultats publiés, même à Paris, n'atteignent pas ceux que peuvent procurer quelques ares traités par la méthode naturelle. Mais il est temps de revenir à nos alevins.

Lorsque l'éclosion a réussi, que les alevins paraissent bien vigoureux et semblent présenter tous les indices d'une bonne santé, que cet état s'est maintenu durant trente ou quarante jours, on peut encore éprouver des mécomptes.

En effet, à partir de cette époque, des symptômes aussi inattendus qu'inquiétants viennent à se manifester dans les appareils. Parmi le petit peuple qui y vit et qui, auparavant, apparaissait plein de vie, la mort s'introduit peu à peu, puis multiplie ses coups et arrive bientôt à devenir une véritable calamité.

En raison de la fragilité, de la petitesse des êtres qui font l'objet de ses soins, du milieu qui est leur élément, le pisciculteur se trouve désarmé et cherche vainement à remédier au mal.

Ne sachant à quel saint se vouer, il se demande tout d'abord si la température de son eau d'alimentation n'aurait pas varié, puis il s'en prend à la nourriture qu'il a donnée à ses élèves et, pendant qu'il cherche aussi inutilement la cause de la mortalité qui règne parmi les petits alevins, ceux-ci succombent de plus en plus à l'espèce d'épidémie qui les décime.

Si on procède à un examen bien attentif des alevins, il sera facile de reconnaître tout d'abord que la plupart d'entre eux ne sont plus dans leur état normal. A première vue, ils paraissent gênés dans leurs facultés locomotrices. Leurs mouvements offrent des intermittences de locomotion accélérée, faisant suite ou précédant une espèce d'abandon de leur être. Puis ils ont une tendance à venir à la surface de l'eau et cherchent à rester dans les couches qui l'avoisinent. On voit qu'ils éprouvent de la difficulté à rester au fond ; enfin, en les examinant bien, on constate qu'ils ont le ventre quelque peu ballonné, puis que leur teinte a pâli.

La cause de ces phénomènes est toute simple, et point n'est besoin de chercher des raisons multiples pour l'expliquer.

La mortalité des alevins est due uniquement à ce qu'ils ne se trouvent point dans les conditions analogues à celles où la nature les aurait placés, si leur éclosion avait été naturelle, c'est-à-dire s'ils s'étaient trouvés dans un cours d'eau ou un étang.

Il est réellement étonnant que tous les pisciculteurs et les savants s'adonnant à la production artificielle ne se soient pas dit que les herbages aquatiques si divers, au milieu desquels les jeunes alevins naissent, circulent et demeurent aussitôt leur éclosion dans les cours et les nappes d'eau quelconques, leur font défaut dans les appareils de pisciculture les plus perfectionnés. L'influence de ces plantes, quoique absolument reconnue comme indispensable pour maintenir dans un parfait état de santé les poissons vivants dans un aquarium, se trouve négligée trop souvent par les pisciculteurs, et nécessairement ils en supportent les justes conséquences, La bienfaisante Nature ne fait rien d'inutile, rien qui n'ait certainement sa raison d'être.

Les herbes naissant dans les eaux n'ont pas, en

effet, pour unique mission d'augmenter la quantité d'oxygène de l'air contenu dans l'élément liquide et d'en être un des plus puissants agents d'aération. Elles sont, pour tous nos poissons d'eau douce, même les carnivores, un préservatif contre bien des affections qui les frappent dès leur premier âge.

Pour les en garantir, les pisciculteurs peuvent procéder ainsi qu'il suit : ils feront choix de diverses plantes aquatiques et prendront de préférence les plus communes, telles que la fétuque, la lentille d'eau, les faux cressons. Ils pileront quelques-unes de ces plantes dans un mortier et y ajouteront de l'eau, de façon à obtenir une espèce de jus d'herbe.

Puis, eu égard à la grandeur de leurs appareils, ils verseront une certaine quantité de ce liquide en prenant pour base une cuillerée à soupe pour dix litres d'eau environ.

On peut simplifier cette opération et arriver au même résultat de la façon suivante. Il suffira de prendre de ces plantes, de les froisser et flétrir fortement, puis de les laisser séjourner dans les appareils. La durée de l'immersion de ces plantes peut varier de 10 à 20 minutes. Nous recommandons particulièrement de faire choix de plantes bien fraîches, de prendre leurs extrémités de préférence et de les renouveler à chacune de ces opérations.

L'immersion des plantes devra en moyenne être répétée tous les cinq jours, au minimum quatre fois par mois, dès les premiers temps de l'éclosion. Cette mesure toute simple garantira radicalement les minuscules alevins de l'affection qui, parfois, les décime dès leur naissance.

Cette maladie n'est en quelque sorte qu'une inflammation intestinale due à l'échauffement occasionné par les aliments qui leur sont donnés. En absorbant quelques ténues particules végétales, les petits poissons se prémunissent eux-mêmes contre l'invasion.

En tout, il faut toujours suivre les enseignements de la nature. En pisciculture, agriculture et sylviculture, les indications qu'elle nous donne sont des garanties absolument certaines de succès. Lorsque nous avons essayé la pisciculture artificielle, nous avons toujours placé quelques herbages dans nos appareils, et nous nous en sommes toujours bien trouvé.

Une autre affection peut aussi éprouver fortement les jeunes alevins nés dans les appareils. Plusieurs pisciculteurs ont constaté qu'ils sont exposés à y périr par asphxyie. Ils disent qu'il flotte dans l'air une multitude de corpuscules qui, en tombant sur la surface de l'eau, sont absorbés ou plutôt entraînés, grâce à leur petitesse, dans les voies respiratoires des petits poissons. L'obstruction qui en résulte amènerait l'asphyxie des alevins.

On conçoit de suite que, dans les appareils et les aquariums, les alevins sont infiniment plus exposés à cette cause de mortalité que dans les étangs et les cours d'eau, où les grandes profondeurs et les grands espaces font qu'ils ont beaucoup moins de tendances à venir à la surface de l'eau, où flottent les corpuscules organiques.

Il est toujours des plus facile de reconnaître les alevins ayant péri par asphyxie : leur bouche, au fond, est toujours noirâtre.

Pour garantir les alevins de cette cause de destruction, les moyens sont aussi peu pratiques que certains. Un de nos collègues des forêts du Luxembourg préconise, pour les appareils de pisciculture, une claie ou une petite toile métallique qui, posée à la surface, en interdirait l'accès aux petits poissons et par conséquent les empêcherait d'y absorber les atômes en suspension. Ce moyen semble efficace ; cependant, nous avons vu les mêmes faits se produire dans des aquariums munis de cette toile préservatrice, et c'est pourquoi nous sommes à nous demander si l'asphyxie est bien due aux corpuscules organiques. Sur ce point, n'ayant jamais examiné au microscope les sujets atteints, nous laisserons aux pisciculteurs savants le soin de décider cette question, si toutefois elle leur paraît en valoir la peine.

Mais ce que nous pouvons dire en toute certitude, c'est que ces faits d'asphyxie se sont toujours montrés bien moins fréquents quand nous prenions le soin de faire nettoyer et frotter de temps en temps au sable fin les parois de nos appareils. Les corpuscules, reconnus par les savants, proviendraient-ils de l'air ? se développeraient-ils contre les parois ? seraient-ils des microbes nuisibles aux petits poissons ? Nous n'en savons absolument rien.

Les deux affections que nous venons de décrire sont les seules que nous connaissions comme sévissant sur les alevins, lorsqu'ils sont à l'état de poissons minuscules. Celles que nous allons décrire ci-après sont bien plus certaines et frappent les poissons lorsqu'ils sont parvenus à une certaine grosseur et à toutes les époques de leur existence.

MALADIES DES POISSONS

PARVENUS A L'ÉTAT D'ALEVINS PROPREMENT DITS
ET DURANT TOUT LE COURS DE LEUR EXISTENCE

La pustule rouge.

La pustule rouge est une affection qui n'atteint pas les poissons dans la première année de leur existence, rarement dans le cours de la deuxième, mais seulement lorsqu'ils sont parvenus vers le milieu de l'accroissement qu'ils sont susceptibles d'acquérir.

Le brochet, toutefois, fait exception, étant donné que cet animal a un accroissement tel, que dès sa deuxième année, il peut atteindre un poids dépassant un kilogramme.

La pustule rouge peut frapper aussi les poissons dans leur extrême vieillesse. Cette maladie, que quelques pisciculteurs désignent encore sous le nom de pustule vérolique, est caractérisée par la formation de tumeurs qui se produisent en dessous des écailles.

Lorsqu'une pustule commence à se former, l'écaille qui la recouvre perd rapidement sa teinte naturelle; elle se décolore, se dessèche, se soulève et, finalement, arrive à se détacher. A la place de l'écaille, on constate une petite turgescence rougeâtre.

En se multipliant, les pustules arrivent graduellement à faire perdre au poisson la plus grande partie de son revêtement. Si on enlève une écaille atteinte, on voit que la tumeur est rouge, et si on la perce, il en sort une gouttelette de sérosité roussâtre. Ce liquide est une décomposition locale du sang.

Les poissons atteints de cette maladie sont très longtemps sans en paraître incommodés. Ils ne maigrissent pas dès l'abord, mais à la longue, si la maladie ne cède pas, ils finissent toujours par périr. Toutes les espèces sont sujettes à la pustule rouge, mais elles le sont bien plus dans les étangs que dans les cours d'eau. De tous les poissons d'eau douce les plus communément atteints, il faut citer en première ligne le brochet et le barbeau. La carpe et la tanche le sont très rarement. La perche est rarement attaquée, ainsi que le carrassin et la gibèle. Il est excessivement rare de la constater sur l'anguille. Les cyprins dorés de la Chine, lorsqu'ils sont dans un milieu vaste, comme par exemple une pièce d'eau, des fossés de château, y sont aussi sujets et, chose singulière, ils ne contractent jamais cette maladie dans les aquariums, ou du moins des plus rarement.

La pustule rouge, tout en se montrant fréquemment, n'atteint jamais des proportions pouvant occasionner des préjudices sérieux aux propriétaires d'étangs. Elle ne revêt jamais le caractère épidémique. Suivant nos appréciations, durant l'année où nous avons été à même de la constater le plus souvent, elle a atteint 175 brochets sur 1,327 et 115 carpes sur 2,700 environ, 38 tanches sur 2,780. C'était dans le département de l'Ain. En Alsace-Lorraine, nous l'avons constatée aussi, mais dans une proportion moins forte.

On nous a dit que cette affection est plus commune dans les régions du midi que dans nos contrées de l'est et surtout du nord.

Quant à la cause, elle est due à un microbe. Nos diverses notes de famille sembleraient établir que les années où la pustule rouge a été constatée coïncidaient avec celles où des orages fréquents et des pluies diluviennes avaient amené dans les étangs des trombes d'eaux boueuses.

Nous ne pensons point, comme plusieurs pisciculteurs le prétendent, que cette maladie microbienne provienne de la fonte de neiges trop abondantes. Si cela était, cette affection serait plus rare dans les contrées du midi que dans celles du nord, et c'est précisément le contraire qui a lieu.

Lorsqu'on met du poisson dans un réservoir, on ne saurait trop recommander d'en écarter les sujets atteints, car, dans ce milieu restreint, les brochets surtout, en seraient très rapidement affectés.

Par curiosité, nous avons cherché à guérir des poissons contaminés. Nous avons rarement réussi avec les sujets fortement atteints. En revanche, ceux qui étaient pris au début de la maladie étaient facilement guéris. Nous levions les écailles sous lesquelles se trouvaient les pustules rouges, nous les piquions de façon à en faire sortir la sérosité, puis nous touchions les petites plaies avec un pinceau trempé dans de l'eau fortement salée et nous gardions le poisson une ou deux minutes hors de l'eau. Nous répétions le contact de l'eau salée cinq à six fois par jour durant deux ou trois jours, et le plus souvent les rougeurs disparaissaient; enfin, avec le temps, les poissons finissaient par regagner les écailles perdues.

L'hydropisie.

A n'importe quelle espèce qu'ils appartiennent et dès qu'ils sont parvenus à l'âge adulte, les poissons se trouvent exposés à une maladie que nous désignerons sous le nom d'hydropisie des poissons.

Cette affection se rencontre souvent et il n'est pas de pisciculteurs qui ne l'aient constatée, bien que toujours elle ne se révèle que sur quelques sujets. Ceux qui en sont atteints offrent invariablement et sans aucune variation l'ensemble des symptômes suivants : les chairs sont tout à fait boursouflées ; les écailles ont perdu absolument leur viscosité, c'est-à-dire leur mucus naturel ; elles sont devenues sèches au toucher, râpeuses même ; toutes les teintes du poisson ont pâli ; les tissus sont tellement gonflés par de l'œdème que, si on appuie le doigt sur les flancs du poisson, l'empreinte du doigt y reste ; on y sent comme un liquide ; si on fait séton sous la peau, il sort une eau roussâtre. Quant à la chair, on reconnaît qu'elle est devenue peu adhérente aux arêtes. Il m'est arrivé, après avoir tué le poisson, de pouvoir, par de légères pressions, en réduire la chair en bouillie, et le squelette du poisson semblait ensuite comme enveloppé dans un sac formé d'une peau de dimensions exagérées. A l'autopsie, on voit que tous les tissus sont gorgés de sérosité. Les ouïes ont perdu la couleur rouge vif qui les caractérise, elles sont fortement pâlies, anémiées et à elles seules indiqueraient déjà que le sujet est un poisson malade et peu sain pour la consommation.

Dans les étangs, la carpe, la tanche sont les poissons les plus sujets à l'hydropisie, après eux viennent les poissons blancs, le brochet ensuite, la perche l'est très rarement; peut-être cette espèce d'immunité dont elle jouit n'est due qu'à la dureté et à la sécheresse de ses écailles, qui lui donnent un revêtement plus résistant que celui dont jouissent les autres poissons d'eau douce, et nous dirons pourquoi plus loin.

L'hydropisie, nous l'avons dit, est assez rare. Nos annotations de famille ne nous ont jamais donné comme proportions plus de trois cas sur 1,390 poissons environ. Nous savons toutefois que cette proportion s'est trouvée bien plus forte sur des étangs de notre pays; mais, par contre, sur d'autres elle ne s'était pour ainsi dire jamais révélée; enfin les pêcheurs de rivière l'ont observée quelquefois.

La chair des poissons hydropiques, on le conçoit aisément, ne peut être que très malsaine à manger. Bien qu'elle n'ait jamais causé d'indispositions ni de malaises à ceux qui l'ont consommée, elle ne doit pas être mise en vente. A la cuisson, elle se fond pour ainsi dire. Tout ce qui est aqueux s'échappe à la friture. Quant au goût particulier de la chair, il fait absolument défaut, il n'y a que celui donné par les assaisonnements ou celui de la friture qui subsiste.

Nous ne connaissons point les causes de l'hydropisie des poissons. Les personnes avec lesquelles
nous avons eu occasion d'en parler n'ont pu que
faire des suppositions. Quelques-unes avaient la conviction qu'elle était due à ce que les sujets affectés
n'avaient pu frayer. Nous ne pensons point que cela
en soit la cause, car les poissons peuvent toujours
se débarrasser de leur frai. A l'époque de la ponte
des œufs, ils sont, il est vrai, sujets à une affection
spéciale, mais qui n'a aucun rapport ni trait commun avec l'hydropisie.

Mais nous sommes fondé à croire que cette maladie n'est guère que le résultat de faits accidentels,
et, à l'appui de notre opinion, nous citerons le fait
suivant :

Dans un vivier à eau fortement renouvelée, nous
trouvâmes, sur un repeuplement d'environ 400 tanches et carpes, 31 sujets hydropiques à des degrés
plus ou moins avancés dans la maladie ou vers la
guérison. C'était pour nous une proportion énorme;
aussi étions-nous porté à croire que cette affection
pouvait devenir épidémique. Nous fîmes alors vider
à fond le vivier pour en retirer jusqu'au dernier
poisson, et nous y trouvâmes dans un coin un fagot
d'épines, tombé accidentellement ou plutôt jeté par
malveillance. Il nous vint alors l'idée de soumettre
à un examen attentif tous nos poissons hydropiques,
et sur neuf nous vîmes qu'une épine leur était entrée et restée dans le corps. Depuis ce fait, nous
pensons que l'hydropisie n'est qu'une décomposi-

tion du sang produite par une plaie, et plus encore par quelques menus corps étrangers provenant de plantes aquatiques, racines, etc., ayant pu se loger dans le corps des poissons ou les blesser.

Nous voulûmes entreprendre la guérison de nos sujets malades, et nous réussîmes sur six dont le degré de maladie était peu avancé. Le moyen fut simplement le retrait de l'épine et des sétons faits sous la peau au moyen d'une aiguille à tricoter bien aiguisée. Nous fîmes ainsi écouler la plus grande partie de la sérosité.

Par suite, si la perche semble plus indemne que les autres poissons, c'est simplement parce que la dureté de son écaille la protège mieux contre les plaies et piqûres auxquelles elle peut se trouver exposée.

L'étisie.

En effectuant les pêches d'étang, on trouve parfois des poissons d'une maigreur extraordinaire. Ce sont absolument de vrais squelettes recouverts de peau et d'écailles. Lorsque ce phénomène se présente sur des poissons à écailles fines, comme par exemple la tanche, l'état de maigreur atteint un tel degré d'intensité, qu'on peut distinguer sous la peau les grosses arêtes.

Cette affection n'est pas rare dans les aquariums et les viviers où l'on prodigue la nourriture. C'est ce qui fournit la preuve que cette étisie n'est pas due au manque d'alimentation, comme plusieurs aquiculteurs le prétendent bien à tort.

Lorsqu'on met hors de l'eau un poisson fortement étique, on constate invariablement que les yeux du sujet sont très enfoncés dans leur orbite. La pupille, au lieu de se trouver en saillie et tangente au bord inférieur de l'orbite, reste au milieu de l'œil.

Au lieu d'être doué de mouvements vifs et vigoureux, le poisson est lent dans toutes ses allures, il semble ne s'avancer que par élans ou par saccades. Il se tient de préférence au bord de l'eau et à très peu de profondeur.

Nous avons mis plusieurs fois à part des poissons étiques et, malgré toute la nourriture qui leur était donnée, il ne nous a pas été possible de les guérir. Ils périssaient généralement dans les cinquante ou soixante jours qui suivaient l'apparition marquée de la maladie. Ils arrivaient ordinairement sur l'extrême bord des viviers pour y périr. Dans les étangs, c'est également presque à fleur d'eau et sur les bords qu'ils viennent mourir.

A l'autopsie, nous avons reconnu constamment que la vessie natatoire des poissons était en dessous de la dimension normale. Ce fait ne nous semble pas être un des symptômes de la maladie, mais en être seulement la conséquence. Le poisson ayant perdu plus de 120 à 150 p. 100 de son poids, on conçoit que sa vessie n'a plus besoin de se dilater autant lorsqu'il veut s'élever dans son élément; par

suite, cet organe se rétracte et perd ainsi son développement normal.

Nous n'avons pu jusqu'à présent déterminer la
cause de l'étisie. L'autopsie de quelques sujets nous
a bien révélé l'existence de vers intestinaux de très
petites dimensions, mais nous ne saurions affirmer
si la maladie était due à ces parasites, attendu que
bien des fois nous avons trouvé des sujets bien
portants nantis des mêmes parasites. Il se peut
toutefois que les poissons ainsi verminés deviennent
étiques à la longue.

Inflammation des organes de reproduction.

Lorsque l'époque du frai est survenue, il arrive
souvent, dans nos pays de l'est et du nord, que
l'abaissement subit de la température diminue de
quelques degrés la chaleur des eaux. Si le refroidissement de l'eau est rapide et s'il surprend les poissons en cours de reproduction, les femelles se trouvent exposées à une inflammation des ovaires. Si on
se livre à l'examen de ces organes et de l'intérieur
du poisson, l'observateur constatera que la région
anale offre un aspect boursouflé. L'anus forme une
espèce de bourrelet enflammé. En outre, on remarque que les œufs qui s'échappent des ovaires ne
tardent point à offrir des signes manifestes d'altération, c'est ainsi qu'ils ont complètement changé
d'aspect et qu'ils présentent à l'œil une teinte rougeâtre. Ils perdent ensuite toute leur consistance
et deviennent comme une espèce de matière granu-

leuse, puis gélatineuse qui finit par passer à un état visqueux d'apparence sanguinolente.

Lorsque les poissons sont atteints de cette affection, il est très rare qu'ils se rétablissent. Des ichtyologues voudraient que cette maladie ne fût pas causée par le refroidissement de l'élément liquide, mais simplement par les frottements contre des corps durs auxquels se livrent souvent les femelles lorsqu'elles se délivrent de leurs œufs.

A cette hypothèse, nous ferons l'objection suivante : c'est que l'inflammation se constaterait tous les ans et qu'elle se manifesterait plus communément dans les eaux où les poissons rencontrent plus de corps durs, tels que graviers, pierrailles et autres choses pouvant, par le frottement, provoquer l'échauffement des organes. Que, par contre, dans les étangs où la vase et le marais rendent au poisson le frottement moins rude, l'inflammation dont il est question devrait se montrer très rarement; or, c'est ce qui ne se produit pas. La maladie se rencontre en effet aussi fréquemment dans les étangs à fond vaseux que dans ceux reposant sur sol graveleux et aussi dans les cours d'eau. Il y a donc lieu de croire que l'abaissement de la température de l'eau à un certain degré en est bien la seule cause, et que si la maladie est occasionnée par le contact des organes avec des corps durs, ce n'est que par exception et accidentellement.

Du reste, nous sommes en mesure de résoudre la question en déclarant que nous avons artificiellement produit cette maladie en procédant de la façon suivante : nous plaçâmes dans un vaste récipient plusieurs femelles de carpe en plein cours de ponte, puis, par l'introduction de morceaux de glace, nous abaissâmes en deux jours la température de l'eau de 8 degrés, de telle sorte que de 22 degrés elle était tombée durant ce laps de temps à 14 degrés. Nous descendîmes ensuite l'eau à 12 degrés. Or, un sur cinq de nos poissons mourut d'une inflammation des organes, et les œufs offrirent tous les symptômes que nous venons de décrire. Enfin, dans les pays où les cours d'eau viennent de montagnes élevées, la maladie coïncide toujours avec une fonte trop rapide des neiges et des glaciers. C'est encore là une preuve que cette affection est bien due à un abaissement trop marqué et subit de la température de l'eau.

La gale.

De toutes les maladies, il n'en est point d'aussi commune que celle que l'on désigne ordinairement sous le nom de gale. Aucune non plus ne peut atteindre ses proportions qui, souvent, s'élèvent à une telle intensité, qu'elle devient une véritable calamité pour les aquiculteurs.

C'est qu'en effet la gale peut faire éprouver des pertes sérieuses, car elle est d'abord une tare véritable pour la marchandise, par conséquent une cause de perte. Jamais, en effet, les marchands en gros n'acceptent le poisson galeux au prix courant; ils en offrent toujours un prix inférieur.

De tous les poissons, ceux à écailles noires, c'est-à-dire autres que les poissons blancs, y sont excessivement sujets, mais aucun ne l'est à un degré aussi élevé que la carpe. Comparativement aux autres poissons, on pourrait dire que cette maladie n'est propre qu'à la carpe et à ses variétés. On voit parfois l'empoissonnement d'étangs de plus de cent hectares de superficie, atteint de gale dans la proportion de 5o p. 100.

D'abord cette affection apparaît par places très petites, on pourrait même dire par points. C'est une espèce de gélatine grisâtre compacte qui fait saillie sur le corps du poisson. Elle est plus visible lorsque l'animal est dans son élément.

Les points de gale apparaissent, au début, de préférence aux extrémités des nageoires et de la queue, rapidement ils deviennent taches et arrivent à couvrir presque la totalité du corps du poisson. A mesure que le mal s'étend, il augmente aussi d'épaisseur, et celle-ci va jusqu'à atteindre 2 et 3 millimètres et plus sur des poissons ayant à peine le poids de 200 grammes.

Tant que la gale n'a pas une étendue appréciable, les poissons qui en sont atteints ne paraissent troublés dans aucune de leurs fonctions vitales. Mais dès que le mal a envahi environ la septième ou la huitième partie de l'animal, il n'en est plus ainsi. D'abord il a maigri. Les écailles non recouvertes de gale ont perdu leurs couleurs naturelles, les nuances sont comme brouillées et plus foncées, elles semblent avoir une teinte légère de rouille, ce qui fait dire que le poisson est *rouillé*. L'animal, au lieu d'avoir l'œil faisant saillie, l'a en creux après l'avoir eu au ras de l'orbite.

Aucune partie du corps du poisson n'est indemne; la gale attaque aussi bien les parties dépourvues d'écailles, telles que la tête, la gueule.

Lorsqu'on veut enlever à un poisson quelques points galeux, il est rare qu'on n'enlève point l'écaille qui est en dessous, alors le sang apparaît toujours. C'est le remède le plus efficace et presque certain pour guérir les poissons qui sont très légèrement atteints. Il est souvent des circonstances où, dans un empoissonnement, on se voit contraint d'employer des poissons fort peu contaminés, et c'est ce qui arrive quand on est à court d'alevins ou de jeunes carpes. On peut le faire sans inconvénient, à la condition de râcler l'épiderme jusqu'à le faire légèrement saigner. La carpe étant un poisson très dur, il n'y a pas à craindre que cette opération, faite sur quelques points, la fasse périr; il y a au contraire 90 chances sur 100 pour qu'elle ne devienne plus galeuse.

Il est rare que cette maladie frappe les carpes de fortes dimensions. Celles de l'âge de 4 et même 5 ans y sont aussi sujettes, mais à la vérité bien moins. Plus âgées, elles semblent indemnes. C'est ainsi que nous n'avons jamais vu de carpes de 5 à 6 livres et d'un poids plus fort, quelque peu galeuses, alors même qu'on les avait laissées en contact avec des masses de poissons contaminés. Ce sont surtout les alevins et les jeunes poissons, c'est-à-dire ceux dans le cours de leurs première et deuxième années, qui y sont les plus sujets. Nous avons vu plusieurs fois, dans le cours de notre carrière de pisciculteur, des étangs d'alevinage dont tous les alevins se trouvaient entachés de gale et par conséquent impropres pour la plupart à l'empoissonnement, car la petitesse de l'alevin ne permet point le nettoyage qu'on peut pratiquer sur un poisson d'une livre ou d'un quart de livre.

La gale fait toujours périr le poisson.

Quant à la cause, pour beaucoup, il semble incontestable qu'elle est due à une trop forte fonte de neige succédant à un long séjour sous la glace et coïncidant avec une grande agglomération de poissons.

Nous pensons que cela peut être, bien que la gale se montre aussi dans les étangs du midi, où les fontes de neige ne se produisent pour ainsi dire jamais. Mais nous pouvons affirmer que, dans les pays de l'est, la gale se montre toujours plus ou moins, lorsque les hivers ont été fort neigeux; puis, surtout quand les poissons sont en excès dans un étang et, pour nous, c'est la cause la plus déterminante, la plus certaine.

Nous avons fait, du reste, une expérience décisive à nos dépens. En 1894, nous avions eu à conserver environ 28,000 demi-kilogrammes d'alevins, dont le poids était de dix-huit têtes environ à la livre. La vente de ce poisson étant lente, il fut, dans un étang de peu d'étendue, surpris par les glaces qui se maintinrent environ soixante-dix jours à une forte épaisseur. La gelée ayant tari la plus grande partie des sources, ce poisson n'avait plus un renouvellement d'eau suffisant. A cette situation vinrent s'adjoindre des neiges qui occasionnèrent des fontes subites considérables. Lorsque nous pûmes reprendre le poisson, il nous offrit, au bout de quelques jours, l'aspect d'alevins ayant souffert du manque d'air et de parcours et nous augurâmes que, l'année suivante, il nous produirait du jeune poisson dont une forte proportion serait atteinte de gale.

L'année 1895 prouva que nos prévisions étaient fondées : nos alevins devenus jeunes poissons, et malgré le choix qui en avait été fait, nous donnèrent un dixième environ affecté de gale. Beaucoup, à la vérité, étaient légèrement atteints, mais suffisamment cependant pour ne pouvoir être vendus comme poisson d'empoissonnement aux propriétaires d'étangs. Ils furent livrés comme friture sans perte de prix.

Lorsque la gale a sévi fortement dans un empoissonnement, elle peut apparaître de nouveau dans le suivant, alors même qu'il ne serait que restreint. Ce fait se produit dans les étangs livrés constamment à la production du poisson.

Plusieurs pisciculteurs ont émis l'opinion que

cette maladie était un excès de production du mucus qui revêt les poissons. Si cela était, la gale se montrerait aussi tous les ans parmi les empoissonnements les plus restreints, tandis qu'il n'en est rien.

La perche semble échapper à cette maladie, le brochet l'a très rarement, l'anguille paraît indemne, la tanche également.

Lorsque le poisson galeux n'a pas encore subi d'amaigrissement, sa chair n'est nullement inférieure à celle d'un poisson non contaminé.

En résumé, suivant nous, la gale survient lorsque le poisson ne se trouve pas dans un milieu suffisant à son agglomération.

Les conferves parasites.

Cette affection est généralement confondue par bien des ichtyologues avec la gale. Il est vrai que la confusion est facile lorsqu'on n'examine pas les poissons atteints de conferves parasites. Mais la moindre attention fait constater à l'observateur bien des différences. La gale, nous venons de le dire, est d'une apparence gélatineuse, compacte, résistante, et si adhérente qu'on ne saurait guère en enlever des taches sans arracher les écailles qui se trouvent en dessous.

Les conferves parasites sont des filaments grisâtres, peu visqueux au toucher, non compacts ; on peut les séparer les uns des autres. Ils forment tou-

jours saillie sur le corps du poisson. Cette maladie
provient généralement de blessures, de plaies. Lorsqu'elle offre peu d'étendue, les sujets atteints s'en
guérissent. On peut activer la guérison en enlevant
les conferves et en touchant la partie au-dessous
avec une forte dissolution d'eau salée, ou d'une très
légère dissolution de nitrate d'argent.

Il est bien entendu que ces moyens curatifs ne
sont applicables qu'autant qu'il s'agit de poissons
vivant dans des aquariums ou des bassins. Les expériences faites ne l'ont été qu'à titre de simple curiosité.

La mousse.

La mousse est une maladie qui se développe avec
une grande intensité sur les poissons confinés dans
des réservoirs. Ce sont aussi des filaments, mais
moins résistants, plus légers que ceux que nous venons de décrire à l'article précédent. Lorsqu'ils ont
atteint un certain développement, ils ont l'apparence
de la ouate ou d'une mousse légère. C'est ce qui
fait que cette affection est généralement nommée la
mousse et que les poissons qui en sont atteints sont
dits *moussus*. On dit aussi qu'ils sont cotonnés. Cette
mousse est gluante au toucher.

Cette affection atteint très rapidement les brochets
et les perches lorsqu'on les met en réservoir. Nous
avons toujours constaté, qu'alors même qu'ils sont
en situation de recevoir une quantité considérable

d'eau nouvelle, ils y deviennent très rapidement moussus.

Les poissons qui sont longtemps demeurés sous la glace, et qui n'ont pas eu assez de parcours, ont de fortes tendances à devenir moussus. Cette situation, coïncidant avec un renouvellement d'eau insuffisant, provoque aussi un phénomène curieux sur les poissons. Ces animaux viennent sur les bords extérieurs des viviers ou des étangs, comme généralement ils le font quand ils sont atteints d'une maladie intense. Leur robe semble brouillée et leurs yeux, gonflés démesurément, sortent des orbites. Cette maladie est mortelle et ne dure jamais plus de quelques jours. Le poisson atteint est sans force dès les premiers jours et se laisse prendre à la main.

La mousse se révèle d'abord par un affaiblissement des teintes du poisson. Elle apparaît ensuite sur une place quelconque.

Quand elle s'est fixée à la queue, elle se montre sous la forme d'un anneau. Le poisson va et vient lentement, apparaît à la surface, se repose sur les bords, et c'est là qu'il périt dès que la mousse l'a envahi sur le dixième de son corps.

La chair du poisson moussu n'est pas mauvaise ; elle est toutefois inférieure à celle du poisson sain.

Lorsqu'on enlève la mousse à un poisson, le dessous se trouve absolument décoloré et gluant, et paraît sans écailles. Cette affection est absolument inguérissable ; du moins nous avons toujours échoué dans les essais tentés à titre d'expériences.

Elle est très contagieuse. Aussi, dès qu'elle a fait son apparition dans un réservoir ou un vivier, il est bon de déménager le poisson et de lui procurer un vaste milieu, si on en a la possibilité. Dans le cas contraire, il est bon de le vendre le plus tôt possible, même à un prix inférieur à celui du cours; on y gagnera, car, avec le temps, tous les poissons seraient successivement attaqués par cette maladie.

Hernie du vomer.

Il est une affection particulière que je n'ai jamais remarquée que sur les poissons de proie de nos eaux douces, c'est-à-dire la perche, la fausse perche[1], le brochet. Cette affection est caractérisée par le boursouflement du vomer du poisson. Cet organe se dilate et offre tout à fait l'aspect d'une boule faisant saillie hors de la bouche qui, empêchant le poisson de se nourrir, le fait nécessairement périr. Je crois que cette maladie est contagieuse. J'ai fort souvent guéri des perches atteintes; il me suffisait de piquer en séton la boule; j'ai aussi remarqué que les poissons qui avaient le plus de chance de se rétablir étaient ceux dont la piqûre produisait un épanchement de quelques gouttes de sang.

Quelle est la cause de cette maladie? Nous l'ignorons absolument. Quelques ichtyologues ont formulé bien des suppositions sans les appuyer de raisons

1. La gremille ou fausse perche offre quelquefois ce phénomène; nous l'avons constaté une fois à Fontenoy-le-Château, dans les Vosges.

probantes. Elle proviendrait, disent quelques-uns, de ce que les poissons ont passé trop rapidement d'un fond très grand à la surface, et ils citent le fait de pêcheurs à la ligne amenant des perches ayant le vomer en boule, parce que, disent-ils, elles ont été amenées vivement en dehors de l'eau. J'objecterai à cela que des perches ayant été piquées dans le vomer et tirées violemment, cela a pu suffire pour faire saillir cet organe. Mais je remarquerai surtout que des perches prises au filet et ramenées de la même façon devraient éprouver le même phénomène, puisqu'elles passent rapidement aussi d'un bas fond à la surface; or, cela ne se produit jamais. Pour nous, il reste donc à trouver la cause véritable du mal ou tout au moins à en fournir une raison plausible.

Tumeurs et abcès épidémiques.

Sous ce titre, nous décrirons une maladie étrange qui s'est produite, il y a quelques années, avec une très grande intensité, au point qu'elle a failli dépeupler certaines rivières de plusieurs espèces de poissons.

Auparavant, elle n'avait pas été remarquée, ou bien elle avait paru n'être que le résultat d'un coup, d'un choc éprouvé très rarement. Mais, à partir de l'année 1879, les cas se présentèrent de telle façon qu'il fallut bien admettre qu'on se trouvait en présence d'une véritable maladie. En 1880, cette affection faillit presque faire disparaître totalement le barbeau de tous nos grands cours d'eau de l'est de la France et surtout de Belgique. C'est ainsi que sur tout le parcours de la Moselle, de la Meuse et de tous leurs affluents, ces poissons périrent par milliers. La maladie les attaquait tous, les plus petits comme les plus forts. Sur tous les sujets atteints, les phénomènes étaient identiques. Il était rare de voir des poissons affectés pouvant se rétablir. Si cette maladie avait continué encore un an ou deux, il est certain que le barbeau aurait disparu de bien des rivières de France et de Belgique, et qu'il aurait fallu le réintroduire.

Mais, à partir de 1880, cette maladie s'est tellement abaissée que, depuis cette époque jusqu'en 1887 et 1888, on n'a plus trouvé que de très rares poissons légèrement atteints.

Cette affection, inconnue jusqu'alors, était caractérisée par des symptômes intérieurs et extérieurs. A l'autopsie, on constatait de très graves lésions dans les principaux organes. Extérieurement, les poissons portaient des grosseurs variant de volume et toujours en proportion de la taille du poisson. C'est ainsi qu'on trouvait de ces nodosités, allant de la grosseur d'une noisette jusqu'à celle d'une noix, même d'un œuf, suivant que le poisson ne pesait que 200 grammes ou qu'il atteignait le poids de 2 à 3 kilogrammes.

De plus, on constatait qu'au lieu de posséder ses couleurs normales, c'est-à-dire le dessus du corps verdâtre, les flancs et le ventre blancs ou blanchâtres, le barbeau prenait uniformément une teinte jaunâtre, qui passait ensuite au jaune gris. Quelques sujets devenaient fortement ballonnés ! Puis, au lieu d'avoir sa viscosité naturelle, tout le corps de l'animal devenait glissant, presque aussi huileux que le corps de l'anguille. Les écailles qui recouvaient les tumeurs perdaient à peu près leur adhérence, et il suffisait d'un léger contact pour en détacher quelques-unes.

Les nodosités se trouvaient dans la chair du poisson. On constatait qu'elles étaient entourées d'une membrane de couleur grisâtre très résistante au canif. Elles pouvaient être multiples et très rapprochées, parfois on en trouvait qui étaient comme soudées les unes aux autres. Suivant le degré de la maladie, l'ouverture de ces espèces de tumeurs donnait lieu à un épanchement de matières purulentes analogues à celles produites par l'ouverture d'un abcès humain arrivé à sa maturité, et, parmi ces matières, on distinguait aussi quelques filets de sang corrompu. Du reste, avant leur maturité, ces grosseurs ne laissaient écouler qu'un sang décomposé.

Lorsqu'on tuait ces poissons, leur chair se gâtait très rapidement, et elle dégageait une odeur nauséabonde très prononcée.

Quand on examinait un sujet atteint seulement de très légères nodosités, il arrivait parfois qu'on le guérissait en vidant les tumeurs, tout comme s'il s'agissait d'un abcès, et en pratiquant une injection très faible de sulfate de zinc dans le creux des tumeurs vidées.

Un de nos amis possédait un réservoir alimenté par une prise d'eau venant de la Moselle : nous mîmes en observation des poissons sains, absolument intacts, avec quelques autres contaminés, et nous constatâmes que la maladie était contagieuse. De plus, nous pûmes en quelques jours communiquer la maladie à des sujets non affectés. Il nous suffit pour cela d'enfoncer une forte aiguille dans la no-dosité d'un poisson malade et de piquer de cette aiguille un poisson sain. Chaque piqûre déterminait chez celui-ci une tumeur. Enfin, les sujets ayant pu se rétablir de cette maladie étaient devenus in-demnes, et malgré le nombre des piqûres qu'on leur faisait subir, il n'en résultait que quelques légères nodosités atteignant à peine la grosseur d'un pois. Ces petites expériences nous donnèrent la preuve que cette maladie était toute microbienne.

Depuis 1888, cette affection a généralement dis-paru des rivières de France et de Belgique. Plu-sieurs pêcheurs de métier nous ont déclaré qu'elle avait été plus intense sur les rivières à forts courants que dans les autres. Nous pensons qu'elle a sévi ainsi, uniquement parce que les barbeaux sont beau-coup plus communs dans les rivières à courants forts que dans celles à courants faibles, et que l'in-tensité de la maladie était la même dans tous les cours d'eau et proportionnellement à la quantité de poissons qui s'y trouvaient.

Depuis sa première apparition, cette affection se signale néanmoins quelque peu chaque année. C'est ainsi qu'en 1896 des pêcheurs de profession de Toul nous ont appris que, durant les fortes chaleurs de l'été, ils avaient·pris quelques barbeaux malades dans la Moselle.·

A Metz, M. Hugot, le principal locataire de la Moselle, nous a fait également une déclaration analogue.

On nous a écrit aussi que sur le cours de la rivière de Meuse, vers Mézières, et tout le long de la vallée de la Meuse, jusqu'au delà de Namur en Belgique, on avait pris plusieurs sujets attaqués par cette maladie.

Jusqu'à présent, les causes de cette affection sont absolument inconnues. On sait simplement qu'elle est infectieuse et microbienne. Tout se résume jusqu'ici à des suppositions et à des conjectures plus ou moins admissibles.

Il est cependant un fait qui, suivant les pêcheurs de profession, semblerait presque acquis, c'est que la maladie des barbeaux aurait presque toujours suivi les grands débordements d'été.

Il est également certain que cette affection est bien plus rarement signalée dans les rivières des pays plus froids que la France et la Belgique, où cependant les grands débordements d'été sont plus fréquents et plus intenses. Ce fait viendrait donc en opposition avec l'opinion des pêcheurs professionnels.

MALADIES ACCIDENTELLES

Chancres, ulcères, blessures.

Les poissons sont exposés à recevoir des blessures provenant des oiseaux pêcheurs, tels que les
hérons, les balbuzards ou aigles des marais, les
grèbes, les plongios, et aussi des morsures de la
loutre.

Ils éprouvent de même des contusions lorsque,
dans une fuite ayant pour but d'échapper à leurs
ennemis, ils se heurtent contre les angles aigus des
pierres, ou contre des racines et des branches d'arbres épineux.

Nous avons pu constater, nombre de fois, que les
blessures qui ne se guérissaient pas, dégénéraient

en chancres ou se recouvraient des filaments décrits précédemment.

Lorsque la plaie doit se transformer en chancre ou en ulcère rongeant, la blessure prend une apparence rouge brun d'abord, puis le pourtour devient induré.

Dans ce cas, jamais un poisson ne se guérit de lui-même. Mais, à titre de curiosité, il nous est arrivé souvent de délivrer des sujets atteints ; il nous a toujours suffi d'employer la cautérisation un peu profonde au fer rouge pour guérir les sujets dans une quinzaine de jours.

Mais les blessures provenant du fait des oiseaux aquatiques sont bien plus fréquentes que celles provenant de contusions ou de chocs. Il y en a de fortement dangereuses, ce sont celles du balbuzard ou aigle des marais, dont les serres pénètrent profondément dans le corps des poissons. Ces plaies se guérissent très rarement. Puis viennent celles faites par les hérons, qui blessent les poissons comme pourrait le faire un coup de couteau pointu.

Nous avons constaté que de toutes les blessures celles du dos sont les plus tardives à se cicatriser, tandis que, lorsque les organes n'ont pas été perforés, celles des flancs se guérissent généralement très vite.

Ayant mis dans un clair vivier des carpes fortement blessées par le héron, j'ai remarqué que ces poissons avaient l'instinct de se frotter contre la vase. Était-ce dans le but de se guérir, ou simplement par suite d'une sensation occasionnée par la partie malade ? Tout ce que nous pouvons affirmer, c'est qu'ils se guérissent plus vite toutes les fois qu'ils peuvent s'appuyer contre le fond de leur vivier ; aussi en avons-nous conclu que si les blessures du dos sont les plus longues à guérir, cela tient uniquement à ce que les poissons ne peuvent les mettre en contact avec le marais. Cette observation a été faite par nous dans la vallée du Rhône, chez un pisciculteur des environs de Culoz, dans le département de l'Ain.

Affections parasitaires.

Comme la plupart des animaux, les poissons sont sujets à des parasites intérieurs et extérieurs.

Il est un fait acquis par de nombreuses constatations, c'est que, dans les rivières à eaux vives et à courants rapides, ils y paraissent bien moins enclins que dans les rivières à fonds vaseux et à faible courant, et dans celles-ci, bien moins que dans les lacs et en dernier lieu les étangs.

Les vers intestinaux attaquent certaines espèces de poissons plutôt que d'autres. Il y a même des parasites qui sont spéciaux à quelques-unes. C'est ainsi que, dans les grands lacs de Genève, de Neuchâtel, des entozoaires se rencontrent isolément ou d'une façon multiple chez le féra, le lavaret, et quelquefois aussi chez la truite.

Mais aucun des poissons d'eau douce n'y est plus

sujet que le goujon, et c'est surtout lorsqu'il habite
un lac ou un étang vaseux, une rivière dormante et
à fond de bourbe. Proportionnellement à ses dimensions, aucune autre espèce n'offre d'aussi volumineux parasites. C'est ainsi qu'il renferme communément un ver blanc mat et plat d'une largeur
approchant cinq millimètres et, lorsque le ver ne
s'est pas distendu, d'une longueur dépassant plus
de trois centimètres. Lorsqu'on ouvre le ventre du
poisson et qu'on en dégage le ver, celui-ci peut
atteindre jusqu'à une longueur de quatre à cinq
centimètres.

Au toucher, on constate que ce ver, au lieu d'être
mou, paraît résistant. Il vit encore dix à douze
heures après la mort du poisson et même lorsqu'il
en a été extrait. Dans l'eau, il périt rapidement.

Les goujons, lorsqu'ils sont atteints de cet hôte in-
commode, ont l'abdomen très gonflé. En observant
attentivement le poisson, on perçoit de temps en
temps des mouvements abdominaux, parfois accentués, qui certainement ne peuvent être occasionnés
que par les mouvements de rétractation ou d'allon-
gement du ver.

Cet entozoaire, que nous avons soumis à l'observation d'un naturaliste, serait un ascaride lombricoïde.
Chose singulière, ce parasite ne semble point altérer
la santé des goujons. Nous en avons mis en observation un certain nombre avec d'autres indemnes.
L'aquarium à eau courante et à fond de sable et
gravier permettait d'examiner parfaitement les pois-

sons. Or, nous n'avons constaté aucune différence d'allures, de mœurs, à l'actif des goujons renfermant ce parasite. Les seules remarques faites se sont limitées à celles-ci : les poissons étaient sujets parfois à des allures très vives, semblant désordonnées, puis ils étaient doués d'un appétit très vif et tel qu'ils ne cessaient de titiller le gravier de l'aquarium.

Contrairement à ce qui semblerait devoir être, les goujons verminés sont gros et gras. Leur chair n'a perdu aucune des qualités qui la distinguent.

Cette affection est parfois si commune parmi les goujons d'étang, qu'elle peut atteindre jusqu'à la proportion de plus de 60 p. 100. A ce sujet, nous raconterons ce qui suit : il y a quelques années, un des plus grands propriétaires d'étangs de la Lorraine annexée, trouva, en effectuant sa pêche, une quantité extraordinaire de beaux et gros goujons. Sachant combien ce petit poisson est recherché des amateurs, il les expédia dans la belle capitale de la Lorraine française, à Nancy, dont les habitants et la jeunesse des facultés semblent avoir un culte pour les fritures. Les envois de ce pisciculteur y furent accueillis avec la plus grande faveur, mais ce qui en faisait principalement le mérite, c'est que les poissons étaient munis pour la plupart d'une laitance ferme, trouvée de fort bon goût par les consommateurs. La vente s'accentuait, et beaucoup de ceux qui s'étaient régalés de cette friture revenaient à l'achat. Du reste, la plupart des marchands poisson-

niers poussaient à la vente en exaltant ces goujons
gonflés de laitance. L'un des plus grands négociants
de la ville et son gendre, MM. Vautrin et Deffaut,
de Nancy, étaient à peu près les seuls qui n'ap-
puyaient pas trop sur la laite des goujons et qui en-
gageaient les clients à la rejeter, sous prétexte que
l'habitude n'était pas de la consommer.

Or, pendant que la vente battait son plein, il ar-
riva qu'un poissonnier, ou un conducteur de poissons, poussé par un sentiment de jalousie de métier,
révéla à l'inspecteur des marchés de la ville que la
fameuse laite de goujons n'était qu'un ver, que, s'il
voulait s'en assurer lui-même, il lui rapporterait de
ces goujons vivants, qu'en les ouvrant, il verrait
le ver s'allonger et se rétracter, et que mort, ce parasite formait une boule et offrait ainsi toute l'apparence de la laite d'un petit poisson.

Le fonctionnaire municipal mit aussitôt la vente
en interdit, et il saisit tous les poissons qui lui semblaient avoir un abdomen gonflé d'une façon anor·
male. Mais alors, et comme de juste, les vendeurs
réclamèrent à l'autorité, en se basant sur le fait que,
depuis plus d'un mois, ils vendaient quotidienne·
ment de ces goujons devenus plus que jamais ap-
préciés par la population ; que pas un consommateur
n'avait éprouvé de malaise, pas la plus légère
incommodité, que s'il y avait le moindre danger,
on s'en serait depuis longtemps aperçu par la défaveur du public ; que celui-ci, au lieu de se prononcer défavorablement, faisait au contraire des de·

mandes de plus en plus nombreuses. L'inspecteur tenant bon, les négociants voulurent alors soumettre le cas à la faculté, et celle-ci, après un examen savant, déclara : que les poissons ne faisaient courir aucun danger aux consommateurs, que cette soi-disant laitance n'était bien à la vérité qu'un parasite, mais que, bien frit, il n'avait réellement pas mauvais goût, au contraire. Cette docte déclaration refroidit néanmoins les amateurs, et la vente baissa. Le propriétaire en fut quitte pour diriger ailleurs une partie de sa marchandise; ce fut Strasbourg qui l'apprécia et la débita comme friture du Rhin.

Des goujons verminés de cette façon furent également expédiés à Paris par un de nos acheteurs en gros. Il les qualifie de goujons de Metz, et il s'est ainsi créé une clientèle qu'il a conservée depuis et qu'il alimente au moyen de traités à l'année, contractés avec les locataires de pêche de la Moselle et par les acquisitions qu'il peut faire sur les étangs du pays annexé !

Les carpes, les tanches, le carrassin, le brochet, les perches sont plus exposés que les poissons blancs à recéler des vers analogues à ceux du goujon et même des helminthes. La minuscule épinoche n'est pas indemne : elle a aussi son parasite.

Les parasites vermineux qui affectent la population des eaux ne siègent pas uniquement dans les intes-tins ; il y en a qui se développent dans le foie des poissons.

Plusieurs aquiculteurs de Lorraine ont exprimé

l'opinion que les helminthes du foie des poissons provenaient de la plante qui, suivant les cultivateurs, donne ces parasites aux moutons. Ils pensent que cette plante, qu'ils nomment la *douve*, peut croître sur les bords en pente douce des étangs et se trouver recouverte d'eau par suite d'une élévation du niveau, ce qui lui permet de contaminer les poissons. Nous n'acceptons aucunement cette explication, car nous avons constaté que les helminthes dont il s'agit ne sont pas les mêmes que ceux du foie du mouton.

Dans les lacs du Bourget, d'Annecy, celui de Genève, certains poissons, tels que le lavaret et le féra, renferment communément une espèce de ténia dont les œufs se développent fort bien dans le corps de l'homme. Lorsque nous étions en fonctions dans la vallée du Rhône, nous avons souvent constaté ce fait. Il est, en effet, peu de pays où l'affection du ver dit solitaire soit aussi commune et elle est plus répandue parmi les populations riveraines des lacs que parmi celles qui en sont à distance.

Tels sont à peu près les parasites intérieurs reconnus jusqu'à ce jour; quant aux parasites extérieurs, ce sont diverses espèces d'aptères.

Comme pour les vers intestinaux, les poissons des lacs et plus encore ceux des étangs et des mares en sont le plus fréquemment atteints.

Tous nos poissons d'eau douce peuvent être affectés de ces aptères parasites, mais ils ne le sont pas tous au même degré. C'est ainsi que les espèces à écailles fines, telles que la tanche, l'anguille, le brochet, la perche, y sont infiniment plus sujets que les poissons à écailles larges comme la carpe, le carrassin, le cyprin doré de la Chine et la plupart des poissons blancs. Le barbeau, quoique possédant des écailles fines, y est peu enclin; cela tient sans doute à ce qu'il demeure toujours dans les courants et fonds de graviers.

Lorsqu'un poisson de n'importe quelle espèce est attaqué de cette espèce de vermine, il est presque toujours maigre. Rarement il en meurt et, sans qu'on sache de quelle façon, il parvient parfois à s'en débarrasser.

Outre les diverses espèces d'aptères, il faut aussi citer des entozoaires du genre trématode qui siègent bien plus communément sur les espèces de poissons blancs. Ces espèces de parasites s'attachent aux branchies et elles y vivent. Lorsque les organes respiratoires en sont envahis par un nombre exagéré, il peut en résulter la mort du sujet. Aussi, lorsqu'un poisson offre des signes de dépérissement, il est bon de lui visiter les ouïes. Au début, les entozoaires les rendent plus rouges, souvent sanguinolentes, puis elles se décolorent peu à peu.

Il est toujours facile d'en guérir les poissons : on y parvient en nettoyant les branchies avec la barbe d'une plume. Répétée plusieurs fois, cette petite opération est fréquemment couronnée de succès.

Mais cette cure, qui peut être obtenue lorsqu'il s'agit de poissons d'aquarium ou d'un vivier de peu d'étendue, ne peut l'être par aucun moyen quand il s'agit de ceux vivant dans un étang. Aussi arrive-t-il, parfois, qu'une grande quantité de perches succombent aux atteintes de ces parasites. En 1892, quelques étangs lorrains ont subi une mortalité de perchettes extraordinaire qui toutes venaient périr sur les bords; l'examen des ouïes révélait tout de suite la cause de leur mort. Depuis cette époque, les perches produites dans ces étangs sont fort sujettes à cette maladie parasitaire.

Les pisciculteurs qui éprouveraient, lors de leurs pêches, des pertes de brochets et surtout de perches, se succédant sans qu'il y ait eu dans le cours de l'année de forts orages ayant troublé les eaux, feraient toujours bien de remédier à cet inconvénient. En ne le faisant point, ils s'exposeraient à voir, chaque année, la mortalité s'accentuer de plus en plus. Le seul remède efficace est la mise en terrage durant au moins une année.

Les sangsues.

Toutes les sangsues, contrairement à ce que pensent bien des gens, ne vivent pas de sang chaud. Certaines espèces de ces annélides s'attaquent aux poissons et vivent à leur détriment; ceux-ci, par un juste retour des choses, sont eux-mêmes très friands de la plupart des sangsues. Celles qui s'attachent aux poissons sont généralement de petites dimensions. Elles se fixent toujours aux parties dépourvues d'écailles et où celles-ci sont le plus fines et le moins épaisses. C'est ainsi qu'elles recherchent surtout les pourtours de l'anus du poisson ; parfois elles s'y insinuent assez profondément. Les sangsues ne sont dangereuses que lorsqu'elles se sont fixées en grand nombre dans les ouïes. Non seulement elles y produisent des hémorragies qui affaiblissent parfois le sujet à l'extrême, mais elles y causent souvent aussi une inflammation qui le fait périr. Généralement, tous les poissons attaqués dans les régions de l'anus se remettent très vite. Nous avons constaté que les carpes qui ont subi à cet endroit des succions éprouvent certainement des sensations qui les portent à se frotter sans cesse le ventre, c'est-à-dire les parties touchées, contre la vase et les graviers, comme elles le font du reste pour leurs blessures.

Parmi les annélides attaquant les poissons, il y en a qui n'opèrent leur succion qu'après avoir rongé l'écaille, mis la peau à nu et l'avoir entamée. Celles-ci sont les plus mauvaises et les plus incommodes pour les poissons. Elles déterminent parfois une quantité de petites plaies qui ont toute l'apparence d'ulcères rongeants. Ces annélides ne se rencontrent ni dans les cours d'eau rapides, ni dans les lacs dont les eaux proviennent des glaciers, ni dans ceux où vivent toutes les espèces de truites, mais on les trouve dans les mares, les étangs qui ne se vident jamais, les cours d'eau sans courant, les lacs des pays de plaine.

Jamais les sangsues ne peuvent occasionner de pertes sensibles aux aquiculteurs. Le nombre des poissons dont elles peuvent causer la mort est toujours insignifiant. Cela tient à ce que les poissons se protègent eux-mêmes. Ils ne sont guère atteints que la nuit, qui les met dans l'impossibilité de se défendre. Durant le jour, ces espèces de sangsues se tiennent rétractées et dissimulées sous les pierres et les racines.

Microbes ou petits parasites.

Les poissons peuvent aussi périr par le fait d'animaux très petits qui, se fixant dans les ouïes, amènent la mort par asphyxie. C'est surtout cette calamité qui a fait périr toutes les écrevisses de la plupart de nos grands cours d'eau, non seulement en France, mais également en Belgique et dans les Pays-Bas. En Alsace-Lorraine, toutes les tentatives de repeuplement faites par le gouvernement de l'Empire allemand sont restées sans résultat, quoiqu'on ait essayé d'acclimater toutes sortes d'écrevisses, en mettant celles provenant de cours d'eau à courants, dans des rivières analogues, et celles des marais russes et hongrois, dans des rivières vaseuses et dormantes.

Ces infiniment petits ont tellement détruit l'écrevisse à pieds rouges, que la Meuse et la Moselle, qui autrefois fournissaient en quantité des écrevisses énormes dont la renommée était européenne, en sont absolument dépeuplées. Sur le cours de la Moselle, en Alsace-Lorraine, jusqu'à son entrée dans la Prusse rhénane, les locataires de la pêche de ce cours d'eau ont pris, en 1895, environ 130 écrevisses.

Pendant longtemps, cette maladie microbienne n'a pas atteint nos cours d'eau de montagnes, où vit l'écrevisse dite à pieds blancs; mais depuis une douzaine d'années, les cours d'eau de cette espèce sont atteints, et il est facile de prévoir qu'avant peu l'écrevisse de cette espèce aura également disparu.

Puisque nous avons perdu ce crustacé, il faudrait essayer de le reproduire, non plus avec des écrevisses provenant de pays étrangers, mais au moyen des espèces que l'on trouve encore sur quelques points de la France. On pourrait d'abord utiliser à cet effet celles de certains marais tels que, par exemple, ceux de Culoz, dans l'Ain, et ceux de la vallée du Rhône, qui en renfermaient de grandes quantités, il y a une quinzaine d'années, et qui en contiennent encore aujourd'hui. Ces écrevisses, il est vrai, flattent beaucoup moins l'œil que celles de rivières, car la cuisson ne les rend pas complètement rouges, elle les laisse noirâtres par places, mais elles appartiennent à l'espèce dite à pieds rouges et sont de fort bon goût. On devrait d'abord en mettre dans les rivières se rapprochant le plus des eaux mortes et vaseuses, et quand ces cours d'eau redeviendraient quelque peu peuplés, les crustacés gagneraient d'eux-mêmes progressivement les cours d'eau plus rapides. Malheureusement on n'a pas procédé de cette façon dans toutes les tentatives faites. On a pris des écrevisses sans s'occuper de leur origine et sans se rendre compte si on les plaçait dans un milieu analogue à celui dont elles provenaient.

Mais plus loin nous traiterons spécialement de l'écrevisse.

ÉLEVAGE DES POISSONS

DU CROISEMENT DES ESPÈCES DE POISSONS ET DES ESPÈCES ACCLIMATEES

Métis de la carpe commune et de ses variétés. — Infériorité des métis au point de vue du rapport. — Croisement de la carpe ordinaire avec le cyprin rouge de la Chine. — Croisement d'autres espèces de poissons, tels que le carrassin, la gibèle avec le poisson rouge. — Acclimatation du silure. — Le sandre, ses qualités.

Les poissons, comme la plupart des animaux, sont susceptibles de produire des croisements, c'est-à-dire des métis.

Parmi les poissons d'eau douce et ceux particulièrement élevés dans les étangs, on ne rencontre généralement que les divers métis obtenus avec la carpe commune et ses variétés dites à miroir, à cuir, de Hongrie, qui se croisent toutes avec le cyprin doré de la Chine, le carrassin et aussi la gibèle.

Ces métis sont améliorés, parce que la carpe commune croît plus vite et atteint des proportions supérieures, mais, d'un autre côté, ils lui restent toujours inférieurs. Il en résulte que, jusqu'à présent, il n'a jamais été avantageux de croiser la carpe ordinaire.

Lorsqu'on veut obtenir naturellement des métis de carpe et de carrassin ou de gibèle, il faut choisir un petit étang d'alevinage et n'y mettre rien que des mâles de carpe et des femelles de carrassin ou réciproquement.

Si on mettait des mâles et des femelles de chacune des deux espèces de poisson, le métissage ne se produirait pas, car chaque espèce se réunirait pour frayer. Les quelques métis qu'on pourrait obtenir ne seraient qu'accidentels. Par le croisement du cyprin doré de la Chine avec la carpe ordinaire, nous avons obtenu, vers la troisième filiation, des carpes qui avaient gagné en épaisseur sur la carpe commune et acquis une robe bien plus brillante. Les écailles de ces poissons avaient encore conservé des traces de l'aspect éclatant du poisson chinois, c'était sur le dos comme des tons d'un cuivre rouge assombri et sur les flancs des teintes fortement orangées. Ces métis étaient encore en dessous du poids d'une carpe franche du même âge.

Nous eûmes très facilement le placement de ces poissons, mais sans la plus légère majoration de prix sur celui de la carpe ordinaire. Nos gros acheteurs d'Alsace les vendirent comme carpes de choix du Rhin, et quelques-uns les firent même passer pour de véritables carpes des grands lacs.

Néanmoins, le temps qu'il nous a fallu pour atteindre ce degré de métissage, nous a fait renoncer à cette pratique, d'autant plus que la perte subie par la différence de poids entre les métis et les

carpes franches n'était pas compensée par une augmentation de prix.

Cet essai resta donc pour nous une simple expérience.

Nous avons bien entendu dire que des pisciculteurs distingués avaient obtenu des croisements avec
la truite saumonée et le saumon, puis, chose plus
extraordinaire, le métissage de la truite ordinaire
avec la lotte commune de nos rivières.

Ces croisements semblent n'être jamais sortis du
domaine de la science et n'avoir donné aucun avantage à ceux qui les ont obtenus. Nous n'en avons
jamais vu de spécimens.

Les croisements du carrassin, de la carpe ordinaire et de toutes ses variétés donnent des métis
qui peuvent se reproduire. Il en est de même du
métissage de ceux-ci avec le cyprin doré de la
Chine.

Ces divers métis donnent d'excellents poissons et
d'une très grande vitalité.

Mais les plus beaux croisements seraient ceux obtenus avec le doré chinois et la gibèle. Les métis
sont, dit-on, de toute beauté et constituent une
qualité de poisson aussi fine, comme aliment, que
belle pour l'ornementation des bassins, des parcs et
des fossés de châteaux. Il nous aurait été facile de
créer plusieurs variétés de poissons d'ornement, si,
dans les pays de l'est et d'Alsace-Lorraine, on avait
le goût des bassins et des pièces d'eau, comme dans
les départements environnant Paris, où les grands

châteaux et les somptueuses demeures sont nombreux et où les commerçants retirés ont le culte du jet d'eau et du poisson rouge.

Nous ne conseillerons pas, comme certains écrivains l'ont fait, de chercher à acclimater le silure dans les étangs et à lui attribuer le rôle de consommateur d'alevins. Ce poisson, qu'on cherche à tort à répandre en Alsace-Lorraine dans les fortes rivières, est susceptible de dimensions énormes et possède une voracité proportionnée à sa taille. Il ravagerait en très peu de temps le peuplement des étangs et serait loin, par sa vente, de compenser les pertes qu'il ferait supporter à son producteur.

Si ce poisson réussit dans la Moselle du pays messin, il est à craindre qu'il ne se répande dans le cours inférieur de la Moselle et en même temps dans tout le cours français de cette rivière.

Nous n'hésitons point à désapprouver les tentatives d'acclimatation qui ont d'abord été faites sous Napoléon III, dans des conditions restreintes, dans les eaux du bois de Boulogne, puis dans celles du parc de Versailles. Ces poissons, du reste, n'ont aucunement réussi et n'ont pas été retrouvés. La cause en est toute simple ; le silure, étant un poisson de fleuves, de grands lacs, aime les eaux claires et profondes ; or, les eaux où il fut mis étant tout le contraire, il ne pouvait qu'y périr. On essaya aussi de le faire croître dans les eaux du Doubs, mais il faut croire qu'il ne s'y trouvait pas non plus dans des conditions favorables, car, après en avoir pêché quelques spécimens de faibles tailles, les pêcheurs n'en rencontrèrent plus jamais. Il y a lieu de supposer que les œufs des silures du Doubs furent détruits par les autres poissons, lesquels, dit-on, en sont fort avides et semblent prévoir qu'il y va de leur existence de détruire la semence de ce monstre d'eau douce.

Dans nos cours d'eau, il y a toujours trop de brochets et de perches, et certainement il est préférable d'y voir croître 25 à 28 livres de poissons moins fins, qu'une livre de brochet ou deux de perche; mais le brochet est préférable au silure. Du reste, en Alsace-Lorraine, il y a déjà fort longtemps que ce dernier fut introduit dans les étangs du Bas-Rhin et du Haut-Rhin, où sa production a été abandonnée à cause des inconvénients reconnus.

Ainsi donc, il importe de nous en tenir à nos poissons de proie indigènes et à ne pas chercher à nous enrichir d'autres espèces.

Nous ferons toutefois une exception en faveur du sandre, que l'établissement d'Huningue a propagé depuis plusieurs années en Alsace-Lorraine.

Le sandre est moins large que la perche et la rappelle en ce qu'il a comme elle des bandes noires. Il appartient, du reste, à cette famille de poissons.

Il donne les plus beaux résultats dans les étangs à eau profonde et très froide, néanmoins il prospère également dans ceux qui sont doués d'une hauteur moyenne et d'eau fraîche. Il pèse jusqu'à 9 à 12 demi-kilogrammes. Sa croissance est assez rapide. Il gagne le poids d'un kilogramme et demi dans l'espace de deux ans et demi à trois ans.

Il peut parfaitement suppléer la perche avec cet avantage que ses qualités comestibles, qui sont supérieures, le placent au premier rang des poissons fins. Sa chair, blanche, ferme, se détachant par feuillets, est d'un goût exquis et presque sans arêtes. Les pisciculteurs d'Allemagne en ont toujours obtenu jusqu'ici un prix très rémunérateur. La difficulté est d'en avoir des alevins. Jusqu'à présent, sa production est restée moins facile que celle de tous nos poissons indigènes.

Le sandre est très abondant en Russie et en Suède. Il conviendrait admirablement aux grands lacs de Suisse, dont les eaux provenant des glaciers lui donneraient une température convenable.

Nos lacs et nos petits étangs des Alpes, de Savoie, des Vosges lui conviendraient également, et nous sommes convaincu qu'on parviendrait progressivement à l'acclimater dans nos étangs de plaine à eau fraîche et profonde. Mais comme la truite lui est encore préférable, nous pensons qu'il ne conviendrait pas de le créer dans les cours d'eau. Sa production devrait être limitée aux étangs seuls, car dans les rivières il ferait disparaître la truite.

Le gouvernement d'Alsace-Lorraine a jeté plusieurs fois des sandres dans le Rhin et dans la Moselle. Dans le Rhin, les pêcheurs en ont pris qui atteignaient plus d'un kilogramme. Dans la Moselle, quelques-uns d'une dimension moins forte ont été pris également. Relativement à la Moselle qui, dans la région de la ville de Metz ne produit plus la truite, ces faits indiquent indubitablement que le sandre peut vivre dans des eaux autres que celles qu'il recherche dans ses pays d'origine, où il atteint près d'un mètre de longueur.

Il est regrettable que le gouvernement français ne crée pas, dans les eaux de montagnes et dans des pays de plaine, un service de pisciculture pratique au moyen d'étangs de diverses étendues, pour y faire des alevins par la méthode naturelle et y favoriser l'acclimatation des riches espèces de poissons, dont certains pays d'Europe, ainsi que les cours d'eau et lacs d'Amérique et surtout du Canada, pourraient nous doter.

Avec infiniment moins de frais que pour les établissements de pisciculture artificielle, il serait possible de repeupler non seulement tous nos cours d'eau, mais aussi de délivrer à prix rémunérateurs des empoissonnements aux propriétaires d'étangs. On ferait recette et on procurerait à l'alimentation publique un appoint qui ne tardera pas à faire défaut, malgré la pisciculture artificielle.

EMPOISSONNEMENT NATUREL DES EAUX

Mares aptes à cet empoissonnement. — Les oiseaux aquatiques.

Lorsqu'une pièce d'eau ou une mare d'une étendue quelconque se trouve à une certaine distance d'une rivière, il est rare qu'elle ne renferme point de poissons. Si elle a la propriété de conserver de l'eau toute l'année sur une certaine profondeur, on peut affirmer qu'elle est quelque peu empoissonnée.

Pendant longtemps, les anciens ont expliqué la chose en disant que les eaux contenaient en elles-mêmes les principes engendrant les poissons et que ceux-ci se produisaient dès que ces principes se trouvaient dans les conditions voulues. Ce qui aurait dû faire abandonner cette croyance par les anciens, c'est que ces animaux ne naissaient point dans les viviers qu'ils créaient à une certaine époque avec tant de luxe, et où ils réunissaient tout ce qui pouvait le mieux entretenir les poissons de leur choix.

L'empoissonnement des mares et des amas d'eau permanents se fait naturellement par l'entremise des oiseaux aquatiques. Généralement, tous les oiseaux d'eau recherchent le frai, et beaucoup en sont particulièrement très avides. De plus, pour bien des espèces de poissons, l'époque du frai se trouve

coïncider avec celle de la nidification de beaucoup
d'oiseaux aquatiques. Pour les jeunes couvées, les
œufs de poissons constituent une nourriture facile à
ingérer et aussi abondante que bien choisie.

Bien des naturalistes déclarent que les œufs des
poissons produisent, sur les oiseaux d'eau, un effet
laxatif. Que de cette façon ils en répandent dans les
eaux et que leur éclosion produit l'empoissonnement naturel.

C'est là un fait inexact. Tout œuf de poisson
évacué de cette façon, est absolument stérile et dépourvu de vie, le passage à travers tous les organes
de nutrition des oiseaux ne saurait conserver aux
œufs la faculté d'éclore. Nous savons bien que des
auteurs prétendent que l'œuf possède une enveloppe
ayant la propriété de le mettre à l'abri de la puissance du suc gastrique des oiseaux. Nous ne le
croyons pas, et cela par suite des simples expériences auxquelles nous nous sommes livré à ce
sujet et que voici :

Nous avons donné du frai de carpe à des canards
que nous avions parqués à l'étroit. Leur fiente lavée,
délayée dans de l'eau, ne nous a montré aucun œuf
de poisson complet, par conséquent pouvant être
encore doué de la faculté d'éclore.

Puis, quatre heures après après avoir fait manger du frai à un canard tenu à jeun depuis plus de
vingt-quatre heures, nous fîmes tuer cet oiseau et
vider ce qui se trouvait dans son appareil diges-
tif. Répandues dans l'eau et soignées suivant la

pisciculture artificielle, ces matières n'ont absolument rien donné comme œufs et se sont putréfiées très rapidement.

Ensuite, nous avons vidé la gaffe d'un autre canard, une heure après que cet oiseau s'était gorgé de frai de carpe. Cette fois, une partie des œufs avait conservé les principes de la vie, mais toutefois dans une faible proportion que nous avons évaluée à environ 13 p. 100.

Ces trois petites expériences nous ont paru concluantes et nous amènent à dire que, contrairement à l'opinion de plusieurs naturalistes, l'empoissonnement naturel ne se fait pas au moyen d'œufs de poissons provenant des fientes des oiseaux aquatiques.

Suivant nous, il se fait de la façon suivante :

Les oiseaux aquatiques, tels que les foulques et les poules d'eau, font leurs nids sur les mares, étangs et lacs; les canards et les oies, dans le voisinage. Quand la nappe d'eau choisie n'est pas peuplée de poissons, ces oiseaux vont à la recherche de leur nourriture et se rendent soit sur les cours d'eau, soit sur les étangs ou amas d'eau voisins. Ils y recherchent le frai, s'en gavent et l'apportent à leur nichée. Si des frayères ne sont pas éloignées et qu'un canard, par exemple, ne mette pas plus de cinq à six minutes pour revenir à ses canetons, il est certain qu'en les gorgeant, il laissera tomber à l'eau une quantité d'œufs non altérés qui pourront éclore. De plus, comme les œufs de poissons sont très collants, ils s'agglutinent aux plumes des oiseaux et se détachent ensuite dans l'eau des mares ; mais ce procédé est bien moins efficace que celui de la déglutition opérée par les oiseaux pour nourrir leurs petits, car leur vol rapide a pour effet de dessécher les œufs et de les rendre inertes.

UTILISATION DES MARAIS

LEUR EMPOISSONNEMENT

Indication des marais pouvant être utilisés; conditions qu'ils doivent
réunir. — Espèces de poissons à employer. — Époque où il con-
vient le mieux d'effectuer la pêche des mares.
Les grenouilles, leur valeur marchande en Lorraine française. —
Leur revenu annuel. — Introduction du brochet et des perches
pour consommer les grenouilles. — Revenus produits par cette
méthode. — Difficulté de pêcher toutes les grenouilles d'une mare.
— Jours où cette pêche doit être effectuée le moins possible. —
Grenouilles mises en réservoirs. — Expédition des grenouilles. —
Conservation des grenouilles. — Ennemis naturels de la grenouille.
— Brochets élevés dans les mares. — Brochets bossus, borgnes,
aveugles. — Causes de ces faits. — Les crapauds.

Les grenouilles.

Dans les pays où les cours d'eau sont rares, il
existe, en outre des étangs parfois nombreux, des
mares de quelque étendue; ces mares sont souvent
assez profondes pour pouvoir entretenir du poisson
et ajouter ainsi un produit au but pour lequel elles
ont été créées. La Normandie, la Beauce et bien
d'autres contrées en France se trouvent dans ce cas.

Pour obtenir de bons résultats, il est indispensable que ces mares réunissent les conditions suivantes :

D'abord, il faut que durant les étés les plus
chauds elles puissent conserver une profondeur d'eau

suffisante. Puis qu'elles soient ombragées soit par des arbres, soit de toute autre façon, afin que l'action des rayons solaires ne porte pas l'eau à une température trop élevée. Lorsque l'eau des mares atteint une température supérieure à 23 degrés, les poissons sont grandement exposés à mourir ; en terme de métier, on dit qu'ils *tournent*, sans doute parce que tout poisson mort flotte et apparaît tourné sur le *flanc*.

Les poissons blancs *tournent* bien plus facilement que les poissons de fond, tels que la carpe, le carrassin. La perche *tourne* encore plus facilement que le poisson blanc, et il en est de même du brochet.

Il faut qu'on puisse effectuer la vidange plus ou moins complète de la mare, afin d'être en état d'en enlever tout le poisson lorsqu'on voudra en faire la pêche, soit parce qu'il aura atteint la grosseur voulue, soit parce que les alevins s'y seraient multipliés en trop grande quantité. Si la mare n'est pas dans un fond, mais sur un terrain en pente, il est toujours facile de la vider suffisamment au moyen d'une rigole fixe, se fermant à volonté soit avec une digue en terre, soit avec une petite vanne.

Lorsqu'il n'est pas possible de faire écouler les eaux, il ne reste que la ressource d'employer le filet traînant pour s'emparer des poissons.

La meilleure espèce à placer dans les mares est malheureusement peu connue ailleurs que dans les étangs lorrains : c'est le carrassin ; nous l'avons dit à l'article concernant ce poisson.

Bien supérieur à la tanche comme accroissement, il est tout aussi résistant qu'elle. Il supporte
infiniment mieux le froid et surtout le séjour
prolongé sous la glace, mais, en revanche, il est
plus sensible à une forte température. Pour peu
que ces mares contiennent quelques herbages, ce
poisson trouvera suffisamment sa nourriture, et,
avantage considérable que nous avons déjà cité à
l'article spécial qui le concerne, il n'y contractera
jamais le goût de vase, ou tout au moins pas assez
pour amoindrir sérieusement ses réelles qualités comestibles.

Si la mare permet facilement l'écoulement de son
eau et si elle est située au milieu de terres de culture, il est préférable de n'y point pêcher en novembre et en décembre, mais par exemple dans le
courant du mois de mars et surtout avant que les
grenouilles se préparent à frayer. A cette époque, où
tant de personnes observent les jours maigres, ces
batraciens sont d'un placement aussi facile qu'avantageux.

Dans l'est, ils sont des plus recherchés par les
populations ; c'est ce qui fait que les Lorrains sont
parfois qualifiés de mangeurs de grenouilles.

Dans les mares de ce genre, le produit des grenouilles, qui est toujours certain, se trouve souvent
égal à celui du poisson. D'abord celui-ci ne se réalise ordinairement que tous les deux ans, parfois
seulement tous les trois ans, tandis que les grenouilles
peuvent se pêcher tous les ans. Il en résulte que les

rapports en grenouilles, totalisés durant quelques années, arrivent pour certaines mares lorraines et luxembourgeoises, à un chiffre supérieur aux revenus procurés par le poisson pour le même nombre d'années, et comme le revenu grenouilles n'empêche nullement le revenu poisson, ces mares sont d'un très bon rapport.

C'est ainsi que notre famille possède, en Alsace-Lorraine, un petit étang que, par tradition, on a toujours affecté à la production de l'alevin. Cet étang réunit à peu près toutes les conditions voulues pour produire du petit empoissonnement, mais il n'a donné que très rarement des résultats satisfaisants. Nous le pêchons maintenant en mars, et nous profitons, depuis ce changement d'époque, d'une quantité extraordinaire de grenouilles que nous dirigeons sur la capitale de la Lorraine française et quelquefois sur celle du Luxembourg.

La cause constante de la non-réussite de l'alevinage dans cet étang, qu'on peut assimiler à une très grande mare de plusieurs hectares, provient uniquement de ce que 14,000 à 15,000 grenouilles s'y retirent à l'arrière-saison pour y passer l'hiver et y attendre le printemps, afin de se livrer ensuite à la reproduction. Il en résulte que, pour des mares analogues, il y a lieu de ne point persister à y faire de l'alevin qui ne peut réussir pour la raison suivante : les grenouilles frayant en avril, leurs têtards sont nés et sont développés avant l'éclosion des œufs de carpe, qui se trouvent alors attaqués par les batraciens éclos, lesquels détruisent aussi les alevins à l'état minuscule de petits poissons.

Donc, il n'y a rien de plus profitable que d'y produire annuellement de la carpe ou du carrassin adulte au moyen de jeune poisson fort, fournissant à peu près huit pièces au kilogramme. En effectuant la pêche annuelle en mars, on augmentera par conséquent le produit du poisson de celui des grenouilles. Toutefois, il est inutile d'ajouter qu'on ne laissera pas des canards ou des oies s'ébattre sur ces pièces d'eau, car ce sont des destructeurs de grenouilles, les canards surtout, qui les poursuivent même entre deux eaux.

Il est aussi une autre méthode de tirer profit des mares recherchées par les batraciens. C'est d'y produire du brochet ou de la perche. Mais alors, il faut renoncer au revenu de la vente des grenouilles.

Ce procédé, qui fournit d'excellents brochets, est facile à pratiquer. En octobre ou novembre, on met dans la mare la quantité voulue de brochetons d'environ 350 ou au plus 400 grammes. On en proportionne le nombre à la quantité de grenouilles. Celle-ci est toujours, ou à très peu de chose près, la même chaque année. Puis, dans la dernière quinzaine d'avril qui suit, c'est-à-dire cinq mois après la mise des brochetons dans la mare, on effectue la pêche. Alors, on ne trouve presque plus de grenouilles : elles ont été consommées, et celles qui ont échappé sont sorties de l'eau, mais on pêche des brochets dont le poids primitif a triplé. Ces brochets sont toujours très gras et excellents de goût. C'est une preuve concluante que ce poisson vorace est très gourmand de la grenouille, et qu'elle constitue pour lui une nourriture tout aussi profitable que le menu fretin. Aussi notre avis personnel, à ce sujet, est-il que les batraciens activent la croissance du brochet plus que le menu poisson.

Un cent de grenouilles, provenant d'une mare située au milieu de terres cultivées et fertiles, atteint environ le poids de 10 demi-kilogrammes. Le mille de batraciens pèse donc 100 livres environ. Le petit étang dont nous venons de parler, et que nous pouvons certainement assimiler à bien des mares, produit chaque année le chiffre de 15,000 grenouilles, soit une consommation de 1,500 livres. Mais ce poids est encore augmenté par les crapauds, qui, aussitôt qu'ils sont accouplés à terre, viennent aussi frayer dans les mares[1]. A cet ensemble de nourriture vient aussi s'ajouter le frai de tous ces batraciens, qui atteint un volume considérable et dont les brochets sont également friands.

Si on le veut, on peut substituer au brochet la perche, qui réussit également bien. Mais il faut se la procurer d'assez forte taille et d'au moins deux pièces à la livre ; si on prend de la perche plus faible, on réalise des produits de moindre valeur, car, suivant la taille, le prix de vente subit de très

---

[1]. Il est certain que les brochets donnent peu sur les crapauds et qu'ils ne les consomment qu'à défaut d'autre nourriture, mais ils mangent leurs têtards et de plus sont avides de leur frai.

grands écarts. Il faut aussi ne pas oublier que la perche est inférieure au brochet par la croissance et la taille, puisqu'elle ne peut guère gagner que 110 à 120 p. 100 de son poids primitif, c'est-à-dire de celui qu'elle a lors de sa mise dans la pièce d'eau; il est très rare aussi qu'elle ne subisse pas une mortalité à la suite du transport et malgré tous les soins qu'on y aura apportés, car, ainsi qu'on le verra plus loin, c'est un poisson fort difficile à transporter.

On peut mettre en perche trois fois le poids de ce qu'on mettrait en brochet.

Il ne faut point hésiter à enlever les brochets dès les premiers jours d'avril et ne pas supposer que ces poissons pourraient encore prospérer si on retardait leur enlèvement jusqu'en octobre ou novembre. Au lieu d'avoir fait une opération profitable, on subirait un mécompte des plus complets.

En effet, dès le mois d'avril et même vers la fin de mars, les grenouilles, ayant échappé à la dent du brochet, quittent l'eau. Le frai se trouve vite consommé, soit à l'état d'œufs, soit à celui de têtards. Après l'absorption de cette nourriture, les brochets ne trouvant plus rien, en sont réduits à s'attaquer et à périr d'inanition. En octobre ou en septembre, on retrouverait simplement quelques gros brochets, puis quelques rares brochetons provenant du frai de mars.

Voilà donc comment on peut utiliser les grandes mares, lorsqu'on se trouve dans un pays où les étangs

sont nombreux et permettent facilement l'acquisi-
tion de brochets ou de perches.

Mais toutes les mares ne jouissent pas de cette
facilité; il nous reste donc à indiquer comment on
peut tirer le plus grand profit des grenouilles, lorsqu'il faut en effectuer la vente et qu'il n'est pas possible de faire du poisson simultanément.

Il suffit de trouver le moyen de ramasser toutes
celles que l'on a, ce qui n'est pas chose facile.

Il est d'abord certain que la pêche au filet traînant, même si on a baissé fortement l'eau, ne donnerait pas seulement une prise de 10 p. 100, car les
grenouilles s'enfoncent tout de suite dans la vase et
les traînées du filet passent par-dessus. L'emploi
des troubles ne permet de pêcher que sur les bords
ou dans une couche d'eau peu épaisse; de plus,
cette opération est longue et n'est jamais que par-
tielle. Toutes ces circonstances nous ont été révé-
lées à nos dépens; aussi, après bien des essais, nous
avons constaté que la meilleure manière de pêcher
est la suivante.

On baisse lentement l'eau de la mare; à mesure
qu'elle se retire, les grenouilles sortent de la vase,
des herbages de fond et suivent le retrait des eaux.
Lorsqu'on a baissé l'eau le plus possible, qu'il n'y
en a plus que sur un espace très restreint et qu'elle
n'a plus qu'une profondeur minime, on opère avec
des troubles. Pendant que des hommes pêchent avec
ces engins, d'autres, munis de forts râteaux à longues dents de bois, ratissent fortement toutes les

flaques, toutes les parties enherbées. L'action de ces outils a pour effet de ramener une quantité considérable de grenouilles restées envasées ou sous les herbes ; toutes celles qui échappent à la main ou aux dents des râteaux cherchent à gagner la partie de la mare contenant encore de l'eau ; enfin l'on finit en mettant, si on le peut, l'étang complètement à sec, et, en manœuvrant dans les dernières parties asséchées les râteaux de bois, on recueillera encore une grande quantité de grenouilles.

Nous recommanderons aussi de ne pas opérer par des journées de mars et d'avril trop chaudes, ou sous l'action d'un vent du midi. Nous avons constaté que, dans ces circonstances, la plus grande partie des grenouilles restées soit dans les herbes, soit dans la vase, ne cherchaient pas à regagner la partie qui restait couverte d'eau, mais qu'elles s'éparpillaient dans les terres, sous les herbes des bords, se cachaient sous les haies et qu'ainsi on en perdait un grand nombre.

Nous dirons aussi que le filet traînant doit être fortement plombé. Nous avons l'habitude d'y adjoindre une chaîne que nous attachons après la corde des plombs, afin que le filet traîne plus fortement. Quant aux râteaux, nous leur donnons une largeur de o^m,45 à o^m,5o et aux dents une longueur de o^m,20.

Les grenouilles capturées appartiennent généralement à l'espèce dite rousse. C'est la meilleure de toutes et la plus grosse, la plus en chair, celle qu'en

terme de métier on dit la plus *culottée*. Quant à l'espèce verte, dite grosse rainette, elle ne figure guère
que dans la proportion de 5 à 6 p. 100. C'est la
moins estimée.

Au fur et à mesure de la prise des grenouilles, on
les met dans une grande cuve amenée sur les lieux.
On a soin de ne pas mettre d'eau dans ce récipient.
Les grenouilles doivent y être laissées à sec une
paire d'heures.

Après cela, on y jette de l'eau qu'on fait écouler
aussitôt, afin d'enlever la mousse et l'écume que les
grenouilles ont produites.

Si on n'a pas la vente immédiate de ces batraciens, il convient de les placer dans un vivier maçonné, dont les bords sont bien perpendiculaires,
surélevés de quinze à vingt centimètres au-dessus
de la surface de l'eau et à parois parfaitement lisses,
autrement la grenouille saurait grimper en s'atta-
chant aux aspérités.

Quant aux expéditions de grenouilles, nous les
effectuons tout simplement dans des sacs en prenant
les précautions suivantes : il faut éviter que ces animaux soient serrés, comprimés les uns sur les autres, il est nécessaire qu'ils puissent se remuer dans
le sac, y grouiller. Puis, pour garantir cette marchandise très lourde des heurts qu'elle éprouverait
par suite de la manutention durant tout le transport, il convient de mettre ces sacs dans des caisses
ou des paniers grossiers. Il faut aussi éviter deux
choses : la gelée ou un temps très doux.

La grenouille est excessivement sensible à la gelée, elle y succombe très rapidement. Si on expédie par une basse température, il faut, au moyen de paille, garantir le sac des atteintes du froid.

Lorsque le temps est doux, les grenouilles deviennent *actives* dans le sac et il leur faut plus d'aisance. Trop nombreuses et trop serrées, elles s'y échauffent, la mousse et l'écume qu'elles produisent sont sujettes à une espèce de fermentation et elles se trouvent exposées à périr si elles restent dans cet état plusieurs jours. Par les temps très doux, l'expédition faite dans des caisses aérées et dans le fond desquelles on jette quelque peu de sciure de bois blanc (à défaut de sable fin), est une façon d'expédier que j'estime la meilleure de toutes. On peut mettre proportionnellement beaucoup plus de grenouilles dans une caisse que dans un sac, où elles manquent toujours d'air.

Lorsque l'époque du frai est survenue, il convient de se débarrasser plus promptement des grenouilles qu'on a de garde. Si elles sont dans un vivier restreint, elles y fraient et leur frai, qui gonfle et acquiert dans l'eau un volume énorme, provoque bientôt une cause d'altération de l'eau, ce qui fait que les grenouilles périssent rapidement. Si on les a conservés dans des cuveaux, comme le font les marchands au détail, il faut avoir soin de n'y point mettre d'eau. Plus on les maintiendra au sec, mieux cela vaudra. A ce sujet, je citerai le fait suivant.

En 1883, un de nos nouveaux clients de Metz,

nullement au fait du commerce des grenouilles, avait
voulu adjoindre ces batraciens à sa vente de poissons. Il nous acheta en une fois huit mille grenouilles. Puis il les mit dans d'énormes cuves qu'il
couvrit d'eau, en ayant soin de la renouveler fréquemment.

Malheureusement, le printemps s'étant quelque
peu avancé, il ne voulut point écouter les avis de
ceux qui lui conseillaient de tenir sa marchandise à
sec. Les grenouilles, en l'espace d'un jour ou deux,
s'attachèrent par sexe et frayèrent rapidement puis
périrent de même. Elles étaient devenues en grand
nombre toutes boursouflées. Mais notre marchand,
tenant tête au désastre, fit couper ses grenouilles,
les fit dépouiller et en forma des chapelets de cuisses
qu'il envoya vendre dans la ville, en faisant présenter sa marchandise d'établissement en établissement.

Il s'en tira sans perte et vendit les culottes boursouflées comme provenant de fortes grenouilles,
c'est-à-dire comme marchandise extra-belle.

Ce petit mécompte d'un marchand nous permet
de donner aux ménagères le conseil de ne pas acheter des cuisses de grenouilles préparées. Il est préférable de faire couper devant soi des grenouilles,
vivantes; on évitera ainsi d'en manger qui ont péri
durant le transport ou par une cause quelconque.

Dans les provinces françaises de l'est, la Lorraine, la Franche-Comté, le commerce de grenouilles,
qui est important, se trouve, depuis nombre d'an-

nées, tributaire de l'étranger. La cause en est à la destruction irraisonnée de ces animaux et au manque complet de protection. En France, aucune loi, aucun arrêté préfectoral ne protège dans aucun moment la grenouille.

Cependant cet animal, non seulement compte dans la consommation, mais rend aussi des services à l'agriculture, car lorsqu'il vit en dehors de l'eau, il ne se nourrit que d'insectes, de vers, de petites limaces, tout comme les crapauds. *C'est pourquoi les cultures toutes proches de mares sont toujours indemnes de ces dévastateurs.*

En Alsace-Lorraine, les Allemands, plus judicieux, ont depuis quelques années, édicté des mesures protectrices dont l'effet n'a pas tardé à se faire avantageusement sentir. C'est ce pays et la Prusse rhénane qui fournissent à la Lorraine française les quatre cinquièmes des grenouilles consommées. C'est la Suisse française qui alimente presque totalement la Franche-Comté. La Bavière en expédie aussi de grandes quantités.

Il est à désirer que, dans notre pays, on donne l'ordre à tous les préfets de protéger les grenouilles tout aussi bien que les poissons des cours d'eau.

Les grenouilles ont d'autres ennemis que les poissons carnassiers. Les oiseaux aquatiques sauvages et domestiques se gorgent de leur frai; les canards, les oies les attaquent aussi à l'état de têtards et à l'état parfait. Toutefois, leur ennemi le plus acharné et auquel elles ne peuvent guère échapper, c'est le rat d'eau. Cet animal pêche les grenouilles, les tire de leur envasement et les amène sur les bords où il ne leur mange que le foie. Nous avons constaté qu'en une seule nuit, un rat avait détruit trente-sept grenouilles. Il les avait éventrées et portées sous l'avant d'un de nos bateaux de pêche.

Toutes les mares ne sont pas également fécondes en grenouilles. Celles situées au milieu des bois en contiennent fort peu et en général seulement des vertes. Les mares proches des fermes, des habitations sont dans le même cas; ce sont celles placées au milieu de champs de culture qui en renferment en grande quantité.

Nous terminerons cet article sur l'utilisation des mares, en citant un fait qui, plusieurs fois s'est renouvelé, que par conséquent nous ne pouvons admettre comme purement accidentel, et que nous ne saurions attribuer qu'à l'influence des herbages aquatiques encombrant parfois à l'excès certaines nappes d'eau peu profondes.

Dans un petit étang de quelques hectares seulement, nous avions mis une certaine quantité de brochetons. Nous ne leur avions accordé d'autre nourriture que celle qu'ils pouvaient y trouver.

Cet étang, situé au milieu de terres et alimenté par des eaux de pluies, avait un niveau assez bas une fois la saison pluvieuse terminée et se trouvait dès le printemps envahi par des herbes aquatiques. Celles-ci étaient tellement nombreuses, qu'elles masquaient l'eau et qu'elles présentaient de loin l'aspect d'une prairie. Durant l'hiver, ce lieu servait de refuge à une quantité énorme de grenouilles, qui y frayaient au printemps ainsi qu'un grand nombre de crapauds.

Lorsqu'une première fois nous pêchâmes cet étang à l'époque du frai de tous ces batraciens, nous constatâmes que nos brochetons avaient parfaitement prospéré, mais, à notre grande surprise, un dixième environ était plus ou moins difforme, par suite d'une déviation de la colonne vertébrale, qui s'était produite soit à droite soit à gauche. Ensuite un huitième était borgne, quelques-uns même aveugles. Parmi ces infirmes, aucun d'eux, sauf les aveugles, ne pouvait être considéré comme inférieur en poids à ceux indemnes.

Comme ces faits s'étaient renouvelés deux fois dans le même étang, et à peu près dans les mêmes proportions, nous voulûmes en rechercher les causes.

Une troisième mise de brochetons, faite dans le même étang, mais avec cette différence que nous avions fait détruire préalablement la plus grande partie des herbages aquatiques, nous donna les résultats ci-après :

Nous n'eûmes pas de poissons dont la colonne vertébrale eût subi une déviation, mais nous eûmes autant de borgnes et quelques aveugles.

J'obtins ainsi la preuve que les herbages étaient la cause de cette altération dans la structure des poissons, mais il nous restait à nous expliquer comment le fait se produisait. Nous avions plusieurs fois remarqué que des brochets à l'affût dans les herbages de cet étang ne se tenaient pas droits, mais la queue fortement arquée. Cette position avait pour effet de permettre au poisson de s'élancer rapide comme un trait par la détente de sa queue, et de remédier ainsi par un coup de force, à la gêne des herbes. Or, à la longue, cette position anormale devait altérer la forme du brochet.

Quant aux causes auxquelles on pouvait attribuer les cas de cécité et de perte d'un œil, elles étaient trouvées et constatées dès la première pêche.

Nous avons dit que nous pêchions cet étang un peu avant l'époque du frai des grenouilles et des crapauds. Nos filets ramenaient des quantités de ces derniers, en causant aux pêcheurs, qui n'y étaient pas habitués, un insurmontable dégoût. Ces batraciens arrivaient pêle-mêle avec les poissons dans le sac du filet de traîne, où, avec la plus extrême répugnance, il fallait démêler le tout à la main. Or, quelle fut notre stupéfaction et celle de quelques-uns de nos pêcheurs en trouvant, souvent, des brochets ayant sur le museau un crapaud mâle qui s'y tenait cramponné. Ce fait s'est reproduit à chacune de nos pêches opérées dans le cours du frai de ces batraciens. Maintenant, nous avons la conviction que l'urine de ces animaux pouvant arriver sur les yeux des poissons, suffisait pour les rendre borgnes ou aveugles. Les naturalistes disent, du reste, que l'urine des grenouilles, et surtout celle des crapauds, est brûlante et corrode les muqueuses délicates.

J'ignore si quelques-unes des personnes qui pourront lire cet ouvrage en ont fait l'expérience, mais, certes, il y aura bien, parmi elles, quelques pêcheurs connaissant la douleur atroce que cause, seulement aux yeux et aux paupières, le fait de les frotter simplement ou de les toucher tant soit peu, après avoir manié une grenouille. Or, en plus de son urine, le crapaud peut mettre les yeux d'un brochet au contact de ses pustules séreuses, et il se pourrait que la perte de la vue en fût la conséquence. Mais nous pensons que l'urine seule du crapaud peut produire les cas que nous avons constatés.

DES PLANTES AQUATIQUES DES ÉTANGS

La fétuque. — Son utilisation comme fourrage. — Sa consommation par les poissons. — Son influence sur les étangs.

La lentille d'eau. — Sa croissance, partie consommée par les poissons.

Le roseau. — Sa pousse. — Son utilisation comme fourrage vert. — Sa valeur nutritive. — Inconvénients et préjudices qu'il cause sur les étangs relativement aux poissons et aux revenus. — Sa ténacité. — Tort qu'il cause au gibier aquatique.

Le fenouil des marais. — Lieux où il croît. — Ses qualités comme fourrage, sa valeur relativement aux poissons.

Les cressons. — Lieux où ils végètent. — Leur influence sur les eaux et sur le peuplement des viviers.

Le roseau de tonnelier. — Lieux où il végète. — Sa valeur comme frayère naturelle. — Ses emplois. — Sa valeur comme litière et comme fumier.

La macre ou chataigne d'eau. — Sa croissance difficile en Lorraine et dans l'est. — Son fruit.

Le nénuphar. — Sa beauté, son envahissement. — Utilité de s'y opposer dans les étangs.

Dans le cours de cet ouvrage, nous avons dit plusieurs fois que les plantes aquatiques, croissant dans les étangs, loin d'influer fâcheusement, y exercent une action heureuse. Les plantes aquatiques peuvent être classées en deux sortes : celles qui croissent entre deux eaux et celles qui viennent jusqu'à la surface ; toutes, enfin, contribuent à l'aération de l'élément liquide, et c'est sans doute là le principal rôle que leur a assigné la nature.

Parmi les plantes aquatiques les plus communes dans les étangs, nous citerons celles ci-après :

La fétuque.

La fétuque, en latin *festuca fluitans*, se montre de bonne heure sur la nappe d'eau et avant que les prairies naturelles soient en état de donner leurs produits. Les pousses annuelles de cette plante peuvent constituer un excellent fourrage, auquel les animaux domestiques des fermes s'habituent très vite.

Cette alimentation, très riche en principes nutritifs, convient surtout aux bêtes à cornes et a la propriété d'augmenter la production du lait. En Alsace-Lorraine, pas plus qu'en Belgique et en France, les cultivateurs ne cherchent à tirer aucun parti de cette plante. Elle serait cependant, lors des disettes de fourrages, d'une grande ressource. Mais si on n'a en vue que la production du poisson, nous ne conseillerons aucunement aux propriétaires d'étangs de laisser utiliser la fétuque par leurs fermiers, car elle sert d'aliment aux poissons. Les carpes en mangent les jeunes pousses avec beaucoup d'avidité, ce qui leur procure un accroissement rapide.

La tanche, quoique essentiellement un poisson de fond, aime également les extrémités tendres de ce végétal. Nous avons entendu dire que ses graines étaient aussi recherchées par les poissons, mais nous ne pouvons le certifier.

Lorsque ces animaux sont en grand nombre, on

les entend parfois à plus de cent mètres piper cette plante, c'est-à-dire en manger les extrémités tendres. C'est ce qu'en terme de métier, on appelle le pâturage des carpes.

La fétuque est d'autant plus à entretenir dans les nappes d'eau consacrées aux poissons, qu'à l'arrière-saison elle donne lieu à une deuxième pousse. On peut dire avec raison que cette plante constitue une des plus grandes richesses d'un étang.

La lentille d'eau.

La lentille d'eau (*Lemna*), est une plante aquatique que bien peu de personnes ne connaissent pas. Elle ne croît que sur les eaux tranquilles, sans courant, et parfois s'étend sur de grandes surfaces. Elle forme un magnifique tapis vert clair. Sous ce tapis plongent une infinité de longs filaments tendres.

Cette plante sert de nourriture aux carpes et aux tanches, mais elle est moins recherchée par elles que la fétuque. Les poissons qui se nourrissent d'insectes fréquentent beaucoup les parties recouvertes par la lentille d'eau, car elle en attire de nombreux dont ils sont avides. Les perches, tout en consommant aussi de ces insectes, trouvent une prcie abondante parmi les petits poissons blancs qui viennent chercher leur vie au milieu de cette plante. La partie de la lentille d'eau la plus consommée par les carpes et les tanches n'est pas la lentille proprement dite, · mais les longs filaments toujours très tendres qui sont en dessous. Quant à la lentille elle-même, les oiseaux aquatiques en font leur nourriture, principalement le foulque, ou morelle, ou judelle, les sarcelles, les canards, les poules d'eau. C'est pourquoi on peut donner cette plante aux oies et aux canards domestiques ; mélangée avec un peu de son, elle constitue, pour ces oiseaux de basse-cour, une nourriture des plus profitables et dont ils sont friands.

Le roseau.

Cette plante, d'un bel aspect, d'un port très décoratif, entoure d'une belle ceinture de verdure les étangs permanents.

Elle est à la fois une plante utile et nuisible. Nous nous bornerons à exposer le pour et le contre, laissant à chacun le soin d'apprécier si son avantage est de détruire ou de tolérer le roseau. Voici ses qualités et ses défauts.

Le roseau pousse de très bonne heure. Lorsqu'il est jeune et tendre, il peut être coupé et donné en fourrage aux bêtes à cornes. Ces animaux savent très bien en apprécier les jeunes pousses légèrement sucrées ; aussi s'y habituent-ils très vite et le recherchent-ils d'eux-mêmes. Il est donc possible, à un moment donné, de constituer avec le roseau un appoint sérieux pour l'élevage du bétail, lorsque les fourrages sont peu abondants. Nous tenons d'un ingénieur de culture de Belgique que le roseau tendre et jeune fournit, plus que les fourrages verts, un aliment très riche et supérieur au trèfle et à la luzerne.

La chimie agricole allemande se serait aussi prononcée dans ce sens d'une façon affirmative.

Autrefois, les habitants des villages proches des étangs avaient coutume d'y venir chercher des roseaux secs. Ils en confectionnaient des bottes et s'en servaient pour chauffer les fours. C'était un moyen très économique de cuire le pain, car deux ou trois bottes de roseaux suffisaient pour mettre le four à point. Mais, actuellement, on a cessé de cuire dans la plupart des campagnes; le moindre village a son boulanger, et c'est ce qui fait que cette plante est délaissée à ce sujet. Parfois, lorsque la paille et la litière sont rares, les petits cultivateurs recueillent encore le roseau pour le mettre sous les animaux. Cette litière est bonne, à la condition qu'on la répande par couche épaisse. Quant au fumier qu'elle procure, il faut avouer qu'il est médiocre, parce qu'il se décompose seulement la deuxième année de son épandage sur les terres.

Il est une manière de rendre cette plante plus douce sous les animaux : elle consiste à la passer par gerbes dans l'engrenage d'une machine à battre. Les roseaux, arrivant alors brisés, n'ont plus la même résistance et constituent une litière élastique, qui peut durer deux fois plus de temps avant d'être relevée et mise au fumier.

On trouve aussi, sur cette plante, quelques rares insectes mangés par les poissons. Croissant sur les bords, le roseau s'avance dans les eaux jusqu'à environ un mètre et demi de profondeur. Il occupe de préférence les pentes douces. Il pousse en fourrés qui vont s'accentuant avec le temps. De là, le grave inconvénient que ses tiges, dures et serrées, suppriment les frayères dans les meilleures parties des étangs, c'est-à-dire les pentes les plus douces. De plus, en restreignant les endroits où ils peuvent frayer, il oblige les poissons à s'amasser en trop grand nombre dans un même lieu; leur excessive accumulation y nuit à la bonne reproduction, et ils se trouvent exposés davantage aux attaques de leurs nombreux ennemis et au braconnage des maraudeurs.

En envahissant ainsi une partie des eaux, les roseaux suppriment une notable étendue sur laquelle les poissons ne peuvent chercher leur nourriture. Dans ce sens, ils contribuent à appauvrir·un étang.

Nous avons entendu bien des fois des aquiculteurs nous adresser les plaintes suivantes: j'ai tant d'hectares couverts d'eau; j'empoissonne absolument comme vous, puisque mon étang se trouve à peu près dans les mêmes conditions que les vôtres; de plus, je prends toujours chez vous mon empoissonnement, et je n'obtiens jamais de poisson du même poids que le vôtre. Non seulement il est plus petit, mais aussi ma production à l'hectare est toujours inférieure.

Nous avons toujours pu objecter, avec raison, que la cause de cette infériorité tenait uniquement à ce que ces étangs, dont les conditions étaient excellentes, comportaient une étendue de roseaux très serrés, plus grande, proportionnellement, que la nôtre.

Lorsque cette plante s'est beaucoup répandue, il convient donc d'en tenir compte et de diminuer quelque peu le chiffre des têtes d'empoissonnement par hectare. On s'en trouvera toujours bien. Tel est certainement le plus grand désavantage dû au roseau. Cependant, nous connaissons des pisciculteurs qui estiment que cette plante est, au contraire, profitable aux poissons. Ils disent que, fournissant beaucoup d'insectes, il y a lieu d'augmenter l'empoissonnement plutôt que de le réduire.

Nous relatons leur opinion sans chercher en quoi elle peut être plus ou moins fondée; mais nous ne la partageons pas.

Notons aussi que tout gros poisson qui s'engage dans un fouillis de roseaux se met dans l'impossibilité d'échapper par la fuite aux poursuites de la loutre et que le grand balbuzard ou aigle des marais sait aussi y saisir le poisson de forte taille; ne pouvant aller à fond que très difficilement, celui-ci devient une proie facile. Le balbuzard n'est nullement gêné par les roseaux, car, en se laissant tomber de tout son poids, il les fait plier ou les broie.

Pour les personnes qui considéreraient que la somme des inconvénients est supérieure à celle des avantages donnés par le roseau, nous dirons que cette plante est malheureusement tenace. Que si on se borne à la couper, elle repousse plus épaisse. Si on la taillait plusieurs années de suite et au moins deux fois par an, au printemps et en été, alors qu'elle aurait repoussé, je crois qu'on arriverait à la détruire. Mais, pour de grands étangs, ce serait une bien longue besogne. En plus du temps qu'il faudrait, viendrait s'ajouter la difficulté de trancher cette plante entre deux eaux, faute de quoi la coupe resterait sans efficacité. Lorsqu'on exploite des étangs alternativement mis en. eau et en culture, le labourage suffit, mais jamais la première année.

Quand il s'agit de grands étangs permanents, on doit se borner à chercher à diminuer le fourré des roseaux. Cet état compact provient de ce que les roseaux vivants sont mêlés avec les tiges mortes qui restent debout.

Pour obtenir ce résultat, on profite de l'époque de la pêche, où l'étang est à sec, et on met le feu dans les roseaux. Nous connaissons des aquiculteurs qui reculent devant cette opération à cause des cendres, qu'ils pensent être nuisibles aux poissons. C'est parfaitement à tort, car elles sont absolument inoffensives. Du reste, les cendres produites sont toujours si peu épaisses, qu'alors même qu'elles seraient nuisibles, il ne pourrait en résulter un inconvénient sérieux.

Pour le moins, la destruction des roseaux devrait toujours être faite sur les bords, dans les parties simplement humides et non couvertes d'eau, car ils servent de refuge à une foule d'animaux, nuisibles à la fois au poisson et au gibier d'eau. Bien des étangs ont perdu le gibier d'eau, qui y foisonnait, par le fait de loutres et de renards qui avaient établi leur séjour dans ce fouillis de roseaux ceinturant les bords de la nappe d'eau.

Aux personnes qui ne comprendraient pas tout de suite comment les renards peuvent contribuer à la disparition du gibier, nous dirons que les oiseaux aquatiques ont, pour la plupart, l'habitude de venir sur les bords des eaux et à terre pendant la nuit. Telles sont les morelles ou judelles, les sarcelles et canards, les poules d'eau, les grèbes. Or le renard, en se mettant à l'affût, fait une guerre destructive à ces oiseaux. Si leurs nids ne sont pas placés trop avant dans l'eau, il en détruit les œufs, et toute couvée qui vient à terre est également perdue.

La loutre, bien qu'elle ait du poisson à volonté, détruit aussi les couvées. Sans doute elle ne recherche pas expressément le gibier, mais quand elle tombe sur un nid, elle le détruit; de même, si elle rencontre de tout jeunes oiseaux aquatiques, elle les dévore.

Le fenouil des marais.

Le fenouil des marais (*Phellandrium aquaticum*), comme les plantes aquatiques précédentes, peut, en temps de disette de fourrage, être utilisé par les cultivateurs pour la nourriture des bestiaux. C'est même de toutes ces plantes celle que les animaux de ferme préfèrent, et elle a l'avantage d'être à leur disposition, non pas simplement au printemps, mais jusqu'à l'arrière-saison.

Nous ne saurions affirmer si le fenouil des marais est recherché comme alimentation par les poissons. Dans le cours de nos observations, nous avons vu maintes fois des carpes piper au milieu des tiges de cette plante, mais nous n'avons point vu qu'elles en consommaient des fragments. C'est pourquoi, pour être fixé à cet égard, nous fîmes une fois hacher menu de ces plantes et jeter ensuite ces débris à des carpes mises dans un vivier. Or, nous avons cons- taté qu'elles n'y avaient touché que lorsque toute autre nourriture leur avait fait absolument défaut et qu'elles étaient fortement pressées par la faim.

Les cressons.

Les cressons végètent dans les eaux courantes et dans les étangs, là où les eaux nouvelles se font en- core sentir. Nous voulons parler de ces plantes que les gens de la campagne désignent sous le nom de faux cressons.

Ces végétaux sont surtout recherchés par les poissons pour y frayer. Bien qu'au printemps les jeunes pousses des cressons soient fort tendres, nous n'avons jamais vu les carpes en manger les extré- mités ou des parties quelconques. Cela tient sans doute à ce qu'ayant à leur disposition la fétuque, elles préféraient cette dernière plante.

Les cressons sont les plantes aquatiques qui jouissent de la plus grande puissance d'aération. C'est ainsi que nous avons constaté, en Savoie, qu'un vivier ayant été dépourvu de ces végétaux, qu'il renfermait en quantité, ne pouvait plus contenir autant de poissons qu'auparavant; il fallait réduire le peuplement d'environ un cinquième. Ce fait prouve l'influence énorme des espèces de cressons sur l'oxygénation de l'eau.

Les cressons entretiennent tous une foule de petits insectes que les poissons recherchent avidement. J'ai pu remarquer que les petits poissons blancs se portent dans les parties enherbées par ces plantes, plutôt que dans celles envahies par les autres herbages. Nous ne pouvons dire si cette prédilection tient aux insectes vivant sur ces végétaux ou bien si elle est due à ce que les eaux près de ces plantes sont plus aérées.

Le roseau de tonnelier.

Ainsi que son nom vulgaire l'indique, ce roseau sert aux tonneliers, et rien jusqu'ici ne paraît l'avoir remplacée avec avantage dans les usages où ce corps de métier l'utilise depuis un temps immémorial. Cette plante peut aussi servir de litière; elle est en effet très bonne à cet usage, étant excessivement douce sous les animaux. Son défaut, c'est que les déjections du bétail l'imprègnent difficilement. Le fumier qu'elle produit a besoin d'être entassé d'une façon bien compacte jusqu'au moment où il est conduit sur les terres. C'est néanmoins la plante aquatique à laquelle on doit donner la préférence lorsqu'on est à court de litière. Elle sert encore quelquefois, dans les pays pauvres, à faire des paillassons; cette plante est donc d'un bon usage pour les jardiniers, car elle ne pourrit pas si vite que la paille, qui supporte beaucoup moins la pluie.

Les cultivateurs devraient aussi savoir que le roseau de tonnelier, outre l'excellente litière, élastique et résistante qu'il procure aux animaux de ferme, constitue également un fumier bien plus riche que celui produit par la paille.

Plusieurs agriculteurs des Dombes et aussi de la Lorraine, nous ont déclaré qu'en employant le tonnelier comme fumure, ils réalisent une économie d'un tiers sur le fumier de paille.

Enfin, ce roseau pourrit vite en terre et offre encore l'avantage de ne pas amener dans les champs beaucoup de mauvaises graines comme le fumier de ferme.

Macre ou châtaigne d'eau.

Le macre ou châtaigne d'eau est très abondant dans les étangs des Landes; on en trouve également dans le département de l'Ain, au pays des étangs des Dombes, puis dans le Forez; quelques étangs du Jura la produisent également. Mais on ne le rencontre pas dans les grands étangs de Lorraine, de l'Alsace-Lorraine et de Belgique. Nous avons essayé, il y a quelque vingt ans, de l'acclimater en Alsace-Lorraine et en Lorraine française, au moyen de graines qu'un de nos collègues forestiers avait eu l'amabilité de nous envoyer du pays des Landes, et nos essais, tentés deux années de suite, furent sans résultats. Cette plante produit, nous a-t-on dit, beaucoup d'insectes, elle est de celles qui sont avantageuses aux étangs. Quant à son fruit, il est de fort bon goût, et peut, dans une certaine mesure, remplacer les châtaignes. De ce que nos tentatives pour introduire cette plante en Lorraine n'ont pas réussi, il ne faut pas en déduire qu'elle ne saurait y végéter. On nous a assuré que bien des personnes la possédaient sur des pièces d'eau et des bassins de peu d'étendue.

Le nénuphar.

Cette plante n'est d'aucune utilité pour les étangs où elle abonde, surtout le nénuphar blanc. Elle est d'un aspect charmant sur les eaux, tant par ses belles feuilles que par sa jolie et forte fleur. C'est surtout sous ses feuilles que viennent se mettre à l'affût les brochets et les perches. Cette plante, qui est très envahissante, n'est nullement nuisible, tant qu'elle ne se substitue pas aux plantes recherchées par les poissons, telles que la lentille d'eau et surtout la fétuque. Lorsqu'elle se développe en grande quantité, il faut l'arracher, car là où elle s'est fixée, elle ne laisse pas croître d'autres plantes. Son extraction est du reste facile, mais ne s'obtient pas radicalement dès la première année.

REPARTITION DES SEXES

DANS LES ESPÈCES DE POISSONS D'ÉTANGS ET DE RIVIÈRES.

DISTINCTION DES SEXES.

Facilités de constater que les mâles sont toujours moins nombreux que les femelles. — Raisons pour lesquelles il en est ainsi dans les différentes espèces de poissons. — Instinct des mâles lors de la fécondation des œufs. — Instinct des femelles lors de la ponte. — Indices extérieurs annonçant sur les poissons le moment du frai. — Manière de reconnaître à la vue le sexe des poissons. — Proportions des mâles et des femelles dans les espèces de poissons d'eau douce.

Chez toutes les espèces de poissons d'eau douce, la proportion des mâles est loin d'être égale à celle des femelles. Nous avons dit ailleurs que des naturalistes comptant parmi les plus éminents, tels que Cuvier et Lacépède, avaient commis l'erreur d'attribuer l'avantage du nombre aux mâles. Nous ne savons sur quelles données ces savants ont pu établir leur opinion, mais à coup sûr et sans conteste, ce n'est pas sur des faits naturels.

Il suffit, en effet, pour être complètement édifié à ce sujet, de suivre les opérations de pêche d'un étang assez important, où les empoissonnements ont été faits avec alevins ou jeunes poissons choisis, mais sans avoir cherché à y mettre plus de mâles que de femelles.

A l'appui de cette simple et facile constatation,

nous avons aussi des données scientifiques qui vont
à l'encontre de l'opinion de MM. Cuvier et Lacépède. Ainsi, on a trouvé qu'une forte carpe femelle
peut produire jusqu'à 600,000 œufs et qu'une carpe
mâle bien inférieure en poids peut répandre 5 à
6 millions de spermatozoïdes. Cette prépondérance
prolifique du mâle est motivée par ce fait que la nature a multiplié les femelles dans toutes nos espèces
de poissons de rivières et également dans toutes les
espèces maritimes.

Mais ce que les ichtyologues n'ont point remarqué jusqu'ici, c'est que les espèces qui vivent plus
volontiers dans les eaux calmes et dormantes, ou
qui y séjournent seulement pour opérer l'acte de la
reproduction, sont celles *où les femelles sont en plus
grand nombre*. Au contraire, celles qui vivent dans
les eaux bruyantes, à courants plus ou moins rapides, ou bien qui vont dans ces eaux pour y frayer,
sont les espèces où la quantité des mâles se rapproche le plus du nombre des femelles.

L'explication ou la raison de ces deux faits est
toute simple ; la nature a procédé ainsi parce que,
dans les eaux calmes, sans courant, la liqueur séminale et fécondante du mâle peut se répandre facilement sur les œufs abandonnés par la femelle. Pour
la disséminer, le mâle n'a qu'à agiter ses nageoires
et à passer et repasser, ainsi qu'il le fait, au-dessus
de la ponte.

Dans les eaux vives et courantes, la plus grande
partie de la liqueur séminale du mâle est répandue

en pure perte, car elle est emportée par le courant. Pour remédier à cette déperdition, il n'y avait qu'un seul remède, c'était tout simplement de multiplier les mâles, et la nature n'a pas omis de le faire.

Telle est du moins notre manière d'expliquer pourquoi les femelles sont plus nombreuses que les mâles, et pourquoi dans certaines espèces cette différence est moins sensible. Si on peut nous donner une raison meilleure, nous l'accepterons volontiers.

Nous avons aussi constaté que les mâles des poissons frayant dans les eaux courantes se rendent parfaitement compte de la mauvaise influence des courants sur leur action fécondante. C'est ainsi qu'ils se tiennent toujours un peu en avant de la ponte et non point immédiatement au-dessus. Il en résulte que le courant fait passer toute la liqueur séminale sur les œufs. Sans cette précaution instinctive, une partie de la ponte ne serait pas fécondée.

Nous avons dit ailleurs que le saumon, qui fraye dans les cours d'eau rapides, et que la truite, qui pond dans les eaux bruyantes et torrentueuses des montagnes, ont l'instinct de paralyser ou d'atténuer l'action des courants en recherchant les excavations du lit des cours d'eau et qu'à leur défaut ils en creusent. Après la lamproie, ces poissons sont ceux où le nombre des mâles se rapproche le plus de celui des femelles, par la raison toute simple que ce sont ceux qui recherchent les courants les plus rapides.

La lamproie, qui fraye aussi dans les cours d'eau

rapides, loge sa ponte dans les mêmes conditions que la truite et le saumon. Au lieu de frayer en société comme les autres poissons, elle fraye par couple. Il en résulte nécessairement que les deux sexes se trouvent répartis à peu près en proportions égales. C'est la seule espèce de poisson d'eau douce qui se trouve dans ce cas.

Il n'est pas facile de reconnaître les sexes lorsque les poissons ne sont pas à l'âge adulte et lorsqu'ils se trouvent éloignés de l'époque durant laquelle ils se livrent à la reproduction. Dans plusieurs circonstances, la connaissance des sexes est cependant une chose utile à posséder. On peut être obligé, bien longtemps à l'avance, de faire choix de poissons destinés à la ponte et à l'alevinage. Il faut donc pouvoir en faire la distinction, même lorsque le poisson qu'on a à sa disposition n'est que dans sa deuxième année d'existence.

Il suffit de presser légèrement l'anus du poisson en état de fraye pour faire apparaître soit la laitance, soit les œufs. C'est ce qu'on appelle faire *marquer* le poisson. On fait cette pression généralement lorsqu'on veut se rendre compte du degré d'avancement de l'époque du frai. C'est une pratique vicieuse qui nuit aux poissons, et surtout aux femelles.

Il est un indice bien plus certain de la proximité du frai pour toutes les espèces. Lorsqu'il est proche, les poissons perdent la plus grande partie de leur viscosité, surtout les femelles. C'est ainsi que les écailles, au lieu de se trouver glissantes sous le doigt et bien enduites de leur mucus naturel, sont comme sèches au toucher, ou pour mieux dire, comme si elles avaient été saupoudrées d'une très fine poussière.

Nous pensons que la cause de ce phénomène tient à ce que les femelles, en répandant leurs œufs, émettent une viscosité qui permet à la ponte de s'attacher et qui nous a paru être identique à celle des écailles, d'où il s'ensuivrait que son épanchement avec les œufs diminuerait la sécrétion cutanée.

Pour reconnaître aussi les sexes, il faut savoir que, dans toutes les espèces d'eau douce, le mâle a un reflet plus foncé que la femelle de même taille. Dans le brochet, la tanche, la carpe, la perche, les poissons blancs, le mâle a un reflet légèrement jaune que n'a pas la femelle. Ou mieux encore, *toutes les parties blanches ou blanchâtres de la femelle seront à reflet jaunâtre chez le mâle.* Il arrive quelquefois qu'une pêche procure des mâles dans des proportions supérieures à la normale, parfois même plus nombreux que les femelles. Nous avons obtenu volontairement deux ou trois fois ce résultat. Il est facile à atteindre, même en empoissonnant avec de l'alevin comprenant dix-huit à vingt têtes au demi-kilogramme.

En opérant avec d'aussi petits alevins, nous faisions choix de ceux qui avaient la taille la moins forte.

Mais si, d'un côté nous avons pu ainsi donner une plus-value à notre production (puisque les carpes

laitées sont plus recherchées que les femelles),
nous avons d'autre part subi une perte sur le poids,
attendu que, dans un peuplement comportant des
carpes du même âge, les femelles sont toujours un
peu plus fortes, plus épaisses et par conséquent d'un
poids supérieur à celui des mâles. ·

En somme, nous avons perdu sur le poids, et
comme les marchands en gros ne nous avaient point
majoré le prix de notre marchandise, la meilleure
qualité de la pêche, au lieu d'être l'occasion d'un
bénéfice, fut la cause d'une diminution de produits,
légère il est vrai, mais pouvant être évaluée à un
dixième.

Pour les poissons d'eau douce, voici les proportions des sexes que nous avons relevées à la suite
de plusieurs constatations :

2 carpes femelles en moyenne pour 1 mâle
6 tanches   —   2 mâles
2 brèmes   —   1 mâle
5 brochets   —   3 mâles
5 perches   —   3 mâles
5 carrassins   —   2 mâles
2 rosses   —   1 mâle
7 à 8 goujons   —   1 mâle
4 barbeaux   —   3 mâles.

INFLUENCE DU MILIEU SUR LES POISSONS

Poissons *noués*. — Signes extérieurs révélant les conditions dans
lesquelles ont vécu les poissons. — Système de mensuration pour
reconnaître si un poisson d'eau douce a crû dans de bonnes conditions. — Avantage de ce système pour reconnaître la valeur des
étangs au point de vue de la production du poisson.

Les poissons échappent à une loi commune à tous
les autres animaux. Lorsqu'on limite l'espace à un
animal quelconque et qu'on lui procure une alimentation abondante et choisie, il acquiert toujours un
accroissement et un engraissement rapides et infiniment supérieurs à ceux dont il est susceptible, lorsqu'il se trouve placé dans des conditions normales
à son espèce et à sa nature.

Il n'en est pas ainsi des poissons. Ces animaux
ne progressent point lorsque l'espace leur manque.
Non seulement ils ne s'accroissent pas, ne s'en-
graissent pas, mais ils s'atrophient et modifient
leurs formes. Nous en donnerons une preuve absolument concluante, en citant les cyprins dorés de la
Chine, les petites carpes et tanches que l'on conserve dans les aquariums d'appartement. Ces poissons, qui vivent plusieurs années dans ces récipients
restreints, n'acquièrent aucun accroissement, quelle
que soit du reste l'abondance de la nourriture qu'on
leur donne.

En terme de pêche, ces animaux deviennent *noués,* c'est-à-dire que leurs formes se sont modifiées. Le corps semble s'atrophier au profit de la tête. Plus un poisson est noué, plus la tête est forte, et plus la hauteur du corps diminue. C'est ainsi qu'une carpe, une tanche, arrivent à présenter la forme d'un hareng muni d'une tête énorme. Ces phénomènes se produisent aussi, lorsque les poissons sont en excès dans un étang ou une pièce d'eau, puis encore quand ils ont souffert longuement d'un défaut de nourriture.

Rien qu'à son aspect, un pisciculteur doit pouvoir se rendre compte de suite si un poisson a vécu dans de bonnes conditions. Cette chose lui importe beaucoup, ainsi qu'aux marchands. Un poisson qui, par une des causes ci-dessus énoncées, a modifié ses formes naturelles, est toujours maigre, abondamment pourvu d'arêtes. Les négociants ne sauraient l'acheter qu'à un prix inférieur. Ensuite, comme pièces de réempoissonnement, les sujets noués ne donnent jamais qu'un accroissement presque nul. C'est ainsi qu'une carpe, nouée dès sa deuxième année d'existence, n'atteindra jamais, au bout de huit ans, le poids d'une carpe de trois ans ayant vécu dans d'excellentes conditions de milieu et d'alimentation.

Pour les poissons d'eau douce, et de préférence ceux d'étangs, nous avons établi une méthode de mensuration, à l'aide de laquelle on juge du degré auquel un poisson peut être noué. Son exactitude, à un ou deux millimètres près, est absolue. Elle consiste à établir les proportions existant entre la plus grande hauteur du poisson et la longueur prise entre la naissance de la queue et l'opercule, puis entre la longueur de la tête et la plus grande hauteur du poisson. Ainsi, une carpe vivant dans de bonnes conditions donnera : entre la naissance de la

CARPE:

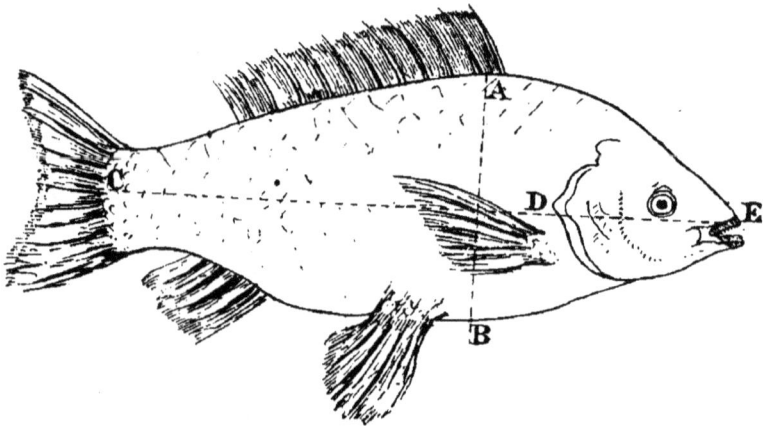

C D = 2 fois A B
D E = 8/10 de A B

Système de mensuration des poissons.

queue et l'opercule, deux fois la plus grande hauteur du poisson. Pour la longueur de la tête, les 8/10 de la plus grande hauteur du poisson (voir la figure ci-dessus).

Cette façon de mesurer qui, nous le répétons, est absolument exacte et que nous avons établie au moyen de nombreuses expériences, nous a permis

de recueillir les données contenues dans le tableau
ci-après.

POISSONS.	LONGUEUR entre la naissance de la queue et l'opercule.	LONGUEUR de la tête, du museau à l'extrémité de l'opercule.
Carpe.	2 fois la haut. AB	8/10 de la haut. AB
Carrassin	1 fois 1/2 —	1/3 —
Gibèle.	1 foïs et 4/5 —	1/2 —
Tanche	2 fois 1/4 —	6/10 —
Rosse.	2 fois —	2/3 —
Brême	1 fois 2/3 —	6/10 —
Gardon	2 fois 1/3 —	8/9 —
Chevesne	3 fois —	égale à —
Barbeau.	4 fois —	2 fois —
Ablette	4 fois — •	2 fois —
Goujon	3 fois et 1/5 —	1 fois et 1/5 —
Perche	2 fois 1/4 —	égale à —
Brochet.	4 fois —	2 fois —
Truite.	3 fois —	égale à —

Plus un poisson aura été entravé dans sa croissance par une des causes que nous avons citées,
plus l'écart entre les lonqueurs données sera considérable, moindre sera sa largeur et plus forte sera
sa tête.

La connaissance de cette mensuration a une
grande importance pour les propriétaires d'étangs,
non seulement parce qu'ils sauront de suite en l'ap-
pliquant, si le poisson qu'ils ont produit s'est trouvé
dans des conditions normales, mais aussi parce qu'elle
leur permettra de ne pas dépasser l'empoissonne-

ment dont leur étang est susceptible, comme aussi de l'accroître, s'il est capable d'augmentation. En effet, si à une pêche on constate que le poisson n'a pas les dimensions voulues, c'est qu'il a été mis en trop grand nombre. Si on lui trouve les proportions déterminées, on peut forcer l'empoissonnement jusqu'à ce qu'on constate qu'il tombe au-dessous des dimensions. Après un ou deux tâtonnements, on arrivera à fixer exactement la quantité de kilogrammes que peut rendre un étang. C'est aussi un moyen d'apprécier le plus ou moins de qualités d'une propriété, sans même se rendre sur les lieux.

En effet, un pisciculteur recevant une carpe dont la mensuration indique qu'elle est tant soit peu *nouée*, n'a, pour fixer son opinion, qu'à demander quelle a été la quotité d'empoissonnement à l'hectare. Si cette quotité est celle de l'empoissonnement ordinaire d'un étang de première qualité, c'est que celui d'où provient la carpe nouée appartient à la seconde qualité; il est de troisième lorsque l'empoissonnement a été celui d'un étang de seconde qualité.

DEGRÉ DE VITALITÉ DES POISSONS

INDICATION DONNÉE PAR L'ŒIL DE CES ANIMAUX

Utilité de reconnaître le degré de vitalité des poissons d'étangs. — Elle est révélée par l'œil. — Cet organe indique aussi si le poisson est atteint de maladie. — Cette connaissance de la vitalité est nécessaire lorsqu'il s'agit de transporter des poissons.

Il est un moyen de reconnaître facilement le degré de vitalité d'un poisson de n'importe quelle espèce, alors qu'il se trouve dans son élément, ou bien lorsqu'il en est tiré. Cette faculté est d'un précieux secours, surtout lorsqu'on exécute un transport à sec, et sert également pour les transports en tonneaux.

Un voiturier peut ainsi juger à quel moment il importe de faire reprendre vigueur à ses poissons, soit par un renouvellement d'eau, soit par la remise plus ou moins prolongée des bourses dans un ruisseau.

Cette indication lui est donnée d'une façon absolument certaine par l'œil des poissons.

Ces animaux ont la pupille de l'œil très dilatée et proportionnellement très grande. Ce qui s'explique tout naturellement, par le fait qu'ils vivent dans un milieu où la lumière est peu intense et tamisée.

Lorsqu'on sort une carpe de l'eau, si on examine son œil, on pourra constater que :

D'abord l'organe fait toujours saillie, et ressort fortement de son orbite ; la pupille, au lieu de se trouver au milieu de l'œil, comme lorsque le poisson est dans l'eau, se trouve à moitié cachée par le lobe inférieur de l'orbite. Lorsque la pupille est bien nettement à moitié couverte, c'est l'indication certaine que le poisson est sain et parfaitement vigoureux (fig. 1).

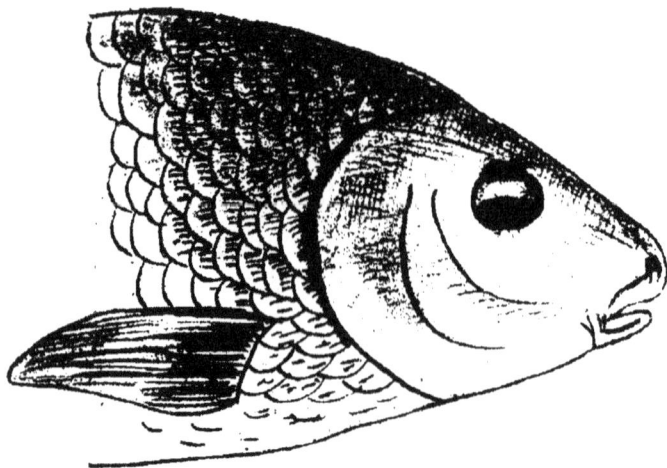

Fig. 1.

A mesure que le poisson faiblit, la pupille gagne progressivement le milieu de l'œil, qui continue à ressortir, mais la saillie diminue à mesure que la pupille se déplace et quitte le bord inférieur de l'orbite (fig. 2).

La protubérance de l'œil n'existe plus lorsque le poisson est presque pâmé.

Enfin, lorsque l'œil, au lieu de déborder, présente une forte dépression, avec la pupille au milieu et diminuée, le poisson est pâmé (fig. 3).

Fig. 2.

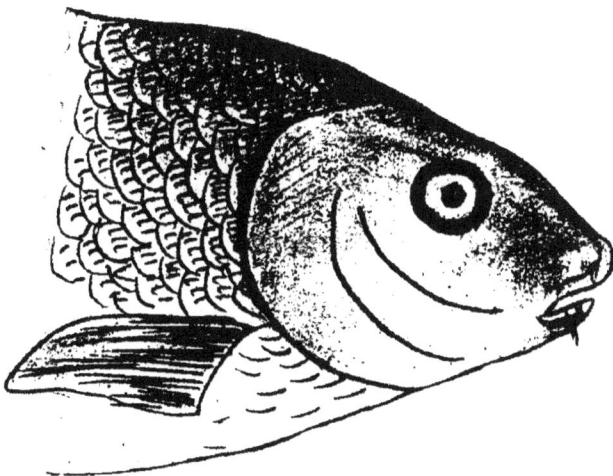

Fig. 3.

L'organe de la vue est donc le meilleur indice, et je peux dire le seul certain, de la vitalité des poissons. Il est aussi, dans certaines maladies, le symptôme révélateur. Ainsi, lorsque le poisson a souffert d'un séjour dans les eaux de neige ou sous la glace, qui a entraîné une aération insuffisante, l'œil perd de sa netteté et sort fortement de l'orbite, avec une augmentation considérable de volume. Les yeux, en terme de métier, se *télescopient* et sont injectés ; nous l'avons dit déjà ailleurs.

Pendant notre séjour dans l'Ain, un ami, tout nouvellement propriétaire d'un étang de ce département, avait conservé dans un réservoir des carpettes qu'il destinait à un réempoissonnement. J'avais très volontiers, sur sa demande, mis mon expérience à sa disposition. Je constatai que les eaux de neige et le séjour prolongé sous la glace avaient à peu près détruit la vitalité de ses poissons. Il avait commis la faute de ne pas proportionner la quantité de poissons à la capacité du réservoir et à son renouvellement d'eau. Il y avait donc asphyxie lente avec les effets nuisibles de l'eau de neige en plus. Je lui dis de suite qu'il ne fallait point songer à se servir de la plupart de ces poissons. Je fis alors pêcher tout le réservoir et, sans lui donner aucune explication ainsi qu'à ses gens, j'indiquai, à la distance de quelques pas, les pièces à rejeter comme devant périr, ainsi que celles à conserver comme propres encore à l'empoissonnement. Mon ami, à chaque instant, m'objectait que tel poisson que je refusais devait être vigoureux, puisqu'il se débattait vivement, et que tel autre, restant à peu près sans mouvement, devait être peu viable. Il tournait et retournait les carpettes, et ne voyait pas les indications données par l'œil, légèrement télescopé chez les unes, en creux et pupille au milieu chez les autres. Bref, pas un des poissons remisés comme bons ne périt, et par contre, sur les 700 à 800 rejetés comme non viables, 3 seulement trompèrent nos prévisions et se rétablirent.

Ainsi donc, toute personne possédant des réservoirs ou des viviers sera à même de se rendre compte de la vitalité des poissons, alors qu'ils n'offriront aucun symptôme de maladie, soit de mousse, de gale, d'hydropisie, etc., etc. Il suffira de veiller à la conformation de l'œil. Si la pupille est devenue petite, si l'œil, au lieu d'être convexe, devient plat ou concave, c'est que le poisson est malade; on le verra alors se *rouiller* et se tenir sur les bords et à fleur d'eau, et si l'œil se *télescopie*[1], c'est qu'il aura séjourné trop longtemps dans l'eau de neige et sous la glace, ou qu'il aura subi une pénurie d'eau très grande.

Si donc, dans un transport à sec, la pupille cesse d'être cachée à moitié par le lobe inférieur, c'est que le poisson perd de sa vitalité. La pupille gagnera le milieu de l'organe à mesure que le poisson s'affaiblira et l'œil, au lieu d'offrir une convexité, s'affaissera. Il sera fortement concave, avec la pu-

---

1. Il arrive quelquefois que, dans des réservoirs bien alimentés, des poissons ont les deux yeux ou un seul télescopié. Les perches principalement. Les poissons atteints périssent toujours. Je crois que cela doit être attribué aux eaux provenant des fontes de neige.

pille au milieu, quand le poisson sera mort. Ces
dernières indications sont surtout précieuses lorsqu'on confie des conduites de poisson à sec et même
en tonneaux à des personnes qui ne sont pas de la
partie.

———————

CHOIX DES POISSONS REPRODUCTEURS

Indications naturelles à observer pour assurer le succès et éviter des frais. — Du choix des sujets. — Quels sont les meilleurs reproducteurs. — Moyens de les reconnaître. — Proportions adoptées et quantité de poissons nécessaire pour un hectare d'étang d'alevinage.

Généralement, les ouvrages de pisciculture parus jusqu'à ce jour recommandent de proportionner les poissons reproducteurs, c'est-à-dire devant faire de l'alevin, à raison de deux mâles pour une femelle.

Cette prescription ne s'appuie sur rien; aucun auteur ne la justifie par une raison quelconque. Certainement on s'en est rapporté à MM. Cuvier et Lacépède, qui ont écrit que les mâles sont toujours bien plus nombreux que les femelles.

C'est pourquoi quelques ichtyologues, renchérissant sur les autres, conseillent jusqu'à trois mâles pour une femelle.

Ces conseilleurs sont dans l'erreur; ceux qui suivraient leurs indications ne compromettraient pas leur production d'alevins, mais feraient un achat de poissons excédant leurs besoins; or, en pisciculture comme en tout, les dépenses inutiles sont d'une mauvaise gestion.

Lorsqu'il s'agit de faire des alevins, il faut, comme en bien des choses, chercher à serrer au plus près les lois naturelles.

C'est toujours, en effet, la nature qui donne les enseignements les plus sûrs et les meilleurs pour procurer la réussite.

Or, la nature a réparti les carpes mâles et les carpes femelles absolument dans le sens inverse des proportions conseillées.

Pourquoi alors prendre le contre-pied, si ce n'est tout simplement parce que d'immortels savants ont commis une erreur?

Les poissons reproducteurs, pour les espèces carpes et tanches, devront comprendre :

2 carpes femelles pour un mâle.

3 tanches — — —

Ces proportions sont naturelles et nous les avons constatées, depuis plus de trente années, sur un nombre considérable de poissons de ces deux espèces.

Pour le choix des sujets, les mêmes auteurs sont aussi en contradiction, sans baser leur opinion sur aucune raison.

Les uns affirment que les meilleures carpes sont celles qui se trouvent fatiguées ou même qui ont souffert à la suite d'une ponte précédente.

C'est là une erreur complète, qui tombe sous le simple bon sens et que démentent les faits. Quelques constatations auraient prouvé à ces écrivains que toute carpe qui, durant le cours d'une ponte, s'est fatiguée à l'excès, se trouve toujours débile et, l'année suivante, fort peu nantie de laite ou d'œufs. Comment alors pourrait-elle être prolifique?

D'autres auteurs recommandent des carpes de cinq à six livres, sans songer que les poissons de ce poids sont déjà de vieux sujets.

Ces carpes produisent relativement beaucoup moins d'œufs que celles de trois à quatre livres.

Comparativement à leur poids, les carpes de cinq livres donnent 60 p. 100 d'œufs en moins que celles de trois livres ; c'est pourquoi celles-ci ont toujours été pour nous les poissons préférés, elles sont de toutes celles qui, en proportion, ont le plus d'œufs. Pour ces poissons, l'époque de la plus grande fécondité est donc l'âge où ils atteignent ce poids.

Parmi les carpes de trois livres, il faut toujours choisir celles qui paraîtront avoir le plus de largeur et aussi la plus forte épaisseur. Elles doivent avoir aussi la tête très petite, car c'est un signe de bonne espèce, et ne devront présenter aucune indication de gale ou de mousse.

Voici maintenant les quantités de poissons que l'on peut mettre à l'hectare dans un étang d'alevinage peu profond et dont les rives en pentes douces sont bien abritées des vents violents :

Reproduction de carpe.

28 carpes mâles de 750 à 1,000 gr.
56   —   femelles de 1,250 à 1,500 gr.

Au total : 84 carpes.

Reproduction de carpe et de tanche.

20 carpes mâles de 500 à 1,000 gr.
40 — femelles de 1,000 à 1,500 gr.
6 tanches mâles de 500 à 625 gr.
18 — femelles de 625 à 750 gr.

Au total : 84 poissons.

Reproduction de tanche seule.

15 à 16 mâles de 500 à 625 gr.
45 femelles de 750 gr.

Au total : 60 poissons.

Reproduction de brochet.

11 mâles de 500 à 750 gr.
19 femelles de 750 à 1,000 gr.

Au total : 30 poissons.

Pour la reproduction du brochet, il est indispensable d'assurer la nourriture des poissons reproducteurs, sans quoi ils détruiraient immédiatement leur propre frai et les alevins ayant pu éclore.

La production du brocheton est d'autant plus certaine qu'elle est tentée dans des étangs d'alevinage fréquentés par les grenouilles.

Dès que le frai est opéré, il est bon d'essayer de prendre le plus de brochets possible à la ligne, aux cordeaux, aux trimeurs et engins quelconques.

Lorsque les grenouilles ont effectué leur frai, il

faut, quelques semaines après, jeter des alevins en pâture.

Quant à la pêche, elle doit se faire dès les premiers jours d'octobre ou les derniers de septembre.

Les époques de la mise à eau des poissons reproducteurs sont :

Pour la carpe et la tanche, les mois d'octobre, novembre de préférence, ensuite février et mars.

Pour le brochet, novembre et décembre.

Reproduction de la truite.

30 mâles de 400 à 500 grammes.
50 femelles de 500 à 600 grammes.
─────
Au total : 80 poissons.

A placer en octobre et à pêcher en octobre ou en novembre de l'année suivante.

Telles sont les quantités qui nous ont toujours donné les meilleurs résultats, ainsi qu'aux personnes qui les ont appliquées.

Aménagé de cette façon, un étang de 4 à 5 hectares arrive, lors des années propices pour le frai, à donner des quantités considérables d'alevins.

Au sujet des alevins produits, nous avons aussi à nous élever contre une croyance assez communément répandue parmi les propriétaires d'étangs.

Suivant les aquiculteurs, les petits poissons provenant d'un étang de qualité inférieure seraient préférables à ceux produits par un étang très bon. Ils seraient plus résistants et d'une croissance plus rapide.

Nous avons, au contraire, la certitude par expérience, que des alevins qui n'ont pas trouvé dès leur naissance le maximum des conditions pour bien prospérer, restent toujours inférieurs en accroissement à ceux provenant d'un étang de première qualité.

En horticulture, les jeunes plants nés dans un sol pauvre sont obligés de développer beaucoup de chevelus, de sorte que, transplantés dans un sol riche, ils sont abondamment pourvus d'organes propres à puiser les sucs. Mais les jeunes poissons ne sauraient être comparés à de jeunes plants.

La vérité est que des pisciculteurs possédant de mauvais étangs émettent cette opinion, pour placer plus facilement les produits de leurs étangs d'alevinage.

EXPLOITATION DES ÉTANGS

ÉTANGS D'ALEVINAGE

Nécessité des étangs d'alevinage. — Conditions que doit remplir un bon étang d'alevinage. — Torts causés par les batraciens.

Lorsqu'on possède plusieurs étangs consacrés d'une façon permanente à la production du poisson adulte, il est indispensable de posséder quelques étangs d'étendue inférieure, pour y créer l'alevin ou le jeune poisson nécessaire à l'empoissonnement des étangs permanents. Cependant, il s'en faut de beaucoup qu'il en soit ainsi en Lorraine, en Alsace-Lorraine et en Belgique, où beaucoup de personnes ne possèdent qu'un seul étang, affecté uniquement à la production de la carpe et de la tanche adultes.

Cette façon de procéder, dans les pays où les étangs ne sont pas aussi communs que dans ceux que je viens de citer, amène à courir les chances de manquer d'empoissonnement. Mais, en Lorraine française et en Alsace-Lorraine, il est assez rare qu'on ne trouve pas chez l'un un chez l'autre de quoi faire son approvisionnement en alevins. Toutefois, ceux qui cherchent à faire des pêches avec du jeune poisson, c'est-à-dire dans le cours de sa deuxième année, sont obligés généralement de compter sur eux-mêmes. Ces propriétaires sont donc obligés d'avoir deux étangs. Dans l'un ils font l'alevin, et dans l'autre ils placent cet alevin pour qu'il y devienne jeune poisson.

Nous conseillerons toujours à ceux qui, à l'appui de grands étangs, en ont de petits, de fabriquer leur alevin et de ne point se fier au commerce. Il nous est arrivé d'être contraint d'aller chercher un empoissonnement à près de cinquante lieues et de payer très cher des alevins si petits, qu'ils gluaient aux doigts. Cinquante mille de ces petits poissons furent ramenés dans un tonneau de deux hectolitres d'eau. Cette année-là, plusieurs de nos collègues en aquiculture ne purent trouver d'empoissonnement.

Nous engagerons donc à avoir au moins un étang d'alevinage réunissant les conditions suivantes :

Il devra être alimenté par un ruisseau ne tarissant jamais et dont le débit sera assez fort pour que le niveau puisse être maintenu.

Cette condition est indispensable, et voici pourquoi. Les carpes frayent en mai et août. Si à ce moment, ou un peu plus tôt, il survient de fortes pluies, l'écoulement rapide de l'eau mettra certainement à sec la ponte des poissons. Cet inconvénient ne se présente pas lorsque l'étang reçoit continuellement l'eau d'un ruisseau et conserve le même niveau.

La profondeur de l'étang ne devra pas dépasser

1^m,5o à 1^m,8o. Une plus grande profondeur aurait pour effet de reculer le moment où l'eau atteint le degré de température voulu pour déterminer le frai des carpes. Il y a un véritable intérêt à hâter la première ponte, car nous avons la certitude que plus il s'écoule de temps entre cette ponte et celle d'août, plus cette dernière est abondante. De même, nous pouvons déclarer que la meilleure exposition est celle du midi, et que l'abri contre les vents du nord et de l'ouest est une des conditions les plus avantageuses. Lorsque les vents soufflent avec violence, ils forment des vagues qui viennent battre les rives et froissent les herbages sur lesquels les poissons ont déposé leurs œufs. La ponte se trouve alors parfois détachée et envasée par la forte agitation de l'eau. Il faut songer que cette action des vents est d'autant plus néfaste que les carpes ne frayent guère à plus de 0^m,4o ou 0^m,5o de profondeur.

Les rives d'un étang d'alevinage doivent posséder des pentes très douces et être munies d'herbages autres que des roseaux. L'espèce dite roseau de tonnelier est toutefois acceptée par les carpes pour leurs frayères.

Il ne faut, à aucun prix, que ni les grenouilles, ni les crapauds y viennent frayer.

On peut empêcher la venue de ces batraciens en ne laissant l'étang se remplir qu'après l'époque de leur frai.

Mais cette mesure est quelquefois impraticable ;

dans ce cas, il faut détruire leur ponte, ce qui est facile, car elle est déposée presque sur les rives ; on peut donc la jeter à terre avec des râteaux de bois ou la mettre à sec en baissant momentanément le niveau de l'eau, si un jeu de vannes le permet.

En observant l'ensemble de ces précautions, on a grande chance de réussir à fabriquer beaucoup d'alevins, mais à la condition formelle d'avoir bien choisi les poissons reproducteurs.

Quant aux proportions de mâles et de femelles, nous les avons données au chapitre précédent.

ÉTANGS POUR JEUNE POISSON

PROPORTIONS D'EMPOISSONNEMENTS

Avantages donnés par ces étangs. — Conditions voulues pour ce
genre d'étangs. — Introduction volontaire de brochetons. — Précautions à prendre. — Choix des alevins pour obtenir du jeune
poisson. — Quantités d'alevins à mettre à l'hectare suivant les
différentes catégories d'étangs.

Nous dirons, dans un autre chapitre, que les empoissonnements opérés avec du jeune poisson, c'est-
à-dire dans le cours de la deuxième année, donnent
des revenus supérieurs à ceux effectués avec de l'alevin. Il importe donc d'avoir toujours du jeune poisson à sa disposition. On obtient ce résultat en plaçant les alevins de l'étang d'alevinage dans un étang
généralement affecté à cet objet. Cet empoissonnement, lorsqu'on ne le produit pas soi-même, est
coûteux. A l'étang d'alevinage, il faut donc adjoindre
un autre étang, dit de jeune poisson. On s'en trouvera toujours bien, car, alors même qu'on en re-
cueillerait au delà de ses besoins, cette marchandise
se vend facilement, et, en cas de disette d'alevin,
on réussit parfois à la vendre presque au même
prix que la carpe adulte.

L'étang destiné à la production du jeune poisson
n'a point besoin de posséder toutes les conditions
désirables pour les étangs d'alevinage. Il lui faut

néanmoins en réunir quelques-unes, sous peine de ne donner que des résultats incertains. C'est ainsi qu'il ne doit pas dépasser deux mètres dans sa plus grande hauteur d'eau. Puis il devra être riche en herbages propres à la nourriture des poissons. Les pentes douces, qui sont la principale condition pour les étangs d'alevinage, peuvent lui faire défaut, car les alevins n'y ont pas à frayer pendant leur séjour. Il n'est pas non plus indispensable qu'il soit alimenté par un cours d'eau permanent. L'essentiel est que son niveau ne s'abaisse pas au point que les alevins n'y jouissent plus d'une superficie suffisante et que l'étang ne finisse ainsi par être trop chargé. En choisissant les alevins, il faut avoir souci de rejeter ceux qui seraient écaillés ou entachés du plus petit point de gale. Nous avons déjà dit que les poissons écaillés peuvent devenir *moussus* et que la gale est éminemment contagieuse.

Quant aux proportions de jeunes poissons à mettre par hectare, elles varient nécessairement suivant la qualité de l'étang. Il importe donc d'être bien fixé préalablement, et comme nous avons indiqué la manière de s'édifier à ce sujet, nous y renvoyons et dirons seulement ici que les proportions que nous avons reconnues les meilleures sont les suivantes :

Etangs de première qualité à l'hectare.

2,000 têtes d'alevins de carpe.

Étangs de deuxième qualité à l'hectare.

1,800 têtes d'alevins de carpe.

Étangs de troisième qualité à l'hectare.

1,600 têtes d'alevins de carpe.

Dans le cas où l'on associerait les alevins de carpe et ceux de tanche, les empoissonnements se composeraient ainsi qu'il suit :

Étangs de première qualité à l'hectare.

1,700 têtes d'alevins de carpe.
  100 —   —   de tanche.

Étangs de deuxième qualité à l'hectare.

1,600 têtes d'alevins de carpe.
  100 —   —   de tanche.

Étangs de troisième qualité à l'hectare.

1,400 têtes d'alevins de carpe.
  100 —   —   de tanche[1].

Nous recommanderons encore de toujours choisir les alevins ayant la plus forte largeur et les couleurs les plus claires.

---

1. Avec ces proportions, on obtient du jeune poisson fort, épais, vigoureux. En Lorraine, il y a des propriétaires d'étangs qui vendent leur jeune poisson non pas à la livre, mais par mille pièces ; pour avoir plus de têtes, ils forcent d'un dixième les proportions ci-dessus et obtiennent un empoissonnement moins fort.

Il peut arriver que quelques jeunes poissons très forts reproduisent immédiatement; c'est pourquoi il est bon d'ajouter quelques perches ou des petites perchettes de 20 à 24 au kilogramme, qu'on jette dans l'étang en mars ou avril. S'il ne se produit pas d'alevins, ces perches vivront grâce aux grenouilles et aux têtards de batraciens, et des insectes qui ne font jamais défaut dans tous les étangs situés au milieu de plaines cultivées.

Lors de la pêche du jeune poisson, on trouvera, en perche, d'excellents poissons qui, non seulement couvriront les frais de pêche, mais donneront encore un bénéfice. De plus, ils fourniront de toutes petites perches qui serviront à accompagner la nouvelle mise d'alevins destinée à faire du jeune poisson nouveau.

Telle est la façon la plus rationnelle de procéder, quand on dispose d'un étang pour l'alevinage et d'un autre pour le jeune poisson.

Il est certainement inutile de faire observer que le mélange des perchettes à un empoissonnement nécessite la possibilité absolue de pêcher toutes les fortes perches produites, faute de quoi on s'exposerait à voir détruire une partie de l'empoissonnement suivant par celles qui seraient restées et qui atteindraient de très fortes tailles.

Nous dirons aussi que le brochet étant toujours dangereux dans les étangs de jeunes poissons, c'est à tort que quelques personnes associent aux perches de très minimes brochetons, de quelques grammes.

Les alevins et les perchettes se mettent en novembre et les petits brochetons au mois d'avril qui suit.

Les empoissonnements d'alevins pratiqués en vue d'obtenir du jeune poisson ne séjournent dans les étangs qu'une seule année.

MÉTHODE MIXTE POUR ALEVIN
ET JEUNE POISSON

Moyen de remédier au manque d'étang d'alevinage. — Mise d'alevins et de carpes adultes. — Pêche, les produits qu'elle donne. — Quantités d'alevins et de carpes adultes à mettre à l'hectare couvert d'eau.

Mais on ne dispose pas toujours de deux étangs pour faire le réempoissonnement. Est-ce à dire que si on n'en possède qu'un, on se trouve réduit soit à y faire de l'alevin seulement, soit à acheter de l'alevin pour l'y transformer en jeune poisson? Cette façon de procéder amènerait à ne jamais faire que des pêches d'alevins, c'est-à-dire des pêches à deux ans, ou alors à acheter chaque année des alevins pour avoir du jeune poisson l'année suivante. Mais, dans ce dernier cas, ce serait se mettre constamment à la merci des chances du commerce et des rivaux en aquiculture.

A la rigueur, on peut échapper à ces embarras en procédant d'une façon qui a donné de bons résultats chaque fois que nous l'avons conseillée, et que nous appellerons *méthode mixte*.

Dans un étang d'environ six à huit hectares couverts d'eau, on met la première fois, suivant les proportions voulues, les carpes nécessaires à faire de l'alevin.

Un an après, on pêche l'alevin produit. Puis on en remet dans l'étang une partie à laquelle on ajoute des carpes adultes. L'année suivante, cet étang est pêché ; les alevins ont donné de jeunes poissons et les carpes adultes ont produit de nouveaux alevins. De cette façon, on trouvera tous les ans les jeunes poissons nécessaires à l'étang à carpe et des alevins pour produire un an après du jeune poisson. Il arrive parfois que les alevins sont fort nombreux. Dans ce cas, le jeune poisson, au lieu de fournir à peu près quatre têtes au demi-kilogramme, en donne sept à huit. Ce n'est pas un jeune poisson noué, car, placé dans un bon étang, il parviendra quand même au poids d'environ 500 à 520 grammes dans le cours d'une année. Quant à l'alevin, il est aussi parfois petit, de trente à trente-deux au demi-kilogramme.

Pour pratiquer la méthode mixte, nous conseillerons à l'hectare les proportions ci-après :

1,200 alevins.

18 carpes femelles de 3 demi-kilogrammes.

8 carpes mâles de 1 livre 1/2 à 2 livres.

Cette méthode ne réussissant bien que dans les bons étangs et ceux de bonne moyenne, nous ne pouvons donner aucune indication pour les étangs mauvais ou médiocres. Toutefois, nous estimons que, dans les étangs médiocres, les quantités d'alevins ci-dessus indiquées devront être abaissées d'un dixième pour le moins, et dans les mauvais d'un quinzième.

Nous n'avons pas besoin de noter que la méthode

mixte exige un étang absolument indemne de brochetons et de perchettes. Mais nous ajouterons aussi
que, si l'on possède deux étangs, il est de beaucoup
préférable d'affecter l'un à l'alevinage et l'autre au
jeune poisson.

ÉTANGS A TRUITES

Dans les vallées des pays de montagnes, on rencontre très communément de petits étangs ou des retenues faites avec une levée de terre, servant le plus souvent à assurer le fonctionnement des usines.

Ce sont autant de lieux où il est possible de se livrer à la production de la truite. Généralement, il suffit de prendre quelques légères dispositions pour mener à bien cette entreprise, mais il ne faut point perdre de vue que la truite recherche les eaux froides.

Dans les vallons étroits et les gorges des Vosges, du Dauphiné, de la Savoie, les chaleurs en été sont très fortes; aussi, dans cette saison, les truites remontent-elles les ruisseaux pour trouver ainsi plus de fraîcheur. Il faut donc donner à ces retenues une profondeur suffisante pour que les eaux s'y maintiennent à une température favorable à cet excellent poisson; un fond de deux mètres sera suffisant. Il est indispensable que l'eau s'y renouvelle, et le plus sera le mieux. Les lits de pierrailles et de graviers sont les meilleurs, et généralement ce sont ceux de tous les cours d'eau de montagnes. Lorsque le renouvellement d'eau est médiocre, il convient que la nappe soit ombragée par des arbres. Les aulnes, quoique plusieurs auteurs déclarent qu'ils sont nuisibles aux poissons, sont les arbres qui conviennent le mieux ; leur feuillage épais offre aux truites l'ombre qu'elles recherchent pendant les fortes chaleurs. Ils ont aussi l'avantage de croître très vite et de se multiplier d'eux-mêmes. La mauvaise renommée que leur ont créée plusieurs auteurs, en se copiant les uns les autres, est absolument une erreur sans aucun fondement.

Nous connaissons, en effet, plusieurs petits étangs de Savoie et des Vosges complètement bordés d'aulnes de grande taille, et jamais on n'a eu à leur attribuer aucune influence fâcheuse. La seule mesure à prendre à leur sujet, c'est de les planter à une distance telle, que leurs racines ne viennent pas plonger dans l'eau. Ces racines offriraient des retraites aux rats d'eau, hôtes nuisibles et abondants près des usines et des fabriques, toujours nombreuses le long des cours d'eau de montagnes.

Cette question d'ombrage élucidée, il faut prendre la précaution que la grille fermant la retenue en amont ait au moins une élévation de 0^m,40 au-dessus de la surface de l'eau, sans quoi les truites s'échapperaient à l'époque du frai. Ce poisson, tout comme le saumon, sait franchir les obstacles. Doué d'une grande vigueur, il peut sauter bien plus haut que l'ombre-chevalier.

Après l'époque du frai, les truites sont très voraces. Nous avons connu des propriétaires qui, ayant la facilité de se procurer quelques milliers de grenouilles, les jetaient aux truites. Ces batraciens, en frayant, procuraient, par leur frai ou leurs têtards, une nourriture abondante à ces poissons.

Pour les étangs à truites, il n'y a pas, comme pour les autres étangs, de catégories à établir. Tous ceux établis le long d'une vallée et alimentés par le même cours d'eau sont à peu près de même valeur.

Lorsque nous étions en fonctions dans la vallée du Rhône, nous avons appris près des pisciculteurs de ce pays qu'on pouvait aleviner, par hectare couvert d'eau, avec environ 350 à 380 alevins de truites pouvant être pêchés trois ans après la mise.

Ce poisson est d'une vente très facile, bien qu'il soit difficile de l'expédier vivant. Il se vend à un prix supérieur au brochet et à la perche, surtout quand sa chair a atteint la couleur dite saumonnée.

Il y a des pisciculteurs qui associent parfois des perches à la truite. C'est une méthode vicieuse et une cause de perte, car la perche vit de tout ce que peut consommer la truite ; elle absorbe donc une nourriture qui, au lieu de faire de la truite, se transforme en perche et diminue le revenu, puisque ce dernier poisson se vend moins cher. De plus, les perches dévorent les alevins de truite que l'on obtient parfois en quantités notables ; c'est là un préjudice considérable.

Pour obtenir une exploitation régulière des petits

étangs à truites des montagnes, il est nécessaire d'avoir une retenue consacrée à l'alevinage seul. Elle doit être en pente douce, semée de cailloux ainsi que de pierrailles ou de gros graviers. Nous estimons, contrairement à certains pisciculteurs, que ces étangs doivent être riches en herbages aquatiques. Les adversaires des herbages prétendent que, du moment que les torrents et eaux courantes des montagnes n'ont pour ainsi dire pas de végétation aquatique, il y a lieu de n'en pas laisser dans les étangs à truites.

Certainement, ces herbages devraient être proscrits si leur présence avait pour effet d'amener la température de l'eau à un degré intolérable, ou seulement gênant pour les truites ; mais bien que les cours et les nappes d'eau riches en herbes aquatiques aient, en été, des eaux plus chaudes que ceux qui en sont dépourvus, jamais la non-réfraction des rayons solaires due aux herbages n'y occasionne un degré de température à redouter.

Au lieu d'être détruits, les herbages doivent être créés dans ces étangs s'ils y font défaut, attendu qu'ils procurent une nourriture recherchée par la truite, grâce aux nombreux insectes qu'ils attirent. Ensuite, ils sont des lieux de protection et de refuge pour les tout petits poissons ; enfin, ils contribuent puissamment à l'oxygénation des eaux, et c'est là un point qui ne saurait jamais être trop favorisé quand il s'agit de l'espèce de poisson qui nous occupe.

Dans le cas où les pentes ne posséderaient que

peu ou point de débris de roches et de gros cailloux, il est toujours facile d'en jeter plusieurs tombereaux, car dans les pays de montagnes ce genre
de matériaux ne fait jamais défaut.

Il suffit de préparer ainsi 30 à 35 mètres de longueur sur environ 5 à 6 mètres de largeur pour assurer suffisamment la réussite du frai des truites et le
recevoir dans de bonnes conditions. Il est bon également de préparer cette frayère non loin de l'arrivée de l'eau dans l'étang. Plus les œufs se trouveront sous l'influence de l'eau courante, plus ils auront
chance de succès.

Nous recommandons aussi fermement la précaution de placer des fagots d'épines très serrés et des
branches de sapin en avant et contre la grille fermant
l'entrée de l'étang. Sans cette mesure, la presque
totalité des alevins sortirait de l'étang, passerait à
travers les fuseaux de la grille et gagnerait en amont
le ruisseau d'alimentation.

Pour terminer, nous dirons que, dans le choix des
alevins à prendre comme poisson d'empoissonnement, ainsi que comme reproducteurs, il y a toujours beaucoup plus de chances de réussite, quand
on se sert de sujets provenant du ruisseau alimentant l'étang à peupler, et moins quand on va chercher
au loin des truites différentes.

ÉTANGS AFFECTÉS A LA PRODUCTION
DE LA CARPE ET DE LA TANCHE

EMPOISSONNEMENT A L'HECTARE

Précautions nécessaires pour l'empoissonnement au moyen d'alevins. — Composition des empoissonnements à l'hectare couvert d'eau suivant la valeur des étangs. — Du brocheton et des perchettes dans ces empoissonnements et de la tanche. — Composition des empoissonnements.

Pêche d'alevin à deux ans de remise.

La carpe et la tanche, comme nous l'avons dit, sont les espèces de poissons qui constituent les revenus d'un étang. Les autres espèces, telles que la perche, le brochet, l'anguille, bien que plus recherchées et d'une valeur marchande supérieure, ne sont que des produits accessoires. Nous pourrions dire aussi que ce sont des espèces auxiliaires, ainsi que cela résulte du chapitre sur le rôle de ces poissons dans les étangs, où il est expliqué qu'ils n'ont d'autre raison d'être que d'augmenter la production des carpes et des tanches.

Nous avons indiqué la façon de produire de l'alevin et du jeune poisson. Il s'agit donc maintenant d'exposer la méthode de production de la carpe a lulte, c'est-à-dire les mesures à prendre et la quantité de l'empoissonnement à l'hectare, suivant chaque catégorie d'étangs.

Avant de remettre son empoissonnement, il convient de s'assurer si, dans les ruisseaux de l'étang ou dans les flaques d'eau qui peuvent exister entre les roseaux, il n'est point resté de grosses perches, des brochets de forte taille ou même des brochetons.

Si on ne peut pêcher ces flaques d'eau à cause de la difficulté de les aborder, si les roseaux y gênent aussi la jetée des filets ou leur traîne, il faut y faire éclater bon nombre de cartouches de dynamite. On évitera ainsi que quelques poissons de proie ne détruisent une partie de l'empoissonnement. Le chapitre relatif à la voracité de ces poissons permet d'apprécier quel préjudice un pisciculteur peut éprouver de leur fait.

Lorsque la production de carpe doit s'effectuer au moyen d'alevins, c'est-à-dire avec des carpes âgées de moins d'un an, nous ne saurions trop recommander de ne point jeter ces poissons en bloc dans l'étang. L'alevinage avec de petits poissons est une opération qui demande toujours une minutieuse attention. En premier lieu, il ne faut pas se servir d'alevins ayant souffert et noués. La grosseur de la tête et la mensuration que nous avons indiquée seront des guides certains pour les personnes peu au fait du métier. Un alevin de carpe, dont les teintes seraient foncées au lieu d'être argentées, doit être regardé comme ayant vécu dans des eaux peu propices, hors des conditions voulues.

Nous avons toujours examiné nos alevins *un par un*. Tous ceux qui sont blessés, écaillés, doivent être estimés impropres à l'empoissonnement. Ce n'est que dans l'impossibilité de pouvoir faire autrement, qu'on acceptera ceux auxquels il ne manquera que quelques écailles.

Il ne faut pas perdre de vue que les poissons auxquels trop d'écailles font défaut sont sujets à se couvrir de conferves, et que cette maladie peut être communiquée aux poissons indemnes.

Ces recommandations étant rigoureusement appliquées, voici quelles sont les quantités des empoissonnements à l'hectare, suivant les catégories d'étangs :

Étangs de première qualité.

430 alevins de carpe   }   490 alevins.
60 alevins de tanche   }

20 brochetons remis au commencement de la
    2ᵉ année ou à la fin de la 1ʳᵉ année.
  2 carpes femelles de 1,000 grammes.
  1 carpe mâle de 500 à 750 grammes.

Étangs de deuxième qualité.

350 alevins de carpe   }   390 alevins.
40 alevins de tanche   }

15 brochetons remis au commencement de la
    2ᵉ année ou à la fin de la 1ʳᵉ année.
  1 carpe femelle de 1,000 grammes.
  1 carpe mâle de 500 à 750 grammes.

Étangs de troisième qualité.

320 alevins de carpe ⎫
30 alevins de tanche ⎬ 350 alevins.
    ⎭

15 brochetons remis au commencement de la
2ᵉ année ou à la fin de la 1ʳᵉ année.

1 carpe femelle de 1,000 grammes.

1 carpe mâle de 500 à 750 grammes.

On peut remplacer les brochetons par des perchettes et les mettre en une quantité représentant
le triple du poids des brochetons. Nous avons dit
ailleurs que la perche donnait parfois de meilleurs
résultats que le brochet.

Avec les empoissonnements que nous venons d'indiquer, voici ce qui se passe :

La première année, les alevins croissent et parviennent à l'état de jeunes poissons, mais sont encore hors d'état de frayer.

Les carpes, au contraire, produisent des alevins.

A la fin de la première année, en novembre ou
en décembre, ou en février de la deuxième année,
on place les brochetons. Leur nourriture consistera
dans les alevins produits par les carpes adultes.

Sans ces alevins, il y a grande probabilité que
le plus grand nombre de ces brochetons périrait
faute de nourriture, et c'est pourquoi on a mis les
carpes. De cette façon, ils peuvent prospérer en
attendant le frai que les alevins produiront lors de
la deuxième année, en mai et août.

Tels sont les empoissonnements que nous avons reconnus les meilleurs pour tous les pays que nous citons d'habitude dans le cours de cet ouvrage. On les effectue le mieux durant les mois d'octobre ou de novembre.

Mais tous les étangs sont loin de produire également bien la tanche adulte.

Ce fait se présente dans les meilleurs étangs comme dans les plus médiocres. La cause nous a échappé jusqu'ici.

Nous avions cru d'abord que, lorsque les herbes aquatiques avaient été peu abondantes, les tanches restaient maigres parce que les carpes, vivant alors davantage sur le fond, leur faisaient une plus forte concurrence. Mais le fait s'étant reproduit, bien que les plantes eussent été en quantité, nous ne pouvons admettre cette explication, non plus que celle de pisciculteurs attribuant ce défaut à un empoissonnement trop fort en carpe. Si cette dernière cause était la vraie, les deux espèces de poisson se gêneraient réciproquement, et la carpe serait également maigre, tandis qu'elle est grasse, alors que parfois la tanche est parvenue à un degré de maigreur tel, qu'elle est atteinte d'étisie.

Donc, quand il s'agira d'un étang où il est bien établi que la tanche ne vient pas convenablement, on renforcera l'empoissonnement de carpe. Une ou deux tentatives suffisent pour renseigner tout propriétaire d'étang à ce sujet.

Sans tanche, voici, suivant les différentes catégo-

ries d'étangs, quels sont les empoissonnements reconnus les meilleurs en Lorraine.

Ils sont quelque peu plus forts que ceux adoptés
dans les Dombes et la Sologne, ainsi que dans le
Forez.

Etangs de première qualité.

5oo alevins de carpe.

   3 carpes de 7oo grammes à 1 kilogr. (2 femelles,
      1 mâle).

   25 brochetons (mis un an après la pose des
      poissons ci-dessus).

Étangs de deuxième qualité.

4oo alevins de carpe.

   3 carpes comme ci-dessus.

   2o brochetons comme ci-dessus.

Étangs de troisième qualité.

3oo alevins de carpe.

   3 carpes comme ci-dessus.

   15 brochetons comme ci-dessus.

La pêche à deux ans de mise, avec des alevins,
est la plus généralement adoptée.

Cependant, pour beaucoup d'étangs de troisième
qualité, elle ne se fait qu'après trois ans.

PÈCHE DE JEUNE POISSON A UN AN
DE REMISE

La pêche la plus avantageuse, celle par conséquent qui doit être conseillée de préférence, est effectuée au moyen d'un empoissonnement de jeune poisson, c'est-à-dire de la carpe ayant atteint sa deuxième année d'existence.

Comme pour l'empoissonnement d'alevin, le jeune poisson doit être bien choisi. Il faut le trier à la main et l'examiner pièce à pièce. Il faut rejeter tous les sujets tachés de gale, quelque petites que puissent être les taches. Le manque d'écailles, des teintes trop foncées, un défaut de largeur surtout, sont des motifs de rejet, et nous répétons cela parce qu'on ne saurait jamais trop le recommander, la bonne pêche en dépendant le plus souvent.

Lorsqu'on se sert de jeune poisson, les étangs de bonne qualité se pêchent au bout d'une année et les médiocres après deux seulement, néanmoins quelques propriétaires de très bons étangs pêchent après deux ans, pour obtenir de la carpe très forte.

En Alsace-Lorraine, en Lorraine française et dans les pays limitrophes, voici quels sont les meilleurs

chiffres d'empoissonnement que nous avons relevés
à l'hectare, pour les carpes et les tanches :

Étangs de première qualité.

285 jeunes poissons carpes. (Des pisciculteurs
mettent jusqu'à 360 pièces.)
40 tanches de 2ᵉ année ou de 3ᵉ année.
20 brochetons de 4 à 5 au kilogramme mis en
février ou en mars.

Étangs de deuxième qualité.

230 jeunes poissons carpe. (Des pisciculteurs mettent jusqu'à 300 pièces.)
25 tanchettes de 2ᵉ année ou 18 de 3ᵉ année.
15 brochetons de 5 à 6 au kilogramme.

Étangs de troisième qualité.

210 jeunes poissons carpes.
20 tanchettes de 2ᵉ année ou 14 de 3ᵉ année.
15 brochetons de 5 à 6 au kilogramme.

Enfin, dans le cas où il s'agirait d'étangs où la
tanche ne donne aucun bon résultat, l'empoissonnement tout en carpes comprendrait à l'hectare :

Étangs de première qualité.

340 jeunes poissons carpes et 25 brochetons de
5 à 6 au kilogramme ; des pisciculteurs mettent jusqu'à 400 pièces, ce que nous trouvons exagéré.

Étangs de deuxième qualité.

270 jeunes poissons et 20 brochetons de 5 à 6 au kilogramme. Il est mis parfois jusqu'à 325 pièces.

Étangs de troisième qualité.

240 jeunes poissons et 15 brochetons de 5 à 6 au demi-kilogramme. Il est mis parfois jusqu'à 280 pièces d'alevin.

Si on veut remplacer le brochet par la perche, on pourra, comme dans les empoissonnements d'alevins, en mettre un poids triple de celui des brochetons.

Les meilleures perches sont celles du poids de 4 à 5 au kilogramme. Dans les mauvais étangs, la pêche du jeune poisson ne s'effectue qu'après deux ans; il faut mettre les perches en même temps que les jeunes poissons, et s'assurer qu'elles n'ont subi aucune mortalité. Puis, dans le cours des mois de décembre, février ou mars de la deuxième année, c'est-à-dire celle où s'effectuera la pêche, on placera 25 à 30 brochetons du poids de 15 à 20 au kilogramme.

Les produits donnés par les brochets et les perches sont toujours satisfaisants; ils compensent sérieusement l'infériorité de l'étang au point de vue de la carpe. Non seulement les poissons carnassiers viennent bien, mais de plus ils acquièrent d'excellentes qualités comestibles, c'est-à-dire bon goût et fermeté de chair.

Les pêches d'un an, qui sont généralement plus

avantageuses que celles de deux ans, ne sauraient être pour un étang la règle ordinaire d'exploitation. Un locataire peut mettre à profit les dernières années de son bail, au grand détriment de la propriété qui lui a été affermée.

C'est pourquoi un propriétaire prudent devrait spécifier, dans ses conditions de location, que son preneur ne pourra effectuer de pêche d'un an qu'autant qu'elle succèdera à l'exploitation d'une pêche de deux ans.

Cette mesure constitue incontestablement une entrave absolue à la liberté du locataire, alors que cette liberté semblerait devoir être pleine et entière. Mais, tout en paraissant être au profit exclusif du propriétaire, elle n'en serait pas moins dans une certaine mesure à l'avantage du preneur.

Nous connaissons un certain nombre de propriétaires qui, par l'application de la méthode de pêches d'une année, non alternées judicieusement avec celles de deux ans, ont tellement fatigué leur étang, que pour ramener la production normale du poisson, ils ont dû prendre des mesures à cet effet.

Ces mesures sont de deux sortes, et il n'y en a pas d'autres. La plus ordinaire, c'est de se résoudre à faire successivement des pêches de deux ans préparées avec un faible empoissonnement.

Suivant la fatigue du fond de l'étang, ces pêches auront un empoissonnement plus ou moins faible, ou bien elles seront moins nombreuses. Dans ce cas, le propriétaire est le meilleur juge.

Toutefois, pour un étang complètement fatigué, trois pêches de deux ans, effectuées de la façon suivante, suffisent généralement pour le ramener à sa production normale.

La première pêche de deux ans sera préparée avec la moitié, et les deux autres pêches avec les deux tiers de l'empoissonnement normal.

En procédant ainsi, on peut toujours, dans une certaine mesure, réussir à atténuer la perte subie sur la production de la carpe par suite de ces empoissonnements réduits. Il suffit de faire beaucoup de perches ou de brochets. Ces deux espèces ne fatiguent aucunement le fond des étangs.

Alors même que les carpes n'auraient pas donné un frai abondant pour les nourrir, les perches trouveront toujours leur nourriture, et c'est un avantage qu'elles ont sur les brochets qui, eux, ramasseront les grenouilles et leurs têtards.

L'autre mesure consiste à livrer le fond de l'étang à l'exploitation agricole. Mais, pour bien des étangs, dont la mise en terrage n'a guère lieu que tous les quinze ou vingt ans, la mise en culture constitue une perte importante de revenus. Cela est dû généralement à ce que les personnes qui se livrent à l'agriculture dans les environs, ne sont pas au fait de ce que ces sols peuvent produire tant en plantes textiles qu'en racines et plantes betteravières. Il en résulte une location couvrant à peine les frais de curage du bief de pêcherie et ceux du rejointoiement des pierres de maçonnerie de la digue ; il est en effet d'usage de profiter des mises à sec pour faire ces réparations.

Après une année de culture, on peut estimer que le fond est suffisamment reconstitué. Mais il ne faut point profiter de ce qu'après chaque mise en terrage, la pêche qui suit donne généralement une production de poisson supérieure à la quantité normale. Il est bon toujours, dans ces circonstances, de ne procéder qu'à une pêche de deux ans, jamais d'un an, et avec un empoissonnement atteignant au plus les deux tiers de la proportion habituelle, ainsi que nous l'avons dit.

C'est là, il est vrai, une mesure que tout propriétaire venant de reconstituer un fond d'étang hésite à prendre. Il est toujours enclin à vouloir récupérer, autant que possible, la perte qu'il vient de subir. Nous affirmons que c'est un tort et que la série des quatre ou cinq pêches qui suivront celle faite immédiatement après le terrage, lui fera récupérer toutes les pertes qu'il aura subies par suite de ses empoissonnements réduits et de sa mise en culture.

Nous allons maintenant, pour compléter ce chapitre, expliquer comment les pêches d'un an, plus que celles de deux ans, fatiguent un fond d'étang.

Si, par exemple, pour une pêche de deux ans l'empoissonnement d'un hectare d'étang comporte la quantité de 520 alevins de carpe, et que ces alevins donnent, comme dans un bon étang, la production de 600 à 650 demi-kilogrammes à la fin de la deuxième année, voici ce qui survient.

Les alevins remis sont généralement du poids comportant trente-six à quarante pièces au kilogramme. Ils chargent donc l'hectare, au début, d'un poids de 13 kilogrammes et demi. A la fin de la première année, ils ont acquis en moyenne le poids qui fournit sept têtes au kilogramme, c'est généralement le poids normal, et il en résulte que, dans le cours de l'année, l'hectare a supporté, comme poids moyen, 37 kilogrammes.

Dans le cours de la deuxième année, les 520 alevins devenus jeunes poissons parviendront au poids total de 650 demi-kilogrammes. Il s'ensuit que l'hectare d'étang aura été chargé par le poids moyen de 325 demi-kilogrammes durant la deuxième année.

Cela produit, pour les deux années d'empoissonnement de la pêche de deux ans, un poids moyen total de 37 plus 325, soit 362 demi-kilogrammes.

Si nous examinons maintenant ce qui se passe pour une pêche d'un an, nous voyons cette fois que le même hectare, empoissonné avec 345 jeunes poissons, pesant un kilogramme par sept têtes et devant produire, comme ci-dessus, des carpes du poids de 625 grammes, soit 431 livres de poisson, l'hectare est chargé d'un poids moyen de 215 livres et demie.

Par conséquent, si on a fait deux pêches d'un an de suite, l'hectare d'étang aura été chargé, pour ces deux ans, d'un total moyen de 431 livres.

Tandis que le poids des deux années de la pêche de deux ans n'aura donné que le total moyen de

362 livres, soit, par conséquent, une différence à l'hectare de 69 livres[1].

Tout propriétaire arrivera à constater l'épuisement du fond, lorsque les pêches successives d'un an produiront des quantités au-dessous de la production normale.

Il s'en apercevra du reste bien vite, et nous ne saurions trop l'engager à ne pas différer les mesures de reconstitution du fond, et à ne point chercher à mettre sur le compte d'une année peu favorable son déficit de production.

Quant à conseiller la mise en terrage ou l'adoption de pêches successives de deux ans avec faible empoissonnement, nous pensons que chacun est le meilleur juge pour choisir de préférence la mèsure qui pourra le mieux ramener la fertilité dans sa propriété.

---

[1]. A cette différence vient s'ajouter le fait que le jeune poisson fatigue beaucoup plus un étang que l'alevin. C'est pour cela que l'empoissonnement en jeune poisson comporte généralement un tiers de pièces en moins que celui fait en alevin.

PÊCHE DE JEUNES POISSONS A DEUX ANS

Raisons qui déterminent ce genre de pêche. — Du brocheton dans l'empoissonnement de ces pêches. — Composition des empoissonnements pour pêche de deux ans avec jeune poisson. — Déficits et leurs causes probables.

Il a été dit précédemment que des propriétaires de bons étangs empoissonnaient en jeunes poissons et ne pêchaient parfois, comme dans les mauvais étangs, qu'après deux ans. Ce sont les aquiculteurs qui ont le placement de carpes de deux à trois livres et au delà. Les carpes de ce poids ne sont pas une marchandise courante, elles sont trop fortes et se vendent moins facilement au détail. Il est bon d'avoir des carpes de cette taille, mais il ne faut pas qu'elles dépassent au plus le huitième de la pêche. Il est prudent de ne chercher à dépasser cette proportion qu'autant qu'on aura un marché conclu à l'avance.

Cependant, en Alsace-Lorraine, depuis deux à trois ans, les carpes de ce poids sont plus réclamées par les marchands. On peut prévoir, d'ici à peu de temps, que la grosse carpe deviendra pour eux la marchandise courante. Lorsqu'il en sera ainsi, ce sera un grand préjudice porté aux propriétaires d'étangs, et la chose est facile à comprendre, puisque avec leur empoissonnement d'alevins, il faudra trois ans d'eau au lieu de deux ans, et avec du jeune poisson, deux ans au lieu d'une seule année. La majoration du prix, au plus dix centimes par demi-kilogramme, sera loin de compenser la perte éprouvée.

Quand on pêche pour n'obtenir que de la forte carpe, l'empoissonnement se modifie.

Les brochets et les perches donnent alors d'excellents résultats. La carpe devient extraordinairement belle, et on ne trouve en pêchant aucun alevin de carpe, ni de tanche; la pêche est ce qu'on appelle *nette*.

Ce genre de pêche avec du jeune poisson âgé de deux ans, remis pour séjourner deux années dans l'étang et produisant ainsi de la carpe âgée de quatre ans, donne des produits inférieurs à ceux qui seraient réalisés par deux pêches de jeune poisson remis à l'eau seulement pour une année.

Voici un exemple constaté en Lorraine; il peut servir de guide pour les bons étangs.   .

EMPOISSONNEMENT DE NOVEMBRE 1890, PÊCHÉ
EN NOVEMBRE 1892

300 jeunes carpes de 5 à 7 au kilogramme mises en novembre 1890.

50 tanches de deuxième ou de troisième année placées à la même époque.

4 kilogrammes de perchettes, de 5 à 6 au demi-kilogramme, mises avec les carpes et les tanches.

35 à 40 brochetons de 200 à 225 grammes placés en février, mars 1892.

Le tout par hectare couvert d'eau.

Quoique ces pêches réussissent généralement, il arrive parfois qu'on éprouve, malgré toutes les précautions prises, des déficits très forts, qui portent aussi bien sur la carpe et la tanche que sur la perche et le brochet. C'est pourquoi des pisciculteurs, séduits par l'augmentation de prix qui leur avait été offerte sur la carpe, ont renoncé à cette méthode.

Nous avons été à même de constater plusieurs fois que, lorsque les déficits de carpe étaient importants, ils coïncidaient avec un rendement de brochets et de perches inférieur à celui qui peut être réalisé.

Nous pensons que cela tient à ce que le déficit sur les carpes s'est produit principalement dès la première année de la mise et que, par suite, la production d'alevins se trouvant réduite, les poissons carnassiers n'ont pas eu la somme de nourriture dont ils auraient pu profiter si les quantités de carpes et de tanches n'avaient pas été diminuées par une cause quelconque.

Quant aux déficits en carpe et en tanche, nous ne pouvons les attribuer qu'aux déprédations des loutres et des oiseaux pêcheurs : hérons, balbuzards, etc. Lorsque ces animaux ne fréquentent

pas les étangs, nous n'y avons jamais constaté
aucun rendement inférieur dans cette sorte de
pêche, si ce n'est toutefois quand l'empoissonnement renferme des sujets plus ou moins attaqués
par la gale.

PÊCHE BATARDE

Composition des empoissonnements pour effectuer cette pêche. — Inconvénients graves et nombreux que peut déterminer ce genre de pêche.

Bon nombre de propriétaires ne possèdent qu'un seul étang, qu'ils consacrent à la production de la carpe. Mais avoir de l'alevin pour l'empoissonnement est toujours un problème important pour ceux qui n'ont pas d'étang d'alevinage ; aussi s'efforcent-ils très souvent de trouver dans leur unique pièce d'eau de la carpe et aussi de l'alevin. C'est ce que nous appelons faire des *pêches bâtardes*.

Malheureusement, cette méthode est absolument vicieuse ; elle ne réussit pas toujours, il s'en faut de beaucoup ; de plus elle ne fait pas rendre à la propriété le maximum des revenus possibles.

A de très rares exceptions près, on arrive à avoir ou trop ou trop peu d'alevins. Nous dirons plus loin quelles sont les conséquences de l'un et de l'autre cas.

Supposons qu'en 1898 on désire préparer une pêche bâtarde pour 1900. Voici, par hectare, comment il faudrait procéder.

En octobre ou novembre 1898, on mettrait l'empoissonnement suivant.

1° 400 alevins de carpe de 14 à 24 pièces par 500 grammes.

2° 8 carpes femelles de 725 grammes environ.

3° 4 carpes mâles de 725 grammes.

Puis, en février ou mars 1899, par conséquent 15 mois après :

10 brochetons de 10 à 12 au kilogramme.

Le tout pour être pêché en octobre ou novembre 1900.

Voici maintenant les cas divers qui peuvent se présenter au moment de la pêche :

Si les carpes adultes ont bien frayé durant l'été de 1899, les brochetons, mis en février ou mars de 1900, trouveront une nourriture suffisante, pouvant leur faire épargner l'alevin né pendant les mois de mai et août de cette année.

Alors on pêchera, en novembre 1900 :

1° Des carpes adultes de 600 à 700 grammes produites par les alevins d'empoissonnement;

2° Des carpes de 4 à 5 demi-kilogrammes provenant des carpes adultes mises pour frayer;

3° Des alevins nés en été 1900, ayant par conséquent six mois environ et pouvant fournir 14 à 18 pièces au demi-kilogramme;

4° De beaux brochets provenant des brochetons de l'empoissonnement.

Si la quantité d'alevins trouvée est supérieure aux besoins, il peut arriver que l'alevinage et le prix de vente de son excédent compensent la perte subie par la différence existant entre l'empoissonnement d'une pêche franche de deux ans à 490 alevins, tant carpes que tanches, et celui d'une pêche bâtarde comportant seulement 400 alevins. C'est là le plus grand succès possible; mais on l'atteint très rarement.

Dans le cas où le pisciculteur n'a que son compte d'alevins, jamais son alevinage ne compensera la perte subie.

Cette perte par hectare comportera en moyenne la différence existant entre 700 livres de carpes et tanches, production extrême d'une pêche franche, et les 500 à 520, résultat de la pêche bâtarde, soit une différence de 180 livres de poisson évaluée au bas mot 80 fr.

Or, en Lorraine et en Alsace-Lorraine, de même qu'en Belgique, les mille têtes d'alevins se vendent généralement 20 à 22 fr., au plus 25 fr. lorsqu'il y a pénurie.

Il en résulte donc, qu'en faisant une pêche bâtarde pour avoir de l'alevin, le propriétaire d'un étang de 10 hectares subira au moins une perte de 700 à 800 fr. pour un alevinage d'environ 5,000 têtes qu'il aurait pu se procurer, rendu chez lui, pour une somme de 125 à 130 fr.; d'où un déficit minimum de 500 à 600 fr.

Mais il peut aussi arriver que les brochets épargnent du frai de 1899 et même de 1900.

Dans ce cas, voici ce qu'on trouve en effectuant la pêche :

1° De la carpe adulte donnée par les alevins d'empoissonnement ;

2° De la grosse carpe provenant des carpes mâles et femelles mises pour frayer; elles ont atteint environ 4 et 5 livres;

3° Des jeunes poissons provenant des alevins nés durant l'année 1899 et qui n'ont pas été consommés. Ces jeunes poissons sont âgés de 16 à 17 mois;

4° Des alevins provenant du frai produit dans l'année 1900. Ces alevins sont âgés de 5 à 6 mois;

5° Des brochets très forts et très gras.

Lorsque la pêche présente ces diverses catégories de poissons, il arrive presque toujours qu'on a une trop grande abondance d'alevins. En effet, si les brochets ont été insuffisants à consommer les alevins produits, c'est qu'ils ont subi un fort déficit; ce à quoi ils sont du reste fort sujets, ainsi que nous l'avons dit dans le cours de cet ouvrage.

Donc, dans le cas qui nous occupe, le pisciculteur se trouve encombré d'alevins, qu'il vend difficilement et à prix non rémunérateur, car c'est une marchandise peu courante, qui n'est recherchée que par les propriétaires d'étangs, et rarement comme friture par les marchands de poissons. Il se heurte en outre à cette circonstance désavantageuse : c'est que, si l'alevin a réussi chez lui, malgré les brochets, il y a certitude qu'il a réussi de même dans les étangs d'alevinage, d'où abondance générale de cette marchandise, difficulté de la vendre et très bas prix réalisés.

Cette production surabondante d'alevins, s'ajoutant à celle de jeunes poissons non recherchée, a eu aussi pour conséquence de faire consommer une quantité de nourriture au très grand détriment de la carpe adulte produite. Celle-ci, n'ayant trouvé qu'une alimentation insuffisante, est maigre et bien loin d'avoir atteint le poids qu'elle aurait pu gagner, et cette perte de poids est toujours en proportion directe avec la trop grande abondance d'alevins et la quantité de jeune poisson pêché.

Il est vrai que, parfois, une compensation se produit : le jeune poisson trouvé en suffisance permet d'effectuer un empoissonnement avec des sujets dans le cours de leur deuxième année d'existence, et de faire une pêche d'un an à la suite de cette pêche bâtarde.

Un autre cas peut se présenter encore : c'est lorsque le frai de l'année 1899 n'a pas réussi.

Si l'on met alors le brocheton indiqué en février ou mars 1900, il dévore inévitablement le frai produit en mai et août.

Il en résulte qu'en faisant la pêche en novembre 1900, on ne trouve ni jeunes poissons provenant d'alevins de 1899, ni alevins provenant du frai de 1900.

On n'a donc aucun empoissonnement, alors que c'était le but poursuivi.

La pêche, il est vrai, donne de la belle carpe, grasse et forte, mais cependant en quantité inférieure, puisque l'empoissonnement, destiné à faire la carpe adulte, avait été calculé et diminué de façon à laisser de la nourriture aux alevins qu'on avait cherché à produire.

De plus, les brochets laissent à désirer le plus souvent, attendu que, remis en février ou mars 1900 et ne trouvant pas d'alevins de 1899 à consommer, il leur a fallu attendre le frai de mai et celui d'août 1900. Manquant de nourriture durant deux à trois mois, un certain nombre a péri ; les survivants ont dû vivre de grenouilles ou de crapauds jusqu'à l'époque du frai des carpes. Il y a donc perte sur le brochet en nombre et en poids.

Ainsi, dans une pêche bâtarde, la non-réussite du frai de la première année de la mise à eau peut avoir pour conséquence :

1° D'abord sur la carpe, perte inévitable, résultant de ce que l'empoissonnement en alevins pour pêche bâtarde est moins fort que pour une pêche franche ;

2° Perte sur le brochet ;

3° Absence d'empoissonnement.

Il est possible de conjurer en partie les inconvénients résultant de la non-réussite du frai de la première année d'empoissonnement. Pour cela, il faut être sûr de cet insuccès et de l'avortement de la ponte des carpes. La chose est facile à constater en explorant son étang ; on peut mieux encore se renseigner sur les étangs d'alevinage de la contrée et des environs qui ont été pêchés et savoir s'il y a eu de l'alevin. On peut être à peu près certain qu'il en est chez soi comme chez les autres.

Une fois le manque d'alevins établi, au lieu de mettre les 10 brochetons par hectare, on en met seulement 4 à 5 au mois d'avril de l'année où se fera la pêche. De cette façon, on courra la chance de trouver une partie de l'alevin produite pendant le cours de la deuxième année de l'empoissonnement.

Tels sont les multiples mécomptes et les embarras qui sont le cortège de la pêche bâtarde. Aussi ne conseillons-nous jamais de l'employer. Il est toujours possible de trouver un petit étang d'alevinage à acheter et au besoin d'en créer. Il est aussi préférable de se procurer de l'empoissonnement à un taux élevé, très élevé même, plutôt que de faire des pêches bâtardes. Ce sera toujours une pratique bien moins onéreuse et moins chanceuse. Suivant le dicton lorrain des pays d'étangs : *La pêche bâtarde est la véritable bouteille à l'encre.* Malgré cela, beaucoup de propriétaires la pratiquent, mais à la vérité ce ne sont que les routiniers ou ceux qui débutent dans ce genre d'exploitation. Il est rare qu'après une série de cette sorte de pêche, ils n'y renoncent pas tout à fait, et pour cause.

Nous finirons ce dernier chapitre sur les différentes espèces de pêches effectuées en France et autres pays, en recommandant instamment aux propriétaires d'étangs, empoissonnant avec du jeune poisson, c'est-à-dire dans le cours de la deuxième année, de ne jamais acheter ou employer des sujets ayant passé tout l'hiver, soit quatre à six mois, en réservoirs.

Dans ces conditions, cet empoissonnement est amaigri, il a perdu une grande partie de sa vitalité.

Remis dans un étang, il emploiera trois à quatre mois à se rétablir et à regagner l'état qu'il avait au début de sa mise en réserve. Fatigué ensuite par le frai, ce poisson verra sa croissance enrayée. Il en résulte que l'empoissonnement effectué dans de telles conditions est loin de donner les produits auxquels on pourrait prétendre.

Ces inconvénients peuvent cependant être évités si les réservoirs sont pourvus d'une alimentation d'eau considérable, énorme, circonstance qu'on rencontre rarement.

SAISONS DES PÊCHES

Époques choisies dans les diverses régions. — Avantages et inconvénients de chaque époque.

Pour effectuer les pêches d'étangs, il y a deux saisons. L'époque préférée est l'automne, puis viennent les mois de février et mars.

Dans le midi, on procède plus tard que dans l'est et le nord, à cause de l'absence des gelées. En Lorraine et en Belgique, les pêches commencent généralement vers le 15 octobre. Elles se prolongent parfois, non seulement durant tout l'hiver, mais jusqu'à la fin du mois d'avril.

Il y a des pisciculteurs qui préfèrent opérer au mois de février. Ces deux époques ont leurs avantages et leurs inconvénients, que nous allons exposer. Tout aquiculteur se trouvera à même d'apprécier laquelle est la plus favorable à ses intérêts.

Les pêches d'automne et de novembre, si elles se terminent dans le cours de ces deux mois, ne présentent, dans les pays que nous avons cités, aucun inconvénient, à la condition qu'il n'y aura pas de fortes pluies.

En Lorraine, lorsqu'il pleut durant ces deux mois, c'est sous l'influence du vent du sud, bien plutôt que sous celle du vent de l'ouest. Or, les pluies du vent du midi sont des pluies chaudes, absolument défavorables au poisson; elles le rendent moins *dur*, c'est-à-dire moins résistant. C'est dans ces moments qu'il faut avoir soin de ne pas donner des coups de filet trop forts, c'est-à-dire ramenant trop de marchandise. Les poissons supportent alors beaucoup moins longtemps le contact de la vase que leur impose la traîne de la poche du filet, et ils ont besoin d'en sortir le plus rapidement possible. Moins que jamais il ne faut mettre en pratique l'opinion vicieuse qu'il est bon de laisser le poisson s'y débarbouiller. Nous avons vu souvent cette méthode enlever en fort peu de temps bien des sujets, surtout les perches et les brochets.

Il faut donc procéder par petits coups de filet, et c'est là une prolongation de la main-d'œuvre qu'on n'aura pas à regretter.

Par petits coups de filet, nous entendons dire que la quantité de poissons prise doit être telle, qu'elle puisse être enlevée de cet engin dans un laps de temps ne dépassant pas trois heures. Toutefois, si l'étang n'est pas vaseux, cette durée peut être doublée. Par les mêmes temps, il est aussi dangereux de trop charger les réservoirs. Il est bon de ne pas y mettre la même quantité d'animaux qu'ils peuvent contenir durant les mois de décembre et autres mois d'hiver. Il faut surveiller attentivement son poisson et se rendre bien compte de la façon avec laquelle il pourrait y piper. Nous dirons de nouveau que, si le pipage n'est dû qu'à l'influence du temps, le poisson se tiendra horizontalement à la surface de l'eau; si le temps a pour conséquence de rendre trop *chargés* les réservoirs, il s'y tiendra très incliné; enfin, si l'inclinaison atteint 45 degrés, c'est l'indice que les poissons éprouvent une gêne de respiration. Dans ce cas, il ne faut pas hésiter à en enlever une partie pour la placer ailleurs. En une nuit, faute de cette précaution, on peut subir une grande mortalité. Les poissons tombent au fond et l'on ne s'aperçoit de la perte que plusieurs jours après, lorsque les cadavres montent à la surface. Ces inconvénients dus au temps de pluie venant du midi se présentent également en avril et dans les derniers jours de mars. Aussi, la meilleure saison de pêche comprendrait-elle les mois de décembre et janvier, si la glace ne survenait pas ou durait fort peu. Mais il est rare, dans les provinces de l'est, qu'il en soit ainsi; c'est pourquoi il est bon de terminer l'opération avant cette époque. Lorsque la glace interrompt une pêche, il faut donner aux poissons le plus d'eau possible. Nous avons dit ailleurs les précautions à prendre, lorsqu'une glace épaisse recouvre la surface des étangs et des viviers.

En pêchant en octobre et novembre et en terminant avant les glaces possibles de décembre et janvier, on a l'avantage de pouvoir placer son empoissonnement de bonne heure. Bien que ne mangeant pas durant les froids de l'hiver, le poisson a tout le temps de se remettre, soit des fatigues d'une longue

conservation en réservoirs, soit de celles d'un transport. Il a pu faire la reconnaissance complète de son
nouveau milieu, et choisir les places où il se canton-
nera de préférence.

Il a toujours été constaté que des empoissonnements mis à cette époque produisent de plus beaux
résultats que ceux qu'on place en avril à la suite des
pêches effectuées en février et mars ; tel est l'avantage de celles ouvertes en octobre et novembre.

Les pêches de février et mars obligent à empoissonner en avril et peuvent procurer les avantages
ci-après. D'abord elles profitent de la période des
jours maigres, ce qui facilite beaucoup la vente.
Puis, les carpes se trouvant plus gonflées de laitance
et d'œufs qu'en automne, elles ont ainsi gagné un
poids quelque peu supérieur. Nous avons estimé
comme suit ce que cette plus-value peut donner en
poids de marchandise, pour les carpes sorties d'é-
tangs et non de viviers.

En mars, pour les carpes mâles, 6,74 p. 100 de
plus qu'en novembre.

En mars, pour les carpes femelles, 7,45 p. 100.

En avril, pour les carpes mâles, 8,13 p. 100 de
plus qu'en novembre.

En avril, pour les carpes femelles, 9,89 p. 100.

Ces chiffres ont été relevés par nous à la suite d'un
hiver des plus rigoureux, qui avait duré tous les mois
de décembre, janvier et février. La même expérience,

à la suite d'un hiver très doux, nous a donné les chiffres ci-après :

En mars, pour les carpes mâles, 7,3o p. 100.
— femelles, 8,55 p. 100.
En avril — mâles, 8,82 p. 100.
— — femelles, 10,35 p. 100.

En faisant la moyenne de ces deux expériences, tout aquiculteur pourra très approximativement se rendre compte si la plus-value en poids peut compenser les inconvénients d'un empoissonnement effectué en avril au lieu de décembre, soit trois mois plus tard.

Pour nous, nous avons toujours eu avantage à empoissonner dès le mois de décembre.

Nous reprocherons en outre à la pêche tardive d'enlever la perche et le brochet dans leur plus mauvaise saison, puisqu'on les prend en mars et avril, c'est-à-dire à l'époque de leur frai. Ils sont alors bien gonflés de laitance et d'œuvée, mais leur chair a perdu énormément de ses qualités comestibles. Ces poissons, les perches surtout, sont en outre bien plus difficiles à transporter.

Quand on veut obtenir le poids maximum des perches et des brochets, la saison la plus avantageuse comprend février et surtout la première quinzaine de mars. A ce moment, les plus-values en poids gagnées par ces poissons depuis les mois d'octobre et novembre et reconnues par nous, sont les suivantes.

Pour les brochets mâles, 3,07 p. 100.
— femelles, 4,09 p. 100.
Pour les perches mâles, 9,78 p. 100.
— femelles, 13,87 p. 100.

Lorsque les derniers jours de mars sont arrivés, l'augmentation du poids, que le frai procure aux perches mâles, se perd par le fait que la laitance est devenue fluide et s'échappe d'elle-même.

DES CAUSES DE NON-RÉUSSITE DU FRAI

DANS LES

ÉTANGS D'ALEVINAGE ET AUTRES

Effet de la pénurie des herbages aquatiques. — Grenouilles et crapauds. — Oiseaux aquatiques et domestiques. — Insectes de vase.
— Influence des temps et du niveau de la nappe d'eau.

Les causes de la non-réussite du frai dans les
étangs sont multiples. Elles proviennent d'abord des
animaux qui recherchent et consomment cette substance. En premier lieu, il faut compter, parmi les
principaux et les plus constants destructeurs d'œufs
de poissons, les poissons eux-mêmes. Parmi toutes
les espèces, la carpe et la tanche en font une très
grande consommation, surtout quand elles manquent
d'autre nourriture. C'est pourquoi, ainsi que nous
l'avons dit, les étangs d'alevinage doivent, avant
tout, être riches en ces herbages aquatiques que consomment les poissons, car, en cas de grande pénurie,
ceux-ci en arrivent à consommer leur frai parfois en
son entier.

Puis viennent les grenouilles, les crapauds qui
sont tout aussi à redouter : en temps de ponte, ces
batraciens limitent absolument aux œufs leur ali-

mentation. Les têtards de ces animaux, toujours
éclos bien avant la ponte des poissons, vivent aussi
de frai.

C'est pourquoi, si des parties d'étangs sont recherchées par une quantité de grenouilles, le frai
des poissons n'y produira jamais que fort peu d'a-
levin.

Les grenouilles vertes, qui restent toute l'année
dans les étangs, sont aussi nuisibles, car elles dévorent les petits poissons à l'éclosion et tant qu'ils
sont à l'état minuscule, elles peuvent les rechercher
jusque dans les plus menus herbages.

Citons encore les oiseaux aquatiques, et en premier lieu les canards, qui sont absolument voraces,
surtout lorsqu'ils ont leur couvée.

Une douzaine de canards domestiques ou sauvages peuvent, en cinq ou six jours, détruire le frai
d'un étang d'alevinage de un à deux hectares. Ces
oiseaux anéantissent une frayère, non pas seulement
parce qu'ils sont de forts mangeurs, mais aussi
parce que, par leurs barbottages, ils détruisent tout
ce qu'ils n'ont pas consommé. Les oies, bien qu'elles
soient également friandes du frai, sont moins dévas-
tatrices que les canards. Aussi ne doit-on jamais
élever ces oiseaux domestiques à proximité des
étangs d'alevinage.

Après les canards et les oies, viennent les foulques
ou morelles, nommées aussi judelles dans les environs de Paris, les pluviers, les râles d'eau, puis les
rats d'eau et les campagnols.

Parmi les nombreux ennemis du frai, il faut aussi comprendre les insectes aquatiques. On sait que, dans bien des cas, les plus petits êtres sont parfois les plus grands éléments de destruction. Les uns détruisent les œufs, non seulement lorsqu'ils sont à l'état de larves, mais aussi à l'état d'insectes parfaits, comme le dytique, l'hydrophille, les crevettes d'eau douce. De tous les insectes, les phryganes sont peut-être les plus dangereux pour le frai, car ils s'attaquent même aux minuscules petits poissons, alors qu'ils sont encore munis de leur vésicule ombilicale.

Parmi les plus grands ravageurs du frai, il faut aussi ranger les porcs que, dans plusieurs régions, on conduit sur les rives des étangs. Ces animaux dévorent le frai et, en fouillant les rives, ruinent de fond en comble en quelques heures toutes les frayères.

Nous avons souvent entendu des propriétaires prétendre que, lorsqu'il s'agit d'étangs à carpes, l'intervention des porcs, si nuisible pour le frai, est compensée par le fait qu'en affouillant les rives, ils entravent la production des roseaux et que, par conséquent, ils augmentent ainsi le parcours où les carpes peuvent trouver des aliments.

Sans aucun doute, il y a du vrai dans cette opinion, mais il est certain aussi, qu'en détruisant le frai, les porcs suppriment une quantité de perches et de brochets qui se seraient nourris des alevins, et que cette perte est supérieure à la plus-value du parcours qu'on peut supposer avoir été gagnée sur les rives.

Toutes ces causes de destruction peuvent être combattues et, sinon supprimées, du moins atténuées en grande partie. Mais on est désarmé contre les grandes pluies d'orages qui amènent des eaux parfois chargées de boue et de limon provenant des terres d'alentour. Il suffit que ces eaux déposent un centimètre ou deux de vase sur la ponte des poissons pour qu'elle soit vouée à un avortement. Il en est de même si la température de l'eau se trouve trop vite abaissée. C'est le plus souvent une cause de non-réussite du frai dans toute une région.

Lorsqu'un étang d'alevinage contient beaucoup d'insectes de vase et aquatiques, ennemis du frai, il est facile d'y apporter remède. Il suffit d'y mettre pendant un an ou deux beaucoup de tanches. Ces poissons, fouillant la vase, détruiront les insectes et leurs larves.

DE LA MISE DU BROCHETON

EMPOISSONNEMENTS DE JEUNE POISSON

Époques où cette mise s'effectue. — Brochetons maillés. — Brochetons de huche et de réservoirs. — Choix des brochetons. — Influence du choix d'un seul sexe. — Brochet *lévrier*. — Distinction
des sexes.

Nous avons dit, dans le cours de cet ouvrage,
quel était le rôle de la mise du brochet dans les
empoissonnements destinés à faire de la carpe et de
la tanche adultes, alors que ces derniers sont déjà
parvenus à l'état de jeune poisson.

Le meilleur moment de la mise des brochetons
est toujours le mois de novembre ou celui de décembre. Cette époque est bien préférable à celle de
mars ou d'avril, car alors le transport est bien plus
délicat et exige toutes les précautions indiquées au
chapitre du transport des poissons.

Lorsqu'on va sur les étangs chercher des brochetons pour la remise, il ne faut jamais accepter ceux
qui sont même légèrement *maillés*, c'est-à-dire portant la marque d'une maille du filet. Généralement
cette marque se trouve en dessous des ouïes. Il
est très rare qu'un brocheton ayant été *maillé* se
remette; il devient moussu à la place lésée, puis
cette partie se tuméfie et le poisson meurt. C'est une

affaire de quinze à vingt jours tout au plus. Il faut aussi prendre les brochetons très délicatement, car ils sont fort sensibles à la compression de la main, et on les serre inconsciemment suivant leurs efforts pour s'échapper.

Il ne faut jamais prendre, pour la remise, des poissons qui auraient été conservés depuis long-temps dans un réservoir, encore moins ceux qui auraient été remisés depuis plus de douze à treize jours dans les caisses en bois, dites *huches* en Lor-raine. Ces animaux sont généralement blessés à la gueule par les heurts contre les parois. Cet incon-vénient se produit égalemant quand ils ont été conservés dans des réservoirs maçonnés, même dans les réservoirs de terre. Tout brocheton atteint de cette façon périt. Il en résulte une inflammation de la mâchoire inférieure débutant toujours à l'extré-mité. Cette partie de la gueule se rougit, se bour-soufle et le sujet meurt. C'est le plus souvent la cause principale des déficits si importants, éprouvés parfois sur la mise des brochetons. Aussi il est de beaucoup préférable de recevoir ces poissons au sortir du filet de pêche.

Lorsqu'on a le choix, il faut toujours prendre des brochetons de 8 à 10 pièces au kilogramme.

Quelques pisciculteurs prétendent que, si on a l'habileté de les choisir du même sexe, le rendement obtenu atteint jusqu'au triple de ce qu'il est lorsque les sexes sont mêlés.

A ces dires, il y a bien des objections à faire, mais

il est certain que, si on met des brochets d'un seul sexe après les mois de mars ou avril, c'est-à-dire après l'époque du frai, cet avantage n'existe plus, car c'est la suppression des fonctions de la reproduction qui le détermine. C'est du reste un fait commun à toutes les espèces de poisson, mais nous ne pensons pas que, même pour le brochet, l'augmentation du poids puisse jamais s'élever au triple et jusqu'au quadruple, comme certains l'assurent.

Nous avons d'ailleurs institué à ce sujet une expérience, non pas dans un grand étang, mais dans un petit, et la majoration obtenue n'a été que de 35o grammes environ par tête de poisson. Nous avions mis des brochetons du poids moyen de 3oo grammes; un an après, nous pêchions des brochets d'environ 1,38o grammes, alors que précédemment des brochetons du même poids nous avaient donné de 1,ooo à 1,o5o grammes en moyenne. Si donc le fait avancé par plusieurs auteurs, qui se sont répétés mutuellement, était exact, il aurait fallu que nos brochets de 1,ooo à 1,o5o grammes se fussent triplés ou quadruplés et eussent atteint en un an le poids de six ou huit demi-kilogrammes. Ces chiffres, pour toute personne du métier, suffisent à démontrer combien ces assertions sont erronées, même absurdes, et prouvent une fois de plus combien d'erreurs se sont accréditées parmi ceux qui s'adonnent à la culture des eaux, ainsi qu'au plaisir de la pêche.

Mais, d'un autre côté, il faut considérer qu'en ne

mettant qu'un sexe, on n'a pas de production de
brochetons, et cette perte dépasse de beaucoup la
plus-value obtenue sur le poids. De plus, à âge
égal, les femelles pèsent toujours plus que les mâles.
Il en résulte que l'avantage obtenu par la mise d'un
seul sexe se trouve perdu par d'autres causes.

Cependant, il est bon de chercher à n'obtenir
dans sa mise que des brochets d'un sexe, si on
tient essentiellement à ne produire que de la belle
marchandise. Il faut alors prendre des mâles. Ces
poissons, lorsqu'ils ont atteint le poids d'un kilogramme, sont bien plus longs et élancés que les
brochets femelles. Dans le monde pêcheur, on les
appelle des *lévriers*. Ils sont préférés par les marchands, parce qu'ils ont l'apparence d'un plus gros
poisson comparativement à une femelle du même
poids. On aura chance d'avoir beaucoup de brochetons mâles, en choisissant ceux qui auront la
teinte la plus foncée dans les parties claires de la
robe. Si l'on veut aussi obtenir des brochets à chair
verte, il faut choisir ceux qui ont sur le dos les
teintes le plus vert clair.

Les brochets femelles sont toujours bien plus
ventrus que les mâles ; on s'en rendra compte en
comparant des poissons des deux sexes, ayant la
même longueur. La femelle a le ventre blanc, ainsi
qu'une partie des flancs ; le mâle a les mêmes parties légèrement jaunâtres.

ROLES DU BROCHET ET DE LA PERCHE
DANS LES EMPOISSONNEMENTS

Influence des herbages aquatiques relativement à la mise des brochetons et des perches. — Effet produit sur le brochet par des eaux
fraîches. — Poids d'alevins pouvant être produit à l'hectare,
nécessité de le supprimer. — Instinct des carpes. — Petites
perchettes. — Effets produits sur la carpe et la tanche par la
présence des brochets et des perches.

Dans l'article sur les compositions des empoissonnements suivant les catégories d'étangs ; nous
avons compris le brochet et la perche. Nous avons
donné aussi, dans un autre article, un aperçu de la
puissance d'absorption de ces deux poissons, il nous
reste à expliquer le rôle et le but qu'on leur assigne
dans les étangs.

Tous deux ne figurent que dans l'empoissonnement des étangs consacrés à la production de la
carpe et de la tanche adultes, et voici pourquoi.

Bien que la proportion de réussite du frai, comparativement au nombre d'œufs, soit extrêmement
minime, la quantité d'alevins produite n'en est pas
moins considérable.

Dans un bon étang, par exemple, de nos provinces de l'est de la France et de la Belgique, nous
avons dit à l'article spécial de l'empoissonnement
qu'il était convenable de mettre, à l'hectare couvert

d'eau, une mise de poissons composée ainsi qu'il suit, pour une pêche de deux ans :

> 430 alevins de carpe,
> 60 alevins de tanche.
> ─────
> 490

Or, suivant la répartition des sexes, faite par la nature dans ces genres de poissons, il y aura environ (voir le chapitre *Répartition des sexes*) :

> 108 carpes mâles,
> 322 carpes femelles,
> 17 tanches mâles,
> 43 tanches femelles.

Soit, au total, 365 femelles à l'hectare, pour les deux espèces de poissons.

Maintenant, en évaluant pour chacune d'elles, non pas 200,000 œufs, mais seulement 150,000, nous obtenons le chiffre de 54,475,000 œufs par hectare.

Nous avons admis, au chapitre concernant la carpe, qu'en rivière, sur 300,000 œufs, 88 tout au plus peuvent être considérés comme ayant échappé à toutes les causes de destruction et étant parvenus à l'état d'alevins propres à l'empoissonnement[1].

Par conséquent, les 54,475,000 œufs à l'hectare

───────────────

1. Dans les étangs, la réussite est bien plus élevée, mais nous ne nous servons pour notre démonstration que du nombre d'alevins pouvant parvenir, en rivière, à la taille propre à l'empoissonnement des étangs.

donnent environ 16,000 alevins. Or, quatre à cinq mois après leur naissance, les alevins peuvent donner vingt pièces au demi-kilogramme. Les 11,000 alevins représentent donc 800 livres.

Un étang passable pouvant produire, tant en carpes qu'en tanches adultes, 650 livres au maximum, on comprend de suite qu'il ne pourra produire en plus les 800 livres d'alevins, soit en tout 1,450 livres à l'hectare.

Il est donc absolument nécessaire d'enlever cette surproduction.

Si on négligeait de le faire, presque tout le peuplement deviendrait galeux. Le manque de nourriture le rendrait excessivement maigre et la mortalité ne tarderait pas à sévir.

Les brochets et les perches se chargent de l'élimination nécessaire, d'une façon profitable pour le pisciculteur. Les alevins qui entraveraient la croissance de la carpe adulte et qui détermineraient une certaine mortalité que leur valeur ne saurait compenser, sont transformés en perche et en brochet, d'une vente facile et rémunératrice. Les poissons carnassiers sont donc des espèces que nous appelons auxiliaires en terme de métier.

A l'article relatif aux empoissonnements des étangs, nous avons indiqué dans quelles proportions on fait compter ces poissons, suivant les diverses pêches qu'on veut effectuer. Nous n'y reviendrons point à présent, mais nous insisterons sur les faits suivants. Dans les étangs où les herbages se

trouvent en grande quantité, il est absolument nécessaire de forcer la mise des brochets ou des perches : en effet, le brochet surtout est embarrassé et
gêné par les plantes aquatiques quand elles sont
nombreuses ; celles-ci entravent sa poursuite, para-
lysent plus ou moins la vigueur de ses attaques ;
s'il se cache sous les plantes, s'y tient à l'affût, ce
n'est qu'à la condition qu'elles soient flottantes et
qu'en dessous il puisse, comme sous les nénuphars,
déployer toute sa vitesse. Rarement il ira dans un
fouillis d'herbages, où il sait cependant que les petits
poissons vont chercher la nourriture et l'abri. Il en
résulte que les alevins, dans les étangs fortement
enherbés, échappent plus facilement aux brochets
que dans ceux n'ayant que peu d'herbes. Il faut
donc y forcer la mise de ces poissons de proie. Sur
ce point, nous ne pouvons pas donner de règles, car
tout dépend de l'enherbement.

Dans les étangs où l'eau est fraîche, le brochet,
contrairement à la carpe et à la tanche, est doué en
été d'une plus grande activité que dans ceux où
l'eau est plus chaude. Si donc un étang fortement
enherbé renferme une eau tiède, comme cela se présente, par exemple, lorsque l'eau est amenée par un
ruisseau provenant de loin et que la nappe d'eau
a peu de profondeur, il faudra remédier, par un
renforcement de brochets, à la diminution d'activité
due à la tiédeur de l'eau.

A ce sujet, nous dirons que plus un brochet a
d'activité, plus il mange, et que nécessairement plus

il mange, plus il prospère. C'est cette simple particularité qui fait que dans certains étangs il vient mieux que dans d'autres, et qu'on le voit prospérer davantage dans des nappes d'eau où la carpe vient médiocrement à cause de la fraîcheur des eaux.

Il est toujours bon d'adjoindre de la perche au brochet. Nous ne sommes point de l'avis de certains pisciculteurs qui considèrent que le brochet seul donne de meilleurs résultats. Si l'étang est fortement enherbé, que les carpes aient abondamment frayé et l'alevin bien réussi, il est certain qu'une notable quantité de cet alevin échappera au brochet. Nous citerons à ce sujet une pêche désastreuse que nous avons faite en 1893, où, faute de perches, les brochets ont laissé se produire environ 30,000 livres d'alevin, alors que nous pensions qu'il serait entièrement consommé. Depuis 1789 que cet étang est dans notre famille, ce fait ne s'était jamais produit. La moitié de l'empoissonnement de carpe avait péri, celles qui avaient survécu étaient de la plus médiocre qualité et très maigres, elles n'avaient que la moitié du poids qu'elles auraient dû acquérir. Cependant, la mise du brochet avait été plus forte que d'habitude, presque double. Cette perte énorme, comprenant la moitié de tout un empoissonnement, et l'excessive maigreur des carpes et tanches adultes, sont aussi une preuve à l'appui de ce que nous venons de dire à propos de la surproduction causée par l'alevin, lorsqu'il n'est pas consommé et qu'il a réussi.

Si des perches avaient été adjointes aux brochetons, ce désastre ne se serait pas produit, car la perche, grâce à sa taille, va sans beaucoup de gêne dans les plus grands fouillis d'herbages. Elle y poursuit les alevins à l'état minuscule. De plus, elle aime beaucoup le frai des carpes, elle suit ces poissons lorsqu'ils vont frayer et mange leurs œufs dès qu'ils sont produits. Aussi les carpes, mâles et femelles, cherchent-elles à défendre leur ponte en battant l'eau, parce que la perche n'aime pas l'eau trouble et qu'elle s'en éloigne. Seulement, la perche n'est écartée que momentanément par cette manœuvre ; elle revient à la frayère dès que l'eau a cessé d'être troublée par les poissons frayeurs et dès qu'ils reprennent la ponte.

Il résulte des mœurs de la perche qu'elle offre des garanties que ne donne pas le brochet. Le prétexte invoqué par les pisciculteurs qui veulent la proscrire est le suivant : le brochet, disent-ils, donne un produit suivant la quantité de nourriture qu'il consomme. En ne fonctionnant que fort peu dans les herbes où se retirent et se tiennent les alevins jusqu'à ce qu'ils aient atteint une certaine taille, il laisse se produire un poids de nourriture qui sera plus tard converti en brochet. La perche, en consommant à l'état le plus minuscule les alevins et en mangeant aussi le frai, supprime les éléments de cette nourriture et, par suite, elle cause une perte que sa taille et son accroissement inférieurs à ceux du brochet ne permettent pas de récupérer.

La pêche désastreuse de 1893 est déjà une réponse à ce sujet ; ensuite ces pisciculteurs perdent de vue que la mise du brochet et celle de la perche ne sont pas faites en vue d'avoir un produit en perche et brochet, mais uniquement pour consommer tout le fretin qui peut se produire. Alors même qu'on ne trouverait pas un brochet, pas une perche, en effectuant la pêche, on devra s'estimer comme ayant parfaitement réussi, si on ne rencontre pas d'alevin.

La perche a aussi un avantage, c'est que, si elle a consommé tout le frai et les alevins dans les premiers temps de l'éclosion, elle peut trouver son existence sans faire grande concurrence à la carpe ou à la tanche, qui sont des poissons plutôt herbivores qu'omnivores. Ensuite son frai réussit bien et, par suite, si les alevins manquent, les brochets, qui ont dédaigné les petites perchettes tant qu'ils ont trouvé de l'alevin de carpe, se mettent à consommer celles-ci. On obtient ainsi, comme résultats, de la bonne carpe, du brochet et de la perche d'excellente qualité.

Jamais l'abondance de la perche ne nuit à la production de la carpe. Nous pourrions en citer de nombreuses preuves. Nos plus beaux et plus forts rendements de carpe se sont toujours trouvés coïncider avec nos plus grandes quantités de perches. C'est ainsi qu'en l'année 1892 nous fîmes ce qu'on appelle une pêche d'or, sans précédent depuis plus de vingt-cinq ans. Aujourd'hui encore, nos grands marchands de Nancy et d'Alsace-Lorraine citent cette carpe, qui fut en partie expédiée par les marchands de Strasbourg et de Colmar comme poisson du Rhin, jusque dans les villes de la vieille Prusse.

Nos nombreuses livres de perches s'écoulèrent bon gré mal gré, et comme nous n'avions point cherché à en faire un produit, que nous n'avions voulu atteindre simplement que la consommation de l'alevin, ce fut un revenu en perches qui dépassa cinq à six fois nos prévisions. Nous pûmes lutter sur les marchés avec la perche des canaux de Hollande, car nous pouvions les y faire arriver vivantes ou dans un état de fraîcheur tel, qu'elles étaient vendues comme perches de rivières.

Mais depuis l'année 1892, les conditions de vente concernant la pêche se sont énormément modifiées.

Les expéditions de ce poisson provenant de la Hollande, dans des caisses contenant de la glace, sont devenues tellement fréquentes et sont tombées à un prix de revient si bas, que sa consommation s'est en quelque sorte imposée.

Il en résulte que la vente de la perche devient sur les étangs de plus en plus difficile. Elle deviendra même un embarras, à moins d'en réduire de beaucoup le prix.

C'est pourquoi, malgré les avantages que peut procurer ce poisson, beaucoup de pisciculteurs donneront toujours la préférence ou reviendront entièrement au brochet, à cause de ce qui suit :

1° Contrairement à la perche, il est transportable

vivant et se conserve huit à dix fois plus longtemps ;

2° Il a un avantage sur la perche de faible taille,
c'est qu'il inquiète plus la carpe en temps de frai
et l'empêche de s'épuiser à la ponte, ce qui atténue
cette cause d'amaigrissement et le retard dans l'accroissement des carpes qui en est la conséquence.
Toutefois, les perches de 180 à 200 grammes produisent le même effet que les brochets du même
poids.

Les carpes inquiétées par la présence des poissons carnassiers pondent hâtivement et sont plus
actives. Une plus vive circulation les excite à manger et les fait prospérer. L'absence de poissons carnassiers leur donne au contraire des allures plus
lentes, s'accentuant chaque fois que la température
de l'eau s'abaisse.

De plus, grâce à cette influence heureuse, due à
la simple présence des brochets et des grosses perches, les carpes ne peuvent pas se cantonner si facilement, comme elles le font dans certains étangs.
Elles mettent ainsi à profit la nourriture qui se
trouve répandue sur toute la nappe d'eau et sur
le fond, et sont, par conséquent, contraintes à prospérer davantage, puisqu'elles consomment une plus
grande somme d'aliments.

Tels sont les effets dus à la présence du brochet
et de la perche. Après cet exposé des avantages
présentés par ces deux espèces de poissons, tout
propriétaire sera à même d'apprécier laquelle des

deux lui convient le mieux, ou bien encore s'il y a lieu pour lui de les associer.

Lorsqu'on fait de la perche, il arrive souvent qu'on trouve une quantité considérable d'alevins de ce poisson pouvant fournir 35 à 40 au demi-kilogramme, parfois 50 à 60.

Ces alevins n'ont généralement pas d'acheteurs ; nous avons l'habitude de les répandre dans les cours d'eau du territoire sur lequel sont situés les étangs, et parfois nous en avons lâché jusqu'à plus de 600,000 pièces.

VORACITÉ DU BROCHET

Expérience à ce sujet. — Quantité de nourriture annuelle qu'il peut absorber.

Il est peu d'animaux dont la voracité puisse être mise en comparaison avec celle du brochet d'eau douce et de mer. Pour en donner une idée très approximative, rien ne vaut la citation de faits ; aussi allons-nous rapporter une expérience effectuée spécialement à ce sujet.

En 1873, dans le courant du mois de novembre, je remis, dans un petit étang consacré à l'alevinage, 14 brochets pesant chacun 125 grammes. Pour leur servir de nourriture, je fis jeter dans cet étang 25,327 alevins de carpe, dont je n'avais pu trouver le placement ni la vente à un prix convenable. Comme il fallait 38 de ces petits poissons pour faire 1 kilogramme, ils représentaient ensemble un poids de 666^{kg},500, absolument livrés en pâture aux 14 brochets.

En décembre de l'année 1874, l'étang fut mis en pêche et les brochets furent repris. Aucun d'eux ne manquait à l'appel ; ensemble ils pesaient, à quelques grammes près, 18 kilogrammes. Tous ces poissons étaient peu différents de taille et de poids, car le plus fort dépassait le plus faible seulement de 105 grammes. Le poids de chacun était donc de 1^{kg},285 ; ils avaient acquis par conséquent 1,160 grammes.

Quant au nombre d'alevins manquant et qu'ils avaient dû dévorer dans le cours de l'année écoulée, il s'élevait à 12,910, attendu que 12,417 furent retrouvés à l'état de jeune poisson. Les brochets avaient donc absorbé 339^{kg},736 d'alevins, soit 340 kilogrammes. Disons entre parenthèses qu'en hiver les poissons mangent fort peu. Ce n'est qu'après l'époque du frai que leur appétit se relève. Durant les grands froids d'hiver, le brochet, par exemple, ne fait guère qu'un ou deux repas tous les sept à huit jours. Il en est de même pendant toute l'époque du frai ; il semble qu'en ce moment les poissons de toutes les espèces sont tellement absorbés par la ponte, qu'ils en oublient la nourriture ou n'en éprouvent pas le besoin.

Pour revenir à notre expérience, disons que ce poids de 340 kilogrammes est bien au-dessous de la vérité. Les alevins, quoique mis en une proportion exagérée pour pouvoir prospérer comme ils l'auraient fait s'ils avaient été placés pour produire de la carpe dans le plus court temps possible, les alevins, dis-je, avaient néanmoins gagné un poids, minime il est vrai, mais dont il faut cependant tenir compte. Au lieu de 38 pièces au kilogramme, il n'en fallait plus que 26 en moyenne. Ces petits poissons étaient parvenus à cet état, qu'en terme de métier on nomme *noué*, c'est-à-dire qu'ils étaient atrophiés et avaient acquis une tête trop forte. Chacun de ces poissons avait par conséquent augmenté de 12 grammes durant l'année.

Quelle fut donc en définitive la quantité en poids de poisson absorbé pendant l'année par chacun des brochets ? Ils avaient consommé 12,910 alevins ; or, en attribuant à ceux-ci le poids moyen entre 38 et 26 au kilogramme, cela fait par alevin 31^{gr},25 et pour les 12,910 alevins, 403^{kg},437. Cette quantité, toutefois, ne saurait être adoptée, car des alevins disparus, tous n'ont pas été consommés par les brochets.

On subit toujours sur l'empoissonnement une perte provenant du fait des oiseaux aquatiques ; cette perte ne saurait être évaluée à moins de 10 p. 100, et c'est à tort que, dans un article paru dans la *Revue des Eaux et Forêts,* nous n'en avons pas tenu compte. Donc ce manquement dû aux oiseaux réduirait la consommation à 26 kilogrammes par brochet et pour onze mois d'alimentation.

Il en résulte que cette quantité de nourriture ayant produit pour chaque brochet un accroissement de 1^{kg},150 environ, il a fallu, pour produire 1 kilogramme de brochet, la consommation de 21^{kg},413 de nourriture.

Il s'ensuit également qu'un brochet a consommé par jour 60 grammes environ. En prenant la pesanteur moyenne des brochets, soit 643 grammes, on voit que cette consommation quotidienne représente seulement le dixième du poids du brochet.

C'est donc bien à tort que les ichtyologues émettent l'opinion qu'un brochet consomme par jour un poids égal au sien.

Du reste, le brochet digère lentement et son œsophage, tout en étant très développé, comme l'est celui de tous les poissons de proie, se trouve dans l'impossibilité de consommer suivant la croyance accréditée. Un brochet du poids d'un kilogramme, par exemple, ne peut engloutir qu'un poisson de 110 grammes et tout au plus de 120 grammes. Ensuite, pour le digérer, il met une moyenne de quatorze à quinze heures. C'est ce que nous avons constaté, et ces faits viennent à l'appui de notre expérience. Si un brochet consommait par jour son poids, il serait matériellement impossible à des étangs d'en produire la quantité que les pisciculteurs livrent parfois au commerce. C'est ainsi que des étangs de 80 à 100 hectares ont fourni parfois, en plus des carpes, tanches et perches, 3,000 livres de brochet. Il faudrait alors, et toujours suivant la croyance, que les brochets ayant produit un poids de 4,000 livres eussent trouvé une quantité de poisson à consommer telle, qu'il suffit, du reste, de l'évaluer pour démontrer l'énorme absurdité admise par les ichtyologues les plus éminents, ayant écrit que le brochet consommait par jour un poids égal au sien.

En effet, en raisonnant sur le chiffre de 3,000 livres de brochet données par un étang de 100 hectares au moyen de 1,500 brochets de 1 kilogramme, le poids moyen de ces poissons sera de 5oo grammes. Chaque brochet devrait donc avoir consommé dans l'année 365 fois 5oo grammes, soit 182^{kg},5oo. Ce qui nous donne pour les 1,5oo brochets 1,5oo fois 182^{kg},5oo, c'est-à-dire 273,75o kilogrammes !

Quel est donc l'aquiculteur qui croira jamais qu'un étang de 100 hectares puisse produire 547,5oo livres de nourriture pour les brochets, alors que le meilleur ne peut donner au maximum que 70,000 ou 80,000 livres de poisson de toutes espèces, soit 700 à 800 livres à l'hectare ?

Nous avons donc, par suite de l'expérience citée, pris comme facteur de consommation le chiffre rond de 22. C'est-à-dire que tout brochet d'étang nous représente par livre la consommation de 22 livres. Ainsi un brochet de 10 livres aura absorbé 220 livres de nourriture, et si celle-ci a été fournie en poisson de la valeur seulement de o fr. 4o c. la livre, il aura coûté 92 fr. et vaudra 9 à 10 fr. sur l'étang.

VORACITÉ DE LA PERCHE

Expérience faite.

Nous avons essayé plusieurs fois, au moyen d'une expérience analogue à celle que nous venons de décrire pour le brochet, de découvrir quelle pouvait bien être la puissance d'absorption de la perche.

Malgré tous nos efforts, nous n'avons jamais obtenu que des résultats beaucoup moins certains.

La difficulté de pouvoir étudier ce poisson au sujet de son alimentation vient simplement de ce qu'il n'est pas absolument carnivore.

Il mange tout ce qui remue et il se jette sur tout ce qui s'agite devant lui : vers, mouches, têtards, poissons, petites grenouilles, tout lui convient, tout lui est bon.

C'est pourquoi nos expériences sont beaucoup moins concluantes que celles faites pour le brochet, et pourquoi elles ne peuvent être qu'approximatives.

Elles nous ont donné comme facteur de consommation le chiffre de 11.78, soit en chiffres ronds 12.

Ainsi donc, comme pour le brochet, il suffira de multiplier le poids d'une perche par 12 pour savoir approximativement ce que cette perche aura pu consommer de nourriture.

DÉFICIT DANS LES EMPOISSONNEMENTS

Précautions ordinaires pour éviter les déficits tant sur les carpes et tanches que sur les brochets et perches. — Fagots d'épines. — Les oiseaux aquatiques et pêcheurs. — Le héron cendré : son séjour sur les étangs, ses déprédations, divers procédés pour l'éloigner. — La loutre : ses mœurs, ses déprédations, sa chasse, son instinct, les pièges à employer. — Le putois : ses lieux de retraite, ses méfaits, manœuvres des poissons pour lui échapper dans les viviers. — Le rat d'eau. — Les brochets.

Les animaux nuisibles.

En suivant scrupuleusement les recommandations qu'on a lues dans le chapitre relatif à l'empoissonnement, il arrive néanmoins qu'on éprouve un mécompte : c'est le déficit qui se constate toujours à l'époque de la pêche. Il est, en effet, extrêmement rare qu'on retrouve exactement le nombre de poissons ayant composé l'empoissonnement. Cette perte, qui sévit aussi bien sur la carpe que sur la perche et le brochet, se produit aussi bien sur la pêche effectuée après une année que sur celle opérée après deux ou trois ans. Il arrive parfois qu'un empoissonnement fait pour trois ans de mise à eau ne subit pas un déficit plus considérable que celui effectué pour une seule année.

Il est extrêmement difficile de ne pas éprouver de déficit. Nos notes de famille, remontant à près de quatre-vingts ans, en font toujours mention. Quels que fussent les soins, l'intelligence avec lesquels les empoissonnements étaient effectués, jamais les déficits n'ont pu être évités. Ils ont été très variables; c'est ainsi qu'ils ont parfois atteint plus de 50 p. 100, mais à la vérité deux fois seulement, tandis que d'autres fois ils n'ont pas atteint 3 p. 100, mais trois fois seulement depuis 1817.

Il est toujours facile de les atténuer en prenant quelques précautions, car ils ne sont dus en partie qu'à la négligence des gardes d'étangs. Ainsi, il faut en première ligne examiner si les grilles fermant les ruisseaux qui amènent l'eau dans l'étang sont bien en état de ne pas laisser passer, à travers leurs fuseaux, les poissons de l'empoissonnement. Il faut aussi faire la même constatation pour les fuseaux du déversoir, c'est-à-dire de la grille par où s'échappe l'eau du trop-plein de l'étang.

On n'est pas toujours à même de choisir son empoissonnement. L'alevin parfois est rare ou extrêmement petit. Au lieu d'en avoir représentant, par exemple, seize ou dix-huit pièces au demi-kilogramme, il nous est arrivé d'être contraint de nous contenter de poissons très petits, représentant quatre-vingts pièces au demi-kilogramme. Une autre fois, nous fûmes réduit à la nécessité d'aller à plus de vingt lieues chercher des alevins, si petits qu'ils collaient aux doigts. Cinquante mille pièces pouvaient être contenues dans quelques seaux de ménagère. Dans ces circonstances, on conçoit facilement que les poissons ont toutes les facilités pour s'échapper à travers les grilles et faire ainsi défaut à l'étang. Et, comme tous les poissons remontent plutôt l'eau qu'ils ne la descendent, on peut être certain que tous ceux qui sont sortis de l'étang n'y rentreront plus, alors même que leur taille leur permettrait encore de repasser par les grilles d'où ils sont sortis.

Les brochets et les perches, à l'époque de leur frai, cherchent toujours à s'échapper par la partie supérieure des étangs. Ils s'engagent dans les ruisseaux d'apport et viennent jusque contre les grilles qui interceptent leur sortie. On les voit dans la plus faible profondeur d'eau, souvent même non entièrement recouverts d'eau et, dans cette situation, se maintenir ainsi durant tout le temps du frai. C'est alors, on le conçoit sans peine, que ces poissons sont exposés à devenir la proie de leurs ennemis de toutes sortes et se trouvent exposés aux déprédations des maraudeurs et braconniers. C'est dans les moments de frai que la loutre, le renard, les rats d'eau et, parmi les oiseaux, les hérons cendrés et dorés, les balbuzards, les plongios, les grèbes, commettent des dégâts surpassant ou égalant la somme de tous ceux qu'ils peuvent commettre dans tout le restant de l'année.

Sans modifier les grilles, il est un moyen aussi simple que facile d'empêcher les poissons de sortir des étangs grâce à leur petitesse, et de s'opposer à la venue des perches et brochets qui peuvent se trouver engagés dans le ruisseau d'alimentation. Il suffit d'y mettre des fagots d'épines, qu'on entasse fortement les uns au-dessus des autres. On place ces fagots intérieurement dans l'étang et dans le ruisseau, à l'endroit où les eaux se confondent. De cette façon, l'entrée du ruisseau sera absolument barrée à tous les poissons, qui se trouveront ainsi maintenus dans la nappe d'eau. On agit de même devant les grilles des déversoirs. Ce moyen constituera, à l'égard de tous les poissons de l'étang, une barrière tout à fait infranchissable.

L'époque du frai, nous l'avons dit au chapitre des maladies, n'est pas favorable aux poissons, puisque si leur ponte vient à être interrompue par un abaissement de température, ils peuvent périr d'une inflammation des organes générateurs. C'est là aussi une cause de déficit souvent sérieuse.

Puis, il faut compter avec tous les oiseaux aquatiques qui ne vivent qu'au détriment de l'empoissonnement. Combien de poissons, après avoir échappé au bec des hérons et aux serres aiguës des balbuzards des marais, meurent des suites des blessures qu'ils ont reçues! Le nombre en est toujours proportionné à celui de ces oiseaux. Il est donc facile d'atténuer cette cause de déficit en éloignant des étangs tous les ravageurs ailés.

Quant aux oiseaux aquatiques, tels que les râles d'eau, les foulques ou morelles, leurs déprédations sont très minimes. Ces oiseaux vivent de frai, d'insectes et d'herbages et non point, comme le prétendent certains pisciculteurs, de poissons déjà forts.

Nous avons eu autrefois des foulques par milliers, sans que les pertes aient été plus accentuées que pendant les années où ces oiseaux faisaient presque défaut.

Le héron est surtout le grand déprédateur, aussi allons-nous lui consacrer quelques lignes.

Dans les provinces de l'est de la France et en Belgique, les hérons cendrés foisonnent dans la région des grands étangs et le long de la Meuse et de la Moselle. Les poissons, quelle que soit leur grosseur, sont indistinctement frappés par ces oiseaux. Nous avons vu ainsi des carpes de douze à treize livres portant des blessures provenant du héron. Toutes ces blessures étaient pénétrantes. Aussi, bien que la carpe soit un poisson très dur et se guérissant facilement, il est très rare qu'elle résiste à un fort coup de bec de cet oiseau lorsqu'il a porté sur le flanc.

C'est surtout à l'époque du frai que ces ravageurs causent du déficit dans l'empoissonnement. Ils ont l'instinct de reconnaître, même à l'avance, les endroits que les poissons choisissent comme frayères et ils s'y tiennent déjà avant le moment de la ponte.

Le jour, ils commettent leurs déprédations au vu du monde, mais ils savent se tenir hors de portée du meilleur fusil et se placent de façon à ne pas être surpris. Mais c'est surtout la nuit que ces oiseaux fréquentent les étangs en plus grand nombre. A toute époque de l'année, dès que le soleil est couché, on les voit arriver par bandes de quinze à vingt sujets, signalant de loin leur approche par des cris rauques. A l'encontre du canard sauvage, ils ne font pas plusieurs fois la reconnaissance de l'étang avant de s'abattre. Presque toujours elle a été faite par un ou deux hérons déjà posés.

On pourrait croire que ces oiseaux, pêchant la nuit, sont nyctalopes, et cependant on peut les approcher de très près une fois l'obscurité venue.

Nous connaissons plusieurs propriétaires d'étangs qui, chaque année, subissent du fait de ces oiseaux une perte qu'ils estiment à plus d'un millier de livres, tant pour le poisson blessé que pour celui absorbé.

Un pisciculteur luxembourgeois, pour protéger en temps de frai son empoissonnement contre ces échassiers, a eu une fois l'idée de faire des mannequins dotés d'un masque. Espacés de 70 à 80 mètres, ces épouvantails atteignaient parfaitement le but voulu, mais, la nuit, ils étaient inefficaces si on n'adjoignait à chacun d'eux une lanterne.

Le héron est l'objet d'un préjugé assez répandu. Des pêcheurs lui prêtent la propriété d'attirer à lui les poissons, en dégageant de ses plumes une poussière d'odeur forte qui ferait remonter le poisson jusqu'à l'oiseau.

Il est à peine nécessaire d'objecter à cette opinion erronée que tous les échassiers savent très bien que, dans un cours d'eau, tous les poissons font toujours tête au fil de l'eau, afin de voir arriver ce qui peut leur être une proie. C'est pourquoi toute personne fréquentant quelque peu les bords des rivières pourra observer que ces oiseaux tournent le dos au courant, afin de voir arriver les poissons qui le remontent ou ceux qui lui font face. Les poissons ne sont donc point attirés par le héron, ils arrivent à sa portée en cherchant leur nourriture.

De plus, le héron n'entre jamais dans l'eau de façon à se mouiller les plumes. Il s'arrête toujours avant qu'elle atteigne le bas de ses cuisses. Enfin, nous avons plusieurs fois secoué et frotté vigoureusement des peaux de hérons fraîchement tués, nous leur avons toujours trouvé la forte odeur de poisson caractéristique des oiseaux ichtyophages, mais nous n'avons jamais vu tomber la prétendue poussière-amorce.

Ce que nous pouvons dire, par contre, c'est que la graisse de héron a une odeur très pénétrante et qu'elle est très bonne pour graisser tous les pièges destinés à capturer, sur le bord des étangs, les loutres, les putois et les rats d'eau. On en détruit l'efficacité en y ajoutant toute autre substance, même celle quelconque préconisée par les tendeurs de pièges.

La graisse des foulques, des grèbes, des plongios, possède le même privilège, mais moins efficacement, parce qu'elle est moins odorante.

Cette propriété tient uniquement à ce que la graisse de ces oiseaux est imprégnée de l'odeur de poisson; en y ajoutant un ingrédient quelconque, on supprime donc ou on diminue ce qui en fait toute *l'attirance*.

En amorçant les pièges avec un poisson quelconque, ou même simplement avec des écailles, on obtient à peu près les mêmes résultats qu'avec n'importe quelle graisse d'oiseau aquatique.

Puis, viennent les loutres, qui représentent bien l'élément destructeur par excellence et le plus difficile à supprimer.

La loutre est d'autant plus à redouter qu'elle ne borne pas la destruction du poisson au besoin de son alimentation. Elle tue, saccage pour le plaisir, et ne s'arrête que lorsqu'elle est lasse et sent le besoin de se reposer. Elle gaspille dans les étangs, comme font les singes et les perroquets dans les plantations. Mais, ce qui est à remarquer dans cet animal, et ce qui donne une preuve incontestable de son intelligence, c'est que la loutre cesse de gaspiller, si elle constate que l'étang est peu empoissonné. Dans ce cas, au lieu de ne donner que quelques coups de dents à un poisson pour ensuite en reprendre un autre, au lieu aussi de n'en manger que les entrailles et de laisser la tête, elle les consomme presque dans leur entier.

Lorsque l'empoissonnement est minime, on peut concevoir qu'une paire de loutres peut causer un déficit considérable.

Si, sans aucune exagération et suivant les naturalistes, on estime qu'une loutre consomme au minimum un kilogramme de nourriture par jour, et si elle ne prend que les ventrailles, comme disent les pêcheurs, il lui faut donc beaucoup de poissons.

Il est facile du reste d'en donner un aperçu : par exemple, si la carpe pèse un demi-kilogramme, il faut à la loutre, pour un kilogramme de ventrailles, au moins dix à douze carpes, et vingt à vingt-quatre si la carpe n'atteint que 250 grammes.

La loutre mange entièrement le poisson au-dessous de 100 grammes, et c'est alors qu'elle occasionne des dégâts considérables, surtout quand elle fréquente un petit étang.

Ces animaux se sont multipliés extraordinairement en Lorraine et en Alsace-Lorraine. C'est ainsi que, sur certains étangs de ce dernier pays, on est absolument obligé de compter avec les loutres et de faire leur part à l'avance.

Pour arriver à leur destruction, le gouvernement de l'Empire allemand avait accordé une prime de 20 fr. par tête de n'importe quel âge ; malheureusement, il a réduit cette prime à 7 fr. 50 c. Cette diminution a eu pour conséquence la multiplication des loutres : aujourd'hui, elles constituent une véritable calamité dans toute la région comprise entre Metz et au delà de Sarrebourg, c'est-à-dire celle où se trouvent les grands étangs lorrains.

Avant l'annexion, ces animaux y étaient excessivement rares, au point que bien des pêcheurs n'en avaient jamais rencontré. A peine en tuait-on un ou deux par canton. Les moyens étangs du pays restaient parfois sept à huit ans sans constater la présence d'une loutre. C'est que, sous le régime français, la loi sur la chasse permettait à tout le monde la prise d'un port d'armes et le libre exercice de la chasse. Mais, suivant les lois allemandes, il faut actuellement être du pays et propriétaire d'un terrain de 60 hectares d'un seul tenant pour être admis à exercer le droit de chasse, ou bien louer une chasse.

Si ces mesures restrictives ont eu pour conséquence inévitable l'abaissement du nombre des chasseurs, celui de tous les animaux nuisibles, en revanche, a crû considérablement dans les campagnes de ce pays.

En 1894, les loutres nous ont occasionné, tant en carpe qu'en brochet et en perche, un déficit s'élevant à environ 15,000 pièces, équivalant à presque la moitié de l'empoissonnement.

On voit, par cet aperçu, que si la loutre est la terreur des poissons, elle l'est également des aquiculteurs.

C'est un animal que, de même que beaucoup de nos collègues de pêche, nous avons eu malheureusement l'occasion d'étudier à nos dépens, et sur lequel les naturalistes ont écrit longuement.

Nous avons constaté plusieurs faits à son sujet : par exemple, il vit isolément et se cantonne sur un étang. Si l'étang a une certaine étendue, on peut être certain que l'établissement d'une loutre sur ses bords provoquera celui d'une et même de plusieurs autres. Comme presque tous les animaux sauvages, elle suit les coulées qu'elle s'est créées à travers les roseaux.

Nos observations concordant avec celles des gardes d'étangs, nous dirons encore qu'elle longe toujours les bords des ruisseaux, qu'elle sort de leur eau ou y rentre aux mêmes endroits ; qu'elle se couche aux seules reposées qu'elle s'est faites et qu'elle les choisit de telle sorte, qu'elle peut toujours à la moindre alerte se jeter dans l'eau.

Nous avons reconnu aussi que, de tous les poissons, la tanche est celui qui constitue sa proie la plus facile. La raison en est toute simple : la tanche croit toujours échapper à son ennemi, non par la fuite, mais en cherchant à s'embourber. Or, la loutre voit clairement dans l'eau ; de plus, son odorat est des plus subtils et lui indique le lieu où ce poisson s'est plus ou moins bien dérobé.

Nous avons lu bien souvent le bel ouvrage d'un camarade forestier, écrit de main de maître et avec une compétence qui le met incontestablement hors de pair.

Cet écrivain distingué et savant, M. de la Rue, dit, dans son ouvrage sur les animaux nuisibles, que la loutre a une grande peur de l'homme et des chiens.

Nous ne contredirons point ici le maître, mais nous citerons le fait suivant : c'est que nous avons détruit personnellement une nichée de loutres établie à environ 90 pas de la maison d'habitation du garde d'un étang et à 70 pas de celle que nous habitions avec notre famille.

Plusieurs fois nous avions rencontré et vu la mère, et nous la recherchions bien loin de sa retraite, lorsque le hasard seul nous la fit découvrir. Elle l'avait établie sous la roue du moulin de l'étang, qui ne fonctionnait plus depuis longtemps.

Le voisinage de la famille du garde, les aboiements des roquets ne l'avaient nullement intimidée.

Tous les chasseurs qui ont écrit sur la loutre sont loin d'être d'accord lorsqu'il s'agit de chercher à la détruire. Les uns avancent que c'est une chose facile; les autres, au contraire, que cette besogne est fort peu commode, vu l'intelligence de l'animal.

Depuis une dizaine d'années, nous cherchons à éloigner les loutres, et nous avons tenté de les détruire au moyen de pièges.

Pour réussir, nous avons essayé toutes les recettes indiquées afin de les attirer à l'appât. Ayant entendu dire que certains gardes allemands étaient très habiles à tendre des pièges à ces animaux, nous avons eu recours à eux, et n'eûmes pour tout résultat que la prise de quelques très jeunes loutres. Cependant, la prise de ces animaux fut obtenue au moyen de la recette suivante : nous fîmes macérer au soleil, dans une bouteille et durant quinze à seize jours, des tronçons d'anguilles et des peaux de fortes tanches. Cette macération produisit une matière huileuse à odeur très pénétrante et nauséabonde, dont nous frottâmes les pièges dissimulés sous des feuilles. Indépendamment de ces petites loutres, nous prîmes beaucoup de gros rats d'eau.

Notre avis, en somme, est que, pour détruire les loutres, il faut les rechercher sans cesse et être toujours prêt à pouvoir les tirer. C'est de cette façon que nous avons pu en voir tuer quatre ou cinq sur le même étang, durant l'espace de quelques mois seulement.

Des chasseurs préconisent l'affût de nuit ; nous préférons de beaucoup les faire rechercher le jour, sur les berges qu'elles fréquentent, afin d'y saisir les poissons qui se réfugient dans des trous ou des excavations, puis le long des ruisseaux.

Le putois doit aussi compter parmi les destructeurs de poissons : c'est aussi un facteur dans les déficits d'empoissonnement.

Il est rare qu'un étang de quelque étendue ne soit pas bordé d'arbres et que parmi ceux-ci il ne s'en trouve point de vieux et de creux, par exemple de ces vieux saules si pittoresques au bord des eaux. C'est là qu'on est sûr de trouver de temps à autre un couple de putois, car cet animal a une grande prédilection pour les trous d'arbres.

C'est un hôte très onéreux sur les étangs. Il est facile d'en trouver les traces et la retraite. Comme la loutre, il aime à suivre sa coulée parmi les herbes, les roseaux et à travers les haies.

Il sort généralement la nuit, mais on peut quelquefois le surprendre le jour.

Longtemps on a cru que le putois ne vivait que de sang chaud, d'œufs dont il s'emparait après avoir tué les couveuses, puis de fruits, qu'il ne prend que

comme pis aller. Or, il aime le poisson et la volaille
au même degré.

On peut le classer parmi les animaux pêcheurs.
Il s'attaque aussi bien aux gros poissons qu'à ceux
de faible taille, et c'est ce qui fait que, bien souvent, on attribue à la loutre des dégâts dont il est
seul l'auteur.

D'habitude, il emporte les poissons dont il s'est
saisi, mais il dévore sur place ceux qu'il ne peut
transporter.

A l'encontre de la loutre, il n'a pas de préférence
pour une partie quelconque du poisson. C'est à cela
qu'on peut reconnaître ses méfaits; aussi, lorsqu'on
découvre que plusieurs poissons ont été mangés en
entier sur les rives d'un étang ou d'un vivier, on
peut être sûr que c'est par un putois.

Cet animal est très bon nageur; il plonge aussi
parfaitement, mais il est loin d'avoir le souffle aussi
puissant que la loutre; il est même, sous ce rapport,
bien inférieur au rat d'eau. Il ne lui est guère possible de plonger, d'une traite, plus de dix à douze
mètres, sans être obligé de remonter à la surface
pour faire sa provision d'air. Grâce à son infériorité
de plongeur, il est sur les étangs bien moins préjudiciable que lorsqu'il s'est établi à proximité d'un
réservoir ou d'un vivier auquel il a donné sa clientèle.

Le putois est patient, persévérant, tenace, lorsqu'il se livre à la poursuite des poissons.

Logés à l'étroit dans un vivier, les poissons qu'il

poursuit ne peuvent lui échapper longtemps. Il finit toujours par saisir un de ceux qui passent à sa portée, ou lorsqu'il en a acculé un certain nombre, soit à l'extrémité, soit dans un angle du vivier.

Son odeur forte et pénétrante, qui le signale de loin sur terre, ne se dissipe point dans l'eau; elle se révèle à distance aux poissons, qui aussitôt s'animent et, par leurs mouvements en tous sens, manifestent leur inquiétude.

Dans un vivier de trente mètres de longueur sur quatre à cinq de largeur, le plongeon d'un putois se révèle presque instantanément aux poissons de toutes espèces.

Nous avons été une fois, par l'effet du hasard, à même de nous rendre compte de ce qui se passe. Les poissons, à mesure que le putois s'approche, sont dans une agitation extrême, ils fuient en tous sens, excepté les gros brochets. Ceux-ci semblent se rendre compte qu'il est préférable de voir arriver l'ennemi; ils lui font face, la queue arquée, toute prête à se détendre, et lorsque le putois est à quelque distance, à un mètre ou deux, ils passent par-dessus ou par-dessous avec la rapidité d'un trait. A chaque poursuite, ils exécutent la même manœuvre. Ce n'est que lorsqu'il les surprend dans leur sommeil que le putois peut s'emparer des gros brochets.

Quant aux carpes et aux tanches, elles sont bien moins manœuvrières. Après plusieurs fuites, elles finissent par se fourrer la tête dans une excavation ou un trou du vivier et restent immobiles. Le putois les saisit alors, et aussitôt vient sur les berges manger sa proie ; ce n'est guère qu'en ayant nichée qu'il emporte sa prise.

Voici comment nous avons constaté ces faits en plein jour, bien que le putois soit un animal nocturne.

Par un temps de pluie, nous avions un matin constaté sur les bords de nos réservoirs des empreintes que nous prîmes, avec quelque hésitation, pour celles d'une jeune loutre. Aussitôt, nous nous mîmes à chercher les *laissées,* afin d'y reconnaître les arêtes et les écailles qui nous auraient sûrement édifié sur la nature de l'animal. Nous ne comprenions point qu'une jeune loutre pût venir, sans être conduite par la mère, et il nous semblait impossible que celle-ci, séjournant sur les réservoirs une partie de la nuit, ne nous eût laissé ni empreinte ni autres traces de sa pêche nocturne.

Nous fîmes alors répandre le soir du sable fin sur les réservoirs qui nous avaient paru les plus fréquentés. Une largeur de quarante centimètres nous suffit pour établir un *tapis* capable de révéler, mieux que la terre mouillée par la rosée, les empreintes de l'animal maraudeur.

Le lendemain, la visite nocturne était révélée par des empreintes nettes et nombreuses et par un reste de grosse tanche. Le garde de l'étang déclara de suite que nous avions affaire à un fort putois. Nous nous mîmes alors à examiner autour de tous nos réservoirs les lieux où cet animal avait pu s'établir; les haies, les saules creux à 500 ou 600 mètres à la ronde furent visités et flairés par un chien dressé à la recherche des loutres; mais ce fut en vain. Au retour, nous découvrîmes, grâce au chien, sous un ponceau, à environ 150 mètres de nos réservoirs, le putois et sa nichée. On leur fit instantanément le sort qu'ils méritaient. Les nombreux débris de poissons dont le gîte était environné prouvaient que les petits avaient été grassement nourris de chair maigre à nos dépens. Parmi ces débris, rien ne provenait de brochets; la carpe et la tanche et quelques perches avaient, seules, composé l'alimentation de l'animal pêcheur.

Nous tendîmes alors, plusieurs jours de suite, des pièges à putois ou à fouine autour de nos réservoirs, car le garde déclarait qu'après avoir pris la mère on ne pouvait manquer de prendre le père, qui, certainement, devait être également dans le voisinage. Le cinquième jour, nous prîmes en effet un gros mâle de putois, dont l'odeur caractéristique était excessivement prononcée.

Notre vivier étant très clair et en ce moment peu profond, il nous vint à l'idée de faire ce qui suit: nous attachâmes le putois à une forte ficelle et l'ayant un peu lesté, nous le jetâmes dans l'eau, puis nous le traînâmes d'un bout à l'autre du vivier. Les poissons, qui ne pouvaient se rendre compte si l'animal était mort ou vivant, nous révélèrent alors les allures et les manœuvres que nous avons décrites précédemment.

Lorsque le putois pêche dans les étangs, ce n'est guère que parmi les roseaux qu'il peut s'emparer des poissons. Plus petit que la loutre, avantagé par une forme allongée et fluette, les herbages ne l'entravent guère dans sa poursuite.

A défaut de vieux arbres creux, de vieux murs, il fréquente de préférence toutes les berges à talus et sait y saisir tous les poissons qui ont cru lui échapper en s'enfonçant ou en se coulant dans les excavations et les trous.

Le rat d'eau, malgré la petitesse de sa taille, est aussi un destructeur de poissons. C'est la nuit, pendant leur sommeil, qu'il saisit ceux de petite taille. Il préfère au poisson la grenouille, mais celle-ci ne séjourne dans l'eau que durant les derniers et les premiers mois de l'année.

Le rat d'eau est difficile à détruire sur les grands étangs. Il cherche à se creuser des retraites dans les œuvres maçonnées, telles que les digues, les conduites, puis dans les berges. Son extrême fécondité le rend très redoutable aux pisciculteurs, car il détruit aussi le frai. Dans les réservoirs, il attaque des poissons atteignant parfois le demi-kilogramme. Ceux-ci lui échappent le plus souvent, mais portent les traces cruelles de ses dents. Ce sont des places rongées à vif, des creux d'une largeur variant depuis celle d'une pièce de deux francs jusqu'à celle de cinq francs et profondes de plusieurs centimètres. Il est difficile de s'expliquer comment un rat d'eau peut maintenir un poisson de cette taille et le ronger malgré ses débats. Nous pensons qu'il n'y parvient qu'autant que la carpe ou la tanche s'est réfugiée dans un trou. Cette position du poisson explique que le rat peut le maintenir quelque temps, car il lui ferme la retraite ; de plus, tous les coups de queue de sa proie tendent à la faire s'enfoncer dans la berge plutôt qu'à l'en faire sortir.

Pour détruire les rats d'eau, il n'y a guère que les pièges et les divers moyens d'empoisonnement.

Si M. de la Rue a considéré cet animal comme un fléau pour le gibier, nous en dirons autant pour le peuplement des viviers et des étangs.

Telles sont en général les causes des déficits dus aux oiseaux et aux animaux vivant dans le voisinage des eaux. Il nous reste maintenant à dire quelques mots sur les pertes pouvant provenir de l'empoissonnement même, c'est-à-dire de la mise de la perche et du brochet.

Il suffit en effet d'une vingtaine de brochetons trop forts de taille pour occasionner une moins-value sérieuse. C'est pourquoi on ne saurait trop recommander de bien proportionner la taille des brochetons à celle de l'empoissonnement de carpe et de tanche et ne pas perdre de vue qu'un brocheton de 60 à 70 grammes, trouvant au début une nourriture abondante, peut, au bout de six mois, peser près d'une livre et parfois plus. Qu'on réfléchisse qu'une vingtaine de brochetons consommant par trente-six heures un poisson donneraient, après douze mois, une perte de près de 5,000 têtes.

Mais si le choix a été fait judicieusement, nous n'admettons point, comme beaucoup d'aquiculteurs, que les brochets puissent quand même concourir au déficit.

Nous avons, pour établir notre opinion, l'expérience personnelle et nos notes de famille.

C'est ainsi qu'en 1847, une pêche produisit une grande quantité de brochets, et le déficit sur les carpes fut pour ainsi dire nul, ce qui est un fait certainement des plus extraordinaires. Il n'atteignit que 627 pièces, sur près de 25,000 têtes de poisson.

En 1850, une pêche fut de même très productive en brochets et perches, et le déficit moindre qu'en 1847.

Les annotations concernant ces deux pêches relatent aussi que les mises de brochetons furent remarquablement régulières, qu'il en fallut 12 à 14 au kilogramme et qu'en attendant l'époque du frai, ils avaient pu consommer quelques alevins et une foule de perchettes.

Or, ces faits prouvent que les produits les plus forts en brochets ont coïncidé avec les plus forts en carpes et avec les moindres déficits éprouvés depuis 1847.

Les.mêmes faits, mais moins accentués, se sont produits à bien des pêches. Ils paraissent d'autant plus probants que nous pouvons les appuyer par d'autres d'une autre sorte et qui font contre-partie.

En 1843, le déficit de l'empoissonnement de carpe

atteignit le tiers. Sur le brochet, il fut de près de la moitié.

En 1854, le déficit sur la carpe s'éleva à près du tiers, et le brochet éprouva un manquement atteignant le quart passé.

En 1857, on ne put trouver de brochetons, la perche leur fut substituée, et à la pêche on éprouva sur l'empoissonnement de la carpe un déficit de 28 p. 100. Sur la tanche, il s'éleva à 63 p. 100, et sur la perche, à 22 p. 100.

En 1859, on ne put de nouveau trouver du brocheton convenable; on le remplaça par de la perchette et, lors de la pêche de la carpe, le déficit fut de 14 p. 100. Celui éprouvé sur la perche fut presque nul.

En 1891, on mit fort peu de brochets et une quantité considérable de perchettes; le déficit sur la carpe atteignit 12 p. 100 et il fut de peu de chose sur la perche.

Cet exposé établit, je crois, d'une façon certaine, que les déficits, quand ils se produisent, portent sur toutes les espèces de poissons comprises dans l'empoissonnement, et que le brochet, lorsqu'il est remis avec les précautions voulues, n'en peut point provoquer quand même, ainsi que le pensent bien des aquiculteurs.

DES MÉCOMPTES DANS L'EXPLOITATION
DES ÉTANGS

Causes qui peuvent influer sur la production du poisson d'un étang.
— Agents atmosphériques. — Mortalité des perches et des brochets. — Variations de poids dans les carpes d'une pêche. —
Désastre provenant de la mortalité de la plus grande partie de la
mise des brochetons et des perches. — Moyens à l'aide desquels
on a atténué la perte de revenus qui en était résultée.

Dans le cours de cet ouvrage, nous avons dit que
l'exploitation du genre de propriété qui nous occupe offre de grands avantages sur celle de toutes
les propriétés foncières.

Faire la pêche, c'est-à-dire retirer le poisson, le
placer ensuite au fur et à mesure dans les réservoirs
de garde que tout étang quelque peu important
doit posséder, puis le vendre aux marchands poissonniers, sont certainement des opérations bien
moins dispendieuses et de moins longue durée que
celles afférentes à l'exploitation d'une ferme.

De plus, la simplicité d'un matériel restreint,
comparativement à celui nécessaire à un cultiva-
teur, augmente encore le bénéfice.

Seule, par sa commodité, l'exploitation des bois
équivaut à celle des étangs.

Toutefois, de même que l'agriculteur est exposé

à éprouver des récoltes mauvaises, le pisciculteur est sujet à subir des pêches moins rémunératrices.

La carpe, qui constitue toujours le produit principal, est, nous l'avons dit, un poisson dont l'activité augmente toujours en raison directe de l'élévation de la température de l'eau.

Autrement dit, si l'année est chaude, ce poisson profitera beaucoup, tout simplement parce qu'il consommera beaucoup.

Si, au contraire, l'année est pluvieuse, froide, la carpe sera peu active et mangera bien moins; par suite, son accroissement sera en proportion de sa consommation.

C'est ainsi que, suivant les années, les pêches peuvent donner parfois jusqu'à 3o p. 1oo de différence.

Si les denrées agricoles ont à redouter la grêle qui les hache, certains étangs ont à craindre les conséquences des orages violents lors des fortes chaleurs. A cette époque, si des pluies d'orages diluviennes amènent subitement des eaux chargées de boue et de limon, on voit souvent les perches et les brochets périr en très grand nombre. Petits et gros sont frappés et viennent expirer sur les rives.

Nous pouvons affirmer que les orages de ce genre sont plus fréquemment suivis de ce désastre, lorsqu'à la pluie se mêlent des eaux de grêlons fondus.

Il y a là une cause qui nous échappe.

Ces conséquences de certains orages placent le

pisciculteur dans un état d'infériorité à l'égard de l'agriculteur, car le premier ne peut se garantir au moyen d'une assurance.

En effet, la constatation de la mortalité serait difficile à établir, impossible même ; car on ne connaîtrait jamais le nombre des poissons perdus que lors de la pêche, c'est-à-dire après un espace de temps pouvant atteindre jusqu'à quinze ou seize mois. Comment justifier alors que toute la mortalité provient uniquement d'un orage ?

Ces mécomptes, qui viennent s'ajouter à toutes les autres pertes causées par les oiseaux et les animaux qui vivent au détriment des empoissonnements, entraînent une variation très sensible dans les produits.

Puis aussi, il se passe des faits singuliers et qui s'expliquent très difficilement : par exemple celui qui est survenu en 1896 dans la plupart des étangs de Lorraine et d'Alsace-Lorraine.

Les pêches de cette année 1896-1897, au lieu de donner des carpes régulières comme poids, ont été au contraire très variables sous ce rapport.

Ainsi, les empoissonnements pratiqués en 1894 avec des alevins de 18 à 20 têtes au demi-kilogramme, et ceux effectués en 1895 avec du jeune poisson de 7 têtes au kilogramme, ont produit des carpes femelles pesant de 600 à 850 grammes et des carpes mâles ne dépassant guère le poids de 400 grammes.

Une pareille différence constitue un mécompte

considérable, qu'on peut du reste évaluer facilement ainsi qu'il suit :

Nous avons dit, au chapitre concernant la répartition des sexes, qu'il y avait deux carpes femelles pour une carpe mâle.

Sur la quantité de 100 carpes, les pisciculteurs dont nous parlons ont donc récolté :

1° 33 carpes mâles du poids moyen de 400 grammes, formant un total de . . . . $13^{kg},200$

2° 67 carpes femelles variant entre 600 et 850 grammes, soit comme poids moyen 725 grammes et en poids total celui de . $48 ,575$

$\qquad$ Au total. . . . $61^{kg},775$

Or, en tenant compte de l'infériorité de poids qu'à âge égal les mâles ont toujours sur les femelles, si la carpe avait été régulière, les pisciculteurs auraient obtenu à la pêche :

1° 33 carpes mâles du poids moyen de 655 grammes, soit un total de . . . . $21^{kg},532$

2° 67 carpes femelles comme ci-dessus. $48 ,575$

$\qquad$ Au total. . . . $70^{kg},107$

Soit, par conséquent, une différence en plus s'élevant à $8^{kg},332$ sur le chiffre de 100 têtes d'empoissonnement.

Et sur un empoissonnement de 500 têtes à l'hectare, la quantité de $41^{kg},660$.

Par ce simple exposé, on voit que ces pisciculteurs ont éprouvé une perte très grande, contre laquelle il était impossible de se garantir, car elle ne pouvait être prévue. Ces faits se sont notoirement produits dans les grands étangs lorrains de MM. Curé et Renard, du Bischwald, en 1894, chez nous, et dans presque toute la région de Sarrebourg en 1896.

Enfin, il peut arriver que le grand nombre d'étangs en cours de pêche oblige des pisciculteurs à diminuer les prix.

En Alsace-Lorraine, l'incroyable bon marché du poisson de mer, que des marchands colportent de village en village, tend à faire baisser le cours des poissons ou du moins à prolonger de beaucoup la durée de la vente.

Un mécompte qui nous est survenu personnellement, en 1894, ce fut la disparition de presque la moitié de tout un empoissonnement qui devait nous donner de belles perches, de forts brochets et des carpes adultes.

Au lieu de ces variétés de poissons, nous récoltâmes plus de 3o,ooo livres d'alevins de carpe de 2o pièces au demi-kilogramme.

Cette marchandise était rendue peu vendable, non seulement par son énorme quantité, mais aussi parce que l'alevin avait réussi dans tous les étangs d'alevinage des environs.

Nous fûmes réduit à nous en débarrasser à tout prix, et jusqu'à dix centimes la livre.

Mais, pour nous, il était une question autrement sérieuse que celle de cette perte d'argent considérable. C'était celle du réempoissonnement fait en 1894 pour être pêché en 1896.

Nous avions, en effet, à redouter que les causes de ce déficit énorme ne vinssent à se renouveler en 1896, car n'ayant que de l'alevin à notre disposition, nous ne pouvions faire de la carpe adulte qu'après deux ans de mise à eau.

Pour nous garantir contre cette éventualité, il y avait bien un moyen : c'était de vider l'étang en 1895, de constater ce qui pouvait déjà manquer sur l'empoissonnement devenu jeune poisson, puis de remettre en jeune poisson la quantité manquante.

Mais cette opération aurait été coûteuse, en ce sens qu'aux frais de pêche seraient venus s'ajouter ceux de l'achat d'un supplément d'empoissonnement.

Voici comment nous nous tirâmes d'affaire :

Ayant de l'alevin que nous ne pouvions pas vendre pour ainsi dire, nous en mîmes cinq fois la quantité nécessaire pour effectuer la pêche de deux ans, c'est-à-dire de 1896.

Puis, en 1895, nous vidâmes l'étang et nous constatâmes que, si nous n'avions mis que la quantité voulue d'alevins pour pêcher en 1896, le cinquième environ de l'empoissonnement aurait déjà manqué. Et en supposant que, l'année suivante, le défaut eût continué, nous nous serions trouvé de nouveau avec un déficit de moitié ou tout au moins de 40 p. 100.

Grâce au quintuplement de la mise ordinaire d'a-
levins, nous eûmes non seulement la quantité de
poisson nécessaire pour pêcher en 1896, mais nous
pûmes vendre en outre trois fois plus de jeune poisson que nous n'en conservâmes.

Cette façon d'opérer nous a donc prémuni contre
un nouveau désastre et nous a fait encaisser une
somme qui atténua beaucoup la perte de 1894.

Quant à la cause de cette perte, nous avons dit
qu'elle était due à la présence de loutres, qui, en
grande quantité, avaient, durant deux années, séjourné sur cet étang sans avoir jamais été chassées
ni même inquiétées par le garde.

DU TRANSPORT DES POISSONS

Influence du milieu au sujet du transport de ces animaux. — Poisson *dur*. — Poisson *tendre*. — Résistance de la carpe hors de l'eau. — Des conducteurs de poissons, leur habileté. — Poissons à respiration vive, moyenne, faible. — Manière de reconnaître ce système de respiration. — Poissons de surface, de demi-eau, de fond. — Classification des poissons d'eau douce suivant l'activité de leur respiration. — Du transport du saumon. — De celui de la truite ; petites inventions diverses pour pouvoir l'effectuer. — Moyen simple d'aérer l'eau dans laquelle on la transporte. — Transport du brochet. — Dégorgement de ce poisson. — Effet du filet de pêche sur les poissons, leur mise en bourses. — Transport de la perche. — Du transport à sec. — Transport à sec pendant le froid. — Remise à eau des bourses. — Transport en tonneaux, méthode pour l'effectuer dans de bonnes conditions. — Pantenne, son but. — Influence du temps sur les transports en tonneaux et à sec. — Proportions d'eau et de poissons à observer suivant l'espèce de poissons.

Le transport des poissons est une opération toujours délicate. Il ne saurait être confié indistinctement au premier venu, ou alors sans les recommandations précises et voulues. Il ne faut pas croire bénévolement que le poisson de la même espèce, dans toute une région, possède identiquement le même degré de vitalité, et par vitalité je veux dire la durée de sa vie lorsqu'il se trouve en dehors de l'élément liquide. Il n'en est pas ainsi, car les carpes, les tanches, les perches, les brochets, dont les degrés de vitalité sont bien différents, se trou-

vent en avoir une plus ou moins grande suivant les
lieux d'où ils proviennent, c'est-à-dire les étangs ou
les cours d'eau.

C'est ainsi que, si l'on a affaire à des poissons
provenant de cours d'eau à forts courants et à peu
de profondeur, ils seront bien moins résistants en
dehors de l'eau que ceux sortant d'une rivière profonde à courants faibles, et ces derniers incontestablement moins que ceux vivant dans des eaux dormantes et profondes.

Cet exposé, absolument vrai à l'égard des cours
d'eau et des rivières, l'est également pour les pièces
d'eau, étangs et lacs.

Les poissons, habitués à une aération large, abondante et riche, s'y sont acclimatés, et leurs organes
de respiration souffriront d'autant plus qu'ils seront
transportés dans un milieu inférieur. Pour ces poissons, le transport à sec est bien plus difficultueux
que pour ceux vivant dans une eau profonde et sans
courant.

Ces faits, constatés par tous les gens du métier,
ont permis de classer les poissons en *durs* et en
tendres, relativement au transport et à la garde en
réservoirs. Les premiers sont ceux qui vivent le
plus longtemps en dehors de l'eau.

Bien que les étangs soient différenciés par la profondeur et le renouvellement de l'eau, d'où dépend
le degré de dureté des poissons, c'est-à-dire leur
plus ou moins grande vitalité, il faut encore faire
une distinction et classer, par rapport au transport,

dans un état d'infériorité, les nappes d'eau largement dotées d'une végétation aquatique. Comme toutes les plantes croissant dans les eaux ont pour principale mission de les oxygéner, on comprend que plus un étang en contiendra, plus il aura un élément richement aéré, et que le contraire aura lieu si les herbages sont absents ou peu nombreux.

Il en résulte que les poissons sont plus *durs* lorsqu'ils proviennent d'étangs profonds et sans herbages et qu'ils sont plus *tendres* lorsqu'ils sont pris dans un étang ayant une faible profondeur et beaucoup de plantes aquatiques.

Enfin, nous dirons encore que, parmi la flore des eaux, les plantes qui viennent s'étaler en partie à la surface ont une puissance d'aération supérieure à celles qui restent au fond ou entre deux eaux.

Il faut aussi tenir compte des facilités avec lesquelles l'eau se renouvelle.

Il n'y a pas de carpes plus *dures* que celles qui proviennent d'étangs alimentés simplement par les eaux de pluies.

Cette eau, bien peu aérée et ne recevant aucun apport de cours d'eau, donne aux poissons une résistance très forte. De même, il n'y a pas de poissons plus *tendres* que ceux provenant des étangs situés dans les pays accidentés où l'eau, cascadante, est abondante, excessivement aérée et fortement renouvelée.

Nous avons plusieurs fois voulu rechercher quelle pouvait être la différence de vitalité suivant les pro-

venances, et voici ce que plusieurs expériences nous
permettent d'établir :

1° La carpe tenue à l'ombre, provenant d'un
étang simplement alimenté par les eaux de pluies,
a vécu à sec vingt-deux heures ;

2° La carpe provenant d'un étang profond, dépourvu presque d'herbages aquatiques, alimenté par
un ruisseau à très faible courant, a vécu vingt heures et demie ;

3° Celle d'un étang alimenté par de l'eau courante, peu profond et possédant de nombreuses
plantes aquatiques, a résisté dix-huit heures trois
quarts ;

4° Enfin, celle d'un étang de montagne n'a vécu
que quinze heures trente-six minutes.

Ces poissons étaient mis sur de la paille et placés
dans un endroit frais.

Le même genre d'expérience pour la tanche nous
a donné les chiffres ci-après :

Pour les étangs de l'article 1° ci-dessus, vingt-
trois heures vingt-cinq minutes ;

Pour les étangs de l'article 2° ci-dessus, vingt-une
heures quatorze minutes ;

Pour les étangs de l'article 3° ci-dessus, dix-neuf
heures onze minutes ;

Pour les étangs de l'article 4° ci-dessus, quinze
heures cinquante minutes.

Mais il ne faut pas croire que ces poissons remis
dans l'eau sont revenus à la vie. La plupart périssaient quand même.

Nous n'indiquons, dans les chiffres ci-dessus, que les temps extrêmes durant lesquels ces poissons ont manifesté leur existence. Beaucoup, qui paraissaient morts, s'animaient quelque peu dans l'eau, mais y périssaient cependant. Ces différentes expériences ont été faites durant le cours du mois de novembre, en Alsace-Lorraine.

Lorsqu'une personne débute dans la vente du poisson en gros ou dans la simple profession de conducteur de cette marchandise, il est bon qu'elle tienne compte de ces données. Mais il est des indications que nous donnerons plus loin, et à l'aide desquelles toute personne se trouvera à même de pouvoir transporter du poisson, quel que soit son degré de résistance et à n'importe quelle distance.

Dans bien des localités des provinces de l'est de la France, la conduite du poisson vivant est une véritable profession. En Alsace-Lorraine, il y a des pays où elle se trouve exercée autant par la population masculine que par la féminine. Une fois le mois d'octobre arrivé et jusqu'au mois d'avril, un grand nombre de paysans des localités de Sarrebourg, Château-Salins, Dieuze, transportent les produits des immenses étangs de Lindre, contenant 700 hectares, de Gondrexange, du Stock, jouissant chacun d'une superficie égale, à quelques hectares près, et de tous ceux d'Alsace-Lorraine et de la Lorraine française.

C'est ainsi qu'environ 4,000 hectares d'étangs sont parfois à même de pouvoir diriger à la fois tous leurs produits, principalement sur Nancy, où les achètent les grands négociants de cette ville, MM. Bordier frères, Vautrin et Deffaut ; puis dans les autres villes de Meurthe-et-Moselle et à Metz, Strasbourg, Colmar, Sarrebourg, où des marchands, tels que MM. Hugot, Lemaître, Materne, Wertz, réexpédient en Allemagne tous ces poissons comme venant du Rhin, ou les revendent dans leur localité.

Il y a des conducteurs tellement au fait de leur métier, qu'ayant transporté dans une campagne jusqu'à 30,000 livres de poissons, il ne leur est pas arrivé de perdre 5 livres de marchandise, c'est-à-dire livrées non en vie. Et cependant ils effectuent leurs transports par des temps bien défavorables et mettent parfois trente à quarante heures pour arriver à destination.

Nous avons voulu établir quel était le degré de résistance dont sont douées toutes les espèces de nos poissons d'eau douce, et nous les avons classées en trois catégories, que nous nommons ainsi :

. Espèces à respiration vive ;

Espèces à respiration moyenne ;

Espèces à respiration faible.

Par la première dénomination, nous entendons les poissons qui ne résistent pas longtemps à la sortie de leur élément, et par faible, ceux qui résistent le plus de temps en dehors de l'eau.

Si nous avions à nous prononcer sur un poisson que nous ne connaîtrions point, il nous serait aussi

facile de le classer à ce sujet que ceux étudiés de
nos pays.

A cet effet, il ne serait pas besoin de se livrer à
des expériences et encore moins à des études ana-
tomiques et scientifiques quelconques. Il nous suffirait simplement d'examiner les ouïes et aussi les
opercules.

Plus ces organes sont étendus, c'est-à-dire plus
les branchies sont déliées et l'opercule qui les recouvre grand, plus le poisson est doué d'une respiration vive, c'est-à-dire plus vite il succombera
lorsqu'il sera sorti de son élément.

Au contraire, plus l'opercule sera petit, plus les
ouïes seront épaisses, compactes, charnues, plus le
poisson sera doué d'une respiration lente, c'est-à-
dire plus il résistera en dehors de l'eau.

Il découle aussi de ces faits que les poissons qui
supportent le plus longtemps la sortie de l'eau sont
ceux qui, de même, vivent le plus de temps dans
une quantité d'eau inférieure à celle qui leur est
nécessaire. Par suite, ce sont ceux qui se conservent le mieux dans les viviers et les réservoirs,
et nécessairement les meilleurs comme poissons de
réserve ou de conserve; tels sont la tanche, la
carpe, le carrassin, la gibèle, le cyprin rouge, l'anguille.

Que l'on compare les ouïes d'une truite, d'une
perche, avec celles d'une carpe, d'une tanche, et
l'examen de ces organes n'aura pas besoin d'être
appuyée d'aucune démonstration. Entre la truite et

l'anguille, la différence sera encore plus sensible. A l'aide de ce simple moyen, il n'est pas possible de commettre d'erreur en présence d'un poisson inconnu.

Cette façon de classer les poissons relativement à la facilité du transport nous a permis aussi de pouvoir les classer en :

Poissons de surface ;

Poissons d'entre deux eaux ;

Poissons de fond.

Il est clair qu'un poisson comme la truite, dont les ouïes le font classer dans ceux à respiration vive, évolue surtout à la surface lorsqu'il se trouve dans les eaux profondes d'un lac.

Son système respiratoire, qui lui fait rechercher les eaux les plus aérées, comme toutes celles des ruisseaux de montagne, le contraint, dans les grands fonds des lacs, à se maintenir de préférence dans les couches d'eau de la surface et celles qui l'avoisinent.

De même, des poissons, comme la tanche et l'anguille, dont la respiration est lente, sont portés à séjourner de préférence dans les grands fonds, où ils trouvent suffisamment l'aération qui leur est nécessaire.

Il s'ensuit que tous les poissons de surface sont à respiration vive, et par contre, ceux à respiration lente sont tous des poissons de fond.

Ce sont là des lois que nous indique la nature et qui sont également applicables aux poissons de mer.

C'est pourquoi les poissons de surface par excellence, les harengs, les sardines, ont les ouïes très déliées et meurent presque à leur sortie de l'eau, et que les poissons plats, de fond, ayant les ouïes compactes et serrées, vivent longtemps hors de l'eau, comparativement aux autres.

Nous avons aussi été amené à constater que les poissons de fond ont le sang d'un rouge moins vif que ceux de surface. Cela tient sans doute à ce que les derniers vivent dans des couches plus riches en oxygène.

Nous dirons, à l'adresse des pêcheurs à la ligne, que ceux qui seraient désireux d'aller, soit dans nos colonies, soit dans des pays lointains, pour, à l'instar de bien des Anglais, s'y livrer au plaisir de la pêche à la ligne, peuvent tirer de ce que nous venons de dire les indications précises pour le genre d'amorces à choisir et le genre de ligne pouvant convenir à n'importe quel poisson, alors même qu'il leur serait complètement inconnu.

En considérant les ouïes, ils constateraient si le poisson est de fond, de demi-eau ou de surface.

Puis, en réfléchissant que les poissons de fond vivent d'insectes de vase, de vers de terre, ils amorceraient de cette façon et donneraient du fond à leur ligne.

D'un autre côté, s'ils reconnaissent que l'espèce de poisson est de surface, ils prendront comme appât les grains et les amorces analogues à celles usitées pour les poissons de surface de nos pays.

Voici maintenant comment nos expériences successives nous ont permis de classer les divers poissons de toutes nos eaux douces.

Poissons à respiration vive :

La truite,	Le saumon,
L'ombre chevalier,	L'ablette.

Poissons à respiration moyenne :

La perche,	La rosse,
Le brochet,	La vandoise,
Le meunier-chevesne,	Le rotengle.
La brême,	

Poissons à respiration lente :

Le goujon,	Le carassin,
Le chabot,	La tanche,
La carpe,	L'anguille,
Le doré de la Chine,	La lamproie.
La gibèle,	

Il nous reste maintenant à indiquer quelles sont les précautions générales à prendre lorsqu'on effectue le transport et à relater celles à suivre particulièrement suivant l'espèce de poisson.

Pour le saumon, nous dirons qu'il est à peu près impossible de le transporter vivant. Ce poisson est d'abord de trop fortes dimensions. Ensuite on ne peut le faire voyager vivant que dans l'eau vive ou courante.

Lorsque nous étions à Strasbourg, nous avons souvent questionné les pêcheurs du Rhin lors de la remonte du saumon. Plusieurs plaçaient les poissons pris dans les *huches,* c'est-à-dire dans de longues boîtes percées de trous qu'on plaçait à l'arrière du bateau et que l'on remorquait. Les poissons capturés se maintenaient bien en vie tant qu'on restait dans le courant du Rhin. Mais ces boîtes, placées en dehors du courant, ne conservaient que fort peu longtemps les saumons en vie. Dans ces conditions de résistance, on comprend qu'il n'est pas possible de transporter ces poissons dans des tonneaux.

La truite n'offre point les inconvénients inhérents à la grosseur du saumon, mais ses exigences de transport sont tout aussi délicates.

Il faut la transporter dans l'eau et choisir cette eau. De préférence, il faut prendre celle d'un ruisseau à fort courant, et, à son défaut, celle d'une fontaine, puis la renouveler le plus possible et toutes les fois qu'on en trouvera la possibilité, enfin l'agiter sans cesse.

Proportionnellement à son poids, il faut à la truite beaucoup d'eau. Nous estimons que, par kilogramme de poisson, il faut une moyenne de dix litres, même si le transport s'effectue par un temps favorable, c'est-à-dire froid et bien sec.

Mais ce n'est pas tout que de renouveler l'eau le plus souvent possible, il est absolument indispensable de l'aérer continuellement.

C'est pourquoi, pour la conduite de la truite, il a

été créé bien des petites inventions, soit pour agiter sans cesse l'eau, soit pour y insuffler de l'air. Tous ces systèmes sont dispendieux et peu commodes. Il est plus simple d'employer celui que nous prenons pour effectuer, durant la saison d'avril, le transport des perches, qui est, ainsi que nous l'avons dit, extrêmement difficile.

Ce système consiste simplement en une boule creuse, de la grosseur d'une très forte orange. Cette boule est percée d'une grande quantité de trous, du diamètre d'une aiguille à tricoter. A cette boule est adapté un tuyau en caoutchouc. On place la boule au fond du récipient contenant les poissons, puis on y met un lest pour l'y maintenir. Enfin, à la partie du tuyau de caoutchouc restant en dehors de l'eau, on ajuste le tuyau d'un soufflet et, à l'aide de cet instrument, on insuffle de l'air à tout moment. Celui-ci, traversant l'eau sous la forme de petites bulles, donne à la truite une aération suffisante pour permettre son transport à de très grandes distances.

Le brochet est plus facilement transportable que la truite. Si le trajet n'excède pas deux ou trois heures, et que le temps ne soit pas doux, on peut l'effectuer à sec. Mais si on doit dépasser cette durée, nous conseillerons toujours le transport en tonneaux, c'est le seul moyen d'éviter à coup sûr de la mortalité.

Le brochet étant un poisson d'étang, nous ferons une recommandation qui s'applique à tous les autres poissons de même provenance.

Il est indispensable qu'avant d'être transporté, tout poisson que l'on vient de pêcher soit mis à même de *dégorger*.

Jamais un bon voiturier de poisson ne chargera de la marchandise à la sortie immédiate du filet de pêche, et surtout lorsqu'il s'agit de perches et de brochets.

Il attendra toujours que le poisson ait séjourné quelques heures dans une eau claire, où il aura pu se débarrasser du limon qui embarrasse ses ouïes et gêne ainsi sa respiration. C'est ce qu'on nomme faire *dégorger* le poisson.

S'il peut se procurer du brochet ayant séjourné un jour ou deux dans un vivier, cela lui sera encore plus avantageux que d'en prendre immédiatement à la sortie du filet de pêche.

Les perches, les brochets mis dans un vivier ou un réservoir, rejettent toujours toute la nourriture que peut contenir leur œsophage. C'est ce que les pêcheurs de métier appellent *se vider*. Ce phénomène, dont la cause n'est pas connue, met les conducteurs de poissons à même de ne conduire à leurs clients qu'un poids réel de brochets.

Suivant des expériences nombre de fois répétées, il est parfaitement acquis que, si une quantité de brochets se *vidaient* durant le transport, on trouverait à l'arrivée un fort déficit dans le poids, pouvant dépasser 4 p. 100, et même davantage, lorsque l'étang est encore pourvu d'alevin.

Cette évacuation ne s'effectue pas partiellement,

elle se produit jusqu'à ce que le poisson n'ait plus rien dans l'estomac. C'est pourquoi il serait absolument rationnel, sur les étangs, d'admettre que les voituriers payassent au moins cinq centimes de plus par livre pour le brochet ayant séjourné un jour ou deux dans les viviers et, par contre, cette somme en moins lorsqu'il est pris à la sortie du filet de pêche.

Tout poisson sortant de l'engin de pêche est fatigué. La traîne du filet sur la vase, les efforts qu'il fait pour passer par-dessous et résister à l'action des plombs, font que ses ouïes s'engorgent toujours de marais et par suite se trouvent gênées dans leurs fonctions.

Les voituriers le placent alors par quarante livres environ dans des petits filets à coulisse qu'on nomme *bourses* et le laissent environ deux ou trois heures dans une eau claire se renouvelant. Ce laps de temps est toujours suffisant pour *remettre* le poisson, c'est-à-dire lui laisser le temps de dégager son appareil respiratoire de la vase qui peut l'avoir en partie obstrué.

On ne saurait jamais trop recommander d'éviter de faire reposer les bourses sur le fond, car s'il est vaseux, et il l'est toujours quelque peu, le poisson s'y embourbe davantage. La bourse le paralysant dans ses mouvements, il ne peut se débarrasser de l'engorgement des ouïes, lequel, en se prolongeant ou en s'accentuant, amène la mort du poisson.

Tout bon voiturier doit aussi pouvoir juger, dès

sa sortie de l'eau, si le poisson est vigoureux, résistant, ou s'il a subi par l'effet de la traîne un amoindrissement dans sa résistance.

Il reconnaît de suite un poisson fatigué quand l'animal, au sortir de l'eau, se débat et dans le panier donne de fréquents coups de queue. Toute cette agitation est un signe de souffrance et non de vigueur, et c'est ce qui trompe toujours les gens qui ne sont pas du métier.

Lorsqu'au contraire, en sortant du filet ou d'un réservoir, un poisson reste calme, s'agite peu, il peut être transporté dans de bonnes conditions et exige beaucoup moins de temps pour dégorger et se remettre en pleine vigueur.

Ceci dit, en général, pour tous les poissons qui nous occupent, nous observerons que le transport du brochet doit s'effectuer dans la proportion de quinze kilogrammes pour 100 litres d'eau. Cette proportion pourra varier en plus ou en moins de quelques demi-kilogrammes, suivant que le temps sera favorable ou non, et que la facilité de renouveler l'eau sera plus ou moins grande.

Le transport de la perche est bien plus difficile que celui du brochet.

C'est surtout dans les journées tièdes des mois de mars et d'avril qu'il offre le plus de difficultés. Cette particularité est due à la douceur de la température, que la perche supporte infiniment moins que le brochet; la difficulté est encore augmentée par le fait que généralement c'est l'époque du frai.

C'est pourquoi, lorsque les perches se trouvent en cours de ponte, ou lorsqu'elles viennent de l'effectuer, il n'est guère possible de les conduire à quelque distance sans le secours de la boule creuse et du soufflet que nous avons décrits.

Alors même que, durant le transport, on aurait pris la précaution de changer plusieurs fois l'eau et réussi à amener bien vivantes toutes les perches à leur destination, rien ne prouve que le succès soit obtenu. Généralement, une grande partie de ces poissons périt. Durant un certain nombre de jours après leur remise à l'eau, on en trouve toujours de morts, flottant sur l'eau et que le vent amène sur les rives.

La meilleure saison pour transporter les perches comprend les mois de novembre et de décembre.

Nous avons fait souvent la remarque que ce sont les poissons à l'état d'alevins qui subissent le plus facilement le transport en tonneaux; les perches fortes, les brochets y résistent bien moins. Il en est ainsi pour toutes les espèces de poissons blancs. Mais le contraire a lieu pour la carpe et la tanche. Les gros poissons de ces espèces nous ont toujours semblé plus résistants que les petits.

Pour ce qui est des proportions de poisson et d'eau à observer pour le transport de la perche, nous estimons qu'elles peuvent être les mêmes que celles adoptées pour le brochet. Toutefois, si le temps est défavorable et la possibilité de changer d'eau durant le transport peu fréquente, il est bon de mettre moins de perche qu'on ne met de brochet, soit un cinquième environ en moins.

De tous les poissons d'étangs, l'anguille, la carpe et la tanche sont les plus faciles à transporter. La meilleure saison est toujours celle qui comprend les mois déjà cités de novembre, décembre, puis les autres mois d'hiver, lorsqu'il ne gèle pas au point que le transport à sec soit impossible, car c'est principalement ainsi qu'il s'effectue lorsque le trajet ne doit pas excéder six à huit heures.

Le nombre est grand des aquiculteurs qui pensent que les poissons doivent, dans un transport sans eau, reposer sur de la paille mouillée, qu'il est bon de rafraîchir fréquemment en chemin pour les maintenir plus longtemps en vie. Nous avons parfaitement constaté, au moyen d'expériences plusieurs fois réitérées, que, simplement posés sur de la paille sèche, les poissons supportaient également le voyage. Ce fait est du reste très facilement explicable. La résistance du poisson, nous l'avons dit au début de cet article, dépend de la compacité de ses ouïes et, par suite, de l'humidité que ces organes peuvent conserver. L'utilité de la paille humide serait exacte si, en provoquant une évaporation humide, le mouillage de la paille produisait une humectation des organes de la respiration, mais il n'en est rien, parce que les ouïes ne restent pas à découvert et que, bien au contraire, les carpes, les tanches, comme du reste tous les poissons se trouvant hors de leur élément, tendent généralement à fermer leurs opercules. Ces animaux, en agissant ainsi, ne cherchent instinctivement qu'à conserver le plus longtemps possible, dans leurs branchies, l'humidité qui s'évaporerait très vite au contact de l'air.

Ce n'est pas le mouillage du lit de paille qui pourrait être favorable, c'est celui de tout le poisson, car un jet d'eau fraîche lui faisant ouvrir les ouïes les rafraîchit et en même temps diminue quelque peu le mucus qui s'y forme. Malgré cela, le mouillage durant les transports à sec est rarement pratiqué par les conducteurs des provinces de l'est et de la Belgique.

Il est aussi une pratique vicieuse qu'un certain nombre de voituriers de poissons admettent comme excellente. C'est, lorsqu'il s'agit de grosses carpes, atteignant des poids dépassant ceux de la carpe courante, et pesant par exemple de 6 à 10 ou 12 kilogrammes, c'est, disons-nous, de leur ouvrir souvent les ouïes. Ils pensent que cette opération donne de l'air au poisson et permet de prolonger la durée du transport à sec en rendant plus longue sa résistance. C'est un tort, car cette pratique dessèche plus rapidement les branchies, et c'est agir contrairement aux indications que nous donnent les poissons eux-mêmes.

Ils sont aussi nombreux ceux qui croient qu'en plaçant dans les ouïes des rondelles de pommes crues, ils augmentent la durée de la vie du poisson. Ils réussissent tout simplement à provoquer le desséchement rapide des branchies, puisque la rondelle les maintient entr'ouvertes.

Nous connaissons également des personnes qui, se fiant aux indications de la plupart des ouvrages relatifs aux poissons, non seulement appliquent l'usage des rondelles de pomme crue, mais placent dans la bouche des poissons un morceau de pain trempé dans l'eau-de-vie.

Ces moyens sont absolument funestes, nous l'avons constaté par expérience. Des carpes laissées à sec avec des rondelles 'de pomme crue dans les ouïes ont vécu trois heures de mois que d'autres sans rondelles. Celles auxquelles on avait mis du pain humecté d'eau-de-vie dans la bouche ont résisté près de quatre heures de moins.

En revanche, ayant pris le soin de rafraîchir au moyen d'une éponge les ouïes de grosses carpes et d'en enlever ainsi de temps à autre le mucus, nous avons pu prolonger de trois heures passées la résistance de ces poissons.

Pour nous, toutes ces pratiques sont donc mauvaises et il nous a paru utile de le déclarer dans cet ouvrage, destiné aux populations rurales et aux aquiculteurs pratiques.

Bien que les temps où la température se trouve au-dessous de zéro soient contraires aux transports à sec, on peut néanmoins les effectuer par plusieurs degrés de froid. Dans cette circonstance, il suffit de prendre quelques précautions très simples et permettant de soustraire les poissons à l'action de la gelée qu'ils ne peuvent supporter et qui les fait périr rapidement. On les place non seulement sur un lit de paille bien sèche, mais on les en recouvre aussi et par-dessus on étend une bâche sur laquelle on jette de l'eau. En se congelant, cette eau rend la bâche imperméable à l'air extérieur et elle maintient au poisson une température supérieure à celle de l'atmosphère ambiante.

Ce moyen ne peut être employé que lorsque le thermomètre ne tombe pas au-dessous de 3 ou 4 degrés de froid; à une température plus basse, il n'est plus pratique. Il faut alors recouvrir les poissons de plusieurs couvertures de laine et mettre par-dessus ces couvertures la bâche mouillée. De cette façon, on peut transporter à sec par 5 ou 6 degrés au-dessous de zéro.

Quand il ne gèle pas, les carpes et tanches peuvent être placées simplement sur un lit de paille, recouvert seulement d'une toile pour les garantir du vent et les maintenir à l'abri de l'évaporation.

Ordinairement, les voituriers les mettent en bourses contenant chacune environ 40 demi-kilogrammes. Les bourses sont disposées par lits et chaque lit séparé par des planches, de façon que les poissons ne supportent aucun poids.

En Alsace-Lorraine et dans l'est de la France, les poissonniers en gros ont adopté l'usage de caisses légères, faites généralement en bois de sapin, dans lesquelles ils placent habituellement deux bourses de 40 livres de poisson. Les boîtes sont ensuite placées sur un lit de paille, lorsqu'on se sert de voitures sans ressorts. Ce procédé est excellent, car il a l'avantage de supprimer les lits de planches qu'on établit par étages pour y placer les bourses de poisson; de plus, on peut mettre les boîtes les unes sur les autres; enfin, en cas de gelée, on peut mieux garantir les poissons, surtout lorsqu'on étend de la paille sur les boîtes, puis par-dessus une bâche arrosée d'eau.

A ces conditions, qui constituent celles d'un bon transport, s'ajoute encore une grande facilité de main-d'œuvre, lorsqu'il s'agit de charger et de décharger le poisson et qu'il est besoin de le faire *reprendre* en route, c'est-à-dire de mettre les bourses dans un ruisseau ou une fontaine pour qu'il regagne sa vitalité.

Lorsqu'on remet les bourses de carpes ou de tanches dans l'eau, il faut, plus encore que pour le brochet et la perche, avoir soin de ne pas les laisser reposer sur le fond. Ces poissons sont peu vifs, et leurs mouvements, ainsi que leurs ébats, n'indiqueraient pas, comme avec le brochet, la lutte contre un embourbement asphyxiant. Il faut, par conséquent, agiter les bourses fréquemment. Telles sont les conditions générales des transports à sec.

Lorsque les temps sont trop rigoureux, ou que la distance à parcourir pour amener les carpes et d'autres poissons à destination est très longue, ou bien encore lorsque le chemin est insuffisamment pourvu de cours d'eau et de fontaines, dans lesquels les poissons pourraient reprendre leur vigueur par une remise de quelques heures, il est nécessaire d'opérer le chargement et le transport en tonneaux.

Pour ce faire, on se sert de n'importe quels tonneaux, pourvu qu'ils aient perdu le goût du liquide qu'ils ont contenu. Un séjour de quinze jours dans l'eau suffit généralement pour permettre d'employer une futaille qui a contenu du vin.

Il est bon de ne point se servir de futailles de fortes dimensions ; la pièce de 220 litres est celle qu'on emploie généralement. Mais ces tonneaux sont trop volumineux. Remplis, ils sont trop lourds et d'une manutention difficile. Depuis que le gouvernement d'Alsace-Lorraine a étendu sa protection sur le produit des étangs de ce pays, les gros négociants en poissons de la Lorraine et de l'Alsace ont adopté des tonneaux pouvant reposer presque à plat et de forme moins bombée que les futailles à vin. Ces tonneaux, d'une contenance de 160 à 175 litres, sont en outre munis d'une poignée vissée à chaque fond. Ils sont percés d'une bonde. Leur forme et leur contenance permettent de les manier facilement, et leur placement dans les fourgons de marchandises est des plus aisé, car, reposant à plat, ils ne peuvent être sujets à rouler. De plus ils sont jaugés et en portent l'indication. Toutes ces mesures exigées par le gouvernement ont beaucoup facilité le commerce des poissons vivants, ainsi que leur transport par voie ferrée.

Dans ces tonneaux, faits en chêne ou en sapin, il est d'usage de mettre environ 40 à 46 kilogrammes de carpe ou de tanche. Cette proportion est celle admise lorsque le changement d'eau est espacé de cinq à six heures. Il faut la réduire pour la carpe si l'eau ne peut être renouvelée qu'après un temps plus considérable.

Quant au transport de l'anguille, il est des plus simples et des plus assurés, lorsqu'il n'a pas lieu en temps de gelée. Il suffit de la placer dans des caisses ou sur de la mousse et des herbages mouillés. On peut de cette façon lui faire subir des trajets relativement considérables. Mais comme ces poissons ne font jamais l'objet d'un chargement unique, il est d'habitude de les placer dans les tonneaux avec les carpes et les tanches.

Le cyprin doré de la Chine, si bien acclimaté en France, est doué d'une résistance plus grande que la carpe, même supérieure à celle de la tanche. On peut le transporter en adoptant les mêmes proportions que pour la carpe.

A ceux qui auront à effectuer des transports en tonneaux ou qui auront à en charger des voituriers étrangers au métier, il faut également indiquer que la remise à eau des bourses de poissons est infiniment supérieure à tout renouvellement d'eau dans les tonneaux, et que si le long du chemin on ne peut employer que ce second procédé, il convient alors d'opérer de la façon suivante.

On fait écouler l'eau par la bonde du fond plutôt

que de la rejeter par l'ouverture du haut. Ensuite, on remplit le tonneau jusqu'à excédent. Puis de haut, par l'ouverture du dessus, on jette de l'eau jusqu'à ce qu'elle ressorte claire et sans aucune mousse ou écume. Cette mousse n'est que la viscosité provenant des poissons. Elle a pour effet de graisser leurs ouïes et de nuire ainsi aux fonctions de la respiration.

Lorsque l'eau ressortira parfaitement claire, on en enlèvera de façon à laisser dans le tonneau un léger vide, soit, par exemple, un manquant de 8 à 10 centimètres de hauteur. Ce vide a une grande utilité : il permet à l'eau le contact de l'air et aux poissons de venir y piper. Puis l'agitation de l'eau par les cahots de la voiture en augmente l'aération.

Il est certain que des poissons renfermés dans un tonneau absolument plein supportent beaucoup moins longtemps le défaut d'eau nouvelle, parfois un tiers en moins.

Bien que la tanche soit plus résistante que la carpe, il faut lui renouveler l'eau aussi souvent. Elle est beaucoup plus couverte de viscosité et elle en abandonne beaucoup plus dans l'eau. Cette viscosité, par les temps doux, devient parfois assez intense pour se manifester par une odeur désagréable.

Lorsque le poisson de n'importe quelle espèce est arrivé à destination, qu'il doive être remis dans un étang ou dans un réservoir, il faut se garder de le lâcher tout de suite. Si on procédait ainsi, le poisson tomberait aussitôt au fond, s'embourberait les ouïes dans la vase et la plus grande partie pourrait succomber. Il convient de le laisser cinq à six heures dans les bourses, ou mieux encore sur une pantenne.

On appelle pantenne une espèce de filet en forme de nappe qu'on tend horizontalement et sur lequel on dépose le poisson. Il se trouve ainsi maintenu dans les couches d'eau supérieures et ne peut toucher le fond.

Nous avons plusieurs fois constaté qu'entre les poissons transportés à sec et ceux dont le transport avait été effectué en tonneaux, ce ne sont pas toujours ces derniers qui mettent le moins de temps à reprendre leur entière vigueur.

A première vue, le fait ne semble pas admissible, mais la raison, suivant nous, n'en peut être que celle-ci :

Dans les tonneaux, les poissons perdent de leur mucus, l'eau s'en imprègne, devient grasse ou quelque peu huileuse, de sorte que les organes de respiration de ces animaux s'en imprègnent également. Remis à l'eau, ils ne se retrouvent dans leur état normal qu'après que l'eau nouvelle a pu débarrasser leurs ouïes de cette espèce d'engluement. Les poissons transportés à sec n'offrant pas cet inconvénient, les organes de respiration sont à même de fonctionner de suite. C'est ainsi que nous avons constaté que ceux-ci recouvrent leur vitalité en un sixième de temps moindre que ceux-là.

Si l'on transporte du brochet ou de la perche, il

faut se garder de les faire reprendre dans une eau trop fraîche, comme certaines fontaines en donnent.

Une trop grande différence de température entre l'eau des tonneaux et celle de la fontaine tuerait les poissons en un clin d'œil. Ils se *raidiraient,* comme disent les gens du métier. C'est qu'en effet, au lieu de s'amollir comme tout poisson pâmé, ils deviennent tout à fait raides et légèrement arqués, le dos présentant une concavité.

C'est le tétanos des poissons, disent les pisciculteurs lorrains.

Si on n'a à sa disposition qu'une eau très froide, on pourra néanmoins s'en servir en se précautionnant ainsi qu'il suit : on jettera d'abord un seau d'eau dans le tonneau, puis un quart d'heure après deux seaux. Si les poissons ne se raidissent pas quelque peu, on augmentera la dose d'eau nouvelle.

Il est facile de reconnaître de suite si l'eau est trop froide, car alors on voit le poisson se mettre sur le flanc ; c'est le signe qui devance la rigidité précédant la mort et qui se conserve quelque temps après qu'elle est survenue. En tout cas, pour éviter tout accident, il faut au moins une heure pour arriver, par une progression lente, à changer ainsi toute l'eau du tonneau ; ensuite, on pourra faire l'essai avec quelques-uns des poissons seulement, ce sera une sage précaution.

Lorsqu'on transporte en tonneau de l'alevin de carpe, il est bon d'y adjoindre trois ou quatre grosses carpes de deux à trois livres ; ces poissons agitent l'eau et aident ainsi à son aération.

Lorsqu'on est obligé de transporter ce poisson par un temps se trouvant sous l'influence du vent du midi, accompagné de petites pluies tièdes, il faut renouveler l'eau plus fréquemment ; de même par un temps orageux. Le poisson, en terme de métier, est alors exposé à *tourner,* c'est-à-dire à périr.

Plusieurs pisciculteurs ont avancé que, par un temps d'orage, le transport à sec et même en tonneau était impossible, surtout quand l'électricité de l'atmosphère provoquait une chute de grêle. Nous ne pensons point qu'il en soit ainsi, mais simplement qu'il convient de renouveler l'eau des tonneaux plus fréquemment, ou de mettre plus souvent à l'eau les bourses de poissons.

Nous basons notre opinion sur les suites d'un transport que nous avons effectué en 1876, durant la dernière quinzaine du mois d'avril. Nous partîmes avec un chargement d'alevins par un temps absolument menaçant. A la moitié du chemin, nous fûmes surpris par des averses et du grésil, suivis d'énormes grêlons, qui nous firent abandonner la voiture pour mettre à l'abri nos personnes et nos chevaux. Lorsque ces averses eurent cessé, nous constatâmes seulement que nos poissons ne faisaient que piper fortement, et qu'un renouvellement d'eau les remettait moins vite qu'en temps ordinaire. Cela nous permit d'admettre que, par les temps d'orage, le transport est plus délicat et exige seulement un renouvellement d'eau plus fréquent, mais qu'il est loin d'être impraticable et d'occasionner de la mortalité comme le prétendent bien des pisciculteurs.

Les étangs, lors des pêches, produisent parfois de belles pièces de poissons blancs, telles que des brêmes, des rosses, des gardons. On peut effectuer le transport de ces poissons en tonneaux, et comme ils sont à respiration plutôt vive que moyenne, il est bon de se servir de la boule creuse et du soufflet, dont nous avons parlé à propos du transport de la perche.

La proportion est de 16 à 18 kilogrammes de poisson blanc par hectolitre.

Nous donnons ci-après, pour chaque espèce de poisson d'étang, les quantités à mettre par hectolitre, en supposant que l'eau pourra être renouvelée toutes les cinq ou six heures seulement, et que le temps sera favorable au transport.

Ces quantités peuvent être modifiées suivant la provenance des sujets. Il y a, comme nous l'avons dit plus haut, des étangs qui produisent du poisson plus résistant, en termes de pêche plus *dur* que d'autres, où il est *tendre* au transport soit à sec, soit en tonneaux. C'est ainsi qu'en Alsace-Lorraine le poisson du grand étang de Lindre, d'une contenance de plus de 700 hectares, se trouve, suivant les dires des poissonniers de ce pays, assez tendre au transport et d'une garde médiocre en réservoirs, tout en étant de première qualité.

Les précautions les plus rigoureuses n'étant ja-

mais de trop en cette matière, les données qui suivent comportent le transport du poisson tendre.

TRANSPORT DES POISSONS

ESPÈCE DE POISSON.	QUANTITÉ D'EAU.	QUANTITÉ DE POISSON.
Truite de montagnes .	100 litres d'eau de rivière.	10 kilogr.
Ombre	—	10 —
Truite des lacs	—	12 —
Ablette	—	10 à 12 kilogr.
Perche	—	10 à 15 —
Brochet	—	10 à 15 —
Brême.	—	10 à 15 —
Chevesne	—	10 à 12 —
Meunier-Rosse	—	10 à 15 —
Goujon	—	18 à 20 —
Carpe	—	40 à 42 —
Doré	—	40 à 45 —
Gibèle	—	40 à 45 —
Carrassin	—	42 à 48 —
Tanche	—	40 à 45 —
Anguille.	—	50 —

Après un ou deux voyages et en se conformant
aux indications données par l'œil du poisson, tout
conducteur sera à même de juger dans quelles proportions il pourra modifier la quantité de marchandise par rapport à 100 litres d'eau.

Nous avons maintes fois entendu des aquiculteurs
émettre l'opinion que le sapin ne convenait pas
pour la confection des tonneaux de transport. C'est
une erreur, et déjà plusieurs négociants en gros
font usage de cette essence. Elle a l'avantage de

constituer des tonneaux moins lourds et d'aussi longue durée que ceux de chêne.

Quant à la raison qui fait encore écarter le bois de sapin, c'est une opinion accréditée qu'il fait périr les poissons. On commence, en Lorraine et dans les pays voisins, à ne plus le croire.

Nous nous élèverons aussi contre une habitude pratiquée dans les Dombes, et quelquefois en Lorraine par quelques pisciculteurs, c'est celle de jeter dans chaque tonneau de transport un peu de farine de blé, et de préférence de seigle. D'autres, au lieu de farine, mettent un peu de jus de fumier. Ces pratiques auraient pour objet de rendre le poisson plus résistant et de lui faire conserver la même eau plus longtemps.

Cette façon de procéder est absolument contraire au but proposé. Rien ne peut valoir l'eau pure, et la plus limpide sera toujours la meilleure. Nous avons dit déjà que dans les tonneaux les poissons engluent leurs ouïes, et il est évident qu'une eau troublée par le délaiement de la farine ou du jus de fumier obstruera davantage les organes, et, par conséquent, que les conditions de transport seront moins favorables.

Comme les idées fausses sont quelquefois aussi enracinées que celles ayant pour elles la raison, nous avons voulu nous rendre compte par nous-même de ce que ce procédé pouvait avoir de fondé.

Des carpes, laissées dans une eau où avait été délayée de la farine de seigle suivant la dose conseillée et pratiquée, ont vécu soixante-dix minutes de moins que le même poids de carpes laissées dans la même quantité d'eau claire et sans farine.

Les poissons mis dans l'eau avec du jus de fumier ont vécu quarante-six minutes de moins.

Nous dirons que nous n'avons pas attendu la mort de tous ces poissons pour conclure. Nous les avons considérés comme morts aussitôt qu'ils ont eu manifesté les symptômes de l'agonie. Puis nous les avons remis dans de l'eau pure et sur pantenne. Suivant ce qu'il y avait lieu de prévoir, ce furent les carpes venant de l'eau où il y avait un peu de jus de fumier qui mirent le moins de temps à recouvrer toute leur vitalité. Donc, pour le transport des poissons, rien ne vaut l'eau pure, et tout ce qu'on pourra indiquer d'autre devra être tenu en nulle considération.

CONDITIONS DÉTERMINANT LE DEGRÉ
DE FERTILITÉ DES ÉTANGS

ET RAPPORT DU VOLUME D'EAU ET DE LA SURFACE
RELATIVEMENT A LA PRODUCTION DU POISSON

Des causes qui différencient les étangs dans la production des poissons. — Quels sont ceux à même de produire le mieux la carpe,
la tanche et les poissons carnassiers. — Reconnaissance des étangs
de première qualité, des passables et des médiocres. — Rapport
suivant les catégories d'étangs entre la surface et le volume d'eau
pour un kilogramme de poisson. — Avantages résultant de la
connaissance de ces rapports.

Les étangs d'une région, d'un pays même, sont
loin de posséder le même degré de fertilité.

A l'encontre de la plupart des propriétés foncières, la richesse d'un étang dépend de bien des
causes. Le volume d'eau et l'étendue sont au nombre des plus importantes, mais non point les seules
déterminantes.

Savoir proportionner l'empoissonnement au degré de fertilité de sa propriété, c'est là le point
principal, car mettre un empoissonnement insuffisant, c'est perdre une partie de son revenu, et en
mettre un trop fort, c'est faire de la marchandise
inférieure et réaliser un revenu moins élevé.

Bien des pisciculteurs ne parviennent à un empoissonnement rationnel qu'après des tâtonnements nombreux.

C'est généralement l'étendue seule qui sert aux aquiculteurs pour déterminer la quantité de poisson qu'il convient de faire produire à un étang. Il en est du moins ainsi dans l'est de la France, en Belgique et en Alsace-Lorraine.

Si on veut produire beaucoup de perches et de brochets, on peut négliger l'étendue, à condition qu'on aura un fort renouvellement d'eau, accompagné d'une grande profondeur.

Ces poissons de proie, qui sont à respiration plus vive que la carpe, seront robustes et actifs, pourvu que la nourriture soit abondante, et ils croîtront rapidement dans de telles conditions.

Il n'en est pas de même lorsqu'il s'agit de la carpe, et surtout quand on y joint la tanche en quantité notable. Pour ces espèces, c'est l'étendue, c'est la surface à parcourir qui prédomine. Il faut qu'elles puissent trouver les insectes divers et les parties limoneuses qu'elles fouillent dès que les plantes aquatiques ne leur offrent plus leur richesse d'alimentation.

Pour mieux nous faire comprendre, nous dirons, par exemple, que deux étangs ayant les mêmes eaux, le même sol, et ayant la même surface couverte d'eau, mais dont l'un aurait, par suite de la profondeur, un volume d'eau double, seront inégaux en produits. Que le plus riche en volume d'eau donnera beaucoup plus de brochets et de perches, mais toujours moins de carpes et de tanches que l'autre étang.

Il est facile d'expliquer ces faits, qui tiennent uniquement à ce que les étangs trop profonds ont toujours une température plus basse que les autres. De plus, dans les premiers, les parties du fond ne sont pas toutes fréquentées par les tanches et les carpes. Ces poissons recherchent toujours les endroits les plus chauds et ceux où croissent les herbages aquatiques. Les grandes profondeurs ne leur offrent guère que des lieux de retraite durant l'hiver. Il en résulte donc que, dans un étang très profond, bien des parties du fond procurent peu d'alimentation insectivore et pas d'herbages aquatiques; ce sont donc des places nulles, des non-valeurs. Comme étangs très profonds, nous entendons ceux ayant plus de cinq mètres de profondeur.

Après ces considérations viennent celles de la provenance des eaux, des terres du fond, de celles des alentours, toutes choses qui font varier les étangs entre eux et qui exigent, faute de données pratiques, des tâtonnements et de nombreux essais, toujours très longs, avant d'arriver sûrement à fixer le maximum de production à l'hectare.

Cette difficulté empêche fort souvent des acquéreurs d'étangs d'obtenir des résultats rémunérateurs et les amène à abandonner, après plusieurs pêches, d'excellentes propriétés.

Faute d'avoir su apprécier leur valeur de rendement et pour avoir voulu se baser parfois sur le système d'empoissonnement d'étangs voisins, bien souvent nous avons vu ces propriétés inspirer à bref délai des regrets à leurs vendeurs.

C'est pourquoi cet ouvrage serait incomplet si nous n'y indiquions point les conditions qui constituent des étangs excellents, passables ou mauvais.

Les étangs de première qualité ne doivent pas dépasser une profondeur de plus de trois mètres et j'entends parler d'étangs ayant au moins 36 à 40 hectares. Toutes les rives doivent être en pentes très peu prononcées.

Les plantes aquatiques recherchées comme aliments par les poissons et que nous avons indiquées, devront recouvrir presque toute la surface au moment où ces végétaux viennent s'y épanouir.

Les rives devront être peu envahies par les roseaux de l'espèce dite *Arundo phragmites,* ainsi que par les joncs. Les terres environnantes devront déverser leurs eaux pluviales directement dans l'étang.

Plus ces terres seront étendues et leurs pentes prononcées, plus l'action dissolvante des eaux pluviales entraînera dans l'étang les parties solubles des engrais qui auront été répandus, et plus l'eau de l'étang sera, en terme de métier, dite grasse et fera profiter le poisson, c'est-à-dire la carpe et la tanche, de même que les poissons blancs.

A cet ensemble de conditions vient aussi s'ajouter celle d'une bonne et riche alimentation d'eau. Celle-ci doit être fournie par un ruisseau possédant un débit constant, du moins ne tarissant pas en été.

Le cours d'eau devra venir de loin, traverser des terres cultivées et s'enrichir sur tout son parcours de leurs eaux pluviales.

Si le ruisseau traverse un village et s'il y recueille des eaux de ferme négligées par les cultivateurs, l'eau de l'étang en sera d'autant plus grasse.

Il découle de ce qui précède qu'un étang sera inférieur s'il a une trop grande quantité d'eau, c'est-à-dire s'il est trop profond. Il en sera de même si les berges ne sont pas en pentes douces et si elles sont envahies par les roseaux ; si toutes les terres environnantes et dont les eaux se déversent dans l'étang ne sont pas livrées à la culture.

L'infériorité d'une propriété sera d'autant plus accentuée que les bonnes plantes aquatiques feront encore défaut et que l'eau d'alimentation aura un renouvellement faible et viendra de près, ou de sources froides émergeant dans l'étang même ou à peu de distance.

Les eaux seront encore inférieures si elles proviennent d'un bois, parce que, dans ce cas, elles sont chargées de tannin. C'est là, en effet, pour les poissons une cause d'appauvrissement qu'une nourriture abondante ne peut pas toujours compenser.

Si le bois que traverse ou qui fournit le cours d'eau d'alimentation est composé d'essences résineuses au lieu d'essences feuillues, il donnera à l'eau une qualité inférieure. Enfin la présence de nombreuses bruyères, en acidifiant le sol, rendra plus mauvaise la qualité des eaux qui en proviendront.

Toutes ces conditions, en se combinant, font varier la qualité des étangs, et la difficulté consiste simplement à pouvoir les apprécier.

Nous pensons qu'après l'exposé précédent, toute personne pourra se rendre compte que les déconvenues de bien des pisciculteurs proviennent de ce qu'ils ont toujours pris pour base de leurs empoissonnements uniquement l'étendue couverte d'eau, sans s'occuper des autres conditions, qui sont souvent bien plus déterminantes.

Avec ces simples données, chacun pourra classer un étang dans la catégorie qui lui est propre.

Suivant la valeur des étangs, nous allons maintenant compléter les indications ci-dessus en relatant, d'après une série d'observations exactes, quelles sont les proportions d'eau et d'étendue nécessaires à 1 kilogr. de poisson. Jusqu'à ce jour, ce genre d'évaluation n'a pas été fait. Nous avons pu établir ces proportions grâce à des opérations faites en Alsace-Lorraine par le gouvernement, en vue de connaître le volume d'eau propre à plusieurs étangs de ce pays, et dont quelques-uns appartenaient à notre famille. Ces opérations, exécutées mathématiquement, étaient nécessitées par un projet de canal, auquel lesdits étangs auraient servi de réserve d'eau. Or, connaissant le produit en poissons de ces étangs et possédant, grâce à l'obligeance d'un fonctionnaire du pays, le volume d'eau de ces propriétés, il nous a été facile d'établir les chiffres suivants.

Étangs de qualité supérieure.

Pour 1 kilogr. de poisson, 5o à 6o mètres cubes d'eau ;

Pour 1 kilogr. de poisson, 33 à 37 mètres carrés de fond ou de surface.

Étangs de moyenne qualité.

Pour 1 kilogr. de poisson, 8o à 85 mètres cubes d'eau ;

Pour 1 kilogr. de poisson, 45 à 5o mètres carrés de fond ou de surface.

Étangs de qualité médiocre.

Pour 1 kilogr. de poisson, 1oo à 11o mètres cubes d'eau ;

Pour 1 kilogr. de poisson, 6o à 65 mètres carrés de fond ou de surface.

Ces chiffres font ressortir l'influence de toutes les diverses conditions qui permettent de classer un étang dans une des catégories ci-dessus, et montrent combien peuvent faire fausse route ceux qui, pour fixer la quantité de leur empoissonnement, ne veulent se baser que sur l'étendue couverte d'eau.

En Lorraine et dans les pays limitrophes, quelque nombreux que soient les étangs et quelle que soit la quantité de poissons qu'ils fournissent chaque année au commerce et à la consommation, la vente est toujours courante et assurée. Mais en Alsace-

Lorraine, la vente devient plus difficile, à cause du poisson de mer qui y atteint des prix excessivement bas, au point qu'on y a du saumon à 1 fr. 25 c. la livre. Dans ce pays, surtout dans les anciens arrondissements du département de la Meurthe, se trouvent des étangs qui sont de véritables lacs de 700 à 800 hectares, fréquentés par les oiseaux de mer, tels que les mouëttes, les goëlands, les hirondelles de mer, les grands courlis.

Dans les autres contrées de l'est de la France et dans les pays limitrophes, les étangs de 50 à 60 hectares sont des étangs de moyenne grandeur ; on n'y considère comme grands étangs que ceux dont la superficie égale au moins 100 hectares.

Dans ces pays, les pêches se font aux mêmes époques, c'est-à-dire à partir de novembre jusqu'en mars et avril, et il en résulte que la quantité de poisson à livrer au commerce s'élève parfois à plus de 600,000 et 700,000 livres de marchandise, comprenant carpes, tanches, perches, brochets et poissons blancs divers.

Ces quantités énormes se vendent moins facilement depuis l'annexion des provinces d'Alsace-Lorraine, car la population allemande immigrée consomme surtout des poissons de mer frais ou fumés. Malgré ces conditions désavantageuses, tout s'écoule, et les propriétaires d'étangs n'ont qu'à se tenir fermes vis-à-vis des gros négociants de poissons, tant des pays annexés que de la Lorraine française. Souvent ces négociants cherchent, par une entente, à obtenir un abaissement de prix, mais, malgré tout, les produits sont enlevés à la longue par les grands marchés de Nancy, Metz, Strasbourg, Colmar, Sarrebourg, pour aller porter au loin, en France et en Allemagne, la renommée des poissons du Rhin, car la plupart sont vendus sous cette qualification. Cette renommée est considérablement accrue depuis 1870, à la suite des mesures prises par le gouvernement allemand; il a concédé un tarif de transport excessivement réduit et la faculté de pouvoir expédier avec ce tarif par les trains express; grâce à ces avantages, les produits des étangs des pays annexés peuvent franchir la frontière et venir faire concurrence, en France, aux produits similaires. Les droits de douane sont à peu près compensés par l'abaissement des tarifs et la rapidité des transports.

Par le fait de ces judicieuses dispositions, nous pouvons évaluer au maximum les produits des étangs d'Alsace-Lorraine, Belgique et Luxembourg, ainsi que de l'est de la France, aux données ci-après pour les étangs, en tenant compte des déficits qui se produisent toujours sur les empoissonnements.

Pêche de 1 an avec empoissonnement de jeune poisson.

190 à 200 kilogr. de carpe.

      8 — de tanche.

    10 — de brochet.

     9 — de perche.

     1 — de poissons blancs.

Soit 228 kilogr. environ de poisson.

Pour les étangs de moyenne qualité à l'hectare.

140 à 150 kilogr. de carpe.

     6 — de tanche.

   10 — de brochet.

   10 — de perche.

    1 — de poissons blancs.

Soit 177 kilogr. environ de poisson.

Pour les étangs médiocres à l'hectare.

110 à 120 kilogr. de carpe.

    6 — de tanche.

    8 — de brochet.

    5 — de perche.

    5 — de poissons blancs.

Soit 144 kilogr. de poisson à l'hectare.

Pour les pêches de deux ans, effectuées au moyen d'un empoissonnement d'alevins de taille ordinaire, on obtient généralement, à l'hectare couvert d'eau, les produits approximatifs ci-après, défalcation faite des déficits ordinaires.

Étangs de première qualité.

285 à 290 kilogr. de carpe.

  8 à 9 — de tanche.

   12 — de perche.

   13 — de brochet.

    1 — de poissons blancs.

Soit 325 kilogr. environ de poisson.

Étangs de qualité moyenne.

245 à 250 kilogr. de carpe.

    8 — de tanche.

  10 — de brochet.

    9 — de perche.

    2 — de poissons blancs.

Soit 279 kilogr. environ de poisson.

Étangs de qualité médiocre.

190 à 200 kilogr. de carpe.

    3 — de tanche.

    5 — de brochet.

  10 — de perche.

    2 — de poissons blancs.

Soit 220 kilogr. environ de poisson.

Très souvent, les poissons blancs font défaut dans n'importe quelle catégorie d'étangs ; parfois les perches et les brochets sont en aussi grande quantité dans les étangs médiocres que dans les meilleurs.

Lorsque, dans les étangs médiocres, on laisse les alevins trois ans au lieu de deux, on arrive à leur faire rendre des quantités égales et même parfois supérieures à celles des étangs de moyenne qualité en deux ans.

Dans les empoissonnements où ne figure point la quantité ordinaire de tanche affectée à la catégorie des étangs, les mêmes proportions de rendement sont généralement réalisées.

Quant aux rendements pouvant être donnés par les pêches bâtardes, nous ne pouvons les fixer, ce genre de pêche étant, suivant le dicton lorrain, la vraie bouteille à l'encre.

Je terminerai ce chapitre en citant le proverbe lorrain : « *Un étang donne toujours son poids.* »

On entend par là qu'un étang fournit toujours la quantité de kilogrammes de poissons qu'il peut produire et quelle que soit la catégorie de poissons qui a composé son empoissonnement.

Ainsi, un étang dont le maximum de production serait, par exemple, de 10,000 kilogr., donnera également ce poids, aussi bien en alevins qu'en jeunes poissons ou carpes adultes.

Cependant, ce dicton n'est pas tout à fait exact.

Nous avons, en effet, acquis la certitude qu'un étang peut, par exemple, donner en kilogrammes une plus grande quantité d'alevins que de jeunes poissons, et une plus forte quantité de jeunes poissons que de carpes adultes ; enfin, plus de carpes adultes de trois ans que de carpes de quatre à cinq années.

Au moyen des données et des constatations nombreuses que nous avons relevées sur bien des étangs, nous pouvons établir qu'un hectare varie sa production ainsi qu'il suit :

En production d'alevins, 810 demi-kilogr. ;

En production de jeunes poissons, 750 demi-kilogr. ;

En production de carpes adultes, 680 à 650 demi-kilogr.

De la comparaison des chiffres ci-dessus, on déduit :

1° Que la production d'alevins a donné en poids une plus-value de 60 livres sur celle du jeune poisson ;

2° Que celle de jeunes poissons a produit une majoration de 70 livres sur celle de la carpe adulte ;

3° Que la différence entre l'alevin et la carpe adulte a été de 130 livres.

Il résulte de ce qui précède que plus le poisson est fort, moins le poids de marchandises à l'hectare est élevé. C'est pourquoi les pisciculteurs n'ont pas intérêt à produire de la carpe au delà de trois à quatre ans.

Dans le cas contraire, c'est à eux à calculer leur prix de façon à ne pas se trouver en perte.

DE LA MISE EN TERRAGE DES ÉTANGS

AVANTAGES DE CES PROPRIÉTÉS SUR LES TERRES TOUJOURS LIVRÉES A LA CULTURE

Valeur des étangs comme terres de culture. — Parties non culti-
vables, pertes que cela occasionne parfois. — Influence de la mise
en terrage sur la production du poisson, suivant immédiatement
la mise en culture.

Les étangs permanents, comme ceux qui alter-
nent la mise à eau avec la culture, sont parfois mis
à sec pour opérer le curage du bief de pêcherie et
du ruisseau d'alimentation.

Lorsqu'un étang mis à sec peut se louer sur toute
son étendue, il est à peu près certain que la location de culture rapporte à peu près autant que la
production de poisson.

Les cultivateurs des environs savent généralement
que le sol de ces propriétés produit de superbes
récoltes et d'autant plus belles et lucratives qu'elles
comportent des plantes exigeant beaucoup d'engrais. Les récoltes d'avoine, les plantes textiles, les
betteraves de toutes sortes y produisent surtout des
rendements énormes.

Malheureusement, lorsqu'il s'agit d'un étang permanent, il est bien rare qu'il puisse être livré à la
culture sur toute son étendue. Les endroits envahis

par les roseaux ne peuvent être labourées ; de plus, il y a souvent des parties vaseuses, tourbeuses dues à des sources émergeant dans l'étang même, et ces parties-là sont presque toujours impropres à la culture.

Mais, pour tous les étangs, la mise en culture a un avantage, c'est de laisser reposer le fond. Il en résulte que toute pêche qui suit une mise en terrage, même d'une année seulement, donne des produits supérieurs en quantité et en qualité. Cette plus-value est d'autant plus accentuée que la mise en culture a été plus prolongée.

Nous avons vu des pêches rendre ainsi jusqu'à 18 et même 20 p. 100 de plus que les pêches ordinaires, après une seule année de terrage. Cette augmentation, pour les étangs permanents, arrive à compenser en partie la perte de revenu provenant toujours de la location des terres, ou à atténuer les frais de curage du bief de la pêcherie.

Si l'on considère que les étangs ont sur les terres le grand avantage de n'exiger d'autre opération que celle de la pêche, qui correspond à la moisson, il est incontestable que ce genre de propriété est l'un des plus avantageux.

C'est aussi celui qui redoute le moins les mauvaises saisons, et bien que les années froides et pluvieuses soient très défavorables à la production du poisson, les étangs de bonne qualité sont peu exposés à donner de mauvaises pêches, sauf, toutefois, des cas très exceptionnels qu'on ne peut prévoir lorsque l'empoissonnement a été fait dans de bonnes conditions.

C'est aussi l'espèce de production qui se trouve le plus à l'abri de la concurrence étrangère, car le poisson d'eau douce, à l'encontre du poisson de mer, est généralement acheté vivant sur nos grands marchés de l'est de la France; il en est de même en Belgique.

Dans ces pays, les brochets, les perches, les tanches des innombrables canaux de la Hollande se trouvent, il est vrai, livrés à des prix dérisoires, mais comme ce n'est que de la marchandise morte, ces poissons ne peuvent soutenir la concurrence et empêcher la vente des produits lorrains; ils l'entravent cependant beaucoup depuis quelques années. Néanmoins, dans ces pays, les étangs constituent encore, à notre avis, le genre de propriété le plus avantageux, car les populations sachant apprécier les qualités des poissons, refusent ceux de Hollande dès qu'ils peuvent les reconnaître ou qu'on leur en déclare l'origine. Ce n'est que l'extrême bas prix qui peut en déterminer l'achat.

ÉTABLISSEMENT ET ENTRETIEN
DES RÉSERVOIRS

La construction d'un réservoir ou d'un vivier est, en général, toujours simple et facile ; toutefois, pour être exécutée convenablement, elle demande la réunion de certaines conditions.

Disons, en premier lieu, que, suivant l'espèce de poisson, le choix de l'eau n'est pas chose indifférente.

S'il s'agit, par exemple, de carpes, de tanches, de cyprins dorés et des espèces diverses de cette famille, l'eau de source froide, celle dite de roche, ne saurait nullement convenir. De même, on conçoit que, pour conserver de la truite, de l'ombre-chevalier, les eaux propres aux cyprins ne peuvent être employées.

Nous avons constaté, de la façon la plus formelle et la plus constante, que toutes les fois que des poissons se trouvent dans une eau dont la température est plus basse que celle qui leur convient, ces animaux maigrissent, puis, lorsqu'ils sont quelque peu habitués à ce milieu, leur accroissement y est très inférieur à celui dont ils sont susceptibles. Enfin, ils sont d'allures lentes, comparativement à celles qui leur sont propres.

D'après leur température et leur convenance aux diverses espèces de poissons, on peut classer les eaux en froides, en fraîches et en douces.

Les eaux froides sont celles qu'on rencontre en plein pays de montagnes, où vit la truite commune et l'ombre-chevalier; généralement la température maxima de ces eaux ne dépasse guère 16°. Souvent on les trouve en plaines; elles viennent alors de sources émergeant de roches, mais elles ne se maintiennent pas sur tout leur parcours à l'état d'eau froide. Aussi sait-on parfaitement à quel point précis cesse de se montrer la truite.

Les eaux fraîches conviennent particulièrement à la brême, à la perche, au brochet, au chevesne, à l'anguille, à la lotte. Les eaux de cette catégorie sont excellentes pour les viviers et les réservoirs, où elles s'attiédissent toujours quelque peu. On peut s'en servir pour toutes les espèces de poissons autres que la truite et l'ombre.

La température des eaux fraîches ne s'élève guère, en été, au delà de 18 à 19° tout au plus. Les petits cours d'eau des pays à plateaux élevés, dont la profondeur est forte et dont les bords sont fortement ombragés, appartiennent généralement aux eaux fraîches.

Les eaux douces sont surtout appropriées aux carpes, aux tanches, aux carrassins et aux gibèles;

la rosse, l'anguille, le brochet, la perche et les chevesnes s'en accommodent aussi, bien que ces eaux atteignent parfois dans les viviers jusqu'à 21 et 22° passés.

Les étangs de plaines et les rivières peu profondes, non ombragées, sont toujours des eaux à température douce.

Suivant les terres qui les bordent, les eaux modifient leurs qualités, et ainsi que nous l'avons déjà dit, les ruisseaux qui traversent des bois feuillus ou qui y naissent sont peu propices aux poissons; ceux provenant des bois résineux sont encore moins bons; il ne convient donc pas de les employer pour réservoirs.

Il est à remarquer, cependant, que la truite et l'ombre se comportent aussi bien dans les eaux de montagne, en plein pays de sapins qu'en pays non boisés, quoique certains prétendent que, dans les ruisseaux coulant à travers des forêts résineuses, ces poissons sont peu actifs et croissent moins vite.

L'eau une fois choisie, nous dirons qu'un réservoir doit être placé au midi plutôt qu'à toute autre exposition; mais alors il devra être fortement ombragé au moyen d'arbres à essences feuillues plantés au moins à dix mètres de distance.

Il est bon que le terrain choisi ait une pente, afin de pouvoir écouler les eaux des viviers ou des réservoirs toutes les fois que, pour une cause quelconque, il devient nécessaire de les mettre à sec.

La possibilité de les assécher est indispensable, car tout curage incomplet n'assainit qu'imparfaitement.

En été, une profondeur insuffisante exposerait l'eau à s'échauffer à l'excès et à atteindre un degré de température que ne supporteraient ni le brochet ni la perche, poissons qui, du reste, sont de garde excessivement difficile et qui semblent aussi ne pouvoir supporter longtemps un parcours limité. Quel que soit le renouvellement de l'eau, ces poissons deviennent rapidement moussus dans les réservoirs, et ils le deviennent d'autant plus vite que les poissons y sont nombreux.

Nous avons dit que les arbres destinés à ombrager les viviers doivent être plantés à distance, c'est pour éviter que leurs racines ne perforent les parois des réservoirs et n'y occasionnent des trous. Ces trous, sous l'effort des poissons, se changeraient promptement en excavations et en affouillements. Les carpes, et les tanches principalement, sauraient s'y réfugier, dès qu'elles entendraient jeter le filet, et, outre cet inconvénient, les rats d'eau y trouveraient une excellente retraite.

Il n'est guère besoin de dire que, pour être établi dans de bonnes conditions, un réservoir doit être creusé dans un sol dont le fond a la propriété de retenir l'eau et dont les parois ne la laissent pas filtrer.

Quand ces facultés manquent, on peut les créer au moyen d'une couche de glaise bien foulée et pilonnée, à laquelle on donne l'épaisseur de 20 à 25 centimètres au fond.

Lorsque la terre est ferme et que l'eau d'alimentation est abondante, elle dépose peu de marais, parce qu'elle sort du réservoir aussi vite qu'elle y entre; alors il n'est pas absolument nécessaire de glaiser le fond. Les parois seules devront être bien battues.

Ce battage devra avoir lieu de temps à autre, lorsque le réservoir sera mis à sec.

Mais quand on opère sur un terrain composé de marnes calcaires, un fond de glaise est toujours nécessaire, car il évite de troubler l'eau toutes les fois que, voulant prendre du poisson, on jette la trouble ou le filet. Il empêche aussi la formation d'une couche de vase pouvant communiquer aux poissons le goût de bourbe, si désagréable, et qui les rend parfois non comestibles.

Dans les terrains sablonneux, on peut aussi créer des réservoirs; mais il faut alors disposer d'une grande quantité d'eau. Dans ces sols, on ne glaise point le fond si l'eau est abondante. Ces réservoirs sont désagréables, parce que les berges s'éboulent sans cesse et que fréquemment on est contraint de les rétablir et de recreuser. Il est bon d'y laisser les parois s'enherber de plantes aquatiques, qui maintiennent toujours quelque peu les terres, ou mieux encore de clayonner les berges.

La durée de la glaise n'est pas indéterminée; il arrive toujours un moment où elle a besoin d'être refaite en partie. Ce sont généralement les larves des insectes aquatiques vivant dans la vase, telles que celles des dytiques et des hydrophyles, qui en sont cause. Lorsque ces larves sont nombreuses, elles criblent de trous le fond et les parois. Il suffit alors d'une mise à sec et d'un nouveau damage.

Lorsque les tanches et les carpes ont détruit l'épaisseur de glaise, un revêtement est nécessaire.

Nous avons, chez un de nos amis, confectionné un réservoir ainsi qu'il suit : sur le fond, on étendit une couche de béton en mortier hydraulique, puis en dessus une couche de 20 centimètres de glaise bien franche et énergiquement · pilonnée. Depuis plus de trente ans, ce réservoir n'a exigé aucune réparation.

Les parois doivent aussi avoir une inclinaison d'au moins 45°. Lorsqu'elles sont sur une plus forte pente, elles sont trop sujettes à des éboulements.

Telles sont, en général, les mesures à prendre pour la confection des réservoirs ou viviers en terre, lesquels sont toujours les meilleurs et ceux dans lesquels le poisson se conserve le mieux.

On en construit également en maçonnerie. Ce sont ceux qui coûtent le plus cher. Les réservoirs maçonnés sont absolument obligatoires, quand au poisson ordinaire on veut adjoindre des anguilles. Ces dernières, qu'on pourrait presque considérer comme des êtres amphibies, à cause de la facilité avec laquelle elles sortent de l'eau et du temps qu'elles peuvent demeurer en dehors de cet élément, néces-

sitent en effet des parois maçonnées à pic et s'élevant d'au moins 5o centimètres au-dessus du niveau
de la nappe liquide.

L'eau d'alimentation doit aussi tomber de la même
hauteur dans les réservoirs, ou parvenir par un
coursier maçonné seulement sur quelques mètres
avant son débouché et formé par une grille; sans
cette précaution, les anguilles s'échapperaient par
l'eau d'arrivée. La maçonnerie a pour effet d'empêcher les anguilles de se créer des retraites, soit
dans les parois, soit dans le fond, où elles se reti-
reraient à la moindre alerte, au moindre bruit fait
sur les bords. Les réservoirs maçonnés, non revêtus
de glaise dans le fond, ont un grave inconvénient :
c'est de *fatiguer* beaucoup les poissons, comme on
dit en terme de métier, c'est-à-dire que les aspérités de la maçonnerie usent leurs écailles sous le
ventre et les rougit, puis leur occasionnent à la
gueule des blessures qui dégénèrent souvent en
chancres et en ulcères.

Il est de règle, dit-on, que tous les réservoirs
creusés en terre, revêtus ou non d'argile, ne soient
employés qu'autant qu'ils sont restés exposés sept
à huit mois à l'influence des agents atmosphériques.

Nous ne savons le pourquoi de cette croyance.
Il nous est arrivé fort souvent de créer des réservoirs en pleine terre franche, de ne pas les englai-
ser et de nous en servir sept à huit jours après
leur création, et jamais nous n'avons éprouvé le

moindre inconvénient. Cette opinion est donc un préjugé de plus à ajouter à tous ceux qui existent relativement aux poissons et que nous avons relevés dans le cours de cet ouvrage.

Mais il est exact que, pour les réservoirs maçonnés, il faut laisser la maçonnerie noyée durant 40 ou 50 jours et en renouveler l'eau. La chaux pourrait exercer une action nuisible sur les poissons; il faut donc qu'elle soit devenue absolument inerte.

Enfin, dernière recommandation concernant toutes les espèces de réservoirs, c'est de ne jamais y mettre l'eau au niveau du sol.

Lorsqu'en hiver les temps deviennent très doux sous le vent du midi, ou qu'en été ils se remettent à la pluie, les poissons s'élancent fréquemment au dehors et meurent à terre ou deviennent la proie des chats et des rats d'eau.

PEUPLEMENT DES RESERVOIRS

Difficulté de déterminer exactement ce qu'on peut réserver de poissons. — De la capacité, du renouvellement d'eau, de la nature
du poisson à conserver dans un réservoir. — Différence de proportions entre la saison d'été et celle d'hiver. — Bateaux viviers.
— Signes indiqués par les poissons et au moyen desquels on reconnaît si le peuplement d'un réservoir est en excès. — Dépré-
ciation de la chair du poisson périssant dans l'eau.

Ce n'est pas tout de s'être construit un réservoir
dans de bonnes conditions; il se présente ensuite,
une question de la plus haute importance, tant pour
les aquiculteurs que pour les marchands de poissons : savoir proportionner la quantité du poisson à
la capacité du réservoir.

Ce n'est toujours qu'après bien des tâtonnements
que chacun y arrive pour son propre compte, et
parfois l'expérience n'est acquise qu'après des pertes
plus ou moins fortes. C'est qu'immanquablement
les poissons périssent jusqu'à ce que l'équilibre se
trouve établi. Ceux qui survivent se ressentent longtemps de l'état de souffrance qu'ils ont enduré par
suite d'une quantité d'eau insuffisante.

La quantité de poisson à mettre dans un réservoir dépend de trois choses principales :

1° De sa capacité ;

2° Du renouvellement d'eau ;

3° De la nature du poisson à y conserver.

Les deux premiers points s'expliquent d'eux-mêmes; pour le troisième, il faut considérer si le poisson à conserver est à respiration vive comme la truite, ou moyenne comme la perche et le brochet, ou lente comme la carpe, la tanche et l'anguille. Suivant qu'il appartiendra à l'une de ces catégories, on pourra augmenter la mise, ou il faudra la restreindre. Il y a aussi deux choses moins importantes dont on peut tenir compte : c'est l'étendue du réservoir par rapport à son volume d'eau, puis la provenance de l'eau et sa qualité.

Plus la superficie est grande proportionnellement au volume, plus l'eau a la facilité de s'aérer, et c'est pourquoi les réservoirs trop profonds et à peu de surface ne peuvent être chargés autant que ceux se trouvant dans les conditions opposées.

Il est, du reste, facile de comprendre qu'un puits, par exemple, qui contiendrait une colonne d'eau de dix mètres cubes sur un mètre de surface pourrait conserver moins de poissons, que si cette colonne d'eau était horizontalement exposée au lieu de l'être verticalement, et offrait par conséquent une surface de dix mètres en nappe horizontale au lieu seulement d'un mètre. La différence est extrême; cette colonne d'eau verticale ne supportera que 20 à 25 p. 100 de ce qu'elle pourra conserver. C'est là un exemple parfaitement démonstratif.

Pour le choix de l'eau, il devra, si on en a la possibilité, porter de préférence sur celle qui sera la plus aérée; ainsi celle provenant d'un ruisseau à cours rapide, semé de pierres affleurant sa surface et qui a peu de profondeur, permettra un plus fort peuplement que celle provenant d'une source ou d'une fontaine abreuvant immédiatement le vivier.

Après bien des tâtonnements et des expériences, j'ai pu établir que, dans un réservoir de 10 mètres de longueur sur 1 mètre 40 de profondeur et 3 mètres de largeur, et dont l'eau se renouvelle toutes les 60 heures, 300 livres de carpe adulte, c'est-à-dire du poids de 600 à 1,500 grammes, se trouvaient dans d'excellentes conditions et pouvaient se conserver indéfiniment.

Le même réservoir, avec le même renouvellement d'eau, pouvait porter également, dans de bonnes conditions, 380 livres de tanche.

Que si on y plaçait du poisson blanc, par exemple des rosses et des brêmes, il fallait réduire la quantité à 280 livres.

Que si on voulait conserver de la perche et du brochet, il fallait ne mettre qu'environ les trois quarts du poids de carpe.

Une chose qui nous a peu étonné, c'est qu'en renouvelant l'eau du réservoir après 40 heures au lieu de 60 heures, la mise de carpe qui nous semblait ne pouvoir être augmentée que du tiers, c'est-à-dire portée à 400 livres, a pu être amenée à 470. Or, ces faits donnent, pour le renouvellement d'eau après 60 heures, 7 demi-kilogrammes de poisson par mètre cube; pour celui après 40 heures, un peu plus de 11 demi-kilogrammes.

L'hiver, la respiration des poissons est moins active qu'en été, aussi, durant la saison froide, on peut forcer le peuplement d'un réservoir de 28 à 30 p. 100, et conserver indéfiniment le poisson. En l'y nourrissant abondamment en automne ou au printemps, on ne subira qu'une légère perte de poids. Mais s'il ne s'agit que de conserver des carpes ou des tanches durant deux ou trois mois d'hiver, on peut mettre dans le réservoir jusqu'à cinq et six fois plus de poissons que lorsqu'il s'agit d'en conserver durant une année entière, et il n'est pas nécessaire de les alimenter.

Lorsqu'on possède un réservoir dont l'eau se renouvelle pour ainsi dire immédiatement, comme la chose se passerait dans un fort ruisseau barré en amont et en aval par une grille, la quantité de poisson est presque indéterminée. C'est ce qui explique que dans les bateaux viviers percés de trous et placés en rivière, nos grands marchands de poissons du Rhin, de la Meuse belge et française, à Nancy sur la rivière de la Meurthe, et à Metz sur la Moselle, peuvent y conserver jusqu'à 15,000 et 18,000 livres de poissons.

Ce qui précède pouvant servir de base, il ne nous reste plus qu'à indiquer d'une façon bien étendue les indices à l'aide desquels il est facile de reconnaître si on a commis un excès dans l'évaluation de la quantité de poisson affectée à un réservoir.

Ces signes, nous l'avons dit, sont révélés par les poissons eux-mêmes. Lorsque ces animaux se trouvent en excès dans un réservoir, c'est-à-dire aussitôt qu'ils éprouvent une gêne dans la respiration, ils quittent les couches d'eau du fond pour venir et rester à la surface qui, par suite de son contact immédiat avec l'atmosphère, est la partie la plus fortement aérée. On voit les poissons piper à l'extrême surface, leur bouche hume même l'air extérieur, qu'ils rendent ensuite et que l'on voit se dégager en forme de bulles.

Les poissons blancs sont ceux qui apparaissent les premiers, et cela se conçoit, puisqu'ils sont des poissons à respiration plus vive que les perches et brochets qui apparaissent ensuite. Après viennent les carpes, et quand les tanches se montrent, on peut être certain que presque tous les autres poissons sont morts et tombés à fond, et que sous peu de jours les cadavres remonteront à la surface.

Quand les poissons pipent par commencement d'asphyxie, ils ne disparaissent plus bruyamment au moyen de violents coups de queue, et lorsqu'on s'approche, ils s'enfoncent au contraire lentement et comme à regret.

A mesure que l'asphyxie augmente, ils deviennent de moins en moins craintifs, leurs mouvements sont aussi plus lents. Puis ils cessent de conserver la position horizontale, la partie inférieure du corps s'abaisse vers le fond, et cette inclinaison s'accentue en proportion du degré d'asphyxie. Lorsque l'angle qu'ils forment dépasse 45°, les poissons sont proches de leur fin. La présence d'une personne ne les fait plus disparaître, même en frappant du pied fortement sur les bords du réservoir. Après quelque temps de ces diverses manifestations, certains paraissent se ranimer et s'élancent, d'autres viennent sur les extrêmes bords et y restent immobiles. On peut alors les prendre à la main. Quant à ceux qui s'agitent, cette animation, au lieu d'être un retour à la vie, n'est tout au contraire que le commencement de l'agonie. Lorsqu'il s'élance ainsi, le poisson ne semble plus rien voir, car il vient dans ses élans se heurter parfois contre les parois du réservoir: Enfin, les symptômes indiquant la terminaison de la vie sont les suivants: les poissons tombent au fond en se tenant à peu près verticalement, puis se raniment et reviennent ainsi jusqu'à la surface. Après avoir effectué plusieurs fois cette descente et cette montée, ils restent au fond, puis se laissent aller sur le flanc et meurent.

Si le poisson est pris dans de telles conditions, il est loin d'être aussi bon à manger que pris et tué bien portant et au sortir de l'eau. C'est pourquoi les pêcheurs à la ligne ont parfaitement raison de tuer les poissons et de les placer au frais, plutôt que de les laisser périr dans le peu d'eau que contient leur boîte de pêche.

Disons aussi aux ménagères qu'il leur est facile de reconnaître un poisson qu'on aura laissé périr et séjourner dans l'eau. Au lieu d'avoir conservé sa teinte, le poisson est pâli, légèrement blanchâtre, les nuances semblent un peu effacées, puis au lieu d'être visqueux, il est devenu gluant lorsqu'on le prend à la main, et les ouïes sont décolorées. Les marchands dissimulent cet état gluant en lavant le poisson de temps à autre avec une éponge, et en mettant dans les ouïes du sang de grenouille.

Lorsqu'on ouvre de suite un poisson ayant péri par asphyxie ou sur le point de périr, on constate que son sang n'est plus rouge vif, mais plus foncé et même brunâtre, ce qui indique bien son genre de mort.

Un conducteur ne doit jamais accepter de charger des poissons ayant manifesté des symptômes d'asphyxie. Il s'exposerait à en perdre le long de son transport, et si aucune mortalité ne se manifestait, il y aurait de grandes chances pour qu'elle se produisît dans le réservoir du marchand auquel il aurait livré son chargement.

Je me souviens d'un brave curé de campagne d'Alsace-Lorraine, qui, ayant construit un réservoir, était venu nous demander un approvisionnement. Il nous en avait exagéré la capacité et surtout l'alimentation d'eau. Nous lui fixâmes une quantité, mais à toute force il voulut la doubler. Quelques jours après sa livraison, nous eûmes l'occasion de passer dans sa résidence et nous allâmes examiner son réservoir. Depuis leur arrivée, nous dit-il, je vais plusieurs fois par jour voir mes poissons; ils sont devenus si familiers depuis deux jours, que je puis les approcher. A première vue, je lui déclarai que sa provision était perdue, s'il ne pouvait la

réduire de moitié, et pour l'en convaincre je lui fis
jeter la trouble. Du premier coup, nous ramenâmes
des carpes mortes tombées au fond. N'ayant point
d'autres réservoirs, il sauva la moitié de sa provision en faisant immédiatement des largesses à ses
paroissiens.

ÉTAT DU POISSON EN RÉSERVOIR

Entretien du poisson en réservoir, influence du milieu restreint. —
Alimentation nulle des poissons durant l'hiver. — Perte subie par
les poissons. — Du brochet, de la perche, de leur tendance à la
mousse. — Causes déterminant l'amaigrissement du poisson en
réservoir. — Moyens simples d'y remédier. — Séparation des
— sexes.

D'après les nombreuses constatations que nous
avons faites depuis plus de trente ans, nous pouvons donner comme absolument certain que les
poissons mis en réservoir ne progressent pour ainsi
dire pas. Quelle que soit l'abondance de nourriture,
tout ce qu'on peut à peu près obtenir, c'est de les
maintenir en très bon état et de les empêcher de
maigrir.

Nous avons remarqué que le cyprin doré de la
Chine est peut-être le seul poisson qui progresse
dans un réservoir, pourvu qu'il soit largement
nourri. Ce fait, absolument unique, provient incontestablement de ce que le poisson rouge est pour
ainsi dire domestiqué depuis des siècles par les Chinois et habitué à vivre dans des récipients de la
plus faible capacité.

Nous avons pu établir qu'aussitôt que la quantité
de poisson dépasse 2 kilogrammes par 5 mètres
carrés de surface, les poissons, tels que la carpe et

la tanche ne font que s'entretenir, quelle que soit l'abondance de la nourriture qui leur est donnée. Nous dirons, en passant, qu'en hiver et durant toute la saison rigoureuse, les poissons autres que ceux de proie, ne mangent point et que, nécessairement, vivant de leur propre substance, ils perdent de leur poids.

Pendant les grands froids, les poissons de fond, et nous voulons dire, pour nos étangs, l'anguille, la tanche, la carpe, ne consomment en effet aucune nourriture, ou, du moins, on peut se dispenser de leur en donner.

Dans nos pays, ces poissons subissent la loi générale propre à tous les animaux à sang froid. Les poissons de proie consomment en tout temps; ceux d'entre deux eaux et de surface subissent un jeûne bien moins rigoureux que celui des poissons de fond.

Durant plusieurs années, nous avons pesé au commencement de décembre et de nouveau fin de février, des carpes et des tanches; nous avons trouvé des différences de poids en moins, dont la moyenne s'est trouvée de 6,27 p. 100. Ainsi donc, il est bon que les pisciculteurs et les négociants en poissons, faisant des réserves durant cette période de l'année, comptent sur cette diminution, mais ne majorent pas en excès leur prix, dans la crainte de se trouver en perte.

Nous avons aussi remarqué qu'au sortir de la saison rigoureuse, l'amaigrissement du poisson avait quelque peu altéré la qualité comestible de sa chair; c'est ainsi qu'elle nous a toujours semblé plus ferme, il est vrai, mais bien moins juteuse. C'est, du reste, le propre de tous les poissons qui subissent un amaigrissement dû à une cause quelconque.

Cette infériorité de la chair est d'autant plus accusée que le dépérissement a été plus rapide.

De tous les poissons qu'on peut quelque temps conserver en vivier, le brochet est à peu près le seul qui, ayant perdu de son poids par un manque prolongé de nourriture, conserve ses bonnes qualités comestibles. Mais il faut à ce poisson les plus grands viviers possibles, sans cela, il devient rapidement moussu, surtout vers l'époque du frai. Lorsque le poisson est tenu en réserve durant toute l'année, il vient encore s'adjoindre, au dépérissement qui se produit, une autre cause d'amaigrissement due à l'épuisement que les poissons éprouvent à la suite de la ponte. A cause de l'espace toujours restreint qui leur est affecté dans les plus grands viviers, les mâles s'épuisent outre mesure à féconder les œufs des femelles. Leur amaigrissement est rapide et, pour y remédier, il convient de nourrir fortement le peuplement de ces réservoirs. A ce moment, l'alimentation qui est la plus réparatrice comprend les féculents, tels que les fèves, les pommes de terre à peu près cuites et légèrement broyées, puis l'orge cuite ou non.

Nous connaissons plusieurs gros négociants qui, se procurant facilement du biscuit et du pain de

troupe, en donnent à leur poisson, et il suffit de vingt
à trente jours pour que leur marchandise ait récu-
péré la perte de poids résultant du frai ou de la
saison d'hiver.

Il est facile de supprimer les inconvénients de la
ponte des œufs des poissons en réservoir, bien que
ces animaux ne puissent guère se soustraire à cet
acte de reproduction. Contrairement à l'habitude de
tous les aquiculteurs et marchands, c'est de ne point
mettre les sexes ensemble. Il faut prendre la précaution de les séparer.

Quant à la distinction des sexes, nous avons dit
ailleurs qu'elle était facile à opérer, mais quand il
s'agit des poissons de conserve, elle se découvre à
première vue, et point n'est besoin de serrer les
poissons à l'anus jusqu'à faire apparaître les œufs
ou la laitance.

Mais tous les négociants ne possèdent pas plusieurs viviers; généralement, ils n'en ont qu'un,
proportionné plus ou moins bien à la quantité
composant leur réserve.

Tout pisciculteur placé dans ces conditions désavantageuses, a la facilité de séparer les sexes au
moyen de deux claies distantes l'une de l'autre d'au
moins 50 centimètres. Les deux claies sont absolument de rigueur, une seule serait insuffisante, attendu
que mâles et femelles, en cherchant à se rapprocher, viendraient se presser contre cette simple et
mince séparation, et il en résulterait une partie des
inconvénients que l'on voudrait éviter. Deux grilles

conviennent bien mieux que des claies, car on peut les enfoncer plus profondément et elles laissent mieux passer l'eau.

Il importe aussi de prendre deux précautions: c'est de mettre les poissons mâles dans le compartiment du dessus, c'est-à-dire celui où arrive l'eau et les femelles dans l'autre. Cette disposition a pour but d'éviter que l'eau n'amène des œufs chez les mâles, et c'est ce qui résulterait si les femelles n'étaient pas placées au-dessous. Nous dirons aussi qu'il convient d'enfoncer profondément les claies et les grilles, par exemple d'environ 80 centimètres et même un mètre. Sans cette seconde précaution, les poissons arriveraient à se rejoindre, car les carpes sont essentiellement des poissons fouilleurs et les tanches encore bien davantage.

En procédant de cette façon, on obtiendra du poisson de réserve parfaitement bon et qui maigrira fort peu, si on a la précaution de le nourrir avec les aliments que nous avons indiqués dans le cours de ce chapitre.

DE LA PISCICULTURE ARTIFICIELLE
SA PRATIQUE

Ce qu'on attendait d'elle. — Espèces qu'elle aurait dû chercher à propager dans les eaux douces. — Pauvreté de ses résultats. — Sa considération en Allemagne et en Alsace-Lorraine. — Comparaison de sa production avec celle de la méthode naturelle. — Méthode pour pratiquer la pisciculture artificielle. — Choix des poissons, indices révélant le moment où ils peuvent être employés. — Température de l'eau à employer. — Emploi de paniers, usage et influence des herbages aquatiques. — Augets Coste.

Dans le cours de cet ouvrage, nous avons dit tout ce que nous pensions de la pisciculture artificielle, c'est-à-dire notre opinion sur les avantages et les succès qu'elle était susceptible de donner.

A son apparition, on demandait à cette méthode des résultats magnifiques. Ceux qu'on attendait, et sur lesquels comptaient de bonne foi les initiateurs de cette pratique, devaient être stupéfiants; aujourd'hui, on semble beaucoup en avoir rabattu. Il est vrai que les résultats sont là pour justifier cette modestie.

La pisciculture, en France, pour être bien comprise, doit chercher à ne propager que les espèces de poissons indigènes et appropriées à ses cours d'eau.

La truite et l'ombre dans les eaux de montagnes ou vives.

La carpe, la tanche dans les rivières de plaine

sans courants, et, ce qu'on ne fait pas, le barbeau dans toutes celles possédant des eaux rapides.

Enfin, les poissons blancs, tels que la brême, le chevesne, la rosse.

En Allemagne, nous l'avons dit au début de cet ouvrage, la pisciculture artificielle n'est plus guère considérée que comme une curiosité scientifique, propre à fournir des œufs d'espèces nouvelles à acclimater et destinées à se reproduire naturellement, grâce à quelques sujets susceptibles de frayer ensuite dans des étangs ou des cours d'eau.

On admet en quelque sorte, en Allemagne, que la mission de la pisciculture consiste à produire la souche de poissons destinés à se propager par la méthode naturelle.

Ici, nous le répéterons encore, tous les succès annuels de la méthode dont il s'agit ne représentent pas, pour toute la France, les résultats que peut donner la production naturelle, effectuée tout au plus sur un total d'étangs atteignant environ quinze à vingt hectares.

En Allemagne, et surtout en Alsace-Lorraine, où cependant l'établissement de pisciculture d'Huningue a été conservé et augmenté, on pratique pour l'élevage de la truite la reproduction naturelle de la façon suivante :

Le long des cours d'eau de montagne, les fonctionnaires de l'État ont échelonné et créé, aux endroits propices, des petits bassins de quelques ares de superficie communiquant aux cours d'eau. Les truites y viennent frayer d'elles-mêmes, et lorsque cet acte est accompli et que ces poissons sont redescendus dans le cours d'eau, les alevins sont protégés par un barrage de branches de sapin qui les maintient tout le temps voulu dans ces frayères, et les garantit par conséquent de la plupart des causes de destruction.

Ce procédé a peuplé les cours d'eau de la Haute-Alsace d'une façon qui ne saurait aucunement être comparée aux résultats antérieurs donnés par la méthode artificielle.

Lorsque nous étions dans le département de l'Ain et la vallée du Rhône, nous fréquentions plusieurs établissements privés de pisciculture, et nous fûmes initié aux pratiques si connues aujourd'hui, mais que, néanmoins, nous allons indiquer, pour le cas où quelques-uns de nos lecteurs voudraient les appliquer; nous leur éviterons ainsi de recourir à un autre ouvrage.

La première chose à faire, c'est de choisir de bons poissons reproducteurs. Pour la carpe et la tanche, il faut des sujets assez forts, par exemple des carpes femelles de 3 à 4 livres, et des tanches femelles de 1 livre et demie; quant aux mâles, on peut les prendre d'une taille moins forte.

Le choix fait, on place les poissons dans un petit vivier en terre. On les parque ainsi dès la fin avril. Puis, vers le mois de mai, on les prend de temps à autre, afin de s'assurer si la maturité du frai est proche.

Cette époque est facile à constater, chacun peut y parvenir au simple toucher, car on la reconnaît aussitôt que les écailles des poissons paraissent comme ternies, et sous le doigt plutôt sèches qu'enduites de viscocité.

L'anus des femelles sera aussi proéminent et offrira l'aspect d'un bourrelet. L'éjaculation de la laitance, chez les mâles, s'effectuera à la plus légère des pressions. Enfin, on pourra opérer quand, tenue verticalement la tête en haut, la femelle laissera écouler quelques œufs. Quelques jours après, on la reprend, et la tenant de même, au-dessus d'un récipient contenant de l'eau et des plantes de bruyères, par exemple, on lui pressera légèrement les flancs en allant de haut en bas. Les œufs s'échapperont alors en quantité.

Lorsque la ponte sera bien disposée en un lit de 7 à 8 millimètres d'épaisseur et ces herbes recouvertes de 8 à 10 centimètres d'eau, il n'y aura plus qu'à les féconder au moyen de la liqueur du poisson mâle. Pour cette fécondation, on répand de la laitance dans le récipient contenant les œufs, et on agite l'eau ensuite, soit avec la main, soit avec des herbes.

Nous avons toujours eu plus de réussite en procédant autrement. Nous disposions dans un vase sans eau les herbages choisis, puis nous y laissions couler les œufs. Ensuite, dans un autre vase contenant de l'eau, nous laissions tomber de la laitance, et nous agitions cette eau avec une forte plume

d'oie bien empennée. Après, nous répandions le
liquide sur les œufs. De cette façon, nous étions sûr
que toute l'eau était imprégnée d'animalcules et que
pas un seul œuf ne restait infécondé. C'est la méthode russe, et nous sommes convaincu, par expérience, qu'elle est la meilleure.

La précaution à prendre, c'est de faire préparer
l'eau fécondante en même temps qu'on dépose les
œufs, afin que le liquide fécondant puisse être jeté
immédiatement sur la ponte. Procéder très rapidement, c'est une chance de succès. Après environ
quatre minutes, on retire les œufs, car la fécondation est complètement faite.

Une fois les œufs fécondés, les plantes sont placées dans les bassins à éclosion. Nous dirons aussi
que, pour féconder suffisamment l'eau à jeter sur la
ponte, il faut qu'elle présente à l'œil l'effet d'un
mélange d'eau et de lait dans lequel celui-ci entrerait
de telle façon qu'on puisse se rendre compte que
le trouble de l'eau est dû à une matière blanchâtre.

Quant au choix de l'eau, il est indifférent, mais
sa température ne saurait être en dessous de celle
nécessaire pour déterminer le poisson à frayer ; ces
différents degrés de température sont :

Pour les espèces différentes de truite, la lotte, de
9 à 10 degrés.

Pour la perche, le brochet, la lamproie, de 9 à
11 degrés.

Pour la carpe, la tanche, la brême, le meunier,
la rosse, de 18 à 22 degrés.

Pour l'éclosion, les eaux doivent avoir ces températures. Plus basses, les œufs ne pourraient éclore. C'est la cause réelle que les alevinages naturels échouent souvent. Il suffit, dans nos provinces de l'est et du nord, de quelques orages accompagnés de pluie et de grêle, faisant abaisser subitement la température de l'eau en plein temps de ponte, pour la faire avorter.

Lorsqu'il s'agit d'œufs de tanches, de carpes et autres poissons d'étangs, il faut les placer dans des paniers flottants et ceux-ci dans un bassin ayant un renouvellement d'eau.

En plus des herbages sur lesquels reposent les œufs, il est bon de prendre la précaution d'ajouter quelques herbes sur le couvercle du panier flottant.

Les herbes aquatiques ont une heureuse influence sur les œufs, car leur dégagement d'oxygène est des plus favorable au développement de l'embryon. Les eaux courantes ont infiniment plus d'oxygène que les eaux dormantes; c'est pourquoi les poissons frayant dans ces dernières eaux combattent cette infériorité d'oxygène en frayant sur des herbages, tandis que ceux frayant dans les eaux plus oxygénées par les courants, déposent simplement leurs œufs sur le sable et le gravier. Tout s'explique dans la nature.

Pour les œufs de truite et d'ombre, il faut qu'ils soient soumis à un passage continuel d'eau fraîche, aussi est-il nécessaire de se munir de l'appareil à incubation inventé par M. Coste. Ce sont des augets placés en gradins ; l'eau tombe sur celui du dessus et s'épanche successivement sur tous les autres. Les œufs, dans les augets Coste, reposent sur une claie qui peut se lever. Cette disposition permet d'examiner les œufs et d'enlever au fur et à mesure ceux qui sont morts ou altérés.

SURVEILLANCE DES ŒUFS DURANT L'IN-CUBATION. — LEURS MALADIES, LEURS ENNEMIS.

Plantes microscopiques et petits insectes destructeurs des œufs. — Moyens de les combattre. — Coefficient représentant la pisciculture artificielle comparativement à la pisciculture naturelle.

Dans la pisciculture artificielle, il ne suffit pas d'avoir recueilli les œufs, de les avoir convenablement placés dans les bassins et pièces d'eau quelconques où doivent se faire les éclosions, il faut les examiner, les surveiller et les soustraire aux nombreuses causes d'avortement auxquelles ils sont sujets.

La première précaution à prendre, c'est que la ponte soit bien égalisée dans les paniers où elle a été déposée, qu'elle ne forme point de grappes d'œufs épaisses.

Généralement, la cause de destruction des œufs, qui apparaît en premier lieu, est due à des plantes aquatiques microscopiques, des conferves qui s'emparent de la ponte œuf par œuf, en s'attaquant d'abord à ceux ayant déjà subi une altération quelconque. Des œufs altérés, ces plantes parasites passent aux sains, et en peu de temps tout est détruit.

Le pisciculteur a la facilité de reconnaître ces plantes, qui apparaissent sous la forme de filaments

de couleurs variées. On peut soustraire les œufs
à cette cause de destruction en enlevant tous ceux
qui paraissent opaques et offrant l'aspect légèrement laiteux.

Les œufs sont aussi attaqués par une autre espèce
de petite plante, qui ne présente pas de filaments,
mais une apparence cotonneuse recouvrant l'œuf
attaqué.

Les praticiens, pour la plupart, pensent que cette
affection survient surtout quand la couche des œufs
a été inégalement répartie. Il faut enlever de suite
tous les œufs atteints, et comme la contagion est
tenace, il convient d'enlever également ceux adhé-
rant aux contaminés.

Lorsqu'on a à soigner des œufs de carpes, de
tanches et autres poissons d'étangs, on peut atténuer beaucoup ces diverses causes de destruction
en soustrayant les paniers d'œufs flottants à l'action
de la lumière. Seulement, les œufs mettront pour
éclore quelques jours de plus, généralement le tiers.

Telles sont les causes de perte provenant du milieu où se trouvent les œufs; nous ne citerons que
pour mémoire les insectes aquatiques appartenant
aux hydrocanthares qui, à l'état de larves et d'insectes parfaits, s'introduisent dans les paniers et détruisent les œufs, puis les crevettes d'eau douce.

Il est facile de soustraire les paniers à l'invasion
de ces insectes en les entourant d'une toile métallique, mais il n'en est pas de même pour un autre insecte microscopique que les naturalistes ont nommé

ascaride minor. La provenance de cet insecte est inconnue. Il semblerait être un parasite vivant sur les écailles de certains poissons et communément sur la truite; tel est du moins l'avis de quelques praticiens.

L'examen auquel se sont livrés les observateurs a établi que ces insectes s'introduisent dans les œufs, les dévorent et ne laissent que la pellicule.

Malgré toutes les tentatives effectuées jusqu'à présent, il n'y a pas possibilité de se prémunir contre cet ennemi, car sa présence ne se révèle que par la destruction des œufs, dont la pellicule enveloppante remonte au-dessus de l'eau.

Pour nettoyer les œufs attaqués par leurs divers ennemis, il est nécessaire de procéder avec les petits instruments affectés à cet usage. Ce sont des petites pinces et des pipettes en verre.

Une coutume vicieuse dont il faut se garder, c'est d'essayer de nettoyer les œufs avec des pinceaux doux; on ne fait alors que répandre l'infection sur les œufs sains environnant les contaminés, et l'on arrive ainsi à perdre presque toute la ponte progressivement.

Quand on considère tous ces soins, toutes ces chances de non réussite, quand on connaît les résultats réels de la méthode artificielle et qu'on les compare à ceux donnés par la reproduction naturelle, il n'est guère possible de considérer la pisciculture artificielle autrement que comme un sujet d'études scientifiques et non pas comme une méthode susceptible de donner des résultats sérieux, capables de compenser les soins et les dépenses occasionnés.

Quant à comparer ces produits à ceux qu'on retirerait de la méthode naturelle au moyen d'étangs consacrés dans chaque département à l'alevinage, nous résumerons notre opinion en deux mots : si on représente les produits de la pisciculture artificielle par le coefficient 1, ceux de la méthode naturelle seront représentés par le coefficient 1000.

Nous ne pouvons, d'ailleurs, mieux terminer ce chapitre qu'en citant deux autres chiffres :

Les établissements de pisciculture offrent *le mille* de carpillons d'un an, non franco de port et d'emballage, au prix de *400 fr.* Les étangs d'alevinage de Lorraine livrent *le mille* de ces carpillons au prix de *18 à 20 fr.*

SUR LE REPEUPLEMENT DES COURS D'EAU

Sans contredit, le but qu'une administration com-
pétente doit se proposer, au sujet du repeuplement
des cours d'eau de notre pays, c'est l'alimentation
publique.

Suivant nous, pour obtenir ce résultat, il faut
avoir en vue la masse de la population et, par conséquent, à l'encontre de ce qui s'est fait à peu près
jusqu'ici, ne point viser uniquement à la production
des poissons fins.

Que l'on cherche à produire la truite commune
et ses nouvelles espèces et l'ombre chevalier dans
toutes nos eaux de montagnes et les cours d'eau
vive, c'est fort bien, parce que ce sont à peu près
les seuls poissons qui peuvent être élevés dans ces
eaux et donner les meilleurs résultats. Mais que,
dans les autres cours d'eau, sans faire aucune distinction, on s'obstine à ne jeter que des alevins de
carpe produits artificiellement ou naturellement, c'est
là une forte erreur, reconnue depuis longtemps par
tous les pêcheurs de profession et contre laquelle
nombre de fois ils ont fait des objections.

L'opinion que nous manifestons ici est, du reste, basée sur les faits qui, depuis un grand nombre d'années, se produisent invariablement.

Ainsi, les amodiataires des cours de l'État, en Alsace-Lorraine, sont tenus rigoureusement à jeter annuellement en rivière une quantité déterminée d'alevins de carpe.

Ces alevins ne peuvent être mis en rivière qu'en présence des agents de la surveillance de la pêche et après une réception minutieuse ayant pour but de s'assurer que ces poissons sont dans de bonnes conditions de vitalité et de croissance, c'est-à-dire ne sont ni *noués* ni entachés de quelques marques de gale.

En plus de l'action du gouvernement, les sociétés de pisciculture de ce pays consacrent la plus grande partie de leurs ressources, ainsi que les subventions que leur alloue l'État, à faire des remises d'alevins de carpe.

A ces empoissonnements viennent encore parfois s'ajouter ceux qu'à titre gracieux des propriétaires d'étangs donnent auxdites sociétés.

Eh bien ! les locataires des cours d'eau déclarent unanimement qu'on n'obtient aucun résultat.

C'est ainsi que tel amodiataire d'Alsace-Lorraine, exerçant son droit de pêche sur plus de 8 kilomètres, ne prend pas dans tout le cours d'une année cent pièces de carpe, alors qu'il a pris plus de 12,000 livres de poissons divers.

Il en est de même dans tous les cours d'eau de

France et de Belgique. La carpe, non seulement ne se reproduit plus dans les rivières navigables, par suite des causes que nous avons décrites dans le cours de cet ouvrage, mais n'y croît même plus.

Il ressort de là, suivant nous, qu'on ne doit chercher à la produire que dans les cours d'eau non navigables, à la condition formelle que ceux-ci ne seront point assujettis à ces déplorables curages annuels qui dépeuplent et privent entièrement de poissons les cours d'eau où s'exerce cette mesure. Nous en dirons autant de la tanche.

La seule manière de ramener la richesse dans nos rivières serait de procéder de la façon suivante :

Dans tous les cours d'eau endigués et navigables, on jetterait des alevins de toutes les espèces de nos poissons blancs.

Avec le développement de ceux-ci s'accroîtra toujours celui des poissons fins, c'est-à-dire du brochet et de la perche.

Puis on proscrira ces derniers en autorisant leur prise à n'importe quelle taille. Il est, en effet, préférable de livrer à l'alimentation publique, par exemple, 25 livres de brême, de chevesne, voire même de rosse, qu'une livre de perche ou de brochet, c'est-à-dire une valeur de 8 à 10 fr. de poissons communs profitant à sept ou huit ménages, au lieu de 1 à 2 fr. de brochet.

En résumé, il faut ne faire produire et placer dans les cours d'eau dont la navigation a changé la nature, que les poissons qui peuvent le mieux y vivre.

Puisque la carpe ainsi que la tanche ne s'y trouvent plus naturellement ni même comme repeuplement, il convient, rationnellement, de laisser aux nombreux étangs de France le soin de produire et de livrer au commerce ces deux espèces de poissons.

Les étangs de l'État ou une partie de ceux des particuliers, fabriqueraient des alevins de toutes les espèces de nos poissons blancs, conjointement avec des alevins de carpe et de tanche. Il ne suffirait plus que de répartir ces poissons dans les cours d'eau qui leur conviennent le mieux.

Encore faut-il remarquer que les quelques carpes et tanches, prises dans les cours d'eau réempoissonnés au moyen d'alevins de ces deux espèces, coïncident toujours avec les remises faites au moyen de carpillons de 6 à 7 au kilogramme et non pas d'alevins de 18 à 20 au demi-kilogramme.

Si l'on considère que la livre de carpillons, prise sur les étangs, vaut déjà, sans le transport, 30 à 35 centimes, on voit que c'est un empoissonnement très coûteux, et comme il ne donne même pas une carpe sur cent carpillons remis, c'est absolument de l'argent jeté à la rivière.

DE LA NÉCESSITÉ DE CURER
LES RUISSEAUX OU BIEFS DE PÊCHERIE

Utilité de la pêcherie. — Son envasement ; danger auquel il expose
en cours de pêche durant un temps de glace prolongé, ainsi que
pendant les temps trop doux.

Nous avons dit ailleurs que, pour se trouver dans
de bonnes conditions de pêche, un étang doit avoir
un bief de pêcherie, c'est-à-dire un ruisseau suffisamment large et profond, pour pouvoir y rassem-
bler tout le poisson, lorsqu'on a fait écouler l'eau
qui remplissait l'étang.

Il est peu d'étangs qui n'en possèdent pas. Ceux
qui en sont dépourvus, dans l'est de la France, ne
sont que des pièces d'eau de peu d'étendue.

Ceux qui sont importants et qui n'en possèdent
point reposent généralement, en Lorraine, sur un
fond ferme et sec, sur le terrain dit le grès de
Luxembourg et sur des marnes argileuses. On nous
a dit qu'en Sologne beaucoup d'étangs n'ont point
de pêcherie.

Ce ruisseau, que nous considérons comme indispensable pour effectuer les pêches dans de bonnes
conditions, s'envase à la longue, sous la simple action du filet de traîne de pêche. En effet, lorsqu'on
est en cours de pêche, le filet, tout en ramenant le

poisson, apporte aussi la vase qui se trouve sur les bords et l'accumule dans le bas de la pêcherie, avec toute celle qu'il a ramassée le long de sa traînée.

Tous les étangs ne sont pas sujets à s'envaser au même degré ; les différences tiennent aux terres environnantes amenées par les eaux pluviales et la nature du fond.

Les étangs alternativement mis à eau et en culture ont un envasement bien moins rapide. Chaque culture détruit, en quelque sorte, la vase produite lors de la mise à eau. Cependant, le labourage et les récoltes n'évitent pas le colmatage des étangs, mais il est infiniment plus long.

Le curage du bief est plus indispensable dans les étangs à fonds marneux et calcaires que dans ceux à fonds argilo-siliceux.

Dans les pays lorrains et belges, les hivers sont rigoureux; parfois la surface des eaux est recouverte par une glace épaisse qui persiste souvent plusieurs mois. Or, si dans le cours d'une pêche, une forte couche de glace se produit et persiste, il faut que le poisson qui se trouve accumulé dans le ruisseau de pêcherie ait une hauteur d'eau suffisante et un renouvellement d'eau assez intense, pour n'y point périr par asphyxie. Il est certain que si ce ruisseau est fortement envasé, les risques de mortalité sont plus grands que s'il est bien entretenu et à fond ferme. Nous pourrions citer, en Lorraine et en Champagne, des propriétaires qui, durant leur pêche, ont de cette façon, et en quelques jours seu-

lement, perdu des quantités prodigieuses de poissons, jusqu'à 8,000 et 10,000 livres. Ils ne purent
éviter cette perte, malgré les nombreux trous dans
la glace qu'ils faisaient effectuer incessamment, l'apport du ruisseau d'alimentation étant à peu près
nul par suite de la gelée. Toutefois, un propriétaire,
plus avisé, en cours de pêche aussi, se remémorant
les anciennes coutumes féodales, échappa complètement à ce désastre. Il fit battre jour et nuit de larges
surfaces où il avait fait casser la glace, et ne cessa
cette manœuvre que lorsque la hauteur d'eau lui
parut suffisante pour garantir ses poissons. Ce fut
coûteux, pénible, mais moins encore que la perte à
peu près complète de sa production.

Les propriétaires d'étangs ont gardé la tradition
qu'en l'année 1789, les étangs des Dombes perdi-
rent tout leur poisson.

Cette effroyable mortalité, due à la glace persis-
tante et au manque de renouvellement de l'eau
d'alimentation, atteignit plusieurs millions de livres
qu'il fallut enterrer à grands frais.

Ce désastre se produisit aussi bien sur les étangs
en pêche que sur ceux non en pêche.

Les étangs qui y échappèrent furent ceux qui
avaient une grande profondeur et qui reposaient
sur un sol non vaseux possédant de fortes sources.
Ces étangs privilégiés comprenaient aussi presque
tous ceux qui alternaient la mise à eau avec la culture.

Tout le monde sait et a vu que le marais, quand

il est agité, remué quelque peu, ne serait-ce qu'avec un bâton, dégage du gaz.

C'est à cet air méphitique que les pisciculteurs de 1789 attribuèrent cette mortalité. Voici l'explication qu'ils ont donnée.

Ce gaz des marais s'échappe par petites bulles qui viennent crever à la surface. Or, les grands froids de cette année firent que les carpes et les tanches cherchèrent à s'envaser fortement et produisirent ainsi un fort dégagement de gaz qui, ne pouvant s'échapper à l'air libre, se maintint sous la glace.

Puis, lorsque par son manque de renouvellement l'eau ne fut plus assez aérée dans les couches basses, les poissons montèrent à la surface et, se trouvant alors en contact avec ce gaz méphitique, furent empoisonnés.

On assure que ce gaz, qui fut nommé *mofette* par les pisciculteurs d'alors, brûlait en donnant une flamme bleue.

Il faut donc, dans ce cas, faire des trous dans la glace et les entretenir, afin de donner une issue aux émanations délétères. Toutefois, ces trous ne sont efficaces qu'autant qu'il existe un intervalle entre l'eau et la glace.

C'est toujours une faute de négliger le curage lorsqu'il est devenu nécessaire, et de plus, c'est une économie mal entendue, car on ne réalise pas celle qu'il semble à première vue. Un excès de bourbe dans un ruisseau nuit énormément à la célérité de la pêche et gêne la prise du poisson, qu'on n'ose enlever par grandes quantités, ce qui occasionne une augmentation des frais. De plus, par les températures très douces et pluvieuses, amenées par le vent du midi, les coups de filets ne sont pas sans faire courir des risques d'une mortalité plus ou moins sérieuse.

Lorsque les poissons sont entraînés avec la vase, les carpes et les tanches, sentant l'obstacle, luttent contre l'entassement et piquent la tête fortement dans le marais. La plus grande partie échappent à la traîne de l'engin, qui passe par-dessus en les couchant dans la bourbe. Il faut recommencer plusieurs fois la traîne, pour fatiguer le poisson, vaincre sa résistance et l'amener en quantité dans le sac du filet. Mais le poisson pris dans de telles conditions est tout à fait fatigué. Ses ouïes sont embourbées, et sous prétexte de le laisser se débarbouiller de lui-même, il faut bien se garder de l'abandonner dans le filet comme c'est l'usage.

Il faut au contraire le sortir tout de suite de l'engin de pêche et le transporter dans des réservoirs contenant de l'eau claire et renouvelée, car il ne convient pas de lui faire supporter un transport sans l'avoir soumis à une pose de cette façon.

Si le coup de filet donné dans de telles conditions a surtout ramené des perches et des brochets, il faut se souvenir que ces poissons fuient l'eau trouble, que très rapidement leurs ébats dans la vase les font *tourner*, c'est-à-dire pâmer. Ce sont ces poissons-là qu'il faut sortir les premiers du filet, ce

qu'on peut faire aisément, car ils apparaissent toujours les premiers à la surface.

S'ils ont séjourné longtemps dans le filet et que,
dans les réservoirs de remise, il y ait du marais, il
ne convient pas de les y jeter tout de suite, ils
iraient au fond et s'y embourberaient de nouveau ;
il faut les déposer durant une heure environ sur une
pantenne.

Tels sont les inconvénients dus à une pêcherie
envasée.

Comme le curage est toujours une dépense, il est
bon, lors de l'achat d'un étang, mis à eau d'une
façon permanente, de connaître quelle est la fréquence du curage du bief de pêcherie, car si la location des terres arrivait à égaler la production du
poisson, il resterait néanmoins la dépense de curage
à solder.

Il est aussi de l'intérêt du propriétaire d'espacer
le plus possible les époques de curage du ruisseau
de pêche. On obtient ce résultat en opérant bien à
vif, non seulement sur toute la longueur et les côtés
du bief, parcourus par le filet de traîne, mais même
à 35 ou 40 mètres au delà du point où l'on jette
ordinairement le filet pour le traîner ensuite vers le
point où l'on enferme le poisson et où l'on retire
l'engin.

Nous avons vu des curages ainsi pratiqués ne se
renouveler que tous les vingt ans.

Pour être faite dans de bonnes conditions, cette
opération doit être effectuée ainsi qu'il suit.

Aussitôt la terminaison de la pêche, on met l'étang à sec et l'eau du ruisseau creuse immédiatement son lit dans le marais.

Au printemps, le marais non entraîné par le courant se tasse progressivement, malgré l'action des pluies; puis les chaleurs de l'été le dessèchent et lui impriment un retrait si considérable, qu'une hauteur de vase de 40 centimètres arrive à n'avoir plus que 6 à 8 centimètres d'épaisseur.

Le marais, ainsi desséché, ne reprend jamais un volume supérieur et se délite simplement lorsqu'il vient à être recouvert d'eau.

Le curage opéré dans le mois d'août ou celui de septembre se borne donc à l'enlèvement d'une couche de vase ferme très peu épaisse sur les talus et plus forte dans le fond du bief.

Les ouvriers, qui se servent généralement de bêches longues, mais plus larges que celles des ouvriers draineurs, doivent rejeter le plus loin possible les terres qu'ils enlèvent. Il faut éviter autant que possible d'exhausser les bords du bief et de lui faire une espèce d'encaissement. Cette façon de procéder aurait de grands inconvénients, car lors de la vidange de l'étang, elle empêcherait les poissons de gagner la pêcherie. En cas de gelée, ils se trouveraient pris sous la glace en dehors du bief, et le peu de profondeur d'eau pourrait provoquer leur mortalité.

Quand on est obligé de subir l'exhaussement des berges au-dessus du sol, il faut les entamer de distance en distance, de façon que les poissons puissent regagner le ruisseau de pêche.

Lorsque le ruisseau d'alimentation a un fort débit, on peut s'en servir pour chasser le marais du bief. On ferme la vanne de l'étang et on l'ouvre tour à tour. Lorsque l'eau s'échappe, elle entraîne le marais qui se trouve non loin de la vanne de sortie. Quand il est écoulé, on laisse remonter l'eau, le marais arrive de nouveau dans la partie nettoyée et en est chassé lors d'une nouvelle ouverture de la vanne. Cette manœuvre, réitérée plusieurs fois par jour et durant une quinzaine, permet, pour certains étangs, de ne procéder que tous les vingt ou vingt-cinq ans au curage du ruisseau de pêche qui, sans cela, serait de rigueur tous les quatre à cinq ans.

En temps de gelée, cette opération est sans aucun effet, puisque le marais est consolidé.

ENTRETIEN DES FILETS

Filets de chanvre et de coton. — Action du tan. — Dégorgement
des filets. — Soins à donner aux filets dans le cours d'une pêche.
— Filets fabriqués à la main et à la machine. — Alun, salpêtre.
— Remisage des filets.

Les étangs de quelque importance ne peuvent se
passer de l'emploi de filets pour effectuer la pêche.
Ces filets sont toujours en rapport avec la grandeur
de la nappe d'eau et du bief de pêcherie. C'est ainsi
que, dans les pays que nous citons au cours de cet
ouvrage, des propriétaires font usage de filets de
traîne mesurant jusqu'à 400 et 500 mètres de développement. Ces engins peuvent ramener, tant dans
leur sac que sur les ailes, 20,000 livres de poissons.

En Allemagne, depuis quelques années, on a rem-
placé, pour la confection des filets, la ficelle de chanvre par celle de coton. Les filets de coton sont d'une
durée plus longue que ceux de chanvre. L'expérience l'a parfaitement démontré.

Pour prolonger la conservation de ces engins, il
convient de les faire tremper tous les ans, avant et
après la pêche, dans une décoction de tan. Pour être
efficace, l'eau de tan doit être assez colorée pour
teindre les filets en rouge-brun.

Plusieurs pêcheurs ont préconisé la farine de tan,

autre que celle de chêne. Nous ne pensons pas que
cette préférence soit justifiée, l'écorce de chêne réduite par le moulin à écorce est celle qui a toujours
donné les meilleurs résultats.

Lorsque le filet opère sur un fond vaseux, il convient de ne pas lui laisser remplir son office pendant
plusieurs jours sans le faire dégorger de la vase qui
a imprégné les mailles. Il faut le faire tremper dans
de l'eau claire et le battre avec un battoir comme
un linge en lessive.

Tous les jours, le filet doit être étendu et suspendu
au-dessus du sol à l'aide de petites fourches de bois
qu'en Lorraine on nomme des *crosses ;* il est surtout
prudent de ne pas en laisser quelques pans traîner
à terre, car les rats d'eau, attirés par l'odeur du
poisson que conserve le filet, y feraient des trous
énormes, et en quelques heures pourraient le détruire en partie et d'une façon irréparable.

Lors d'une interruption au cours d'une journée
de pêche, il ne faut pas non plus laisser le filet dans
l'eau ; il convient de le retirer et de l'étendre sur
les fourches. Le séjour dans la vase mouillée pourrit rapidement le chanvre, le brûle, en terme de
métier.

La conservation des petits filets divers, des bourses et des troubles qui sont toujours des accessoires
indispensables de toute pêche, demande aussi l'immersion dans l'eau de tan. Quelquefois, il est bon
d'y ajouter quelque peu d'alun ; nous nous sommes
toujours bien trouvé de cette adjonction, et nous la

recommandons. Si la dépense ne paraît pas exagérée, on peut aussi employer l'alun pour la préservation du filet de traîne, et la durée de cet engin toujours coûteux se trouvera ainsi prolongée.

Plusieurs personnes préconisent aussi les filets fabriqués à la main, sous prétexte qu'ils sont plus solides, plus résistants comme mailles, que ceux fabriqués à la machine et de provenance allemande, car nous ne connaissons ni en Lorraine, ni en Belgique, ni en France aucune fabrique de l'espèce.

Cette opinion est absolument erronée ; lorsque la ficelle de coton ou de chanvre est de bonne qualité, les filets à la machine sont infiniment supérieurs à ceux faits à la main. Les mailles sont de beaucoup plus régulières, les nœuds plus serrés et, ce qui est encore plus sérieux comme avantage, leur prix est de plus de deux fois inférieur. Ainsi donc : confection supérieure, qualité meilleure, prix moins élevés, tels sont les bénéfices réalisés par l'emploi des filets de machines.

Un usage de plus de trente années de filets de toutes sortes nous autorise à proclamer la supériorité des filets de coton et des filets mécaniques.

Lorsque la pêche est terminée, les filets doivent être suspendus dans un endroit bien aéré et non humide. Les greniers où la chaleur devient intense en été ne conviennent pas. Étendus intérieurement contre le mur d'une grange élevée, les filets sont sans contredit dans les meilleures conditions, pourvu qu'on les ait mis hors de la portée des rats.

Enfin, nous ajouterons que les filets traînés sur la vase pendant le cours d'une pêche ont une durée beaucoup moins longue que ceux qui sont manœuvrés sur fonds non vaseux.

Quelques personnes nous ont affirmé que les filets de pêche sont encore mieux conservés si, au lieu d'alun, on mêle du salpêtre à l'écorce du tan. Ne l'ayant jamais essayée, nous ne pouvons recommander cette recette. En tous cas, ceux qui en feraient usage devraient, avant de se servir du filet, le faire tremper pour en dégager le salpêtre. Faute de cette précaution, on risquerait fort de perdre, dès le premier coup de filet, bien des poissons mis en contact avec les mailles.

L'ÉCREVISSE

SES MŒURS, SON REPEUPLEMENT

Rareté de ces crustacés, pieds rouges, pieds blancs. — Signes distinctifs de ces deux espèces. — Écrevisses à pattes grêles, écrevisses de torrents. — Eaux où vivent les pieds rouges et les pieds blancs. — Erreurs à ce sujet. — Marais de la vallée du Rhône. — Étangs des environs de Paris. — Pays qui approvisionnent le marché de Paris. — Mortalité des écrevisses. — Différence de taille et de poids entre les pieds rouges et les pieds blancs. — Rivières les plus aptes à nourrir ces crustacés. — Manière de distinguer les sexes des écrevisses. — Retraites des écrevisses, leur utilité pour ces animaux. — Rivières à berges. — Alimentation naturelle des écrevisses. — Ennemis divers des écrevisses. — Destruction des femelles par les mâles. — Plantes recherchées par les écrevisses. — Mue de ces crustacés, sa fréquence, augmentation de leur poids après la mue. — Indices faisant reconnaître la mue d'une écrevisse. — Des yeux des écrevisses. — Croissance de ces crustacés. — Poids auxquels ils peuvent atteindre suivant l'espèce. — Durée de l'existence de l'écrevisse. — Fécondation de l'écrevisse, sa ponte. — Éclosion des œufs. — Naissance des petites écrevisses, leurs allures. — Maladies et insectes nuisibles propres aux écrevisses, indices permettant de reconnaître plusieurs de ces maladies. — Animaux destructeurs de ces crustacés, les oiseaux aquatiques, la loutre, le rat d'eau, les brochets. — Du repeuplement des écrevisses; méthode à suivre. — De l'alimentation à procurer aux écrevisses à acclimater. — Fonds favorables à l'élevage de l'écrevisse. — Méthode pour améliorer les fonds peu aptes à cet élevage. — Élevage dans les étangs, précautions à prendre. — Difficultés de faire concorder cet élevage avec la production du poisson, moyens de les atténuer. — De l'écrevisse en réservoirs, conditions que ces derniers doivent remplir. — Conservation des écrevisses, leur expédition. Pêches diverses de l'écrevisse. — Engins de pêche. — Lieux et en-

droits que ce crustacé préfère et recherche dans les cours d'eau.
— Pose des engins de pêche, leur levée. — Des nasses à écrevisses, de la pêche aux fagots, à la lumière. — Des amorces et
appâts divers préconisés et à employer. — Règle générale pour
reconnaître en fait de chasse et de pêche les meilleurs appâts.

Il n'y a pas encore un grand nombre d'années
que, dans toutes les régions de la France, l'écrevisse était abondante dans les rivières et les ruisseaux.

Sans aucune exception, tous nos départements
possédaient l'une ou l'autre des deux espèces propres à notre pays, et quelquefois les deux.

Les plus faibles ruisseaux, à la condition qu'ils
eussent quelque peu de profondeur, recélaient parfois des quantités considérables de ces crustacés.

Aujourd'hui, il est loin d'en être ainsi. La France
a bien encore, il est vrai, des écrevisses, mais les
cours d'eau où l'on peut se livrer à la pêche de ces
animaux sont peu nombreux.

La rareté des écrevisses, au lieu de s'atténuer,
va au contraire en augmentant. A moins qu'on ne
réussisse à effectuer leur repeuplement, on peut
prévoir qu'à une très courte échéance, les écrevisses
françaises auront totalement disparu.

La France, la Belgique, le grand-duché du Luxembourg et tous les pays d'Europe possèdent les deux
espèces d'écrevisses que l'on nomme *pieds rouges*
et *pieds blancs*.

Ces deux espèces sont parfaitement reconnaissables à première vue.

L'espèce dite pieds rouges est ainsi nommée parce que le dessous des pinces est teinté d'un rouge plus ou moins vif.

L'espèce dite pieds blancs possède des pinces plus renflées, et le dessous, au lieu d'être rouge, est blanc.

Des naturalistes ont reconnu, il y a quelques années, deux autres nouvelles espèces. L'une a été nommée par eux écrevisse à pattes grêles, et l'autre écrevisse de torrents.

Ces deux nouvelles espèces existent, puisqu'elles ont été découvertes; mais nous pouvons affirmer que, jusqu'à présent, en France et en Belgique, elles n'avaient pas été et ne sont pas encore distinguées par les amateurs, ni par les pêcheurs de profession.

N'ayant encore vu aucun spécimen de l'espèce à pinces grêles, nous ne pouvons la décrire dans cet ouvrage, bien que cependant les mêmes naturalistes déclarent que c'est la plus répandue et la plus commune en Europe.

Nous avons été à même bien des fois de remarquer, parmi les nombreux arrivages d'écrevisses de l'espèce dite pieds rouges, qu'il s'en trouve dont les pinces sont plus effilées que d'autres, mais c'est là le seul signe extérieur qu'elles possèdent. Comme ces écrevisses ne sont ni supérieures ni inférieures en taille aux vrais pieds rouges, qu'elles ont en outre des teintes identiques, elles sont pour nous plutôt une variété qu'une espèche franche.

Quant à ce qui est de l'espèce dite de torrents, nous l'ignorons, et nous ne savons point quels sont ses signes caractéristiques.

Les naturalistes qui l'ont découverte lui assignent des contrées autres que la France, les parties les plus élevées du centre de l'Europe. Mais comme elle croît dans les eaux où vivent les diverses espèces de truites, il est à peu près certain qu'elle doit se rapprocher de l'espèce des pieds blancs, et c'est sans doute grâce à cette circonstance qu'elle a été inconnue jusqu'à ces temps, tout comme la variété à pieds grêles.

Les deux espèces d'écrevisses de France et des pays limitrophes ne vivent pas ensemble; jamais on ne les rencontre dans les mêmes cours d'eau, ou du moins dans les mêmes parties.

C'est ainsi que l'espèce à pieds rouges se trouve toujours dans les pays de plaine, où coulent des cours d'eau doux, tièdes.

Contrairement aux faits, bien des ichtyologues ont avancé que cette espèce ne fréquentait ces cours d'eau qu'autant qu'ils possédaient quelque courant, non pas dans toute leur étendue, mais par-ci, par-là.

D'autres, plus affirmatifs, ont déclaré que les pieds rouges ne pouvaient vivre dans les eaux mortes, non plus que dans les nappes dont les eaux n'étaient pas considérablement renouvelées.

Enfin, d'autres encore ont prétendu que cette espèce ne saurait vivre que dans les cours d'eau provenant de sols marneux ou calcaires.

A toutes ces affirmations, émanant parfois de personnes des plus considérées parmi le monde savant, nous ne pouvons qu'opposer les constatations que nous avons faites depuis un grand nombre d'années, et toutes celles relevées par des pêcheurs de profession.

C'est pourquoi, quels que soient les auteurs de ces assertions, nous déclarons que les pieds rouges se rencontrent d'abord dans tous les cours d'eau où vivent les poissons tels que la carpe, la tanche, le chevesne, les poissons blancs divers, enfin la perche et le brochet.

Cette indication, on le voit, assigne aux pieds rouges tous les cours d'eau provenant de n'importe quel terrain.

Quant à la rapidité des eaux, nous dirons aussi que, lorsque les écrevisses abondaient en Alsace-Lorraine et en Lorraine, on les trouvait dans toutes les rivières et les ruisseaux, même les plus dépourvus de courants.

Sur ce point, nous sommes d'autant plus affirmatif que, dans ce genre de cours d'eau sans courants, on prenait à proportion plus de ces crustacés que dans les rivières vives de la Moselle et de la Meurthe. Quel est le Lorrain, en effet, qui ne se souvient des belles et nombreuses écrevisses de la Sarre, de la Vezouze, de la Seille?

A la prétendue impossibilité aux pieds rouges de vivre dans les eaux mortes, sauf la condition d'être considérablement renouvelées, nous opposerons simplement ce que tant de personnes ont pu constater comme nous, alors que nous étions en fonctions dans la belle vallée du Rhône, il y a de cela plus d'une vingtaine d'années, à savoir que les grands marais situés près de la commune de Culoz renfermaient beaucoup d'écrevisses.

Ces marais, ou pour être plus exact, ces espèces de tourbières exploitées par un certain nombre de pêcheurs professionnels de la localité, produisaient des écrevisses en assez grande quantité pour que les hôtels des villages environnants, fréquentés en été par les Lyonnais, en fussent approvisionnés. Ces écrevisses allaient même sur les marchés des villes de la région, telles que Aix-les-Bains, Annecy et Chambéry. C'étaient incontestablement des pieds rouges, et cependant ces marais ou tourbières n'étaient alimentés que par des sources émergeant au milieu d'eux, et leur écoulement était bien faible.

Tout ce que nous pouvons admettre, c'est que ces écrevisses avaient la carapace plus foncée que les pieds rouges des cours d'eau, et que nous n'en avons vu que de taille moyenne, jamais de spécimens aussi forts que celles fournies autrefois par la Meuse et la Moselle. Mais ce fait tendrait tout au plus à prouver qu'il s'agirait d'une variété spéciale de pieds rouges.

De même, nous avons pu constater, chez les écrevisses de Culoz et de tous les marais de la vallée du Rhône, une particularité qu'on rencontre très rarement parmi les pieds rouges des cours d'eau :

elles ont généralement en dessous de la carapace un piquetage de points noirâtres que la cuisson ne fait disparaître qu'imparfaitement. Il en résulte, au point de vue gastronomique, des écrevisses simplement moins appétissantes, mais, pour le goût, elles sont excellentes et bien en chair.

Ceux qui ont habité ces pays garderont toujours le meilleur souvenir des vol-au-vent et des tourtes aux écrevisses d'Artemare, de Culoz et autres communes environnantes.

Enfin, dans l'est de la France, nous connaissons bon nombre d'étangs où les écrevisses de l'espèce qui nous occupe n'étaient pas rares, et où il s'en trouve encore, alors cependant que les cours d'eau qui les alimentent en sont actuellement absolument dépourvus. Il est vrai que la plupart de ces étangs ne se vident jamais ou à de très longs intervalles.

Certaines de ces nappes d'eau ont aussi l'avantage d'être munies d'une forte pêcherie, c'est-à-dire d'un ruisseau de fortes dimensions, si bien qu'en temps de vidange, les écrevisses peuvent, en suivant le retrait des eaux, se réunir et se conserver dans cette partie.

Nous avons toujours pensé que, grâce aux écrevisses de ces étangs privilégiés, on pourrait repeupler les cours d'eau qui les alimentent et, de proche en proche, les cours d'eau voisins d'une même région.

Mais, sans aller aussi loin qu'en Lorraine, il existe actuellement, dans les belles forêts domaniales des environs de Paris et de Versailles, dans la forêt de Meudon, par exemple, quelques petits étangs alimentés par les eaux de pluies seulement, qui renferment encore des écrevisses.

Bon nombre de Parisiens et de Versaillais en connaissent un près de Viroflay, nommé encore de nos jours l'étang aux écrevisses, grâce à la renommée qu'il avait autrefois de posséder des quantités extraordinaires de ces crustacés de taille très forte appartenant à l'espèce pieds rouges. Aujourd'hui, il en possède encore assez pour que quelques personnes et les gardes s'y adonnent à la pêche. Cet étang est sur un sol absolument siliceux.

Il ressort donc, des différents faits relatés ci-dessus, que l'espèce dite à pieds rouges est bien loin de ne vivre que dans les conditions avancées par la plupart des ichtyologues.

Lorsque notre pays était riche en écrevisses, un certain nombre de ses rivières s'était créé une renommée très étendue, principalement à cause de la qualité et de la grosseur qu'y acquéraient ces crustacés. Certains d'entre eux, au privilège de fournir des écrevisses de fortes dimensions, joignaient aussi l'abondance.

Nous citerons en première ligne la Meuse, surtout son parcours français et belge, puis la Moselle, dont le cours en Prusse rhénane était plus productif que le cours français, sans doute parce que la pêche y était moins intense.

Après ces cours d'eau, les plus en renom étaient

nombreux, et nous nous bornerons seulement à citer les suivants :

Dans l'est, la Meurthe, la Sarre, l'Ill, l'Aube ;

Dans le nord, la Somme et les cours d'eau du Pas-de-Calais ;

Puis, dans l'ouest, la Sèvre, la Charente, la Vilaine ;

Au centre, la Sarthe, l'Indre, le Cher, la Creuse, l'Yonne, la Nièvre ;

Au midi, moins riche en crustacés, le Gers, la Sorgue et l'Aude.

Aujourd'hui, la production de ces cours d'eau est devenue à peu près nulle. On peut même déclarer que les écrevisses n'y existent plus que par sujets isolés et à de rares endroits, aussi la pêche n'y est-elle plus exercée par les pêcheurs de profession ni par les amateurs les plus faciles à contenter.

Pour fixer l'opinion à ce sujet, il suffit de dire, par exemple, que depuis quelques années la totalité des pêcheurs amodiataires de la Meuse française ne prennent pas, dans une année, une trentaine d'écrevisses.

Les cours d'eau belges et luxembourgeois sont absolument dans le même cas, alors qu'autrefois ils étaient en état d'expédier leurs produits aux divers marchés français pour les écouler à meilleur prix. A Paris, les écrevisses de ces pays et de la Prusse rhénane se vendaient toujours comme écrevisses de la Meuse.

A ces pays d'importation ont succédé la Bavière,

le Palatinat, le Hanovre. Puis il a fallu recourir à la vieille Prusse. La Poméranie vint alimenter Paris et la France, pour céder ensuite à la Russie et à la Pologne le monopole de ce commerce.

Enfin l'Europe, se trouvant à peu près ruinée, tant par la maladie que par une exploitation avide et irraisonnnée, il a fallu chercher ailleurs, afin de faire face aux exigences toujours de plus en plus vives du commerce français.

Paris, qui fait dans le monde la plus grande consommation d'écrevisses, en est arrivé à les réclamer à l'Amérique; c'est du reste le rôle du nouveau monde de nous procurer ce qui nous manque.

Tels sont les faits qui se sont passés d'abord pour l'espèce dite pieds rouges. Dès les premières années de la diminution de ces écrevisses, on crut que celles à pieds blancs se maintiendraient, et qu'en les protégeant efficacement, elles pourraient alimenter, au moins dans une certaine mesure, les marchés locaux.

Cette espérance ne dura pas longtemps, car les mesures protectrices firent absolument défaut, et la maladie gagna rapidement les cours d'eau supérieurs. Cependant, il faut reconnaître que l'espèce dont nous parlons est bien plus résistante que le pied rouge et que, dans les cours d'eau où elle vit, elle a su résister à une disparition aussi complète.

Les pieds blancs appartiennent toujours aux ruisseaux et rivières à eau froide ou fraîche et courante; en général, ils se trouvent dans tous nos pays de montagne. Cette espèce semblait plus prolifique que l'autre, car les cours d'eau qui la produisaient fournissaient plus d'écrevisses que ceux qui donnaient les pieds rouges.

Pour mieux caractériser son séjour, nous dirons qu'on la trouve où vivent les truites et les ombres, que jamais les deux espèces n'habitent les mêmes cours d'eau, ou du moins les mêmes parties, qu'elles se détruisent si elles se rencontrent.

Les contrées françaises où elles abondaient le plus autrefois sont les Vosges, le Jura, la Savoie, puis venaient les Cévennes et l'Auvergne. Dans ces régions, les moindres ruisseaux en produisaient dès qu'ils avaient quelque peu de profondeur.

La mortalité qui a sévi sur cette espèce a semblé cesser dans certains cours d'eau sa marche progressive et, dans d'autres au contraire, elle s'est accentuée.

Personnellement, nous avons pu constater, en 1896, que dans les Vosges françaises plusieurs cours d'eau n'avaient plus de pieds blancs; de même dans les Vosges annexées.

En revanche, plusieurs ruisseaux ou rivières de ces pays ont vu leur peuplement s'accroître quelque peu. Nous avons fait la même constatation pour les pieds rouges, dans les parties de ruisseaux parvenus au loin en plaine, et là où les pieds blancs ne vont plus. Nous citerons, par exemple, le cours d'eau de Fontenoy-le-Château et de Bains, dans les Vosges.

Les pieds blancs, ainsi nommés à cause des signes particuliers que nous avons indiqués plus avant, se distinguent également par la taille; jamais ils n'atteignent la grosseur que peuvent acquérir les pieds rouges. Ils arrivent à peine au tiers des grosses écrevisses pieds rouges.

Ils se reconnaissent également à une légère différence dans la teinte de la carapace, très facilement remarquable, une fois qu'on est prévenu à cet égard. Ils sont plus brun clair ou verdâtres que les pieds rouges.

Cette différence s'explique naturellement, attendu que les pieds rouges habitent toujours des cours d'eau plus profonds, où la lumière est, par conséquent, moins intense que dans ceux des montagnes.

Parmi les pieds blancs, il s'en trouve communément une belle variété à carapace d'un beau bleu d'acier. Jamais cette nuance ne se rencontre dans l'autre espèce.

Telles sont les diverses particularités qui font reconnaître nos deux espèces indigènes d'écrevisses.

Autrefois, nos cours d'eau avaient une production très inégale en écrevisses.

Les rivières et ruisseaux des terrains marneux et calcaires étaient certainement plus productifs que ceux des terrains siliceux. La même particularité rendait aussi certaines parties d'un même cours d'eau plus ou moins riches en crustacés, suivant la nature du terrain qu'il traversait.

Parmi les mieux dotées, on citait aussi les rivières où se trouvent en grande quantité les moules dites anodontes ou encore moules des étangs, ainsi que tous les mollusques fluviatiles, et ceux, par exemple, appelés communément escargots d'eau, c'est-à-dire les planorbes, les lymnées, puis les diverses paludines; enfin, les ruisseaux où les crevettes d'eau douce et les physes se trouvent en abondance.

Des naturalistes émettent l'opinion que la présence de tous ces divers mollusques a pour conséquence d'attirer les écrevisses, parce qu'ils offrent à ces crustacés à la fois la nourriture et la matière nécessaire au renouvellement de leur carapace.

Quant à nous, nous pensons simplement que si les écrevisses sont plus nombreuses là où il y a beaucoup de mollusques, cela tient uniquement à ce que ceux-ci, tout comme les écrevisses, recherchent les eaux où le calcaire se trouve en abondance.

Beaucoup de personnes savent reconnaître les sexes dans les écrevisses en les examinant sous la queue où, près de la carapace, la femelle est privée d'une rangée de fausses pattes. Le mâle se distingue, au premier abord, de la façon suivante :

Entre deux écrevisses dont le corps, ou pour mieux dire la carapace a la même grosseur, la femelle a la queue beaucoup plus large que le mâle, et plus que son propre corps.

Cette conformation se rencontre chez tous les crustacés, tels que les homards, langoustes, crabes.

C'est ce qui fait que les personnes, ignorantes de cette particularité, achètent parfois un peu meilleur marché un homard ou une langouste qui leur paraît aussi grosse qu'une autre et pensent avoir fait une bonne affaire. La marchande des halles leur a passé simplement un mâle, dont la queue offre moitié moins à manger.

Cette conformation des femelles est voulue, parce qu'elles portent leurs œufs sous la queue dès qu'elles les ont pondus.

Les écrevisses savent se creuser des retraites dans toutes les berges. Elles affectionnent également les racines des arbres plongeant dans l'eau, tels que les aunes, les saules, les peupliers, qui poussent sur les rives.

Bien qu'habiles à se confectionner un trou, elles aiment à profiter de ceux qu'elles peuvent trouver; c'est pourquoi, alors même que les rats d'eau sont pour elles des ennemis et des destructeurs acharnés, les plus grosses écrevisses profitent de tous les vieux trous qu'elles peuvent rencontrer. Elles en diminuent la profondeur et savent en faire disparaître les aspérités, les lisser même.

Dans les rivières du midi, les trous des écrevisses sont moins profonds que dans les rivières du nord de la France et des pays plus froids. Nous pensons que c'est à cause de l'absence des glaces.

Pour l'écrevisse, une retraite est absolument indispensable, car, à certaines époques, elle est sans aucune défense, à la merci des plus infimes, tels

que les grosses larves des insectes aquatiques,
comme celles des dytiques et des hydrophiles.

Ceux de ces crustacés qui habitent des rivières
sans berges font des trous dans le sol et profitent
de toutes les racines d'arbres qui peuvent avoir
poussé dans les eaux, et si le fond est de nature
siliceuse, circonstance qui ne permet pas la stabilité
de leur retraite, elles recherchent les pierres et parviennent toujours à s'établir en dessous.

Dans les rivières possédant des berges, les écrevisses ne creusent pas leurs trous à la même distance du fond. Lorsque le cours d'eau a peu de
profondeur, par exemple 1^m,50 environ, elles ne
les font qu'à la distance de 30 à 40 centimètres,
et lorsqu'il est profond, leurs trous sont plus communément établis vers les deux tiers de la berge.

Quant à la dimension des retraites, elle dépasse
toujours la taille de l'animal, sans doute en prévi-
sion des mues fréquentes qu'il est obligé de subir
et après lesquelles seulement il gagne en grosseur.

Tout le monde sait que l'écrevisse nage à reculons. Sur le fond, elle marche en avant ou de côté,
comme les crabes. C'est à reculons qu'elle pénètre
dans sa retraite, et il est assez étrange qu'en fuyant
rapidement, elle arrive, sans tâtonnements, à y entrer aussi franchement que si elle progressait en
avant. Cela tient à ses yeux, fixés à l'extrémité d'un
pédoncule.

Tout le jour, l'écrevisse reste à l'orifice de sa demeure. Là, elle attend que le soir arrive et n'en sort

guère avant, à moins que les émanations d'un appât quelconque, à proximité ou entraîné par le courant, ne l'attirent invinciblement, car c'est un animal très vorace, toujours affamé et qui vient à la proie, alors même qu'il est complètement repu.

Grâce à cette circonstance, au temps où il y avait beaucoup d'écrevisses dans nos cours d'eau, il était impossible de ne rien prendre et d'être bredouille, surtout lorsqu'on avait convenablement choisi les amorces.

Après le coucher du soleil, l'écrevisse commence à sortir de son domicile et, durant toute la nuit, elle se livre à la recherche active de sa nourriture.

On peut dire que celle-ci se compose de toutes les matières animales quelconques, c'est-à-dire de tous les corps morts que charrient ordinairement et accidentellement tous les cours d'eau.

La voracité de l'animal est telle, que l'état de décomposition la plus avancée des chairs ne saurait le rebuter; pour lui, tout fait ventre. C'est ce qui lui a fait mériter, à juste titre, le surnom de grand nettoyeur des rivières. Il est certain, en effet, que c'est bien la mission dont l'a chargé la nature.

L'écrevisse se trouve être, pour toutes les eaux douces, ce que les crabes, les homards, les langoustes et tous les crustacés marins sont pour la mer.

Mais si l'écrevisse est essentiellement carnivore, elle ne limite point sa nourriture aux charognes diverses qu'elle recherche et aux mollusques fluviatiles que nous avons déjà nommés.

Elle fait une guerre active aux larves des gros insectes aquatiques qu'elle sait trouver dans la vase. Elle détruit aussi le frai des poissons et de tous les batraciens. Elle poursuit les petits alevins lorsqu'ils sont à l'état minuscule, de même les têtards des grenouilles et des crapauds. Enfin, la nuit, elle saisit les petits poissons, principalement ceux de fond, tels que les loches, les chabots, les petits goujons, et, incontestablement, elle doit s'en saisir pendant leur sommeil, ou par surprise, car elle ne saurait poursuivre avec succès un alevin quelconque de deux à trois centimètres de longueur.

L'écrevisse est donc un animal qu'il ne convient pas d'élever dans les étangs que l'on consacre à l'alevinage.

Dans les cours d'eau, elle est de même nuisible aux endroits choisis par les poissons comme frayères. Lorsqu'elle en a reconnu, il est rare qu'elle les abandonne avant qu'elles ne soient plus en état de lui procurer des aliments, c'est-à-dire avant l'éclosion des œufs et la fuite des alevins.

Les petites écrevisses deviennent la proie des plus fortes. Aussitôt qu'elles ont quitté leur mère, elles peuvent surtout compter comme ennemis les écrevisses mâles. Cet animal, tout comme le brochet et la perche, n'épargne pas sa propre espèce. Il sait rechercher sous les pierres, au milieu des cailloux, les écrevisses minuscules.

Lorsque l'écrevisse est en cours de mue, elle est, quelle que soit sa taille, exposée à devenir la proie de celles qui ne sont pas dans cet état transitoire. La mollesse de la nouvelle carapace ayant pour effet de rendre ses pinces absolument inoffensives, elle a perdu ses moyens de défense. Cette circonstance la met à la merci de n'importe quel ennemi et surtout des rats d'eau, des anguilles, qui savent les chercher jusque dans leurs retraites et qui comptent parmi les plus grands destructeurs de ces crustacés.

Il y a quelque temps, des pisciculteurs d'Allemagne ayant entrepris le repeuplement de ces animaux, ont été à même de constater que le mâle d'écrevisse ne se borne pas à détruire l'écrevisse de très faibles dimensions, mais de presque aussi fortes que lui. Ce sont les femelles qui seraient ses victimes.

Suivant eux, l'écrevisse mâle détruirait les femelles, non seulement en temps de mue, mais même quand leur carapace est douée de toute sa dureté.

Jusqu'à présent, ces faits n'avaient jamais été constatés.

De plus, dans les viviers où l'on peut conserver de ces crustacés, on n'a pas relevé les traces de cette destruction, ce qui serait facile pourtant, attendu que, suivant les observateurs allemands, les écrevisses femelles seraient seulement dévorées par le corselet; par suite, on devrait retrouver les pinces et une partie de la queue.

Voici les preuves que ces mêmes pisciculteurs donnent de leurs assertions :

Après avoir mis dans une pièce d'eau un nombre

égal d'écrevisses mâles et femelles, ils ont, une année après, vidé cette pièce d'eau et repêché leurs sujets. Or, ils n'ont retrouvé, disent-ils, que la moitié des femelles, tandis que les mâles étaient encore à peu près au complet.

Il se peut fort bien, en effet, qu'une mortalité se soit produite sur les femelles ; mais il n'est pas prouvé qu'elle soit due à la voracité des mâles.

Durant le cours de l'année, ces écrevisses ont dû pondre, et comme elles sont en butte aux attaques d'une foule de parasites lorsqu'elles portent leurs œufs sous la queue, il se peut fort bien que de là vienne la mortalité survenue dans le peuplement de cette pièce d'eau.

Mais bien qu'essentiellement carnivores, les écrevisses se nourrissent également de quelques plantes aquatiques. Elles en mangent les jeunes pousses. Parmi ces végétaux, nous citerons particulièrement le chara, aussi commun dans les étangs que dans les cours d'eau rapides.

Cette plante dure, râpeuse au toucher, contient beaucoup de matière calcaire. Il est probable que les écrevisses ne mangent point ces plantes par goût, mais pour y trouver des éléments propres à la reconstitution de leur carapace.

Lorsque ce crustacé mue, son enveloppe tombe complètement, et les moindres parties qui la composent sont renouvelées.

Ce phénomène ne se produit pas à périodes régulières dans le cours de l'existence de l'animal. A

mesure qu'il croît en années, la fréquence de la
mue diminue.

Quant à déterminer d'une façon précise le nombre
de fois auquel il y est soumis, aucun naturaliste n'a
pu le faire jusqu'ici.

Il est acquis toutefois, que, dans la première année de sa vie, l'écrevisse peut subir la mue sept
fois. Cela dépend de la nourriture plus ou moins
abondante qu'elle absorbe. Cela s'explique de soi-
même et ne dépend point, comme quelques-uns le
pensent, de la nature des eaux.

Dans la deuxième année, la mue est déjà moins
fréquente, elle ne s'effectue plus guère que cinq à
six fois. Durant la troisième, à peine trois fois, ensuite seulement deux fois ; enfin, alors même qu'elle
n'augmente plus, l'écrevisse change d'enveloppe une
fois par année.

Ce curieux phénomène constitue pour cet animal
une période maladive pendant laquelle il succombe
souvent.

Conscient de sa faiblesse et de l'absence de ses
moyens de défense, il se retire au plus profond de
son trou, où trop souvent il devient la proie des
individus de son espèce.

La période de la mue se manifeste par un autre
indice que la mollesse de la carapace. La nouvelle
enveloppe est toujours d'autant plus foncée qu'elle
est plus récente. A mesure qu'elle acquiert de la fermeté, la teinte s'éclaircit. Lorsqu'elle a acquis sa
consistance normale, il en est de même pour sa cou-

leur. Il faut une moyenne de six à sept jours pour
que l'écrevisse soit redevenue ferme.

On dit dans bien des ouvrages de pisciculture
que l'écrevisse, à chaque mue, augmente en poids
d'un cinquième. D'après quelques constatations faites
par nous, dans la vallée du Rhône, chez le pisciculteur dont nous parlerons plus loin au sujet de la
durée de la vie de l'écrevisse, nous n'avons jamais
constaté qu'une augmentation ne dépassant pas un
huitième.

Il nous paraît certain que les évaluations supérieures sont dues à des expériences pratiquées durant les mois où l'écrevisse, mangeant le plus, croît
le plus vite ; elles n'auraient pas donné ce chiffre
si elles avaient été exécutées pendant plusieurs
mues successives.

Chacun connaît les deux petits corps demi-sphé-
riques si durs, que contient la carapace de ce crustacé et que vulgairement on nomme des yeux
d'écrevisses. Ces corps sont de nature calcaire à
l'état presque pur.

Les naturalistes ont recherché l'utilité de ces
corps et ont établi qu'ils ont pour mission de fournir la matière nécessaire au renouvellement de l'enveloppe.

La preuve en est donnée par le fait constant que
toute écrevisse dont la carapace est absolument
molle ne possède plus ces deux petits corps sphé-
riques. Ils semblent résorbés et avoir passé dans
l'économie de l'animal. Ils se reforment et n'ac-

quièrent de nouveau leur dureté qu'autant que la carapace a repris la sienne.

L'écrevisse, qu'elle appartienne à l'espèce pieds rouges ou à l'espèce pieds blancs, croît fort lentement, ce qui, suivant les lois naturelles, indique qu'elle doit être douée d'une assez longue existence.

Cette croissance n'est pas égale dans toutes ses périodes ; elle peut varier, dans des proportions assez sensibles, pour quiconque voudrait en faire l'observation, suivant l'abondance de nourriture que l'écrevisse trouve à sa disposition.

Les divers degrés de croissance que nous avons pu relever dans les pays que nous avons cités, tant près de pêcheurs de profession que de naturalistes, nous mettent à même de donner les moyennes très approximatives ci-après :

Pour l'espèce pieds rouges.

Dans la 1re année, l'écrevisse atteint de 4 à 4 centimètres et demi.

Dans la 2e année, l'écrevisse atteint de 6 à 7 centimètres.

Dans la 3e année, l'écrevisse atteint de 7 à 9 centimètres.

Dans la 4e année, l'écrevisse atteint de 9 à 10 centimètres.

Dans la 5e année, l'écrevisse atteint de 10 à 11 centimètres.

Pour l'espèce pieds blancs.

Dans la 1re année, l'écrevisse atteint de 3 à 3 centimètres et demi.

Dans la 2e année, l'écrevisse atteint de 4 à 5 centimètres et demi.

Dans la 3e année, l'écrevisse atteint de 5 à 6 centimètres et demi.

Dans la 4e année, l'écrevisse atteint de 6 à 7 centimètres et demi.

Dans la 5e année, l'écrevisse atteint de 7 à 8 centimètres et demi.

A partir de la 7e et de la 8e années, la croissance se ralentit sensiblement, et ce n'est guère que vers la 12e ou la 13e année que l'écrevisse est parvenue à sa plus forte taille. Elle reste alors stationnaire, sans subir, comme les poissons et les autres animaux, une diminution plus ou moins sensible lorsque l'extrême vieillesse est survenue.

L'écrevisse pieds rouges, dans la Meuse, la Moselle et la Sarre, parvenait autrefois à des dimensions très fortes et à un poids maximum variant entre 120 et 145 grammes. Mais les mâles seuls atteignent cette taille ; la femelle reste toujours de beaucoup inférieure.

L'écrevisse pieds blancs est, à âge égal, d'un grand tiers plus petite que celle à pieds rouges. Jamais celle-là n'atteint les fortes dimensions de celle-ci, quelle que soit l'abondance de ses aliments. C'est un caractère distinctif de son espèce.

Quant à la durée de l'existence de l'écrevisse, elle ne peut guère être fixée que plus ou moins approximativement. Aussi les naturalistes ne sont-ils pas d'accord à ce sujet.

Un de nos éminents collègues forestiers du grand-duché de Luxembourg, qui a essayé plusieurs fois le repeuplement en écrevisses des cours d'eau de son pays, et dont les efforts n'ont été couronnés d'aucun succès, estime qu'elles peuvent atteindre jusqu'à vingt-deux et vingt-cinq années.

Dans la vallée du Rhône, nous avons connu un pisciculteur qui leur accordait seulement un maximum d'existence de vingt ans.

Nous partagerions plus volontiers cette dernière assertion, attendu que ce pisciculteur possédait un grand vivier réunissant un ensemble de conditions tel, qu'il pouvait conserver indéfiniment à la fois poissons et écrevisses comme dans un cours d'eau naturel. Grâce à cette circonstance, il avait pu baser sérieusement son opinion, et, en tous càs, bien plus sûrement que tout pêcheur, même de profession.

Toutefois, elle est loin de concorder avec ce qu'a déclaré Réaumur. Ce grand savant accorde à.l'écrevisse une durée d'existence pouvant aller au delà de cinquante années.

Mais les appréciations qui ne se fondent sur aucune donnée scientifique n'ont pour nous pas plus de valeur, qu'elles émanent des plus éminents savants ou qu'elles proviennent des observations du vulgaire ; c'est pourquoi nous estimons que l'écrevisse ne peut vivre pendant un demi-siècle.

L'écrevisse, contrairement à la loi naturelle qui régit les poissons et la généralité des animaux, ne se livre pas à la reproduction vers l'époque du renouveau, mais seulement dans les derniers mois de l'année. A l'encontre aussi des poissons, les écrevisses mâles ne fécondent pas les œufs aussitôt leur émission par les femelles. Le rapprochement des sexes se fait, et la femelle est fécondée par l'étreinte du mâle.

Ce dernier poursuit la femelle jusqu'à ce qu'elle cède. Alors, se mettant sur le dos, les deux animaux se serrent l'un contre l'autre au moyen de leurs pinces et pattes, et l'acte s'accomplit.

L'éclosion des œufs, au lieu de se produire en quelques jours comme pour les poissons, exige un temps relativement considérable.

L'époque de la ponte peut varier de quinze à vingt jours, suivant les régions d'un même pays, et également suivant la différence de température de l'eau.

L'écrevisse n'imite pas non plus les poissons qui répandent leurs œufs sur les herbages. Elle les conserve sous sa queue en la recourbant et les y agglutine dans les fausses pattes. Tout le monde a vu des écrevisses portant ainsi leur ponte.

Cette situation se prolonge pendant tout l'hiver. Ce n'est guère qu'en avril que l'éclosion se produit dans nos provinces du midi, en mai généralement dans le centre, le nord et l'est. En somme, on peut fixer à près de six mois la longue incubation de ce crustacé.

De même que pour les œufs de poissons, l'éclosion des œufs d'écrevisses s'annonce d'elle-même aux yeux de l'observateur par leur couleur. Ils deviennent presque translucides et rosâtres et permettent à l'œil de reconnaître la formation de l'embryon. L'éclosion est éloignée tant que les œufs offrent une couleur violette tirant sur le noir. Une teinte bien foncée est l'indice qu'ils sont sains.

L'écrevisse n'est pas prolifique ; comparativement au poisson de la plus petite taille, elle est, à ce point de vue, dans un état d'infériorité considérable.

La plus féconde ne porte jamais plus de trois cents à quatre cents œufs. Relativement aux homards, langoustes et crabes, elle est aussi dans un état d'infériorité extrême.

Cette reproduction limitée aurait dû depuis longtemps engager le Gouvernement à protéger efficacement l'écrevisse contre les manœuvres du braconnage et d'une pêche irraisonnée. Malheureusement, malgré les règlements, il n'en a jamais rien été en France.

Contre les délits de chasse et de pêche, nos tribunaux semblent toujours ne prononcer qu'avec le plus grand regret les peines encourues.

C'est un fait des plus regrettables, car on arrive ainsi à la disparition du gibier de nos bois et forêts et du poisson de nos cours d'eau.

Les écrevisses, durant tout le temps qu'elles portent leur ponte, en ont un soin constant. D'abord elles savent la soumettre à l'action de l'eau agitée en remuant leur queue, dont elles tiennent alors l'extrémité largement distendue.

Des naturalistes ont cherché la raison de cette précaution. Les uns disent que les œufs exigent cette impression de l'eau mouvante sans expliquer pourquoi ; d'autres prétendent que cette agitation ne se produit que vers l'époque de l'éclosion et n'a pour effet que de dégager la petite écrevisse de l'enveloppe de l'œuf dont elle émane.

Notre opinion sur la question est des plus simples, ce qui nous porte à croire qu'elle est bonne. Étant donné son milieu, le trou où elle se réfugie, le limon contenu toujours en suspension, même dans les eaux les plus limpides, l'écrevisse, en agitant sa queue pour produire à travers ses œufs une espèce de courant, n'a d'autre but que de les nettoyer et de les dégager de toutes les impuretés qui auraient pu s'y fixer. Sans cette précaution, une série de parasites minuscules les auraient bien vite rendus inféconds, et c'est ce qu'elle évite en procédant de la sorte.

Mais les soins donnés à la ponte ne se bornent point à la laver : l'écrevisse soumet ses œufs à l'action de la lumière. Dans quel but fait-elle passer alternativement sa ponte de l'obscurité de sa retraite à la lumière qu'elle fuit personnellement ? C'est que la lumière active l'éclosion, tandis que l'obscurité de son trou empêche la formation des conferves microscopiques qui se forment sur les œufs de poissons lorsqu'ils sont déposés dans des endroits trop éclairés.

Les petites écrevisses, dès les premiers jours de leur existence, ne sont point abandonnées par leur mère. D'abord, durant les premiers moments, elles restent attachées à ses fausses pattes, puis elles se dégagent, se risquant à nager autour d'elle, et reviennent s'y fixer de nouveau pour la quitter ensuite.

Lorsque l'écrevisse mère se meut pour se mettre en quête, les petites écrevisses s'attachent sous sa queue. Ce n'est qu'après dix à douze jours qu'elles l'abandonnent et sont à même de trouver leur nourriture ainsi que l'abri qui leur est nécessaire contre tous les ennemis qui les guettent.

Le terrain offre parfois trop de résistance aux faibles moyens d'action qu'elles peuvent mettre en œuvre pour se creuser un trou ; dans ce cas, elles se blottissent sous les cailloux, les pierres, les racines des plantes aquatiques ou des arbres poussant sur les rives ; à la rigueur, elles se cachent dans les herbages du fond.

Bien que douée d'une existence moins longue que la plupart de nos poissons d'eau douce, tels que le brochet, la carpe, la perche, l'écrevisse n'est apte à la reproduction qu'à un âge plus avancé. Alors que ces poissons effectuent leur frai dès leur troisième année, elle ne commence à pondre que vers sa cinquième année. Cet âge est le même pour nos deux espèces.

Au plus grand regret des pêcheurs et des gourmets, ces animaux sont devenus aussi rares que coûteux. Leur mortalité, dont le début remonte à environ vingt-cinq ou trente ans suivant les régions, a suivi une progression rapide.

Elle ne s'est pas montrée simultanément dans tous les cours d'eau. Ce fut dans les plus grands qu'elle commença, et, en remontant, elle gagna tous les cours d'eau secondaires, puis les plus petits.

Afin de donner un aperçu de la façon dont elle s'est étendue, nous dirons qu'il a fallu tout au plus une année pour que la destruction fût complète dans tout le cours de la Moselle, de même dans celui de la Meuse. La ruine des cours d'eau lorrains et belges date de l'année 1878. Aujourd'hui, elle est absolument accomplie.

En Allemagne, la disparition s'effectua en 1880, et, depuis cette époque, la mortalité a marché à pas de géant vers l'est et a déjà gagné la Russie. Il est plus que probable qu'avant un petit nombre d'années, tous les fleuves et cours d'eau de cet immense pays seront aussi dépeuplés que les nôtres.

Les maladies qui ont causé la disparition des écrevisses sont microbiennes et parasitaires. Les naturalistes sont absolument fixés à ce sujet. Ils ont fait sur ces affections des études qui ne laissent plus rien à apprendre, si ce n'est la chose capitale : le remède.

C'est ainsi que, parmi ces infiniment petits, ils ont découvert le *distomâ*, qui n'est point un microbe proprement dit, mais une espèce de ver. Ce *distomâ* se fixe sur les écrevisses extérieurement et les envahit sur toute leur surface; puis il s'attaque aux muscles, gagne l'intérieur de l'organisme et détruit ses parties essentielles.

Aucun sujet attaqué par le *distomâ* ne peut se soustraire à la mort; c'est à ce ver qu'on doit principalement attribuer la disparition des écrevisses dans tous les pays d'Europe.

Des microbes se logent aussi aux branchies et, en déterminant l'asphyxie, font périr ces crustacés.

Puis une espèce de petites sangsues, analogues à celles qui s'attaquent aux poissons, se fixent également aux branchies et entraînent la mort, soit par épuisement, soit par asphyxie.

Enfin, on a découvert récemment une espèce de petits mollusques qui s'attachent aux fausses pattes et à toutes les extrémités déliées des écrevisses.

En dehors des diverses maladies que nous venons d'indiquer brièvement, il en est une qui, pendant longtemps, n'a pas semblé inquiétante à la plupart des naturalistes. C'est celle que l'on nomme rouge ou, d'une façon mieux appropriée, la *rouille*.

Il est très facile de reconnaître la rouille; son premier symptôme est une quantité plus ou moins grande de petits points répandus sur la carapace. En se réunissant, ces petits points créent des taches dont la teinte approche beaucoup de celle de la rouille ; de là le nom donné à cette affection.

Cette maladie est assez lente ; il faut qu'elle ait envahi une surface représentant au moins le cinquième de l'animal pour qu'elle devienne mortelle.

C'est en effet généralement l'issue de cette affection ; toutefois, lorsque son début coïncide avec l'époque de la mue, le sujet qui en est atteint peut ne point périr, ou tout au moins le moment de sa fin peut être reculé.

Les deux espèces de nos pays sont sujettes à la rouille. La maladie se montre avec plus ou moins d'intensité, suivant la nature des cours d'eau. Nous avons été autrefois à même de constater qu'elle est plus commune dans les cours d'eau dormants que dans ceux à eau courante. Elle est encore plus fréquente dans les étangs et les marais.

Telles sont à peu près les affections reconnues qui sévissent sur les écrevisses ; mais là ne se bornent point les causes de destruction : il faut aussi compter les nombreux ennemis qui les recherchent.

Ainsi, nous citerons plusieurs oiseaux aquatiques et, en première ligne, les canards sauvages et domestiques, les oies, puis les hérons.

La loutre est friande d'écrevisses, autant elle en rencontre, autant elle fait de victimes ; mais elle ne cherche pas à les saisir dans le fond de leurs galeries.

L'ennemi le plus redoutable, le plus capable de détruire des quantités considérables d'écrevisses, c'est, sans contredit, le rat d'eau, ce fléau si commun de toutes nos eaux douces. Cet animal semble se rendre compte qu'elles sont sans défense pendant la mue et va les chercher dans leur retraite, qu'il élargit au besoin pour pouvoir y pénétrer.

On prétend que les fortes écrevisses, en dehors de la mue, ne redoutent pas ce rongeur ; les nombreuses carapaces des plus fortes tailles, qui nous ont si souvent prouvé les dégâts causés par les rats, ne nous permettent pas d'accorder foi à cette opinion.

Il nous est arrivé souvent aussi de trouver d'énormes rats noyés dans des nasses où s'étaient introduites de très fortes écrevisses ; or, ces rongeurs ne portaient aucune marque des pinces, ce qui semblerait indiquer que les écrevisses ne se défendent pas contre eux.

La succulence de ces crustacés et la recherche dont ils sont l'objet de plus en plus à mesure qu'ils deviennent plus rares et plus coûteux, ont amené l'administration, depuis bien des années, à tenter le repeuplement des eaux françaises.

Nous avons été suivis dans cette voie par les gouvernements des pays limitrophes, et principalement par l'Allemagne.

En Alsace-Lorraine, les diverses sociétés de pisciculteurs se sont jointes au gouvernement ; mais, malgré toutes les précautions prises, non seulement les divers essais ont échoué, mais les écrevisses importées n'ont même pas survécu. Le repeuplement est rendu difficile principalement parce que les écrevisses n'acceptent que très rarement d'autres eaux que celles d'où elles proviennent.

Lorsque cette difficulté est vaincue, il faut certaines précautions pour lâcher les sujets dans le cours d'eau. C'est ainsi qu'il convient de les placer, par exemple, sur une claie, de telle sorte qu'ils soient à fleur d'eau, tout au plus baignés à moitié. A défaut de claies, de grands paniers plats peuvent servir, surtout s'ils sont à couvercle.

Après avoir mis ces paniers à l'ombre, on laisse les écrevisses une heure ou deux dans cette situation, puis on leur donne plus d'eau et on les recouvre de sept à huit centimètres. On ajoute quelques branches de végétaux aquatiques, du chara par exemple ; enfin, après une durée d'au moins vingt heures, on peut les abandonner à elles-mêmes, elles gagneront de suite la profondeur des eaux.

Il vaut toujours mieux les lâcher à l'entrée de la nuit qu'en plein jour.

Lorsqu'il s'agit d'acclimater des écrevisses dans des eaux qu'elles refusent, l'opération n'est pas de si courte durée ; voici comment il convient de procéder :

On se munit de grands paniers plats à claire-voie et à couvercle, qu'on place dans des lieux sombres, de préférence où il y a quelque peu de courant. On y met des femelles d'écrevisses moyennes, dont les œufs sont près d'arriver à la période d'éclosion, soit environ six semaines avant.

Il est mauvais d'en mettre beaucoup ensemble. Il convient que chaque douzaine d'écrevisses n'occupe pas moins d'un demi-mètre carré. Il y a, il est vrai, une certaine dépense de paniers à faire, mais la plus grande partie de la réussite en dépend, et on aura d'autant plus de succès qu'on éparpillera ses écrevisses en très petit nombre.

On alimentera modérément ces animaux, soit avec de la chair de poisson, soit avec des grenouilles écorchées ; pour le cas actuel, c'est toujours ce qui convient le mieux.

Il faut avoir soin de ne point laisser dans les paniers des restants de nourriture qui, en se corrompant et se putréfiant, y attireraient des insectes aquatiques, nuisibles aux petites écrevisses écloses.

Aux aliments que nous venons de citer, il faut ajouter quelques débris de plantes aquatiques, par exemple le chara, qui servent, en même temps, de retraites aux petites écrevisses, qu'on trouvera toujours cachées dessous.

A défaut de cette plante, on peut employer le cresson de fontaine, des feuilles et des morceaux de fenouil des marais.

Tous les deux jours, au moins, on visitera les paniers pour en retirer les parties de nourriture animale qui n'auraient point été consommées, ainsi que les écrevisses mortes, qui infecteraient promptement les paniers.

Quelques personnes ont préconisé encore, comme

plante consommée par les écrevisses, la lentille d'eau. Nous ne pouvons nous pronoucer sur ce point, car les pisciciculteurs qui, à notre connaissance, se sont occupés de l'écrevisse, ne l'ont pas employée.

Après l'éclosion, il convient de conserver les écrevisses encore une quinzaine de jours; ensuite, on peut les lâcher, le soir de préférence.

Pour opérer le repeuplement d'un cours d'eau, il est avantageux de faire choix, autant que possible, d'écrevisses provenant du ruisseau même. Si cela ne se peut, il faut en prendre d'un cours d'eau analogue et ne jamais vouloir élever des écrevisses d'un ruisseau courant et peu profond dans un autre dont les eaux sont lentes et limoneuses, et inversement.

Un fait connu de tous les pêcheurs et des pisciculteurs, c'est que, dans un cours d'eau qui n'est pas à leur convenance, les écrevisses recherchent une rive en pente douce et quittent l'eau; elles viennent à bord et y périssent. Il faut donc toujours opérer le lâcher dans des parties à berge bien à pic, car, quels que soient la rivière ou le ruisseau choisis, jamais leurs eaux ne se trouveront être identiques à celles d'où les écrevisses auront été tirées.

Pour repeupler des marais ou introduire des écrevisses dans un étang, il y a beaucoup moins de difficulté, car les crustacés des eaux mortes sont infiniment plus rustiques que ceux des eaux courantes, quelque différence dans la nature des eaux n'influence pas ces animaux.

Comme pour les poissons, les étangs ont, pour l'écrevisse, plus ou moins de qualités. C'est ainsi que les meilleurs sont ceux qui jouissent d'un fond marneux ou calcaire. Puis, viennent ceux à sol fortement argileux.

Les sols marneux et calcaires permettent aux écrevisses de se construire facilement des retraites ; il n'en est pas ainsi dans les sols argileux qui, souvent, ne sont pas pénétrables à ces animaux. Les fonds siliceux leur opposent aussi la même difficulté, mais par défaut contraire. Ce sont là des inconvénients auxquels il est absolument nécessaire de remédier, surtout si l'étang n'a de berges dans aucune de ses parties.

Il faut alors jeter, dans une hauteur d'eau de $1^m,20$ à $1^m,40$, quelques tombereaux de pierres de différentes grosseurs, pas au-dessous toutefois de celles qui seraient cassées à l'anneau de 10 centimètres. Ces matériaux, répandus sur une épaisseur de 30 à 40 centimètres, donneraient tout le confort voulu aux écrevisses.

On peut aussi employer des fagots d'épines noires, liées avec du fil de fer galvanisé. Ces fagots doivent être lestés au début ; après quelques mois d'immersion, le lest n'est plus nécessaire.

Nous avons pu constater que, si les fagots ont été immergés trois ou quatre mois avant la mise des écrevisses, celles-ci les acceptent plus aisément comme retraites.

La durée de ces fagots est très longue ; elle peut

aller jusqu'à quatre et cinq ans et au delà. Il ne faut jamais y toucher que pour les remplacer.

Il est aussi nécessaire de placer fagots ou pierres dans des places bien ombragées et non exposées en pleine lumière du soleil.

Tels sont les procédés divers qui ont été les plus féconds pour les étangs et qui, comparativement à ceux employés pour les rivières, ont donné les meilleurs résultats. C'est pourquoi nous pensons que, pour repeupler les cours d'eau, il conviendrait d'abord d'élever dans les étangs des écrevisses de marais, cette espèce étant plus robuste et s'accommodant plus aisément que les autres des changements d'eaux.

Lorsqu'un étang serait repeuplé, il suffirait, en amont ou en aval, c'est-à-dire à l'entrée ou à la sortie de cette nappe d'eau, de mettre des écrevisses en paniers, ainsi que nous l'avons dit, et de les lâcher ensuite. Se trouvant dans les mêmes eaux, elles ne pourraient manquer de prospérer, de se répandre en aval et de gagner de proche en proche les cours d'eau en communication.

L'Amérique, qui, après avoir sauvé les vignes de France, commence à nous envahir de toutes ses productions animales, est en état, dit-on, de régénérer les écrevisses de notre pays. Elle possèderait une ou deux espèces de ces crustacés pouvant s'acclimater à nos eaux et dont l'endurance serait telle, qu'elles résisteraient à toutes les maladies parasitaires qui ont fait disparaître les nôtres.

Nous pensons qu'il y a lieu d'en faire l'essai persévérant sur plusieurs points à la fois, mais sans prédire la réussite. Nous craignons toutefois que ces écrevisses, en s'acclimatant dans nos eaux, ne parviennent rapidement, par suite de l'influence du milieu, à acquérir la constitution de nos écrevisses autochtones.

Quant au métissage qui pourrait se produire, il ne s'effectuerait pas, car les espèces d'écrevisses ne se croisent pas entre elles, elles se combattent et se dévorent. L'américaine étant de plus forte taille, ferait donc disparaître jusqu'à la dernière des écrevisses françaises.

Les propriétaires d'étangs qui voudraient produire de l'écrevisse ne sont pas obligés de consacrer uniquement la nappe d'eau choisie à cet élevage exclusif; ils peuvent au contraire l'effectuer concurremment avec celui du poisson.

Il est vrai qu'on arrive à lutter contre une difficulté sérieuse, car les poissons d'un étang se pêchent au plus tard tous les trois ans, et pour faire une écrevisse réellement marchande, il faut au moins cinq et six ans.

Par conséquent, la pêche des poissons s'effectue alors qu'il n'y a pas encore possibilité de tirer parti des crustacés. L'on conçoit que la vidange de l'étang devient un embarras sérieux; car le retrait des eaux amène nécessairement toutes les écrevisses dans le ruisseau de pêcherie.

Si ce dernier est bien en berge sur une grande

longueur, une certaine quantité d'écrevisses pourra s'y creuser des trous; néanmoins, le filet de traîne les fatiguera beaucoup, et elles ne sont pas capables de résister aux reprises et aux rejets réitérés.

Pour éviter ces inconvénients graves, il faudrait établir provisoirement en amont, dans le bief de pêcherie et au delà du champ de traîne du filet, une grille serrée. On porterait au delà toutes les écrevisses au fur et à mesure de leur prise.

Ce sont ces difficultés qui font que jusqu'à présent les étangs où l'on élève encore des écrevisses sont généralement des nappes d'eau de très faible étendue, ne se vidant qu'à de très longs intervalles ou presque jamais.

Du reste, un étang de quelques hectares peut donner de très fortes quantités d'écrevisses, à deux conditions toutefois. La première, c'est qu'on les nourrira en été seulement, car durant tout l'hiver, l'écrevisse mange à peine et ne quitte guère sa retraite. La deuxième, c'est qu'on ne placera dans la nappe aucune perche, aucun brochet. Ces deux poissons de proie, et principalement le brochet, auraient tôt fait de détruire radicalement les crustacés.

Lorsqu'on effectue la pêche d'un étang à écrevisses, il faut procéder plus lentement que pour le poisson. L'écrevisse est lente à suivre le retrait des eaux, surtout le jour. Une baisse trop rapide l'expose à rester dans son trou.

La conserve des écrevisses peut se faire en vivier

comme celle des poissons, mais elle est bien plus délicate. Elle n'est même possible qu'autant que le vivier sera alimenté par de l'eau, soit du ruisseau, soit de l'étang d'origine des écrevisses.

Il est à peu près certain que tout vivier ne réunissant pas cette première condition ne peut atteindre qu'incomplètement le but poursuivi. Les écrevisses y périssent rapidement, et c'est pourquoi les viviers alimentés convenablement ne sont guère à la disposition que des pêcheurs de profession ou de quelques propriétaires d'étangs.

Il faut ensuite que le vivier puisse se mettre à sec à volonté, afin de permettre de prendre jusqu'à la dernière écrevisse.

Il est aussi indispensable que ce vivier soit maçonné à chaux et à sable, et non point en pierres sèches, car dans les interstices comme dans les viviers en terre, les crustacés se creuseraient des retraites et échapperaient à la prise. Il devra être fortement alimenté, si l'écrevisse provient d'un cours d'eau rapide, faiblement dans le cas contraire, mais alors autant qu'il le faudrait pour conserver de la tanche et de la carpe. Quant à la profondeur, elle devra être d'au moins $1^m,50$.

L'emplacement devra toujours être choisi de telle sorte, que le vivier soit exposé au nord et abrité des rayons du soleil.

Il est bon de jeter dans le vivier des fagots d'épines noires pouvant être enlevés à volonté. Les écrevisses s'y retirent en grand nombre, de sorte que la prise de ces crustacés y est facile et les fatigue moins que l'action d'une trouble ou d'un épervier jetés chaque fois qu'il est nécessaire de pêcher.

Le niveau de l'eau du vivier ne devra jamais monter jusqu'à celui du sol; il faut qu'il lui soit inférieur d'au moins trente centimètres. Si le vivier n'est pas trop étendu, on peut le garantir des rats d'eau en le recouvrant d'un grillage. Le rat s'établit volontiers dans les viviers à écrevisses et il y commet de fortes déprédations.

L'alimentation doit commencer dès le mois d'avril, si le temps est doux; elle peut cesser vers la dernière quinzaine du mois d'octobre ou en novembre.

Les matières à jeter en pâture peuvent être diverses, mais, autant que possible, il faudra donner la préférence à la chair des poissons blancs et à des grenouilles tuées au moment de la jetée en pâture. Les débris de volaille et de lapins, puis les déchets de salade, et particulièrement ceux de la romaine et de la laitue, sont aussi fort bien acceptés des écrevisses.

Enfin, quand il s'agit de mettre les écrevisses en vivier, il faut se garder de les y jeter tout de suite. Il faut procéder avec toutes les précautions que nous avons indiquées lorsqu'il s'agit d'un lâcher dans un cours d'eau.

Les personnes qui ne sont pas du métier, même beaucoup de pêcheurs sérieux, pensent que pour conserver durant quelques jours des écrevisses, le mieux est de les mettre dans l'eau, et la rapidité avec laquelle elles périssent n'est jamais attribuée par eux à cette mesure.

Il est acquis que les écrevisses à pieds rouges, à n'importe quelle époque de l'année, se conservent très bien durant une dizaine de jours, à la condition de les placer dans un lieu bien frais au milieu d'herbages également frais. Les orties, par exemple, sont les meilleures herbes à employer. La caisse ou la boîte contenant les crustacés à conserver doit être fortement aérée et les herbes renouvelées, afin de leur procurer la fraîcheur nécessaire.

Tous les jours, il convient de visiter les écrevisses et d'ôter celles qui sont mortes.

Les écrevisses à pieds blancs sont bien plus difficiles à conserver. Il n'est guère possible de les faire parvenir vivantes, même à de courtes distances, car elles ne peuvent pas se garder, comme les pieds rouges, hors de l'eau durant plusieurs jours.

La cause en est que cette espèce, vivant dans les ruisseaux de montagne, toujours peu profonds et courants, se trouve dans un milieu bien plus aéré que ne le sont les cours d'eau habités par les pieds rouges.

C'est pour la même raison que les poissons des eaux de montagne périssent plus rapidement hors de l'eau que ceux des cours d'eau de plaine.

Dans les boîtes d'expédition, les écrevisses ne devront pas être entassées les unes sur les autres, mais tout au plus sur deux lits.

Les écrevisses dont la carapace est molle ne doivent jamais être expédiées. Elles n'arriveraient pas vivantes à destination. Enfin, il faut que la boîte ne soit pas trop haute pour la quantité des écrevisses, afin d'éviter que les heurts résultant du transport les tuent. La plupart du temps, la mortalité n'est due qu'à cette cause. On ne doit pas laisser au-dessus des écrevisses un espace vide de plus de cinq centimètres.

De la pêche aux écrevisses.

Malgré la perte complète de nos écrevisses, il ne nous est guère possible de ne rien dire des divers modes de pêche usités autrefois quand, dans toutes nos contrées, un grand nombre d'amateurs s'y livraient.

Les différentes méthodes étaient d'autant plus pratiquées que, contrairement à la pêche à la ligne, elles n'exigent point la patience et l'attention soutenue du pêcheur.

Bien que, à peu près partout, elles ne soient plus exercées que par un très petit nombre de pêcheurs entêtés, que ne rebutent point les plus maigres résultats, il n'en convient pas moins de les décrire, car, sans doute, il nous viendra des temps meilleurs, quand, un jour ou l'autre, les moyens sûrs de repeuplement auront été trouvés.

Du reste, si l'écrevisse française n'est plus l'objet d'un commerce, il se rencontre, par-ci par-là, quelques rares ruisseaux où on peut encore la pêcher.

On peut, en somme, se contenter avec des pêches dont les produits sont inférieurs à ceux d'antan.

C'est ainsi que dans les Vosges, en 1893, nous avons constaté que plusieurs cours d'eau possédaient encore des écrevisses. Le Coney, par exemple, qui passe à Fontenoy-le-Château et Bains, en renfermait suffisamment pour faire vivre quelques pêcheurs de profession et alimenter les hôtels du pays. En Franche-Comté, en Savoie, on nous a assuré qu'il en était encore ainsi.

Dans notre jeunesse, nous avons beaucoup pêché les écrevisses, et nous le faisions le plus souvent en compagnie de vieux pêcheurs vivant à peu près uniquement de cette industrie. Nous avons pratiqué aussi cette pêche dans bien des contrées de France ; c'est pourquoi il nous est facile d'en parler.

Nous avons débuté dans une des petites rivières de l'ancien département de la Moselle, la Nied française. Comme la plupart des rivières de ce pays (à part la Moselle), la Nied est sans courant appréciable ; sa profondeur à pleins bords a tout au plus 1^m,80 et sa largeur moyenne 7 à 8 mètres.

Les engins employés étaient les petits verveux, dits *vervottins* dans le pays. Nous les tendions la nuit, après avoir reconnu les endroits où les écrevisses devaient se trouver en plus grande quantité.

Quant à ces endroits, voici sur quelles observations nous nous basions pour les reconnaître.

Nous recherchions les places assez profondes où se manifestait quelque courant et, autant que possible, celles où les berges, toujours à pic dans cette rivière, étaient ombragées par quelques grands arbres.

Lorsque nous rencontrions des situations aussi favorisées, nous y installions nos *vervottins* en quantité et nous négligions les parties contiguës exposées au soleil. Enfin, nos chances se trouvaient encore augmentées si, outre ces conditions, la rivière présentait une orientation à l'est.

Les écrevisses aimant l'obscurité, il était en effet rationnel de les chercher dans les places profondes, assombries, où existait quelque peu de courant pouvant faire passer à leur portée les matières propres à leur alimentation, circonstance qui, même en plein jour, les engage à quitter leurs retraites et nous permettait de pêcher aussi à la balance dans la journée.

Nous avions aussi remarqué que, lorsque la rivière coulait de l'est à l'ouest, il n'y avait pas ou fort peu d'écrevisses sur la berge nord, parce qu'elle recevait toute la lumière du soleil, tandis qu'elles étaient nombreuses sur celle restant à l'ombre.

Dans les rivières et ruisseaux rapides, il faut rechercher les mêmes conditions, et les chances de succès sont accrues si le lit est garni de gros cailloux et de pierres, ainsi que de nombreuses herbes flottantes ou de fond.

Nous posions nos *vervottins* dès le coucher du soleil. La levée de ces engins était effectuée, non pas dans le cours de la nuit, mais simplement dès la pointe du jour. Il est, en effet, de bonne précaution de ne pas attendre le grand jour. Nous insisterons sur cette recommandation, bien que des pêcheurs professent l'opinion que la levée des petits verveux peut être différée fort avant dans la matinée, sans qu'aucun préjudice soit apporté à la prise.

A ce sujet, nous nous souviendrons toujours d'une de nos déconvenues. Sur la Nied, en un lieu nommé Richarry, nous avions constaté, dès l'aube, que nos trente-six vervottins avaient retenu plus de cent trente écrevisses ; c'était la troisième fois que nous y tendions.

Pensant que nous pourrions augmenter la prise en laissant nos engins jusque fort avant dans la matinée, nous restâmes jusqu'à près de onze heures. Or, lorsque nous les levâmes, nous avions perdu plus de la moitié de notre pêche de la nuit.

Il est évident que les écrevisses, fuyant le jour, avaient cherché dès son apparition à regagner leur retraite, et à force de quêter dans tous les sens, elles avaient pu sortir de nos vervottins.

Quand on opère dans une rivière où elles abondent, il est bon d'enlever plusieurs fois par nuit les écrevisses qui sont capturées et de profiter de cette levée pour renouveler les amorces.

Les petits verveux à écrevisses, que tous les marchands d'engins de pêche vendent encore, peuvent se placer à la distance de 15 à 20 centimètres des berges, alors même qu'il y aurait des herbes.

Contrairement à ceux qui les font reposer absolument sur le fond, nous les avons toujours placés à environ 3o centimètres au-dessus. Ce n'était que dans les eaux basses que nous les faisions reposer sur le lit même de la rivière. Dans les endroits profonds, la pose immédiate sur le lit de la rivière est défectueuse, parce que les effluves ou les émanations de l'appât sont moins répandues par le courant ; il s'ensuit que les écrevisses sont moins attirées.

Après la pêche aux petits verveux, celle à la balance est la plus usitée. Plus que la première, elle était pratiquée par les amateurs et l'objet de bien des parties de plaisir.

Cette pêche peut se faire le jour ; elle a, comme celle aux verveux, l'avantage de ne pas obliger à renouveler l'appât à chaque moment. Les balances, que tout le monde connaît, se placent à peu de distance des berges et à la profondeur déjà indiquée pour les vervottins.

Cependant, si on n'a à sa disposition que des berges bien ensoleillées et des endroits non ombragés, il est préférable de faire reposer les balances presque sur le fond.

Ces engins doivent se lever fréquemment, au moins tous les quarts d'heure.

On peut aussi prendre les écrevisses avec des nasses à poissons, dans lesquelles elles n'entrent qu'autant qu'on y a mis un appât quelconque.

Lorsqu'on veut employer des nasses spécialement à la pêche aux écrevisses, il convient de placer ces engins tout au plus à 5o centimètres des berges. Les endroits à courant sont les meilleurs.

Il est inutile de recommander, si les nasses employées n'ont qu'une entrée, de toujours la présenter en aval, car l'écrevisse, comme le poisson, remonte le courant, afin de voir les matières alimentaires et d'en sentir les effluves.

Il est aussi un genre de pêche cher aux bribeurs de rivières et que presque tous les riverains pratiquaient autrefois : c'est la pêche au moyen de fagots, dont les meilleurs sont ceux confectionnés avec l'épine noire. Elle consiste à placer au centre de chaque fagot des matières animales, telles que tripailles de lapins ou de volaille.

Ce genre de pêche était autrefois aussi productif que peu coûteux, mais il a un inconvénient, c'est qu'il faut attendre le jour pour retirer les fagots et les défaire, afin d'y rechercher les écrevisses que les appâts y ont attirées et qui sont restées enchevêtrées parmi les épines. Comme, dès le jour, les écrevisses rentrent dans leur trou, la levée ne procure pas toutes celles qui ont visité les fagots. C'est pourquoi beaucoup de pêcheurs lèvent ces derniers avant le jour et à la lanterne. Malgré son peu de commodité, cette précaution est à recommander.

Il arrive quelquefois aux pêcheurs à la ligne de prendre des écrevisses, mais ce sont des cas absolument isolés.

Tous les corps morts, quel que soit leur degré

de décomposition, sont propres à l'alimentation de ces crustacés. Cependant, lorsqu'il s'agit de les pêcher, c'est un tort de croire que l'on peut indifféremment employer toutes sortes d'appâts. Sur ce point, les pêcheurs sont divisés : les uns préconisent les matières animales atteintes d'un commencement de décomposition, les autres prétendent que la chair fraîche est bien préférable. Nous sommes de l'avis de ces derniers.

Parmi les appâts, plusieurs sont vantés dans la plupart des ouvrages, quelques-uns mêmes préconisés comme une espèce de secret, tant ils seraient infaillibles. C'est ainsi qu'on indique des morceaux de harengs saurs ou de morue salée.

Ceux qui ont donné ces indications, nous en avons la conviction, n'ont jamais pris avec ces amorces la moindre écrevisse, attendu que, comme tous nos poissons d'eau douce, elle a horreur de tout ce qui est salé.

Nous ne saurions non plus trop nous élever contre toutes les espèces d'huiles, connues généralement sous le nom d'huile d'aspic, auxquelles les marchands attribuent la propriété d'attirer le monde des eaux douces et même de la mer.

Tous ces ingrédients, malgré leurs prospectus, ne produisent aucun résultat, si ce n'est toutefois l'opposé de ce qu'ils annoncent. Ce sont des attrape-nigauds.

Pour la chasse comme pour la pêche, on peut toujours être certain que *les meilleurs appâts con-*

sistent dans les choses que l'animal à chasser ou à pêcher est à même de consommer.

Que parmi ces appâts, *les plus efficaces sont toujours ceux que l'animal peut prendre le plus communément et le plus facilement.*

Ce simple raisonnement explique pourquoi, de toutes les amorces, celle à préférer est la chair de poisson d'eau douce et de grenouille. Puis, comme il est également certain que les grenouilles et les poissons morts charriés par le courant sont insuffisants pour alimenter les écrevisses (nous parlons de celles d'antan), il se comprend tout de suite qu'elles s'emparent aussi la nuit des batraciens et des petits poissons lorsqu'ils sommeillent. Puis, du fait matériel qu'elles préfèrent le poisson et la grenouille fraîchement tués, on en déduit qu'elles se nourrissent plus communément de poissons et de grenouilles en vie que putréfiés.

Ce que nous venons de dire concorde avec les faits, attendu que nous avons toujours fait nos plus belles pêches, soit avec des goujons ou des ablettes fraîches, soit avec des grenouilles que nous écorchions sur place. Lorsque ces appâts nous faisaient défaut, nous nous servions des tripailles de poulets et de lapins récemment tués, jamais lorsqu'elles étaient décomposées.

On préconise aussi le mou de veau, le cœur de bœuf, le foie de mouton. Nous en avons essayé, et nous déclarons que nous avons toujours été plus que médiocrement satisfait.

Après la chair de poisson et de grenouille, la meilleure des amorces est celle de la grande moule d'étang, que les naturalistes ont nommée l'anodonte.

Telle est notre opinion au sujet des amorces et appâts à employer.

Nous avons entendu dire aussi que, sur les rivières sans berges, c'est-à-dire dont les rives sont en pentes douces et viennent jusqu'au niveau du sol, on peut attirer la nuit les écrevisses et les amener sur le bord du rivage, en plaçant au bord de la rivière une lumière munie d'un réflecteur donnant sur les eaux.

Muni d'une lanterne, le pêcheur n'aurait qu'à chercher et prendre à la main les écrevisses venues dans la plus basse eau et dans le champ du réflecteur. Or, nous pouvons certifier que ce genre de pêche ne nous a jamais donné le moindre résultat. Nous l'avons tenté plusieurs fois cependant, par exemple en Lorraine et en Savoie, et nous sommes en droit d'affirmer que toutes les écrevisses s'enfuyaient dès que nous les éclairions avec notre lanterne à la main. Il ne peut du reste en être autrement, et puisque l'écrevisse fuit la clarté du jour, alors même qu'elle est tamisée par la profondeur des eaux, elle ne saurait, la nuit, rechercher la clarté.

La pêche à la lanterne, ou au feu, ne se fait pas non plus pour nos poissons d'eau douce. Elle n'est employée que pour les poissons de mer, et nous l'avons pratiquée souvent dans le golfe de Porto-Vecchio et le détroit de Bonifacio.

L'écrevisse, dirons-nous encore, se pêche à la main. Autrefois c'était un moyen qui valait bien la tendue de quelques balances. Cette pêche est surtout pratiquée par les enfants. Il faut leur habileté et leur vivacité pour retourner les pierres et saisir l'écrevisse soit avant, soit pendant sa fuite.

Dans les rivières peu profondes et à courant garnies de beaucoup de grosses pierres, cette pêche était autrefois fructueuse.

On peut aussi explorer les berges en introduisant la main dans les trous de ces crustacés. A ce sujet, on lit dans les ouvrages de pêche que, trop souvent, on met la main sur un rat d'eau. Nous avons, en Savoie, fait souvent pêcher à la main, et nous ôtions toute crainte à ce sujet à nos petits pêcheurs. Le rat établit son trou dans les berges, mais l'entrée seule est sous l'eau. Il creuse une galerie de plus d'un mètre qui va en remontant, et son nid se trouve toujours à près de deux pieds au-dessus du niveau de l'eau. Il en résulte que jamais on ne peut poser la main sur cet animal.

Une bonne précaution, quand on a pris des écrevisses, c'est de les placer quelques jours dans l'eau dont elles proviennent, au moyen d'une caisse percée de trous. Les écrevisses se vident alors de tout ce qu'elles ont pu absorber. On peut néanmoins les consommer au sortir de l'eau et n'avoir aucune répugnance. Il suffit, en les mangeant, d'ôter leur estomac, qui se détache très facilement.

Nous finirons en disant que le potage à la bisque,

ainsi que le beurre dit d'écrevisse, sont deux excellentes choses, mais qu'il ne faut guère les manger que chez soi, ou dans les maisons de premier ordre ou de confiance. Dans les établissements inférieurs, les chefs de cuisine font trop souvent servir les dessertes et les épluchures du consommateur en les pilant au mortier.

De cette façon, rien n'est perdu !

APPENDICE

LA

CULTURE DES BOIS

ENSEIGNÉE PAR L'ASPECT DE L'ARBRE

A Monsieur LEDDET

INSPECTEUR DES FORÊTS
DIRECTEUR DES CHASSES PRÉSIDENTIELLES
DE RAMBOUILLET

Avant-propos. — Des points principaux à connaître en sylviculture. — Du répandage des graines. — Le tempérament du jeune plant. — Du degré de fertilité du sol par rapport aux essences. — Indications révélant la rusticité des essences. — Indications de l'enracinement des arbres. — Manière d'opérer pour trouver le rapport existant entre le poids des feuilles et celui du bois.

Avant-propos.

La France, depuis l'avènement de la République, a considérablement augmenté son patrimoine colonial.

A nos trois superbes provinces d'Algérie sont venus s'ajouter ce pays d'avenir : le Tonkin, et aussi cette grande île africaine de Madagascar, d'une étendue égale à la France.

Ces contrées, avec nos possessions de l'Annam

et de Cochinchine, constituent pour notre pays de riches possessions forestières comportant toutes des essences différentes de celles de la métropole.

Il est absolument certain que le commerce ainsi que l'industrie trouveront, dans les immenses forêts inexplorées et non étudiées de ces régions, une source considérable de profits, et qu'il viendra forcément un temps où, dans l'intérêt général, il sera nécessaire de réglementer, comme dans tous les pays d'Europe, l'exploitation de ces superbes richesses forestières.

Alors, pour nos forestiers, les études à faire sur les nombreuses essences de ces colonies comporteront un vaste champ et un grand nombre d'observations pratiques.

Nous avons pensé qu'il serait d'une grande utilité de pouvoir déduire de suite, rien qu'au seul aspect des arbres, les faits principaux qu'il importe de connaître pour traiter chaque essence, suivant les principes reconnus jusqu'ici les meilleurs par tous nos sylviculteurs modernes.

On admettra facilement que tout naturaliste doit être à même de pouvoir classer à première vue un animal qui lui est inconnu parmi les carnassiers ou les herbivores, les grimpeurs ou les reptiles. Le forestier semble avoir une besogne plus ardue; il peut cependant, d'une façon absolument sûre, se prononcer à l'égard de toute essence inconnue ou non étudiée jusqu'alors.

Nous n'étions encore qu'élève à l'école secondaire

forestière de Villers-Cotterets, que les pages qui vont suivre résumaient pour nous la *Culture des bois enseignée par l'aspect de l'arbre.*

Sans aucun doute, à tous les échelons de la hiérarchie scientifique ou professionnelle, notre système paraîtra plus que simple, même naïf; mais à son extrême simplicité se joint, nous en avons du moins la plus intime conviction, une sûreté absolue.

Du reste, nous le déclarons, ces quelques pages ne sont pas écrites pour les hommes de science : elles s'adressent uniquement à ceux qui, comme colons, pourraient avoir le désir d'aller tenter fortune dans nos nouvelles colonies en s'adonnant non seulement à l'exploitation des essences forestières, mais aussi à leur culture rationnelle.

Pour eux, il n'est aucunement besoin de connaître les arbres d'après les différents systèmes de la botanique.

Ce qui peut être utile à ces colons, c'est de ne point perdre de longues années à enregistrer de nombreuses recherches et des observations aussi multiples que minutieuses, en vue de connaître les essences qui leur paraissent les plus avantageuses à exploiter, les plus aptes à leurs besoins, et, par suite, celles qu'il leur importerait le plus de propager.

A ces personnes-là, nous répéterons les paroles que le grand naturaliste Linnée adressait à des hommes des champs qui le questionnaient : *La nature est un grand livre; le plus simple peut y lire couramment.*

Des points principaux à connaître en sylviculture.

Pour traiter d'une façon sûre et suffisamment pratique toutes les essences forestières, les propriétaires de terrains boisés et les planteurs pourront obtenir ce résultat sans s'astreindre au préalable à une étude approfondie de la sylviculture moderne et de ses différents systèmes.

Il leur suffira de connaître, d'une façon absolument précise, les seuls faits principaux communs à toutes les essences.

Sans cette connaissance, toute personne voulant faire de la sylviculture éprouvera toujours des mécomptes aussi nombreux que certains.

En nous basant sur l'enseignement de nos grands maîtres forestiers français et contemporains, nous voulons nommer MM. Lorentz et Parade, les points principaux qui, pour les essences, règlent la façon culturale à leur appliquer sont ceux ci-après :

Si, dans les semis, la graine doit être semée en sol plus ou moins riche.

Si la graine doit être plus ou moins recouverte.

Quel est le tempérament du jeune plant.

Quel est le degré de rusticité d'une essence, c'est-à-dire si elle peut supporter plus ou moins un sol pauvre ou si elle exige un sol riche.

Quel est le degré d'enracinement de l'essence, c'est-à-dire si elle est plus ou moins fortement enracinée.

Quel est son degré de croissance, c'est-à-dire si elle croît vite, moyennement ou lentement.

Ces divers points sont parfaitement acquis de nos jours pour toutes nos essences forestières, mais, il est vrai, grâce à une longue suite d'expériences et à de nombreuses observations poursuivies pendant une série d'années, alors cependant qu'ils pouvaient être déduits du seul aspect de l'arbre.

Du répandage des graines.

Les graines de nos essences forestières n'ont pas toutes les mêmes exigences; telles acceptent des conditions que d'autres refusent.

Pour lever et donner de bons résultats, il faut aux graines deux conditions :

Être plus ou moins recouvertes;
Être semées sur un sol plus ou moins riche.

Ce sont là en effet les deux points essentiels, car les soins divers que comportent tous les semis forestiers, tels que binages, arrachage des herbes envahissantes, sont les mêmes pour les essences rustiques et pour les essences délicates.

Or, la simple observation suffit à nous indiquer comment ces deux conditions peuvent être réalisées.

En effet, il n'est besoin que d'apprécier la façon avec laquelle procède la nature.

C'est ainsi que, si les fruits tombent avant les feuilles, c'est que la chute de ces dernières a pour but de procurer aux graines deux choses :

La première, c'est la couverture ;

La deuxième, le terreau nécessaire, non seulement à la graine pour se développer, mais également au jeune plant pour son bon accroissement.

D'un autre côté, si la graine est légère, transportable par le vent, il est certain que cette graine peut être semée à la volée sur le sol nu, qu'elle n'a pas besoin d'être recouverte, enfin qu'elle ne nécessite nullement un sol riche. C'est, en effet, le cas de toutes les graines de cette espèce.

Au contraire, si la graine est lourde et tombe au pied de l'arbre qui l'a produite, on en déduit qu'elle a besoin d'un terreau dont le degré de fertilité, ainsi que l'épaisseur de couverture à lui procurer, *est en raison directe de l'abondance du feuillage de l'essence.*

C'est en vertu de ces faits que le gland exige un sol mêlé de terreau et une couverture plus épaisse que les graines légères.

Le hêtre a plus de feuilles que le chêne ; aussi la faîne, pour bien germer, a besoin d'être plus couverte que le gland ; de plus, elle demande plus de terreau, alors cependant que cette essence hêtre, parvenue au delà de l'état de jeune plant, prospère dans des sols peu propices au chêne.

Ces faits naturels et constants sont donc les indications certaines que le forestier doit suivre pour obtenir, à l'égard d'une essence quelconque, la réussite d'un semis. Ils démontrent que l'aspect de la graine, la façon dont elle tombe, l'abondance du feuillage fournissent les indications voulues.

Le tempérament du jeune plant.

Pour les personnes étrangères aux simples notions de sylviculture, il est bon d'indiquer que, sous la dénomination de *tempérament du jeune plant,* on entend faire la distinction entre ceux qui sont robustes et ceux qui sont délicats.

Les jeunes plants sont dits robustes quand ils peuvent se passer d'abri tout de suite, c'est-à-dire dès la levée de la graine et durant les premières années de leur croissance, autrement dit quand ils peuvent végéter en dehors du couvert de l'arbre qui les a produits, ou bien d'un abri quelconque.

Les jeunes plants sont dits délicats lorsque, durant plus ou moins d'années, ils exigent précisément le contraire des plants robustes.

Le tempérament du jeune plant est donc un point essentiel, dont tout forestier et tout horticulteur connaît l'importance, car ce n'est pas tout que couvrir la graine comme il convient et lui procurer le nécessaire ; il faut également pouvoir conserver le sujet qu'elle produit et le mettre à même de prospérer dans les conditions qu'il réclame.

Pour connaître à première vue le tempérament du jeune plant, il suffit de considérer deux choses :

La graine;
Le feuillage.

En effet, si la graine est très légère, si le vent l'emporte au loin, il faut incontestablement en déduire que le plant de l'essence est des plus robustes, puisque la nature le place n'importe où, par le transport de la graine.

Le plant sera moyennement délicat si, comme le gland, *la graine est lourde, tombe au pied de l'arbre qui l'a portée et si l'essence ne procure qu'un couvert léger ou médiocre.*

Le tempérament sera très délicat si, comme la faîne, *la graine est lourde, ne s'écarte pas de l'arbre qui l'a portée et si l'essence offre, en plus, un couvert très épais, comme celui du hêtre.*

En résumé, la nature donne à tous les végétaux les conditions qui leur sont nécessaires pour végéter.

Il ne saurait en être autrement, et c'est pourquoi un plant délicat ne provient jamais d'une graine ailée ou d'une essence ayant maigre feuillage.

Donc, la graine, la façon dont elle se dissémine, le plus ou moins d'abondance du feuillage, indiquent sûrement le tempérament du jeune plant, sans qu'il soit besoin de faire aucune expérience.

Du degré de la fertilité du sol par rapport aux essences.

Nous ne voulons point relater ici les méthodes de culture suivies pour traiter convenablement toutes les essences forestières selon les régimes divers qui peuvent leur être appliqués, c'est-à-dire suivant qu'on les traite en taillis simple, composé ou en futaie.

A ce sujet, nous renvoyons aux innombrables et beaux ouvrages parus jusqu'à présent.

Dans ces quelques pages, la moindre notion scientifique doit faire absolument défaut. L'aspect seul et le simple raisonnement doivent suffire.

Aussi ferons-nous simplement remarquer que les essences supportant peu ou point les sols pauvres, ne peuvent être élevées à l'état aussi serré que les essences qui, au contraire, les acceptent bien.

Ce sont là des choses que révèle le seul bon sens, mais, dans bien des cas, ces simples remarques seront des plus utiles aux personnes à qui les notions de sylviculture sont étrangères.

Renvoyant donc de nouveau aux ouvrages forestiers, nous allons simplement indiquer par quels indices une essence inconnue ou non étudiée révèle d'elle-même, par rapport au sol, son degré de rusticité.

Suivant Buffon, pour la culture des arbres forestiers et relativement au sol, il n'est absolument besoin que de distinguer les sols profonds et les sols peu profonds. D'après ce grand naturaliste, la végétation forestière se trouve parfaitement assurée dès que le sol est profond et se trouve pénétrable aux racines. Il déclare en outre qu'elle est constamment en raison directe du degré de profondeur du sol et de la facilité avec laquelle les racines peuvent le pénétrer.

Il est réel, en effet, que si, par exemple, on visite les forêts domaniales de Versailles, on trouve des parties où nos meilleures essences dures atteignent un magnifique état de végétation, bien qu'elles croissent dans des sols absolument siliceux, privés quelquefois des bienfaits de la chute des feuilles enlevées trop souvent par la culture maraîchère. Ces sols sont d'une très grande profondeur.

Ces faits ne sont pas limités aux environs de la ville de Versailles. Dans les Vosges, le Jura, en Corse, on en trouve de nombreux exemples, et il en est de même dans la plupart de nos contrées forestières.

Ces constatations donnent raison à Buffon, puisqu'elles confirment son opinion.

Partageant cette manière de voir, nous dirons de plus que nous sommes aussi partisan des quelques vérités suivantes, appartenant à l'école de M. de la Palice, à savoir :

Que pour n'importe quelle essence, le meilleur des sols est toujours le sol riche et profond.

Que le sol riche est celui comprenant les trois éléments constitutifs répartis en parties égales, soit calcaire, silice, argile, mêlés avec une quantité d'humus.

Qu'un sol est pauvre suivant qu'un ou deux de ces éléments constitutifs dominent par trop ou font défaut.

Que ce qui distingue les essences relativement au sol, c'est seulement leur plus ou moins de facilité de pouvoir s'accommoder d'un sol plus ou moins pauvre, c'est-à-dire leur rusticité.

Ces choses, dites d'après tous les traités d'agriculture, il ne nous reste plus qu'à apprécier le

degré de fertilité que peut exiger une essence quelconque.

Indications révélant la rusticité des essences.

Pour reconnaître si une essence quelconque supporte plus ou moins bien un sol pauvre ou exige
un sol riche, il n'est besoin que d'apprécier une
chose :

*Le rapport entre le poids total des feuilles et le
poids total du bois produit.*

En nous bornant à relater ci-après quelques-unes
de nos déductions, on comprendra immédiatement
notre système d'appréciation sans qu'il soit aucunement besoin d'entrer dans des explications.

Ainsi, en comparant le chêne rouvre et le chêne
pédonculé, nous trouvons que le premier a une ramification plus déliée et un feuillage plus abondant
que le second pour le même poids de bois produit.

De ces faits physiologiques, je déduis que le
chêne rouvre a besoin d'un sol moins fertile que le
chêne pédonculé.

Par conséquent, étant données deux essences, la
plus rustique au point de vue de la fertilité du sol
est celle qui, pour le même poids de bois produit,
se trouve le mieux dotée sous le rapport du feuillage, c'est-à-dire qui a le feuillage le plus abondant.

Relativement à la quantité de bois produite, le
hêtre possède une ramification plus déliée et un
feuillage bien plus abondant que le chêne rouvre,

et c'est pourquoi, relativement au sol, il est bien moins exigeant que le rouvre.

Les bois blancs ont une densité très faible. La proportion de la masse de leur feuillage par rapport au poids du bois qu'ils produisent est considérable, si on la compare à celle des bois durs, et c'est pourquoi tous les bois blancs végètent à peu près bien dans tous les sols pauvres.

En résumé, entre deux essences, celle qui, pour la production d'un kilogramme de bois, aura la plus forte proportion de feuillage, sera toujours l'essence la plus rustique, celle qui supportera le mieux les sols ingrats.

Pour toutes les essences résineuses, les faits que nous venons d'énumérer sont exacts.

On voit immédiatement que, pour toutes les essences, il est facile d'établir, d'une façon tout à fait mathématique, *le rapport existant entre le poids des feuilles et celui du bois produit* et, par conséquent, de dresser, au point de vue des exigences de fertilité du sol, l'échelle des essences forestières.

Il est incontestable que notre système est pratique et sûr, car, d'après la physiologie végétale, les feuilles sont par excellence l'organe de nutrition.

Il en découle de toute évidence que les essences jouissant, par rapport au poids du bois produit, d'un riche appareil foliacé, demandent moins au sol que les essences peu riches en feuillage, puisant moins dans l'atmosphère et, par suite, demandant davantage au sol.

Cette vérité physiologique se retrouve également en agriculture.

Si des plantes, telles que les betteraves, si les cucurbitacées exigent une si forte quantité d'engrais, c'est que, par rapport aux racines et aux fruits qu'elles produisent, l'appareil foliacé est d'une extrême pauvreté.

Si les céréales ont besoin d'engrais, c'est qu'elles sont peu dotées au point de vue du feuillage.

Les légumineuses, ainsi que les plantes fourragères, telles que les diverses espèces de trèfles et de luzernes, viennent bien dans les sols ingrats. Si on pèse la production d'un hectare de ces plantes, on trouve jusqu'à quatre et cinq fois le poids produit en paille et en grain par un hectare de céréales.

Cependant la céréale, qui aura produit quatre à cinq fois moins, épuisera le sol, tandis que les légumineuses ou les plantes fourragères, qui auront produit quatre à cinq fois plus, l'auront plutôt reposé qu'épuisé.

Cette différence de résultat est due uniquement à ce que, comparées aux céréales, les plantes fourragères et les légumineuses sont douées d'un appareil foliacé considérable.

Ainsi donc, en agriculture, les plantes les plus feuillues, les plus riches en parties herbacées sont celles qui demandent le moins d'engrais et celles qui, par conséquent, végètent le mieux dans les sols pauvres.

D'autre part, les moins feuillues se trouvent être

celles qui demandent le plus d'engrais et qui néces-
sitent par conséquent les sols les plus riches.

En agriculture comme en sylviculture, il y a donc
concordance complète.

Indication de la croissance des essences.

Lorsqu'on se trouve en présence d'une essence
quelconque, inconnue, il est avantageux de pouvoir
à première vue apprécier quelle est sa puissance de
végétation, c'est-à-dire si elle est douée d'une croissance rapide, moyenne ou lente.

Cette connaissance se déduit des plus facilement
et, comme pour la rusticité, il faut également apprécier :

*Le rapport entre le poids total des feuilles et le
poids total du bois produit.*

C'est ainsi qu'étant données deux essences, celle
qui croîtra le plus vite sera toujours celle qui aura
le plus fort coefficient de feuillage par rapport au
poids du bois produit.

Les bois blancs sont doués d'une grande rapidité
de croissance, parce qu'ils sont dotés d'une densité
très faible et qu'ils sont très riches comme appareil
foliacé, et que le rapport des feuilles avec le poids
du bois produit est considérable, comparativement
aux essences dures.

Si, dans notre pays, l'arbre qui, incontestablement,
croît le plus rapidement est le maronnier d'Inde,

c'est qu'aussi il offre le poids de bois le plus faible correspondant avec le plus riche appareil foliacé.

Ainsi donc, le poids des feuilles comparé avec le poids du bois produit permet encore, pour toutes les essenses, de dresser mathématiquement une échelle de croissance, au sommet de laquelle se trouveront le maronnier d'Inde et ensuite le tilleul.

Indication de l'enracinement.

Le feuillage, comparé à la quantité de bois produit, nous sert également à reconnaître le degré de puissance d'enracinement.

On peut avec facilité les échelonner toutes d'une façon absolument précise.

En effet, il est incontestable que plus une essence se trouve abondamment pourvue de feuillage, plus elle est à même de puiser les éléments constitutifs dans l'atmosphère et que moins, par conséquent, elle demande au sol. De ces faits, il résulte tout naturellement que moins l'essence demande au sol, moins elle a besoin de racines pour y puiser.

C'est en vertu de ces lois que le chêne pédonculé, par exemple, a un enracinement bien plus développé et plus puissant que le chêne rouvre, doué d'un appareil bien plus feuillu, et que le chêne rouvre a plus de racines que le hêtre, infiniment mieux doté en feuillage.

Il découle en résumé, de cet exposé de faits, *que l'essence la plus faiblement enracinée est encore celle qui possède le coefficient feuillu le plus élevé par rapport au poids du bois produit.*

D'autre part, que *la plus fortement enracinée est celle qui a le plus faible coefficient de feuilles comparativement au poids du bois produit.*

Nous pouvons dire aussi que, si deux essences se trouvent avoir le même coefficient de feuilles par rapport au poids du bois produit, *celle des deux qui sera traçante aura une croissance plus rapide et demandera un sol plus riche.*

En terminant ce chapitre, nous dirons que, jusqu'à présent, nous n'avons point trouvé par quelles indications l'aspect de l'arbre pourrait révéler le système des racines traçantes.

Manière d'opérer pour trouver le rapport du poids des feuilles avec le poids du bois produit.

Pour appliquer notre système dans les conditions les plus normales, et, par conséquent, pour obtenir les données les plus exactes, il convient d'observer, pour les expériences nécessaires, les précautions simples et faciles qui suivent.

Choisir pour chaque essence plusieurs sujets dans des sols fertiles, afin de pouvoir établir une moyenne. Ces arbres devront être pris parmi ceux qui auront développé leur cime dans son entier, sans aucune entrave.

Autant que possible, ils seront tous d'âge moyen. Si on pouvait avoir des arbres du même âge, nous pensons que l'expérience serait plus probante.

Dans la moitié de juillet, époque où l'appareil foliacé est dans son maximum de développement, il serait procédé au dépouillement de toutes les feuilles, et celles-ci seraient pesées au fur et à mesure de leur enlèvement.

Puis on pèserait également tout le bois produit, genre d'opération incontestablement plus facile que celle exécutée par tous les aménagistes forestiers, lorsqu'ils cubent tout le bois produit d'un arbre, par la méthode hydrostatique.

Il nous semble que l'on pourrait arriver à des résultats suffisants et très approximatifs, en se bornant à peser la tige complète des arbres choisis pour les expériences.

Mais il est évident que la pesée de tout le bois donnera seule les résultats exacts.

Nous estimons que nos jeunes camarades de l'école forestière de Nancy semblent tout indiqués pour effectuer ce nouveau genre de recherches, auquel, nous pouvons le dire, on va se livrer dans un grand pays d'Europe, où les forestiers sont très en honneur. Ces collègues étrangers ont reçu mission de vérifier notre système.

Ainsi donc, en résumé :

Les indications nécessaires pour le répandage des graines et les semis, c'est-à-dire la façon de les recouvrir et le degré de fertilité du sol, sont données par le feuillage.

En considérant la graine et le feuillage, on reconnaît le tempérament du jeune plant.

En cherchant le rapport existant entre le poids des feuilles et le poids du bois produit, on obtient :

1° L'exigence au point de vue de la fertilité du sol ;

2° Le degré d'enracinement ;

3° Le degré de croissance.

Tout ce qui précède nous permet donc de nous affecter les paroles du grand naturaliste Linnée, que nous avons citées au début de ces quelques et bien modestes pages : *La nature est un grand livre; le plus simple peut y lire couramment.*

TABLE DES MATIÈRES

———

*

APPENDICE

CULTURE DES BOIS

Nancy, impr. Berger-Levrault et Cie.

7 mai 48

www.ingramcontent.com/pod-product-compliance
Lightning Source LLC
Chambersburg PA
CBHW031451210326
41599CB00016B/2182